国家科学技术学术著作出版基金资助出版

# 水稻起源、分化与细胞遗传

顾铭洪　程祝宽 等　著

科学出版社

北　京

# 内 容 简 介

本书是作者在查阅大量文献，结合长期潜心研究的基础上撰写而成的。全书分为九章，前五章主要介绍水稻的起源和分化，包括稻属的分类、水稻的染色体组、栽培稻的起源、栽培稻的分化和传播、水稻的基因符号和连锁群；后四章重点介绍水稻细胞遗传研究的最新进展，包括水稻的染色体、水稻的整倍体、水稻的非整倍体和水稻减数分裂的遗传调控等内容。

本书可作为农业院校作物科学专业和综合性大学生物学相关专业师生的参考书，也可供从事作物遗传和育种研究的科研人员阅读参考。

审图号：GS (2020) 1992号

图书在版编目 (CIP) 数据

水稻起源、分化与细胞遗传/顾铭洪等著. —北京：科学出版社，2020.6
ISBN 978-7-03-063963-9

Ⅰ. ①水… Ⅱ.①顾… Ⅲ. ①水稻–起源–研究 ②水稻–细胞分化–研究
③水稻–遗传育种–研究 Ⅳ.①S511

中国版本图书馆 CIP 数据核字(2019)第 288209 号

责任编辑：王 静 王海光 田明霞 / 责任校对：郑金红
责任印制：吴兆东 / 封面设计：北京图阅盛世文化传媒有限公司

科 学 出 版 社 出版
北京东黄城根北街16 号
邮政编码：100717
http://www.sciencep.com
北京建宏印刷有限公司 印刷
科学出版社发行 各地新华书店经销
*
2020 年 6 月第 一 版 开本：720×1000 1/16
2022 年 1 月第二次印刷 印张：22 1/2
字数：386 000
定价：280.00 元
(如有印装质量问题，我社负责调换)

# 序

水稻是我国最主要的粮食作物，栽培面积全球第二，2017 年栽培面积达 4.53 亿亩[①]，稻谷的年消耗量约为 1.9 亿 t，有 60%以上的人口以稻米为主食。水稻也是全球最重要的粮食作物之一，在人口众多的亚洲尤为如此。我国水稻栽培历史悠久，《史记》记载有关 5000 年前神农氏先民种植的五谷，水稻就列于其中。近几十年考古发现的各类水稻遗物表明，我国开始种植水稻的时间比《史记》中记载的要早出许多。但是对于水稻是如何起源的，又是何时何地起源的，这些学术问题一直存在很多争论。对它们的客观正确解答，不仅事关对人类社会发展历史的认识，还涉及未来水稻遗传研究的发展方向，因而受到学术界的广泛关注。

纵观人类社会发展历史，人类最早是以渔猎和采摘为生的。无论是猎取的动物还是采集的植物，都是取自现成的自然资源。研究表明，这些可利用的自然资源不可避免地会受到气候及环境变化的影响。当古气候周期性波动时，自然食物资源的丰歉也会随之发生改变。当资源匮乏时，迫使人类从获取自然现成食物资源的生活方式，向驯化养殖或种植野生物种来满足自身需求方向转变。

对野生植物和畜禽类动物的驯化，促进了相对稳定生存环境的建立，形成了早期定居式的农耕社会。也只有采取定居式的生活方式，人类才能更加有效地驯化和利用那些被驯化的动植物资源，使得一部分野生动植物逐渐演化为家养动物和栽培植物。本质上，农作物或家养动物祖先种被人类驯化的过程，是与人类农耕社会的起源和发展紧密相连的。在被驯化的禾谷类作物中，水稻与人类的生存关系非常密切。现今的栽培稻是从野生稻驯化形成的，对于这一点古今科学家都已达成共识。由于野生稻有多个种，而且它们在全球广为分布，因此对于栽培稻的起源与分化，一直存在多种观点。我国是水稻生产大国，也是栽培历史最为悠久的国家，种植的水稻生态类型丰富多样。这些水稻是如何起源和分化的，它们与其他国家种植的水稻之间有何联系等，虽然对此也有不少研究，但由于这些问题十分复杂，至今也没有达成共识。

《水稻起源、分化与细胞遗传》一书作者长期从事水稻遗传育种的教学和研究

---

① 1 亩≈666.7m²

工作，在水稻重要产量和品质性状基因的遗传与分化、分子细胞遗传等方面都取得了比较系统的研究成果。在总结他们已有研究成果的基础上，结合国内外其他研究者在水稻起源和细胞遗传方面的研究成果，历时 5 年，写成了该书，作者对书中每一章的写作都倾注了大量的时间和精力。根据对大量研究资料的综合分析，明确提出亚洲栽培稻存在两个起源中心，其中位于我国长江中下游的起源中心，比位于印度东北与喜马拉雅山南麓，以阿萨姆邦为中心的起源中心，出现栽培稻的时间早 2000 年左右。而栽培稻最早出现的时间可能在距今 10 000—11 000 年的新石器时代早期。对于由两大起源中心驯化的栽培稻，在向外传播过程中，在不同地理、气候、水土等条件下，如何经过人工选择和自然选择的双重作用，导致栽培稻内部发生复杂类型的分化等问题，作者均做了详细的论述。相信对不同地域野生稻和栽培稻，在基因组水平和分子生物学水平上的更多研究，会为栽培稻的演变提供更多有价值的资料，从而使我们可以更加深入地了解这种演变的历史过程。此外，书中还对水稻染色体和染色体组、染色体变异形成的整倍体和非整倍体，以及减数分裂这一重要生物学过程调控的分子机制等做了详尽的介绍。

该书无论是对水稻基因组和分子生物学研究来说，还是对水稻品种的遗传改良来说，都是一本很好的参考书。同时，对于从事其他农作物或植物研究的科技人员来说，书中提供的研究方法和研究成果也极有借鉴意义。

许智宏

2019 年 12 月 25 日

# 前　　言

　　水稻是我国最重要的粮食作物，也是全球最重要的粮食作物之一。在某种程度上，人类农耕社会的建立，与水稻这一作物的驯化和利用是不可分割的。浙江省余姚市 20 世纪 70 年代出土的河姆渡遗址水稻，已为此提供了很直接的例证。早在 6500—7000 年以前，生活在那里的先民就已经大面积栽培水稻。他们居住在干栏式的木质结构房屋中，发明和利用了水田专用农具，并由此建立了典型的农耕社会。

　　众所周知，当今农业生产中被广泛栽培的各种农作物都是从相关的野生种驯化形成的。野生植物在人类的干预下，逐渐演变成栽培作物，这一过程也是作物起源的过程。一般而言，作物起源是一个极其漫长的过程，水稻也不例外。一方面，物种的进化主要依赖其本身可能产生的遗传变异。而野生物种在自然情况下所能产生的变异，在很多情况下并不符合人类生活的需要。另一方面，由于缺乏足够的遗传知识，早期人类并不了解物种变异的遗传规律，也不清楚如何有效地保存和利用野生物种可能产生的有利变异。因此，早期人类对野生物种遗传改良的效率是很低的。

　　水稻作为一种主要的粮食作物，它是如何被驯化的？又是在什么地区被驯化的？人类在驯化水稻过程中，这一物种发生了哪些变化？当今被全球不同国家广泛种植的水稻品种之间存在何种联系等？一直是作物科学中被广泛关注的重要问题。为了明确这些问题，世界各产稻国家都投入了大量的人力、物力，对它们做了许多研究。然而，至今还没有能被各国科学家广泛接受的一致意见。

　　已有研究表明，我国不仅是水稻的重要生产国，还是亚洲栽培稻的重要起源地。我国劳动人民在水稻驯化过程中，通过在不同地理和生态环境下的选择，创造了大量的遗传种质和数以万计的品种，为人类社会的发展作出了巨大贡献。但是到目前为止，我国还缺少一本能系统反映这方面知识和成就的科学著作。

　　我们在从事水稻遗传与育种的研究和教学工作中，注意到研究水稻起源这一问题的重要性。作为以稻米为主粮的民族，我们有一万个理由去研究它。它是我们的根，是我们世世代代赖以生存的物质来源，也是我国灿烂民族文化赖以发展的重要元素。更为重要的是，对栽培水稻起源和分化规律的准确理解，还直接关系到当今水稻品种改良策略的制订。我们也注意到，在水稻起源这一问题上，早就存在着不同观点。产生这些不同观点的原因，自然与不同研究者所掌握的研究材料不同有关，同时也与这些研究者本身的研究经历有关。研究经历不同，会在很大程度上影响其对研究结论的判断能力。

在本书的写作过程中，我们注意到栽培稻的祖先种，即普通野生稻的分布非常广泛，因而其内部就存在很多不同类型的变异。对于这些不同类型的普通野生稻，历史上不同研究者曾给予不同的学名，这在一定程度上也影响着对水稻这一作物起源的准确认识。为了厘清栽培水稻起源不同观点的争论，我们从源头上考证了普通野生稻不同学名的形成过程，以及在不同时期水稻文献中存在的种名混乱现象，在本书中做了较为系统的阐述。

近几十年来，由于分子生物学研究技术的迅猛发展，一些新的研究技术和研究手段的发展，为水稻进化过程中重要性状变异规律的研究，提供了新的技术保障，产生了许多新的重要发现。例如，对水稻植硅体的研究，为准确鉴别栽培水稻与其祖先种之间的差异、明确不同稻种之间的亲缘关系提供了许多新的证据，在水稻起源研究中发挥了非常重要的作用。最近半个多世纪，通过对水稻考古分析、栽培稻分子进化研究、不同生态型亲缘关系研究等，明确提出了栽培稻存在多地起源的可能性。其中，我国长江中下游地区是一个起源中心，而位于印度东北与喜马拉雅山南麓，以阿萨姆邦为中心，至我国云南省是另一个起源中心。我国对水稻的驯化发生在 10 000—11 000 年前，而在印度驯化的时间大约在 8500 年前。起源于这两个中心的水稻，在不同生态条件下经过长期的自然选择和人工选择，不断向外拓展，分化形成了适应不同地区种植的多种生态类型。我们从进化生物学角度对这些生态型进行了系统的分类。

本书在介绍近一个世纪以来水稻细胞遗传研究取得的主要成果的基础上，依据作者自身在水稻细胞遗传研究中取得的成果和体会，对于如何利用分子细胞遗传学技术和材料，研究染色体与连锁群间的对应联系，在全基因组中鉴别特定染色体或染色体臂，阐明减数分裂过程中一些重要生物学事件调控的分子机制等，都做了详细的介绍。书中不少图表都是第一次发表或者来自作者的原始论文。

本书共分九章。前五章介绍水稻起源与分化有关的内容，包括稻属的分类、水稻的染色体组、栽培稻的起源、栽培稻的分化和传播，以及水稻的基因符号和连锁群等。后四章重点介绍水稻细胞遗传研究的最新研究成果，包括水稻的染色体、水稻的整倍体、水稻的非整倍体和水稻减数分裂的遗传调控等。

在本书写作过程中，得到了许多同仁的帮助。李家洋先生和薛勇彪先生曾多次参与讨论，指导本书应涵盖的编写内容和章节安排等。种康、钱前和傅向东先生也对本书的写作提出了很多修改意见。本书全稿完成以后，扬州大学植物功能基因组学教育部重点实验室的汤述翥、梁国华、刘巧泉、严长杰等教授也帮助审阅了全部书稿，并提出了许多有价值的修改意见。尤其重要的是，许智宏先生在审阅了本书书稿以后，特为本书撰写了序。在本书出版之际，对他们所给予的帮助和支持表示最诚挚的感谢。本书的出版还得到江苏省粮食作物现代产业技术协同创新中心和江苏省作物学优势学科的大力支持。

本书的写作主要由顾铭洪、程祝宽及其他几位同仁共同完成。其中，前五章由顾铭洪执笔，后四章由程祝宽执笔，于恒秀和龚志云分别参加了第七章和第八章的编写。参加本书编写的还有唐丁、李亚非、沈懿、曹艺伟等同志。扬州大学农学院的张昌泉、李钱锋、裔传灯、范晓磊，以及曾在该学院工作、学习过的朱利佳、周理慧等，帮助完成了许多参考文献的收集、整理和考证工作，为本书写作工作的顺利完成提供了很大帮助。

我们深知，野生稻在被驯化为栽培稻的过程中，无论是在遗传上还是在生理上所发生的变化都是多种多样的，水稻起源研究所包含的科学问题也极为复杂。准确认识这些问题，不仅需要全面掌握和理解与这一作物起源有关的资料，更需要有理解和分析这些海量资料的智慧与能力。由于受作者自身认识水平和分析能力的限制，也受所掌握研究资料的局限，本书中所叙述的内容，难免有这样或那样的不妥之处，敬请读者批评指正。

顾铭洪　扬州大学

程祝宽　中国科学院遗传与发育生物学研究所　中国科学院大学

2019 年 12 月 8 日

# 目　　录

序

前言

第一章　稻属的分类 ………………………………………………………… 1

　第一节　稻属在分类中的地位 …………………………………………… 1

　　一、稻属植物的形态特征 ……………………………………………… 2

　　二、稻属的近缘物种 …………………………………………………… 3

　第二节　稻属的分类依据 ………………………………………………… 4

　　一、形态性状 …………………………………………………………… 4

　　二、植硅体 ……………………………………………………………… 4

　　三、形态学种和生物学种 ……………………………………………… 8

　第三节　稻属分类研究的历史 …………………………………………… 9

　　一、Roschevicz 的分类 ………………………………………………… 10

　　二、国际水稻研究所早期的分类 ……………………………………… 11

　　三、Tateoka 的分类 …………………………………………………… 11

　　四、张德慈的分类 ……………………………………………………… 13

　第四节　稻属分类研究现状与建议 ……………………………………… 14

　　一、Vaughan 的分类 …………………………………………………… 14

　　二、对稻属分类的建议 ………………………………………………… 16

　第五节　稻属分类研究中存在的问题 …………………………………… 18

　　一、同种异名现象 ……………………………………………………… 18

　　二、栽培稻野生近缘种命名的混乱现象 ……………………………… 26

　第六节　稻属分类研究的新进展 ………………………………………… 31

　　一、未知染色体组构成的确定 ………………………………………… 31

　　二、几个新的野生稻种的命名 ………………………………………… 32

　　三、疣粒野生稻与颗粒野生稻的关系 ………………………………… 33

第二章　水稻的染色体组 ···········································38

　第一节　水稻染色体组 ·············································38

　　一、染色体组基数的确定 ········································38

　　二、古多倍体的可能性 ··········································38

　第二节　水稻染色体组的分化 ······································40

　　一、染色体组的命名 ············································40

　　二、稻属各染色体组的确定 ······································42

　　三、稻属 A 染色体组物种间的分化 ·······························46

　　四、稻属不同染色体组物种间的亲缘关系 ··························49

　　五、稻属四倍体野生种染色体组的来源 ····························51

第三章　栽培稻的起源 ··············································54

　第一节　栽培稻的祖先种 ··········································54

　　一、祖先种确定的基本依据 ······································54

　　二、普通野生稻的分布 ··········································59

　第二节　普通野生稻种群的遗传变异 ································62

　　一、一年生与多年生的变异 ······································62

　　二、形态性状的变异 ············································64

　　三、同工酶基因的变异 ··········································66

　　四、核基因组 DNA 序列的变异 ···································66

　　五、普通野生稻的籼、粳分化 ····································68

　第三节　稻属植物的起源与驯化 ····································74

　　一、稻属植物的起源 ············································74

　　二、野生稻的驯化 ··············································76

　第四节　栽培稻的起源时间与地区 ··································79

　　一、起源问题的几个代表学说 ····································79

　　二、水稻分散起源的可能性 ······································96

　　三、水稻多元起源的依据 ········································99

　　四、水稻起源的时间推测 ·······································104

　第五节　栽培稻的驯化与性状变异 ·································107

　　一、驯化的外在动力因素 ·······································108

　　二、驯化选择与遗传瓶颈 ······················· 111

　　三、关键性状与基因的驯化 ····················· 114

　　四、杂草稻 ··································· 118

第四章　栽培稻的分化和传播 ························ 122

　第一节　栽培稻的分化 ·························· 122

　　一、籼、粳的分化 ····························· 122

　　二、籼、粳分化与起源之间的关系 ··············· 126

　　三、生育期的分化 ····························· 134

　　四、旱稻与深水稻的分化 ······················ 136

　　五、粘稻与糯稻的分化 ························· 137

　第二节　栽培稻的分类 ·························· 138

　　一、分类的依据 ······························· 138

　　二、籼、粳的分类 ····························· 139

　　三、水稻主产国对栽培品种的分类 ··············· 141

　　四、不同生态型的分类 ························· 147

　第三节　栽培稻的传播 ·························· 151

　　一、影响栽培稻传播的因素 ····················· 152

　　二、栽培稻的传播路线 ························· 154

第五章　水稻的基因符号和连锁群 ···················· 164

　第一节　基因符号 ····························· 164

　　一、基因符号命名的简要历史 ··················· 164

　　二、水稻基因符号的命名规则 ··················· 166

　第二节　水稻连锁群的研究 ······················ 167

　　一、水稻连锁遗传现象的发现 ··················· 167

　　二、连锁群研究的复杂性 ······················ 168

　　三、连锁群研究简要发展过程 ··················· 168

　第三节　水稻染色体与连锁群间的对应关系 ··········· 171

　　一、水稻染色体的鉴别 ························· 171

　　二、染色体与连锁群的遗传学关系 ··············· 172

　　三、利用三体研究染色体与连锁群关系的方法 ······· 173

四、染色体与连锁群间关系的建立 ·········································· 176

五、遗传图谱和物理图谱 ··················································· 184

**第六章　水稻的染色体** ··················································· 186

第一节　水稻染色体的形态 ················································· 186

一、有丝分裂染色体 ····················································· 186

二、有丝分裂前中期染色体核型 ··········································· 189

三、有丝分裂前中期染色体带型 ··········································· 190

四、减数分裂染色体 ····················································· 191

五、减数分裂粗线期染色体核型 ··········································· 194

第二节　染色体特异分子细胞学标记 ········································· 196

一、FISH 在水稻细胞遗传学研究中的应用 ··································· 197

二、染色体臂特异分子细胞学标记的筛选 ··································· 199

三、染色体臂特异分子细胞学标记的应用 ··································· 202

第三节　水稻染色体端粒 ··················································· 203

一、不同物种端粒 DNA 序列 ··············································· 204

二、水稻端粒序列 ······················································· 205

三、水稻亚端粒序列 ····················································· 206

四、端粒酶 ····························································· 208

五、端粒的生物学功能 ··················································· 209

第四节　水稻染色体着丝粒 ················································· 213

一、着丝粒的定义 ······················································· 213

二、着丝粒 DNA 序列 ····················································· 214

三、水稻着丝粒 DNA ····················································· 214

四、着丝粒的生物学功能 ················································· 218

五、着丝粒的表观遗传调控 ··············································· 220

六、新着丝粒的形成 ····················································· 222

七、着丝粒的进化 ······················································· 222

**第七章　水稻的整倍体** ··················································· 224

第一节　单倍体 ··························································· 224

一、单倍体产生途径 ····················································· 224

　　　二、单倍体的特征 ································································· 227

　　　三、单倍体在育种研究中的应用 ············································· 230

　第二节　三倍体 ································································· 232

　　　一、同源三倍体 ······························································· 233

　　　二、异源三倍体 ······························································· 236

　　　三、异源三倍体的利用 ······················································ 239

　第三节　四倍体 ································································· 241

　　　一、同源四倍体的产生途径 ················································· 241

　　　二、同源四倍体的特征 ······················································ 242

　　　三、同源四倍体在育种上的研究价值 ······································ 245

　第四节　水稻的其他整倍体 ···················································· 247

　　　一、六倍体 ···································································· 247

　　　二、八倍体 ···································································· 248

第八章　水稻的非整倍体 ························································· 250

　第一节　单体 ·································································· 250

　第二节　三体 ·································································· 251

　　　一、初级三体 ································································· 251

　　　二、端三体 ···································································· 260

　　　三、次级三体 ································································· 265

　　　四、三级三体 ································································· 269

　　　五、水稻三体在遗传研究中的应用 ········································· 271

　第三节　水稻异源单体附加系 ················································· 275

　　　一、异源单体附加系的选育 ················································· 275

　　　二、异源单体附加系的形态特征 ············································ 276

　第四节　非整倍体后代的变异 ················································· 277

　　　一、有性繁殖后代的变异 ···················································· 277

　　　二、无性繁殖后代的变异 ···················································· 277

第九章　水稻减数分裂的遗传调控 ·············································· 279

　第一节　水稻减数分裂研究的优势 ············································· 280

　第二节　减数分裂起始的遗传调控 ············································· 284

第三节　黏着蛋白组装的遗传调控 ································· 286

第四节　DNA 双链断裂形成与修复的遗传调控 ··············· 288

　一、DSB 的产生 ········································· 289

　二、DSB 加工和修复 ····································· 290

第五节　同源染色体配对与联会的遗传调控 ··················· 293

　一、联会复合体侧向元件 ································· 295

　二、联会复合体中央元件 ································· 295

第六节　同源染色体重组的遗传调控 ························· 297

　一、交叉形成的分子机制 ································· 297

　二、同源重组保障机制 ··································· 301

第七节　同源染色体分离的遗传调控 ························· 302

第八节　展望 ············································· 306

**参考文献** ················································ 308

# 第一章　稻属的分类

水稻作为全球最重要的粮食作物之一，它在植物分类上的地位是什么？与其亲缘关系相近的物种有哪些？在长期的进化过程中，水稻本身发生了哪些分化？这些问题一直受到广泛关注。本章在讨论这些问题时，着重考虑了以下两个背景因素。

首先，水稻是一种既现代又古老的植物。说它现代，是因为它不仅是全世界50%以上人口的主要粮食，也是现代分子生物学研究中的单子叶模式植物。说它古老，是因为它是人类历史上驯化最早的作物之一。根据考古资料推算，水稻被人类驯化的起始年代可以追溯到1万多年以前的新石器时代。而水稻的祖先物种，可能早在地球板块漂移以前就已经形成。

其次，水稻是一种易于发生变异的物种，我国水稻学家丁颖（1957）称其为多型性（polymorphic）作物。因此，在长期的演化过程中，稻种既受到地理、气候、土壤和水文条件变迁等自然选择的影响，又受到人工选择作用力的推动，使水稻这一物种发生了很多复杂的分化和变异。

由于以上原因，对稻属植物的分类研究尽管已有100多年的历史，但是在如何准确界定稻属植物与相邻属物种间的差异、稻属植物究竟包括多少个物种、它们在进化上的相互关系等问题上还存在不少分歧，尚未达成共识。

## 第一节　稻属在分类中的地位

在分类上，稻属（*Oryza*）是禾本科（Gramineae）稻族（Oryzeae）内的一个属。稻族内各个属的名称、涵盖的物种数以及在世界上的分布地区见表1-1。由表1-1可以看出，稻族中各种植物的共同点都是生长在热带和温带地区，染色体数多数是12的倍数。多数属的物种是两性花，但有3个属是单性花，或者是单性花与两性花并存。

表 1-1　稻族中各个属的物种数、分布地区、染色体数和小穗结构

| 属名 | 物种数 | 分布地区 | 染色体数 | 小花特性 |
| --- | --- | --- | --- | --- |
| 稻属 Oryza | 22 | 热带 | 24、48 | 两性花 |
| 假稻属 Leersia | 17 | 热带和温带 | 24、48、60、96 | 两性花 |
| 山涧草属 Chikusichloa | 3 | 中国、日本温带 | 24 | 两性花 |
| 水禾属 Hygroryza | 1 | 亚洲温带和热带 | 24 | 两性花 |
| Porteresia | 1 | 南亚热带 | 48 | 两性花 |
| 菰属 Zizania | 3 | 欧洲、亚洲、北美洲温带和热带 | 30、34 | 单性花 |
| Luziola | 11 | 北美洲、南美洲温带和热带 | 24 | 单性花 |
| 假菰属 Zizaniopsis | 5 | 北美洲、南美洲温带和热带 | 24 | 单性花 |
| Rhynchoryza | 1 | 南美洲温带 | 24 | 两性花 |
| 林菰属 Maltebrunia | 5 | 热带和南非热带 | 未知 | 两性花 |
| Prosphytochloa | 1 | 南非热带 | 未知 | 两性花 |
| Potamophila | 1 | 澳大利亚温带和热带 | 24 | 单性花或两性花 |

注：根据 Vaughan（1994）整理

## 一、稻属植物的形态特征

一般来说，稻属植物具有以下共同特征：花序为圆锥花序，小穗（spikelet）具 1 朵或 3 朵小花。具 3 朵小花时，生长在下面的 2 朵小花退化，形成不孕外稃，并呈现扁平或圆筒形特征。每枚小花具 1 枚外稃（lemma）和 1 枚内稃（palea），外稃具芒或无芒（图 1-1）。

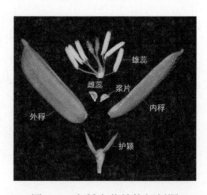

图 1-1　水稻小花结构解剖图

除以上花序和小花的形态特征以外，稻属植物在组织结构上也有一些其他物种不具备的特点。据 Tateoka（1963）研究，稻属植物叶片的中脉（midrib）具有两条维管束，其中一条位于近轴面，其绿色组织几乎都由臂形细胞（arm cell）构成。稻属植物的植硅体（phytolith）在形态上也与其近缘植物不同。所有这些特征都可作为区别其他近缘物种的标志性状。

## 二、稻属的近缘物种

稻属是稻族中比较大的属，包含的物种数量有 20 个以上，稻族内与稻属亲缘关系较近的有以下几个属。

稻族中的 *Porteresia* 属是一个单型属，属内仅有的一个种为 *Porteresia coarctata*（Tateoka，1963）。它在 20 世纪相当长的一段时期内曾被列入稻属，称 *Oryza coarctata*。后因它的某些形态特征与稻属物种有明显区别，而从稻属中单列出来。但是，依据其基因组序列特征，有研究者认为将它划归稻属似乎更为合理（郭亚龙，2005）。对于这一属物种在分类上的地位目前仍然存在分歧，说明 *Porteresia* 属物种与稻属物种在亲缘关系上是十分接近的。

除 *Porteresia* 属以外，一般认为假稻属（*Leersia*）是与稻属亲缘关系较近的属（Ge et al.，2002；郭亚龙和葛颂，2006）。在形态上，假稻属植物籽粒没有像稻谷一样的不孕外稃，这是它区别于稻属植物的主要特征（Nayar，1973）。由于假稻属植物与稻属植物在形态特征上十分相似，分布也相互重叠，因此在分类上一些假稻属的物种，如 *L. tisserantii*、*L. perrieri* 和 *L. nematostachya*，都曾被列入稻属之中。

与稻属亲缘关系较近的另一个属是菰属（*Zizania*），这一属有 3 个种。其中菰（*Z. latifolia*）分布于我国，一般称它为茭白。水生菰（*Z. aquatica*）和沼生菰（*Z. palustris*）分布于北美洲，它们的种子在美国被称为野生稻米。菰属物种虽然与稻属物种十分接近，但其染色体基数（$x$）为 15 或 17，这与稻属的染色体基数 12 不同。而且，菰属物种都是单性花，在同一花序上，顶部小花为雄花，基部为雌花，这也与稻属植物有着明显的差别。

除以上几个属以外，稻族内其他属与稻属间的亲缘关系相对较远，不同属的物种间存在着明显的生殖隔离，相互之间不能发生天然杂交。即使人工杂交也不结实，这与小麦属物种有着明显差异。

# 第二节　稻属的分类依据

## 一、形态性状

稻属是稻族中最大的属，据考证，稻属这一属名最早是由 Carl von Linne 于 1753 年命名的。当时对该属植物的描述是依据采自埃塞俄比亚的水稻植株进行的（卢宝荣等，2001）。被描述的主要是两种器官的形态和结构特征，一是繁殖器官穗和颖花的形态特征，二是营养体叶片的形态特征。具体如下。

（1）花序为圆锥花序，一个小穗（spikelet）通常只含一朵可育小花（floret），小花通过花梗（pedicel）着生在花序的枝梗上。

（2）花为两性花，每朵花内有 1 枚雌蕊和 6 枚雄蕊。包裹雌雄蕊的为两片瓦状颖片，外面一片称为外稃（lemma，俗称外颖），里面一片称为内稃（palea，俗称内颖）。

（3）在每朵小花内、外稃的外侧基部，又分别着生一枚颖片，为不孕外稃（sterile lemma），俗称护颖，也称空颖。

（4）叶片窄长，草状，叶缘有锯齿结构。

尽管稻属植物与近缘物种间存在生殖隔离，但不少物种之间在植株形态、叶片形态、花序形态和颖花结构等方面又存在不少相似之处，给这些物种的准确分类带来了一定困难，这也是导致对稻属植物命名和分类产生分歧的重要原因之一。

## 二、植硅体

植硅体（phytolith）是存在于植物细胞或组织中，具有一定形态的二氧化硅沉积体，过去常被称为硅酸体（silica body）或植物蛋白石（plant opal 或 opal phytolith）。禾本科不少植物都有植硅体的存在。据研究，不同物种的植硅体在形态上存在一定差异，在分类上可将其作为区分不同物种的性状之一。因为构成植硅体的主要成分是二氧化硅，所以它很难被腐蚀。在考古研究中，凡是发现有水稻遗存的地方常常可分离到植硅体。因此，在水稻考古研究中，植硅体的形态和差异，已被作为稻种起源和分类研究的重要依据。

水稻的植硅体有两种，分别是位于叶片泡状细胞（bulliform cell，也称运动细胞）中的扇形植硅体和位于叶片硅细胞中的哑铃形植硅体。在分类上研究较多的是扇形植硅体。此外，在颖壳表面分布的硅质化乳头状突起，又称为颖壳植硅石，它的形态因物种而异，在稻种分类上也有很好的利用价值。

### 1. 扇形植硅体

扇形植硅体存在于普通叶片的泡状细胞中。将成熟叶片浸泡在 1∶4 的硫酸与硝酸混合液中，通过强氧化作用除去叶片中的有机物质，便可将植硅体分离出来。在扫描电镜下观察，可见一种扇形的颗粒，故称为扇形植硅体（图 1-2）。

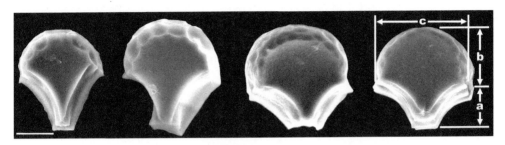

图 1-2　稻属植物扇形植硅体显微结构

a. 扇柄长；b. 扇面长；c. 扇面宽。标尺，20μm

扇形植硅体的形态差异可表现在扇柄长、扇面长、扇面宽和扇面形态指数等方面。根据这些特征值的差异，可以将来源于不同物种的扇形植硅体进行分类（张文绪等，2002；吕厚远等，2002），相关数据可作为稻族物种分类的依据。另外，稻族植物不同于其他禾本科植物的重要特征之一，是其扇形植硅体顶部弧面上存在明显的鱼鳞状纹饰（scale-like decoration）。据 Fujiwara（1993）的研究，在稻族不同属物种之间，乃至在栽培稻与野生稻之间，这种鱼鳞状纹饰数目也存在着规律性的变化。稻族几个重要物种扇形植硅体上鱼鳞状纹饰的数目见表 1-2。

表 1-2　稻族几个重要物种扇形植硅体上鱼鳞状纹饰的数目

| 物种名称 | 鱼鳞状纹饰数 | 植硅体数 |
| --- | --- | --- |
| *O. sativa* | 9.7±2.3 | 37 |
| *O. rufipogon* | 5.9±1.5 | 39 |
| *O. punctata* | 4.4±1.0 | 40 |
| *O. minuta* | 5.6±0.7 | 40 |
| *L. oryzoides* | 5.2±1.3 | 40 |
| *L. hexandra* | 2.8±2.1 | 39 |
| *Z. zaniacaduciflora* | 4.2±0.9 | 39 |
| *Z. zaniamiliacea* | 4.0±0.8 | 38 |

注：根据 Lu 等（2002）整理，其中鱼鳞状纹饰的数目为平均值±标准偏差

稻族物种扇形植硅体上鱼鳞状纹饰数目的这种差异，在分类上可帮助人们将水稻与其野生近缘物种区别开来，也可以将栽培稻与野生稻相区分。这在稻种的考古研究中尤为重要，可以帮助人们区分被发掘的遗址中稻属物种的种类，判断它们是栽培稻还是野生稻（Lu et al.，2002）。

### 2. 哑铃形植硅体

哑铃形植硅体存在于叶脉表皮的硅细胞中。沿叶脉的表皮细胞有长细胞和短细胞两种，长细胞间分布有气孔组织，短细胞有硅细胞和栓细胞两种，它们相间排列。哑铃形植硅体发育于硅细胞中，每个哑铃形植硅体都由两个半圆形裂片和连接两个裂片的柄构成。裂片的两端各有一个勺形凹口，宛如一个哑铃，故称其为哑铃形植硅体（图 1-3）。

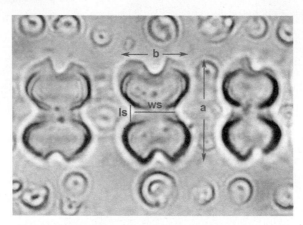

图 1-3　哑铃形植硅体
a. 长度；b. 宽度；ls. 柄长；ws. 柄宽

稻属不同稻种的哑铃形植硅体在形态上亦有一定差异，表现在哑铃形植硅体的长度、宽度、柄长和柄宽等方面。由于哑铃形植硅体很小，测量及分离的难度较大，因而很少应用于考古和分类研究中。

### 3. 稃面乳突

在水稻颖壳表面规则地分布着许多丘形突起，这些突起的基部比较宽大，而顶部比较狭小，因而又称为乳突（tubercle）（张文绪和汤陵华，1996；张文绪等，2002）。形成乳突的颖壳表皮细胞都是高度硅质化的，又称为颖壳植硅石或双峰植硅体（陈报章和王象坤，1995）。由于稻属不同物种之间在乳突的形态上存在明显差异，这些差异与稻种分化存在一定的联系，因而可作为区别不同稻种（包括栽培稻籼、粳不同亚种）的重要依据之一。稻属不同物种稃面的乳突可分为以下 5 种（图 1-4）。

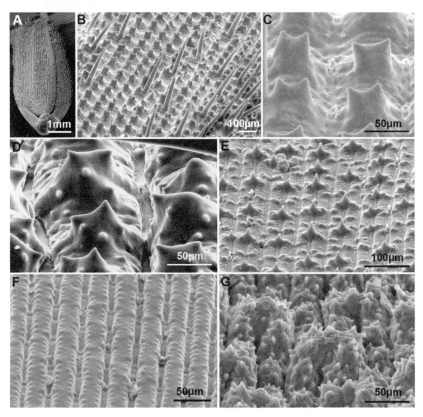

图 1-4　稻属植物稃面的乳突类型
A—C. *O. sativa*；D. *O. minuta*；E. *O. ridleyi*；F. *O. brachyantha*；G. *O. granulata*

（1）双峰乳突。在这种乳突的顶部两侧分别有一个峰形突起，故称为双峰乳突（图 1-5）。具有这类乳突结构的稻种有 13 种，它们分别是 *O. sativa*、*O. rufipogon*、*O. nivara*、*O. glaberrima*、*O. longistaminata*、*O. latifolia*、*O. alta*、*O. grandiglumis*、*O. australiensis*、*O. barthii*、*O. meridionalis*、*O. officinalis* 和 *O. rhizomatis*。在栽培稻中，籼稻与粳稻的双峰乳突在形态上也存在一定差异。其中籼稻乳突上的两个峰比较尖，且峰间距较小；而粳稻乳突的两个峰比较钝，且峰间距较大（张文绪和汤陵华，1996）。

（2）多向峰乳突。这类乳突除了顶部两侧各有一个主要的峰形突起，其周边还存在一些小的峰形突起，表现出多个小峰与双峰并存的特点，具有这类乳突的

稻种有 *O. punctata*、*O. eichingeri* 和 *O. minuta*。

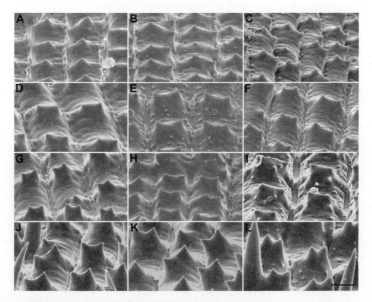

图 1-5 稻属植物双峰乳突的亚显微形态

A. *O. sativa*；B. *O. glaberrima*；C. *O. rufipogon*；D. *O. nivara*；E. *O. meridionalis*；F. *O. grandiglumis*；G. *O. barthii*；
H. *O. rhizomatis*；I. *O. officinalis*；J. *O. latifolia*；K. *O. alta*；L. *O. australiensis*。标尺，50μm

（3）瘤峰乳突。这类乳突顶部不存在峰形突起，而存在多个瘤状的小突起。具有这类乳突的稻种有 *O. meyeriana* 和 *O. granulata*。

（4）丘形乳突。这类乳突比较平缓，呈单个或连体存在。在有些文献中，这类乳突也曾被称为单峰乳突（张文绪和汤陵华，1996）或四峰乳突（张文绪等，2002）。在成行排列的乳突之间着生有尖状钩毛，具有这类乳突的稻种仅有 *O. ridleyi* 一种。

（5）凹痕乳突。这类乳突不表现出峰形特征，而表现为交替排列的丘形隆起，在稃面纵向排列的乳突之间形成许多浅平的凹痕。具有这类乳突的稻种仅有 *O. brachyantha* 一种。

与扇形植硅体一样，硅质化的水稻颖壳同样很耐腐蚀，稃面乳突的形态可在相当长时期内得到保存。在考古研究中，遗迹中如果有稻粒或稻壳印纹的存在，那么稻壳稃面的乳突特征常常是推断稻种类型的重要依据之一。

三、形态学种和生物学种

在植物分类上，一般仅按形态特征进行分类命名的物种称为形态学种

（morphological species）。由于形态性状在稻属不同物种之间不可避免地会有各种变异，即使是同一个物种生长在不同地区的植株，其形态性状也会有表型的差异。这种仅按形态性状的表现来命名的分类，难免会出现同种异名或被错误命名的情况。以与亚洲栽培稻亲缘关系最密切的普通野生稻为例，早在 20 世纪 30 年代前，被命名的种名就有 *O. sativa* f. *spontanea*、*O. communissima*、*O. glutinosa*、*O. montana*、*O. praecox*、*O. rufipogon*、*O. perennis* 等 20 余种（Roschevicz，1931）。从上面列举的例子可以看出，对于形态性状变异比较丰富的稻属植物而言，仅按形态性状进行种的分类是存在一定缺陷的。

相对于形态学种而言，分类学中还有一种被称为生物学种（biological species）的概念。它是指在有性生殖情况下，可以相互交配并可产生正常育性后代的种群。这类种群与其他种群间一般都存在明显的生殖隔离，表现为相互之间不能正常交配，或者交配以后不能产生正常后代，表现出明显的不育现象。Dobzhansky（1937）认为，不同生物学种之间，生殖隔离的形成与长期的地理隔离有关。当一个生物种群因某种原因而被隔离在不同生态地区生长时，经过长期自然选择，它们可能独立地向不同方向分化，逐渐形成生殖隔离，并进化成不同的生物学种。当然，与形态性状会产生变异一样，在不同的生物学种之间，生殖隔离的程度也会有不同的变化，这同样会给新物种的界定与命名带来困难。但不管怎样，在物种分类研究中，同时考虑形态性状差异和是否存在生殖隔离这两个方面的因素，可以使物种分类结果更加准确、更为可靠。

本质上，按形态性状进行的稻种分类，依据的主要是表型变异。而按是否存在生殖隔离进行分类，主要依据不同类群之间遗传分化的水平或程度。自 20 世纪 40 年代以来，在稻属分类研究中，先后在不同种群之间进行了杂交可孕性分析、杂种后代的细胞遗传学分析、染色体组构成分析、重要基因的序列变异与进化分析等，积累了丰富的研究资料，为稻属植物的科学分类奠定了坚实基础。

## 第三节　稻属分类研究的历史

稻属植物分布很广，除栽培稻的两个种即亚洲栽培稻（*O. sativa*）和非洲栽培稻（*O. glaberrima*）以外，在非洲、亚洲、大洋洲和拉丁美洲靠近赤道的热带及亚热带地区，都有稻属植物的野生种分布。自从稻属被命名以后，分布在全球各地的野生种也相继被发现和命名。早在 1922 年，Prodoehl 就对一些水稻及其野生种的形态特征进行了描述，当时他共列出了 17 个种。此后，Roschevicz（1931）、Sakai（1935）、Chatterjee（1948）、Richharia（1960）、Tateoka（1963，1964）、Sampath（1964）、Nayar（1973）、Vaughan（1989）、吴万春（1995）、卢宝荣等（2001）、Vaughan等（2003）都对稻属植物的分类做过研究。由于不同野生稻种性状变异程度复杂多样，不同研究者对同一性状在分类中所占地位重要性的把握不尽相同，因而，对稻属植物的分类结果也不尽相同，甚至连稻属内所包含种的数目也不一样。

## 一、Roschevicz 的分类

表 1-3  Roschevicz（1931）对稻属植物的分类

| 组别/种名 |
| --- |
| I **Sativa** 组 |
| 1. O. sativa |
| 2. O. longistaminata |
| 3. O. grandiglumis |
| 4. O. punctata |
| 5. O. stapfii |
| 6. O. breviligulata |
| 7. O. australiensis |
| 8. O. glaberrima |
| 9. O. latifolia |
| 10. O. schweinturthiana |
| 11. O. officinalis |
| 12. O. minuta |
| II **Granulata** 组 |
| 1. O. granulata |
| 2. O. abromeitiana |
| III **Coarctata** 组 |
| 1. O. schlechteriana |
| 2. O. ridleyi |
| 3. O. coarctata |
| 4. O. brachyantha |
| IV **Rhynchoryza** 组 |
| 1. O. subulata |

在稻属分类研究中，尽管不同研究者提出的分类方案各不相同，但一般都认为，在早期的研究中，苏联科学家 Roschevicz 于 1931 年提出的分类方案对后续研究影响最大。在《对水稻之认识》（Кпознанию риса）这一专著中，他在对稻属每一种的形态特征、地理分布和生长习性进行系统描述的基础上，依据分类中几个关键形态性状的差异，包括小穗外稃和内稃表面的结构特征、小穗形态等，把稻属所有种分为 4 个组（section），共 19 个种（表 1-3）。

在 Roschevicz 的分类方案中，第一组（Sativa）包含 12 个种。它们分布在全球热带和亚热带地区，既包括一年生类型，也包括多年生类型。这些种的共同特征是在稃的表面分布有细小的瘤状突起，它们分布规则，交叉成行。小穗的护颖呈线形或披针形。栽培稻的两个种 O. sativa 和 O. glaberrima 都在这一组内，因而认为这一组内的野生种与栽培稻的关系最为密切。

第二组（Granulata）只有 2 个种。它们只分布在东南亚地区，而且都是多年生类型。其共同特征是稃面分布有疣状的颗粒突起，护颖呈锥状或鬃毛状，小穗呈披针形或窄披针形。

第三组（*Coarctata*）包括 4 个种。其中除 *O. brachyantha* 分布于非洲北部的旱地以外，其他 3 个种均分布于东南亚和大洋洲北部地区。该组各个种的共同特点是稃面不存在颗粒状突起，也无稃毛，因而手感光滑。

第四组（*Rhynchoryza*）只包含 1 个种，即 *O. subulata*，其是多年生种，只在南美洲出现，粒型较大，稃的顶部着生很长的芒。

在 Roschevicz 提出这一稻属物种分类方案以后，Chevalier（1932）、Chatterjee（1948）和 Sampath（1962）等也分别对稻属物种进行过分类研究，并提出了他们的分类方案。相对于 Roschevicz 对稻属的分类方案，这些分类方案并无根本性改变。但对其中一些物种的种名做了较多改动，从而导致同种异名现象的产生。这既与当时没有统一的命名方案有关，也与物种命名所依据的标准不同有关。例如，印度学者习惯将生长在该国的多年生普通野生稻称为 *O. balunga*，而将一年生类型称为 *O. fatua* 或 *O. sativa* var. *fatua*。

## 二、国际水稻研究所早期的分类

1960 年国际水稻研究所（International Rice Research Institute，IRRI）成立以后，在 1963 年召开的水稻遗传学与细胞遗传学讨论会（Symposium on Rice Genetics and Cytogenetics）上，为了解决稻属不同物种命名上的混乱问题，由印度科学家 Sampath、日本科学家 Tateoka 和美国科学家 Henderson 组成了专门小组，讨论如何对稻属内不同物种进行统一命名的问题（Sampath，1964）。受限于当时所掌握的研究资料，要解决这一问题确实存在诸多困难，尽管如此，与会代表经过讨论，仍在以下两个问题上达成了共识。

首先，确认原来在 Roschevicz 分类方案中被列入第四组的物种 *O. subulata* 不属于稻属。因为它在许多性状上，尤其是小穗颖花的形态和结构，与稻属植物明显不同，因而应当从稻属中剔除，并将其更名为 *Rhynchoryza subulata*。

其次，确定 19 个种可被纳入稻属之内，它们分别为 *O. sativa*、*O. glaberrima*、*O. breviligulata*、*O. australiensis*、*O. schlechteri*、*O. coarctata*、*O. officinalis*、*O. minuta*、*O. eichingeri*、*O. punctata*、*O. latifolia*、*O. ridleyi*、*O. alta*、*O. brachyantha*、*O. augustifolia*、*O. perrieri*、*O. tisserantii*、*O. longiglumis*、*O. meyeriana*。

## 三、Tateoka 的分类

1963 年，Tateoka 提出了另一种分类方案，将稻属分为 6 个组 22 个种。第一

组为 *Oryzae* 组，有 13 个种。除两个栽培种 *O. sativa* 和 *O. glaberrima* 以外，还包含与它们亲缘关系最近的野生稻 *O. rufipogon* 和 *O. breviligulata*。第二组为 *Schlechterianae* 组，只有 1 个种 *O. schlechteri*。第 3 组为 *Granulatae* 组，也只有 1 个种 *O. meyeriana*。第 4 组为 *Ridleyanae* 组，包含 2 个四倍体种，分别为 *O. ridleyi* 和 *O. longiglumis*。第 5 组为 *Angustifoliae* 组，包含 4 个种，分别为 *O. brachyantha*、*O. angustifolia*、*O. perrieri* 和 *O. tisserantii*，这些野生种都分布在非洲大陆。第 6 组为 *Coarctata* 组，只包含 1 个四倍体种 *O. coarctata*，仅分布于亚洲。

此后，Tateoka（1964）在对不同野生稻种胚形态结构研究中发现，属于第一组的各个稻种，它们的种胚结构有两个共同特征：一是它们的外胚叶与盾片在侧面都是紧密结合在一起的，而在 *O. coarctata* 的种胚中，盾片与外胚叶之间存在明显的间隙；二是 *O. coarctata* 种胚呈窄椭圆形，而稻属其他野生种的种胚均呈椭圆形或阔椭圆形。为此，Tateoka 建议将原属于稻属的 *O. coarctata* 剔除，归入 *Sclerophyllum* 属中，命名为 *Sclerophyllum coarctata*（Tateoka，1964）。此后，Launert（1965）通过对非洲假稻属（*Leersia*）的研究，将以前稻属的三个种 *O. angustifolia*、*O. perrieri* 和 *O. tisserantii* 归入假稻属，并将其分别命名为 *L. nematostachya*、*L. perrieri* 和 *L. tisserantii*。随着研究的深入，Tateoka、Sharma 和张德慈（Chang）等又相继对稻属物种的认定和分组做了修订。Tateoka 于 1968 年提出了新的修订方案，将其 1963 年稻属分类方案中 6 个组 22 个种简化为 4 个组 18 个种，删减了 *Coarctata* 和 *Angustifoliae* 两个组，并将原 *Angustifoliae* 组中的 *O. brachyantha* 仍保留在稻属内，但被移到 *Ridleyanae* 组内（表 1-4）。

表 1-4  Tateoka（1964）对稻属的分类

| 组别 | 种名 |
| --- | --- |
|  | *O. sativa* |
|  | *O. rufipogon* |
|  | *O. barthii* |
|  | *O. glaberrima* |
|  | *O. breviligulata* |
| *Oryzae* 组 | *O. australiensis* |
|  | *O. eichingeri* |
|  | *O. punctata* |
|  | *O. officinalis* |
|  | *O. minuta* |
|  | *O. latifolia* |

| 组别 | 种名 |
| --- | --- |
| *Oryzae* 组 | *O. alta* |
| | *O. grandiglumis* |
| *Ridleyanae* 组 | *O. ridleyi* |
| | *O. longiglumis* |
| | *O. brachyantha* |
| *Granulatae* 组 | *O. meyeriana* |
| *Schlechterianae* 组 | *O. schlechteri* |

## 四、张德慈的分类

可能是因为稻属内所含种的数目并不太多，所以张德慈（Chang，1976）不主张将不同稻种细分成若干个小组。他将稻属分为 2 个栽培种和 20 个野生种，并以不同物种名称的首字母为序，将 22 个种列成一个表（表 1-5）。

表 1-5　Chang（1976）确认的稻属所包括的物种

| 稻属物种的种名 |
| --- |
| *O. alta* |
| *O. australiensis* |
| *O. barthii*（*O. breviligulata*） |
| *O. brachyantha* |
| *O. eichingeri* |
| *O. glaberrima* |
| *O. grandiglumis* |
| *O. granulata* |
| *O. glumaepatula*（*O. perennis* subsp. *cubensis*） |
| *O. latifolia* |
| *O. longiglumis* |
| *O. longistaminata*（*O. barthii*） |
| *O. meridionalis* |
| *O. meyeriana* |
| *O. minuta* |
| *O. nivara*（*O. fatua*、*O. sativa* f. *spontanea*） |
| *O. officinalis* |
| *O. punctata* |
| *O. ridleyi* |

| 稻属物种的种名 |
| --- |
| *O. rufipogon*（*O. perennis*、*O. fatua*、*O. perennis* subsp. *balunga*） |
| *O. sativa* |
| *O. schlechteri* |

注：根据 Chang（1976）整理

# 第四节　稻属分类研究现状与建议

自 20 世纪 40 年代开始，Morinaga 对稻属不同野生种间存在不同染色体组的发现，激发了稻作科学家对稻属进行染色体组分化研究的热情。通过 Morinaga、李先闻等的努力，对稻属内凡是可能杂交的不同物种（包括栽培稻和野生稻），完成了对它们染色体组的分析。通过研究，发现除栽培稻及普通野生稻的 AA 染色体组以外，二倍体野生稻的染色体组还有 BB、CC、EE 和 FF，四倍体野生稻的染色体组还有 BBCC 和 CCDD 等（详见第二章）。由于染色体在遗传研究中的重要性，有关稻属不同物种染色体组水平上的差异，很自然地被应用到稻种分类研究中，这对于推动栽培稻和野生稻种的分类，以及明确不同稻种之间的亲缘关系起到了举足轻重的作用。20 世纪 90 年代以来，由于分子生物学研究的迅猛发展，DNA 分子标记和基因组测序技术相继被应用于物种进化和分类研究中。一些原来染色体组不明确的野生稻种，它们的染色体组类型也相继被确定。并且，它们与其他稻种之间的系统发育关系也获得了解析，从而为稻属植物的科学分类提供了不少新的、很具说服力的证据。

## 一、Vaughan 的分类

根据稻属不同物种染色体组的构成差异，结合这些物种在形态学、植物地理学等方面的研究信息，Vaughan 等（2003）按"组（section）-复合体（complex）-种（species）"三级进行分类，将稻属植物分为 4 组，包括 4 个复合体共 23 个种（表 1-6）。这一分类方案最显著的特点，是在采纳以往稻属分类研究成果的基础上，结合了通过分子生物学手段发现的染色体组的相关信息。在复合体的分类中，基本以每个物种染色体组的类别作为分类依据，因而比以往其他分类方案更为科学，也更能说明稻属不同物种在系统发育中的地位。

表 1-6 稻属不同稻种分类、染色体组构成及其生境

| 组及复合体 | 种 | 染色体数 | 染色体组 | 生境 |
|---|---|---|---|---|
| | *Oryza* 组 | | | |
| *Oryza sativa* 复合体 | 亚洲栽培稻（*Oryza sativa*） | 24 | AA | 从旱地到积水地带，喜光 |
| | 普通野生稻（*O. rufipogon sensu lacto*），含一年生野生稻（*O. nivara*）和多年生普通野生稻（*O. rufipogon sensu stricto*） | 24 | AA | 一年生类型生长于季节性干旱地带，多年生类型生长于季节性有深水和湿地环境，喜光 |
| | 非洲栽培稻（*O. glaberrima*） | 24 | AA | 从旱地到积水地，喜光 |
| | 巴蒂野生稻（*O. barthii*） | 24 | AA | 季节性干旱地带，喜光 |
| | 长药野生稻（*O. longistaminata*） | 24 | AA | 从旱地到积水地，喜光 |
| | 南方野生稻（*O. meridionalis*） | 24 | AA | 季节性干旱到有积水地带，喜光 |
| | 展颖野生稻（*O. glumaepatula*） | 24 | AA | 季节性干旱地带，喜光 |
| *Oryza officinalis* 复合体 | 药用野生稻（*O. officinalis*） | 24 | CC | 季节性干旱地带，喜光 |
| | 小粒野生稻（*O. minuta*） | 48 | BBCC | 溪边，半遮阴地带 |
| | 根茎野生稻（*O. rhizomatis*） | 24 | CC | 季节性干旱地带，喜光 |
| | 紧穗野生稻（*O. eichingeri*） | 24 | CC | 溪边、林间、半遮阴地带 |
| | 马蓝普野生稻（*O. malapuzhaensis*） | 48 | BBCC | 林间向水，季节性干旱地带，荫蔽地带 |
| | 斑点野生稻（*O. punctata*） | 24/48 | BB, BBCC | 二倍体分布在季节性干旱地带，四倍体分布在林间阴地，不喜光 |
| | 阔叶野生稻（*O. latifolia*） | 48 | CCDD | 季节性干旱地带，喜光 |
| | 高秆野生稻（*O. alta*） | 48 | CCDD | 季节性淹水地带，喜光 |
| | 重颖野生稻（*O. grandiglumis*） | 48 | CCDD | 季节性淹水地带，喜光 |
| | 澳洲野生稻（*O. australiensis*） | 24 | EE | 季节性干旱地带，喜光 |
| | *Ridleyanae* 组 | | | |
| *O. ridleyi* 复合体 | 西莱特野生稻（*O. schlechteri*） | 48 | 未知 | 河沟边，喜光 |
| | 马来野生稻（*O. ridleyi*） | 48 | HHJJ | 季节性淹水林间，不喜光 |
| | 长颖野生稻（*O. longiglumis*） | 48 | HHJJ | 季节性淹水林间，不喜光 |
| | *Granulata* 组 | | | |
| *O. granulata* 复合体 | 颗粒野生稻（*O. granulata*） | 24 | GG | 林间空地，不喜光 |
| | 疣粒野生稻（*O. meyeriana*） | 24 | GG | 林间空地，不喜光 |
| | *Brachyantha* 组 | | | |
| *O. ridleyi* 复合体 | 短药野生稻（*O. brachyantha*） | 24 | FF | 多石池塘，喜光 |

注：根据 Vaughan 等（2003）整理

## 二、对稻属分类的建议

如果对 Vaughan 等（2003）稻属分类结果做深入分析，不难发现该分类方式也存在一些缺陷。主要表现在以下 4 方面：①按"组-复合体-种"三级分类，显得较为繁琐，而且"复合体"本身并不是分类上的单位。②由于稻属只有 20 多个种，按三级分类后，有些组内只包含一个种。例如，在短药野生稻组中，只有短药野生稻（*O. brachyantha*）一个种，在这一组内就不可能有"复合体"这样的分类层次，因而在不同组之间，在分类层次多少上显得不够平衡。③由于照顾到稻属分类研究中曾被沿用的名称，这一分类中，不同组的名称无法统一到相同的分类层次上，出现前后不一的矛盾。例如，在 Vaughan 的分类系统中，与栽培稻关系最密切的组称为普通稻组（Section *Oryza*），其中"*Oryza*"是稻属的属名。其他三个组用的都是组内代表性物种的种名，分别取名为马来野生稻组（Section *Ridleyanae*）、颗粒野生稻组（Section *Granulata*）和短药野生稻组（Section *Brachyantha*）。这样在同一分类方案中用不同层次的分类学名称作为组的名称，也显得不够平衡。④在 Vaughan 的分类系统中，一年生野生稻 *O. nivara* 没有被单独列为一个种，这与目前对稻属物种的一般认识有所不同。另外，由于四倍体的颗粒野生稻已被命名为一个新的野生稻种——非洲野生稻（*O. schweinfurthiana*），因此稻属现在已被确定的物种应该包含 25 个种。

在稻属植物的分类中，以往都是以不同物种染色体组的差异为依据进行的。早期对染色体组的研究，一般都是通过不同水稻物种相互杂交后，依据杂种 $F_1$ 在减数分裂过程中染色体的配对情况来确定的。由于稻属中不少物种之间存在严重的生殖隔离现象，在相当长的一段时期内，稻属不少野生种的染色体组是什么？它们与已知染色体组的物种间存在何种关系？这些问题一直未能获得明确结论。近 20 年来，随着分子生物学技术的发展，利用基因组序列变异对染色体组进行分析，多数原来染色体组未知的野生稻种都已相继被确定。因此，现在完全可以以稻属不同物种所携带染色体组的类别，结合不同种间及它们与栽培稻之间的亲缘程度为依据，对它们进行分类。事实上，Vaughan 在 2003 年提出的分类方案基本上也是这样做的。但是，由于其分类方案存在以上几个缺陷，我们建议在该分类方案的基础上，稍加改进，按"组-种"两级分类，将稻属 25 个种分为 5 组，提出了一个新的分类方案，见表 1-7。

表 1-7 稻属植物的种名、染色体组构成和生境

| 组别 | 种名 | 中文名称 | 染色体数 | 染色体组 | 生境 |
| --- | --- | --- | --- | --- | --- |
| **Sativa** 组 | *O. sativa* | 亚洲栽培稻 | 24 | AA | 从旱地到有较深水层的湿地都可生长，喜光 |
| | *O. rufipogon* | 普通野生稻 | 24 | AA | 湿地和沼泽地，喜光，多年生 |
| | *O. nivara*（与 *O. sativa* f. *spontane*、*O. sativa* f. *spontanea*、*O. fatua* 同种异名） | 尼瓦拉野生稻 | 24 | AA | 季节性干旱湿地，喜光，一年生 |
| | *O. glaberrima* | 非洲栽培稻 | 24 | AA | 从旱地到有较深水层的湿地都可生长，喜光 |
| | *O. barthii* | 巴蒂野生稻 | 24 | AA | 季节性干旱湿地，喜光，一年生 |
| | *O. longistaminata* | 长药野生稻 | 24 | AA | 从季节性干旱地到沼泽地区都有分布，喜光，多年生 |
| | *O. meridionalis* | 南方野生稻 | 24 | AA | 季节性干旱湿地，喜光，一年生 |
| | *O. glumaepatula* | 展颖野生稻 | 24 | AA | 季节性干旱湿地，喜光，多年生 |
| **Officinalis** 组 | *O. officinalis* | 药用野生稻 | 24 | CC | 季节性干旱地区，喜光 |
| | *O. minuta* | 小粒野生稻 | 48 | BBCC | 半荫蔽的小溪边 |
| | *O. rhizomatis* | 根茎野生稻 | 24 | CC | 季节性干旱地区，喜光 |
| | *O. eichingeri* | 紧穗野生稻 | 24 | CC | 林间溪边，不喜光 |
| | *O. malapuzhaensis* | 马蓝普野生稻 | 48 | BBCC | 林间季节性干旱小溪边，不喜光 |
| | *O. punctata* | 斑点野生稻 | 24 | BB | 季节性干旱地区，喜光 |
| | *O. schweinfurthiana* | 非洲野生稻 | 48 | BBCC | 林间空地，不喜光 |
| | *O. latifolia* | 阔叶野生稻 | 48 | CCDD | 季节性干旱地区，喜光 |
| | *O. alta* | 高秆野生稻 | 48 | CCDD | 季节性淹水地区，喜光 |
| | *O. grandiglumis* | 重颖野生稻 | 48 | CCDD | 季节性淹水地区，喜光 |
| | *O. australiensis* | 澳洲野生稻 | 24 | EE | 季节性干旱地区，喜光 |
| **Ridleyi** 组 | *O. ridleyi* | 马来野生稻 | 48 | HHJJ | 林间空地，季节性淹水地区，不喜光 |
| | *O. longiglumis* | 长颖野生稻 | 48 | HHJJ | 林间空地，季节性淹水地区，不喜光 |
| | *O. schlechteri* | 西莱特野生稻 | 48 | HHKK | 河沟边，喜光 |
| **Granulata** 组 | *O. granulata* | 颗粒野生稻 | 24 | GG | 林间空地，不喜光 |
| | *O. meyeriana* | 疣粒野生稻 | 24 | GG | 林间空地，不喜光 |
| **Brachyantha** 组 | *O. brachyantha* | 短药野生稻 | 24 | FF | 多石池塘，喜光 |

注：根据 Ge 等（1999）整理

# 第五节　稻属分类研究中存在的问题

## 一、同种异名现象

在对稻属物种的分类研究过程中，不可避免地会遇到两方面的问题：一是大量出现的同种异名现象；二是如何确定不同种或种群之间的相互关系。同种异名和异种同名的现象，是与稻种在全球广泛分布的特点密切相关的。如前所述，由于野生稻种在热带和亚热带地区都有分布，加上水稻本身具有多型性的特点，同一物种分布在不同地区的居群，经过长期分化，自然会在性状上产生很多变异。当这些野生稻被不同研究者采集和研究时，很容易被冠以不同的种名，这是导致同种异名频繁出现的主要原因。另外，在20世纪相当长一段时期内，交通、信息交流等有诸多不便，加上战争因素的干扰，使得国际学术交流与合作研究受到很多影响。物种命名缺乏可严格遵循的规程，也助推了稻属物种命名混乱现象的产生。

异种同名是稻种命名混乱现象的另一方面，这也与稻种本身的多型性和全球性分布特点有关。由于不同野生种间在形态性状上有许多共同之处，变异类型在性状表现上出现了许多重叠，很难根据表型来准确界定不同物种间质的区别。以水稻多年生与一年生生长习性为例，在温带地区的一年生类型稻种，尽管植株在秋季会逐渐枯萎，冬季遇寒冷天气便会死亡，但当这些居群的野生种群移到热带温暖地区时，便可正常越冬，表现出多年生的生长特性。这成为判断某些水稻野生种是多年生还是一年生的难点之一，也常常给野生稻种的命名带来麻烦。

准确认识稻属不同物种之间的相互关系，关键在于使用哪些指标来界定不同野生种，以及所用指标在分类研究中的可靠性。在早期研究中，对水稻物种的命名，主要依据形态性状差异和染色体组分析两方面的资料。后者对于确定物种之间的遗传联系自然是非常有效的，但是稻属中有相当一部分物种存在严重的生殖隔离，相互之间很难杂交成功，因而无法进行细胞学方面的深入研究。因此，在相当长一段时期内，形态性状和地理分布上的差异，便作为研究不同野生稻种间相互联系的主要依据，这就很难避免命名混乱现象的产生。表1-8是Nayar（1973）总结的不同分类学家对稻属主要物种所采用的种名上的差异。可以看出，在不同分类系统中，多数野生稻的种名有过改变。未发生变化的仅为2个栽培稻种（*O. sativa*和*O. glaberrima*）和7个野生稻种（*O. australiensis*、*O. eichingeri*、*O. latifolia*、*O. minuta*、*O. schlechteri*、*O. ridleyi*和*O. brachyantha*）。

表 1-8　稻属不同物种在不同分类方案中种名的变化

| 序号 | Prodoehl (1922) | Roschevicz (1931) | Chevalier (1932) | Chatterjee (1948) | Sampath (1962) | Tateoka (1963) | Nayar (1973) |
|---|---|---|---|---|---|---|---|
| 1 | *sativa* | *sativa* | *sativa* | *sativa* | *sativa* | *sativa* | *sativa* |
| 2 | | *sativa* f. *spontanea* | *fatua* | *sativa* var. *fatua* | *rufipogon* | *rufipogon* | *rufipogon*（一年生） |
| 3 | | | | | *perennis* | | *rufipogon*（多年生） |
| 4 | | *sativa* f. *auatica* | | | | | *rufipogon*（多年生） |
| 5 | | *longistaminata* | *barthii perennis* subsp. *longistaminata* | *perennis* | *barthii* | *barthii* | *longistaminata* |
| 6 | | *dewildemanii* | *barthii* | *perennis* | | *barthii* | *longistaminata* |
| 7 | *grandiglumis* | *grandiglumis* | *latifolia* var. *grandiglumis* | *grandiglumis* | *latifolia* | *grandiglumis* | *grandiglumis* |
| 8 | *punctata* | *punctata* | *minuta* subsp. *punctata* | *punctata* | *punctata* | *punctata* | *punctata* |
| 9 | | | | *eichingeri* | *eichingeri* | *eichingeri* | *eichingeri* |
| 10 | | *stapfii* | *glaberrima* subsp. *stapfii* | *stapfii* | *breviligulata* | *breviligulata* | *stapfii* |
| 11 | *mezii* | *breviligulata* | *breviligulata* | *breviligulata* | *breviligulata* | *breviligulata* | *barthii* |
| 12 | | *australiensis* | *australiensis* | *australiensis* | *australiensis* | *australiensis* | *australiensis* |
| 13 | *glaberrima* | *glaberrima* | *glaberrima* | *glaberrima* | *glaberrima* | *glaberrima* | *glaberrima* |
| 14 | *latifolia* | *latifolia* | *latifolia* | *latifolia* | *latifolia* | *latifolia* | *latifolia* |
| 15 | | | | *alta* | *latifolia* | *alta* | *alta* |
| 16 | *schweinfurthiana* | *schweinfurthiana* | *minuta* subsp. *punctata* | *punctata* | *eichingeri* | *punctata* | *schweinfurthiana* |
| 17 | *officinalis* | *officinalis* | *punctata minuta* subsp. *officinalis* | *officinalis* | *officinalis* | *officinalis* subsp. *officinalis* | *officinalis* |
| 18 | | | | *malampuzhaensis* | | *officinalis* subsp. *malampuzhaensis* | *malampuzhaensis* |
| 19 | *minuta* | *minuta* | *minuta* | *minuta* | *minuta* | *minuta* | *minuta* |
| 20 | | | | | *ubhangensis* | *nomina nuda* | *ubhangensis* |
| 21 | | | | | | *jeyporensis nomina nuda* | *jeyporensis* |
| 22 | *granulata* | *granulata* | *granulata* | *granulata* | *granulata* | *meyeriana* subsp. *granulata* | *granulata* |
| 23 | *meyeriana* | *granulata abromeitiana* | *granulata* | | | *meyeriana* subsp. *meyeriana* | *meyeriana* |

| 序号 | Prodoehl (1922) | Roschevicz (1931) | Chevalier (1932) | Chatterjee (1948) | Sampath (1962) | Tateoka (1963) | Nayar (1973) |
|---|---|---|---|---|---|---|---|
| 24 | *abromeitiana* | *abromeitiana* | *meyeriana* | *meyeriana* | *meyeriana* | *meyeriana* subsp. *abromeitiana* | *abromeitiana* |
| 25 | *schlechteri* | *schlechteri* | *schlechteri* | *schlechteri* | *schlechteri* | *schlechteri* | *schlechteri* |
| 26 | | | | | | *longiglumis* | *longiglumis* |
| 27 | *ridleyi* | *ridleyi* | *ridleyi* | *ridleyi* | *ridleyi* | *ridleyi* | *ridleyi* |
| 28 | *coarctata* | *coarctata* | *coarctata* | *coarctata* | *coarctata* | *coarctata* | *Sclerophyllum* |
| 29 | | *brachyantha* | *brachyantha* | *brachyantha* | *brachyantha* | *brachyantha* | *brachyantha* |
| 30 | | | | | *angustifolia* | *angustifolia* | *Leerisa angustifolia* |
| 31 | *subulata* | *subulata* | *subulata* | *subulata* | *subulata* | *Rhynchoryza subulata* | *Rhynchoryza subulata* |
| 32 | | | *perrieri* | *perrieri* | *perrieri* | *perrieri* | *Leerisa perrieri* |
| 33 | | | *tisseranti* | *tisseranti* | *tisseranti* | *tisseranti* | *Leerisa tisseranti* |

注：根据 Nayar（1973）整理

　　稻属内不同物种同种异名或异种同名现象的出现，不仅给稻属植物的分类带来了许多困难，也给其他研究造成了许多麻烦。为了解决这些问题，Vaughan（1989）通过对以往水稻分类研究中不同物种名称演变的调查，将各稻种目前的种名和曾经使用过的不同名称加以整理（表 1-9）。在此基础上，结合他本人对不同野生稻种形态特征和在全球分布的研究，依据各个物种与分类有关的性状表现，制订出了可以对它们进行鉴别的检索表（表 1-10），从而为进一步进行稻属分类和进化研究提供了很多方便。

表 1-9　稻属物种的种名及同种异名现象（以种名的首字母排序）

| 编号 | 现常用种名 | 同种异名名称 | 分布地区 |
|---|---|---|---|
| 1 | *O. alta* | *O. latifolia* var. *grandispiculis*<br>*O. latifolia* var. *longispiculus* | 中南美洲 |
| 2 | *O. australiensis* | *O. caduca*<br>*O. sativa* | 澳大利亚 |
| 3 | *O. barthii* | *O. breviligulata*<br>*O. glaberrima* subsp. *barthii* | 非洲 |

续表

| 编号 | 现常用种名 | 同种异名名称 | 分布地区 |
|---|---|---|---|
| 3 | O. barthii | O. mezii | 非洲 |
| | | O. perennis subsp. barthii | |
| | | O. silvesfris var. barthii | |
| | | O. stapfii | |
| 4 | O. brachyantha | O. guineensis | 西非、苏丹 |
| | | O. mezii | |
| 5 | O. eichingeri | O. collina | 非洲东部、中部和斯里兰卡 |
| | | O. glauca | |
| | | O. latifolia var. collina | |
| | | O. sativa var. collina | |
| 6 | O. glaberrima | | 西非、东非偶有分布 |
| 7 | O. glumaepatula | O. cubensis | 南美洲和中美洲加勒比地区 |
| | | O. paraguayensis | |
| | | O. perennis | |
| | | O. perennis subsp. cubensis | |
| | | O. perennis var. cubensis | |
| | | O. sativa | |
| 8 | O. grandiglumis | O. latifolia var. grandiglumis | 南美洲，主要分布于亚马孙河流域 |
| | | O. latifolia subsp. grandiglumis | |
| | | O. sativa var. grandiglumis | |
| 9 | O. granulata | O. filiformis | 南亚、东南亚、中国南部 |
| | | O. indandamanica | |
| | | O. meyeriana subsp. granulata | |
| | | O. meyeriana var. granulata | |
| | | O. triandra | |
| 10 | O. latifolia | O. brucheri | 中南美洲和加勒比地区 |
| | | O. latifolia subsp. latifolia | |
| | | O. officinalis | |
| | | O. platyphylla | |
| | | O. sativa var. latifolic | |
| 11 | O. longiglumis | | 巴布亚新几内亚、新几内亚岛西部和印度尼西亚 |
| 12 | O. longistaminata | O. barthii | 非洲 |
| | | O. dewildemanii | |
| | | O. madagascariensis | |
| | | O. perennis | |

续表

| 编号 | 现常用种名 | 同种异名名称 | 分布地区 |
|------|-----------|-------------|---------|
| 12 | *O. longistaminata* | *O. perennis* subsp. *barthii*<br>*O. perennis* subsp. *madagascariensis*<br>*O. silvestris*<br>*O. silvestris* var. *punctata* f. *longistaminata* | 非洲 |
| 13 | *O. meridionalis* | *O. perennis*<br>*O. rufipogon*<br>*O. sativa* auct. | 澳大利亚 |
| 14 | *O. meyeriana* | *O. abromeitiana*<br>*O. meyeriana* subsp. *abromeitiana*<br>*O. meyeriana* subsp. *meyeriana* | 东南亚 |
| 15 | *O. minuta* | *O. fatua*<br>*O. latifolia*<br>*O. manilensis*<br>*O. officinalis* | 菲律宾 |
| 16 | *O. nivara* | *O. fatua*<br>*O. rufipogon*<br>*O. sativa* auct.<br>*O. sativa* subsp. *fatua*<br>*O. sativa* var. *fatua*<br>*O. sativa* f. *spontanea* | 南亚和东南亚 |
| 17 | *O. officinalis* | *O. latifolia*<br>*O. latifolia* var. *silvatica*<br>*O. montana*<br>*O. officinalis* subsp. *malampuzhaensis*<br>*O. officinalis* subsp. *officinalis*<br>*O. malabarensis* nomen nudum<br>*O. malampuzhaensis* | 南亚、东南亚、中国南部和巴布亚新几内亚 |
| 18 | *O. punctata* | *O. sativa*<br>*O. sativa* var. *punctata*<br>*O. schweinfurthiana*<br>*O. ubanghensis* | 非洲 |
| 19 | *O. ridleyi* | *O. stenothyrsus* | 东南亚和巴布亚新几内亚 |
| 20 | *O. rufipogon* | *O. aguatica*<br>*O. balunga*<br>*O. fatua* | 南亚、东南亚和澳大利亚 |

续表

| 编号 | 现常用种名 | 同种异名名称 | 分布地区 |
|---|---|---|---|
| 20 | O. rufipogon | *O. fatua* var. *longeristata* | 南亚、东南亚和澳大利亚 |
| | | *O. formosana* | |
| | | *O. perennis* | |
| | | *O. perennis* subsp. *balunga* | |
| | | *O. sativa* | |
| | | *O. sativa* var. *abuensis* | |
| | | *O. sativa* f. *aguatica* | |
| | | *O. sativa* var. *bengalensis* | |
| | | *O. sativa* var. *coarctata* | |
| | | *O. sativa* var. *fatua* | |
| | | *O. sativa* var. *rufipogon* | |
| | | *O. sativa* f. *spontanea* | |
| | | *O. sativa* subsp. *rufipogon* | |
| 21 | O. sativa | *O. aristata* | 原产地亚洲，世界各地均有栽培 |
| | | *O. caudta* | |
| | | *O. communissima* | |
| | | *O. denudata* | |
| | | *O. elongata* | |
| | | *O. emarginta* | |
| | | *O. fatua* | |
| | | *O. formosana* | |
| | | *O. glutinosa* | |
| | | *O. jeyporensis* | |
| | | *O. latifolia* | |
| | | *O. marginata* | |
| | | *O. montana* | |
| | | *O. mutica* | |
| | | *O. nepalensis* | |
| | | *O. palustris* | |
| | | *O. parviflora* | |
| | | *O. penu* | |
| | | *O. perennis* | |
| | | *O. praecox* | |

续表

| 编号 | 现常用种名 | 同种异名名称 | 分布地区 |
|---|---|---|---|
| 21 | O. sativa | O. pubescens<br>O. pumila<br>O. repens<br>O. rurbarbis<br>O. sativa var. formosana<br>O. sativa var. plena<br>O. sativa var. spontanea<br>O. segetalis<br>O. sorghoidea<br>O. triandra | 原产地亚洲，世界各地均有栽培 |
| 22 | O. schlechteri | 无 | 巴布亚新几内亚 |

注：根据 Vaughan（1989）整理

表 1-10　稻属各物种检索表

| | |
|---|---|
| 1a 小穗一般短于 2mm，节上有毛 | O. schlechteri：分布于巴布亚新几内亚，从海拔 300m 的多石地区采集，株高 30—50cm，穗长 4—5cm，护颖长 0.1mm 或缺失 |
| 1b 小穗长于 2mm<br>　2a 护颖线形或披针形<br>　　3a 基部叶叶舌长 14—45mm，顶部尖锐<br>　　　4a 一般一年生，穗型紧凑，花药短于 4.0mm<br>　　　　5a 成熟时不落粒 | O. sativa：在热带、亚热带和温带地区广泛栽培，形态性状变异丰富。叶面窄，无地下茎；穗型较紧凑，花药长一般短于 2.1mm，小穗长 4—8.5mm，宽 2—4mm；胚短于 2.1mm。二倍体 |
| 　　　　5b 成熟时落粒<br>　　　　　6a 成熟时穗型半张开，小穗一般宽于 2.0mm | O. nivara：分布于亚洲。一般对光周期不敏感，半直立或匍匐，无地下茎。基部节间松软，会分枝。穗抽出不完全，有一次枝梗，并有少量二次枝梗。小穗长 6—8.4mm，宽 1.9—3.0mm，厚 1.2—2.0mm；芒粗，长 4—10cm。胚长 1—1.5mm。种子休眠性强，结实性好。一年生，二倍体 |
| 　　　　　6b 穗部一次枝梗紧而直，紧靠主穗轴，小穗短于 2.3mm | O. meridionalis：分布于澳大利亚热带地区。穗长而紧束，芒长 7.8—10.3cm；籽粒较窄，长度 7.6—8.0mm，宽度 1.9—2.2mm，厚度 1.3—1.5mm。偶尔表现多年生，二倍体 |
| 　　　4b 多年生，穗型张开，花药长于 3.0mm<br>　　　　7a. 直立，地下茎发达 | O. longistaminata：分布于非洲。由于地下茎发达，可称为恶性杂草；花药长于 3mm，穗抽出之前已授粉。椭圆形花粉。有部分自交不亲和现象，多年生，二倍体 |
| 　　　　7b 匍匐生长，没有发育良好的地下茎 | |

| | |
|---|---|
| 8a 分枝能力强，一般生长繁茂 | *O. rufipogon*：分布于亚洲、大洋洲热带地区。对光周期敏感，匍匐生长或浮生，有多年的根蘖，不定根和根蘖分枝多，节间长。穗抽出良好，穗型散，芒长 5.3—10.6mm。花药一般长于 3mm。粒型细长，长 7.0—9.3mm；落粒性强，结实率低。胚长 1—1.5mm。多年生，二倍体 |
| 8b 茎分枝部发达，半直立 | *O. glumaepatula*：分布于中南美洲和加勒比海地区。形态性状与 *O. rufipogon* 相似，但小穗较大，有长芒，多年生，二倍体 |
| 3b 基部叶片的叶舌短于 13mm，顶部呈圆形或缺齿状 | |
| 9a 有地下茎，穗轴从基部至顶部刚毛增多 | *O. australiensis*：分布于澳大利亚热带地区。主穗轴一次枝梗基部有毛，根部发达，茎短于 5cm，叶耳长。多年生，二倍体 |
| 9b 有时有根茎；穗轴光滑或在枝梗茎部有毛 | |
| 10a 小穗长于 7mm，有芒或无芒 | |
| 11a 栽培种，成熟时不落粒或很少落粒，内稃和外稃无刺毛 | *O. glaberrima*：分布于非洲，主要在西非，一年生栽培种；株型直立，叶片光滑，穗型紧凑，穗上一般无二次枝梗；外稃光滑；小穗宽 2.9—3.6mm；二倍体 |
| 11b 野生种，会落粒，内外偶有刺毛，有长芒 | *O. barthii*：分布于非洲。直立或匍生。小穗长 7.8—11.0mm，宽 2.8—3.4mm；芒长 10cm，护颖长 2.1—5.00mm。一年生，二倍体 |
| 10b 小穗长短于 7mm，如果长于此值，则叶舌多毛，尤其背面多毛。小穗一般有芒，但芒不硬 | |
| 12a 叶舌一般无毛，叶片宽不超过 2cm | |
| 13a 小穗宽一般超过 2mm | |
| 14a 小穗长一般超过 4.8mm | |
| 15a 分布于非洲 | *O. punctata*：分布于非洲。基部软而有弹性；叶舌长于 3mm，有硬毛。穗型散，小穗宽于 2mm，茎基粗硬（直径大于 4mm），芒直硬或弯曲而有刺，护颖尖，三角形。多年生的为四倍体，一年生的为二倍体 |
| 15b 分布于斯里兰卡 | *O. eichingeri*：见 16a |
| 14b 小穗短于 5.4mm，穗基部轮生，枝梗下部无小穗 | *O. officinalis*：分布于亚洲热带地区。一般有地下茎。叶舌无毛或有毛，芒一般短于 2cm，或者无芒。多年生，二倍体 |
| 13b 小穗宽一般小于 2mm | |
| 16a 小穗长 4.5—6mm，穗长 13—20cm，二倍体 | *O. eichingeri*：分布于东非和斯里兰卡。茎基部细软，无弹性。叶舌无毛，短于 3.5mm，不分叉、质地硬；芒弯曲，有少量刺；护颖尖，呈窄三角形。穗枝梗基部轮生小穗。多年生，二倍体 |
| 16b 小穗长 3.7—4.7mm，穗长 9—20cm，四倍体 | *O. minuta*：分布于菲律宾。芒长短于 2cm 或无芒。穗半张开。多年生，四倍体 |
| 12b 叶片多毛，叶片宽大于 2cm | |
| 17a 护颖与颖壳几乎等长，质地相似 | *O. grandiglumis*：分布于南美洲亚马孙河流域。株高 2m 或更高。多年生，四倍体 |

| | |
|---|---|
| 17b 护颖短于颖壳，质地不同 | |
|    18a 叶片宽小于 5cm，小穗长短于 7mm | *O. latifolia*：分布于中南美洲和加勒比海地区。株高 2m 或更高。多年生，四倍体 |
|    18b 叶片宽大于 5cm，小穗长大于 7mm | *O. alta*：分布于南美洲，株高 2m 或更高，多年生，四倍体 |
| 2b 护颖锥形，有刚毛 | |
|   19a 护颖和内颖壳表面有颗粒突起，小穗无芒 | |
|    20a 小穗椭圆形，长度短于 6.4mm | *O. gramulata*：分布于中国南部、南亚和东南亚。护颖短于 1.5mm，从基部开始逐渐变细，叶片深绿色，对光周期不敏感。二倍体 |
|    20b 小穗披针形，颖壳窄椭圆形，长度大于 6.4mm | *O. meyeriana*：分布于东南亚海岛。护颖短于 2mm，从基部开始逐渐变细，叶片深绿色，对光周期不敏感。多年生，二倍体 |
|   19b 护颖和内颖表面无瘤状突起；小穗有芒 | |
|    21a 一年生，小穗宽小于 1.6mm | *O. brachyantha*：分布于非洲。秆短（不到 1m）而细；小穗窄长；芒长 6—17cm；护颖长 2mm。一年生，二倍体 |
|    21b 多年生，小穗宽大于 1.6mm | |
|     22a 芒长 3—15mm，护颖长为小穗长的 0.3—0.85 倍 | *O. ridleyi*：分布于东南亚和巴布亚新几内亚。外表面光滑，多年生，四倍体 |
|     22b 芒长 12—36mm，护颖长为小穗长的 0.8—1.3 倍 | *O. longiglumis*：分布于印度尼西亚伊里安查亚和巴布亚新几内亚，小穗宽 2mm，外表面光滑。多年生，四倍体 |

注：根据 Vaughan（1989）整理

## 二、栽培稻野生近缘种命名的混乱现象

在稻属不同物种的命名中，多种野生稻存在命名混乱的现象，其中与栽培稻亲缘关系最密切的普通野生稻的命名也不例外。

栽培稻包括亚洲栽培稻（*O. sativa*）和非洲栽培稻（*O. glaberrima*）两个种。它们的野生近缘种各不相同。历史上由于诸多原因，对它们的命名都存在不同程度的混乱现象。

### 1. 亚洲栽培稻野生近缘种的不同名称

Roschevicz（1931）在《对水稻之认识》一书中提出，与亚洲栽培稻（*O. sativa*）亲缘关系最近的是一年生的普通野生稻，它的种名为 *O. sativa f. spontanea*。丁颖（1960，1961）认为在华南地区普遍分布的宿根性或一年生的野生稻是我国栽培稻的野生祖先种，也就是 Roschevicz 所称的 *O. sativa f. spontanea*。因此，在 20 世纪 60 年代以前，我国学者都沿用普通野生稻的这一种名。宿根性是指植株成熟并

且地上部分枯黄以后，其基部节上的休眠芽保持活力，在温度和水分条件适宜的情况下能萌发并正常生长发育的特性。

普通野生稻在全球沿赤道南北的热带地区分布十分广泛，而且变异类型非常丰富，因而很易在不同国家和地区被采集与研究，普通野生稻诸多名称的出现可能与此有关。一般认为，普通野生稻具有多年生的生长特性。也可能是出于这一原因，在普通野生稻所沿用的诸多种名中，*O. perennis* 是 20 世纪 60 年代以前应用最为广泛的种名之一（作者注：在 Roschevicz 于 1931 年的著作中，普通野生稻的种名为 *O. perennis*，种名中，命名人的姓是用德文拼写的，这可能与命名人是德国科学家有关）。这显然与它的多年生特点有关，因为在拉丁文中，*perennis* 的原意就是多年生。事实上，除了在亚洲热带地区广泛分布的普通野生稻具有多年生的生长习性，分布在中南美洲和非洲的许多野生稻也具有多年生的生长习性。

为了研究不同野生稻的生长习性、繁殖方式和彼此之间可能存在的亲缘关系，Oka 等曾多次组织对分布在亚洲、非洲和拉丁美洲的各种野生稻进行调查，并在它们之间进行了杂交试验。考虑到野生稻变异的复杂性，他们尽量增加调查性状的数量，并根据不同野生稻种之间的物种分类距离（taxonomic distance），确定它们之间的亲缘关系。通过研究，他们接受了将普通野生稻命名为多年生野生稻（*O. perennis*）的观点，并将分布于世界不同地区的普通野生稻分为四类（表 1-11）：亚洲型普通野生稻（Asian perennis）、美洲型多年生野生稻（America perennis）、非洲型多年生野生稻（African perennis）和大洋洲型多年生野生稻（Oceanian perennis）（Morishima

表 1-11  普通野生稻不同时期种名的变更

| 野生稻类型 | Chatterjee（1948） | Tateoka（1964） | Chang（1976，1985） | Vaughan 等（2003） |
|---|---|---|---|---|
| | | 多年生野生稻 | | |
| 亚洲型 | *O. perennis* | *O. rufipogon* | *O. rufipogon* | *O. rufipogon* |
| 非洲型 | *O. barthii*＝*O. perennis* subsp. *longistaminata* | *O. barthii* | *O. longistaminata* | *O. longistaminata* |
| 美洲型 | | *O. cubensis*[*] | | *O. glumaepatula* |
| | | 一年生野生稻 | | |
| 亚洲型 | *O. sativa* var. *fatua* | *O. rufipogon* | *O. nivara*＝*O. fatua*＝*O. sativa* f. *spontanea* | *O. rufipogon*＝*O. nivara* |
| 非洲型 | *O. breviligulata* | *O. breviligulata* | *O. barthii* | *O. barthii* |
| 大洋洲型 | | | *O. meridionalis* | *O. meridionalis* |

*在 20 世纪 70 年代以前的文献中，原产于中南美洲和加勒比海沿岸地区的多年生普通野生稻常被称为 *O. cubensis*（Morinaga and Kuriyama，1960）、*O. perennis* subsp. *cubensis*（Henderson，1964）或 *O. perennis* var. *cubensis*（Li et al.，1963） and Oka，1960；Oka，1964）。这些野生稻统称为多年生野生稻复合体（*O. perennis* complex）（Oka，1988）。

前面提到，我国在相当长一段时期内，普通野生稻种名沿用的是 *O. sativa* f. *spontanea*，其中包括多年生和一年生两种类型。丁颖（1957，1961）在多篇文献中都提到这一观点。在印度，普通野生稻除了用 *O. perennis* 这一种名，还有其他几个种名。例如，多年生普通野生稻称 *O. balunga* 或 *O. perennis* subsp. *balunga*，一年生普通野生稻称 *O. fatua* 或 *O. sativa* var. *fatua*（Tateoka，1964；Vaughan，1989）。这几个种名又常常被视为"裸名"（nomen nudum），即在给这些物种命名时，除了给了种的名称，并无详细的性状记录。然而，它们在以往文献中出现的频率并不低。在 1963 年国际水稻研究所召开的水稻遗传学与细胞遗传学讨论会上，也讨论了这些稻种的命名问题，并将这几个种名列入需要进一步研究和讨论的名单。

亚洲普通野生稻有两个主要特点：一是分布范围很广，二是变异非常丰富。在分布上，它在印度次大陆、斯里兰卡和中南半岛各国，包括缅甸、泰国、柬埔寨、越南和老挝，东南亚的印度尼西亚、马来西亚和大洋洲的巴布亚新几内亚，以及我国南方诸省（自治区），包括海南、台湾、广东、广西、云南和江西等地都有分布。在变异类型上，既有植株形态的分化（匍匐、半直立和直立生长），也有多年生和一年生的差异。在印度，多年生普通野生稻（*O. balunga*）一般生长在积水较多的沼泽地区；而一年生类型（*O. fatua*）则分布在季节性的干旱地区，包括沟边、塘边等。说明水分是导致这两种类型野生稻分化最重要的生态条件。其实，由于不同地区生态条件各异，在不同地区发现的野生稻在生长特性上除了有多年生和一年生的差异，还存在不少过渡性的类型，俗称中间类型。由于水稻是亚洲地区最主要的粮食作物，栽培面积很大，分布非常广泛，无论是在平原还是丘陵，甚至在山间谷地，只要有水资源可以利用之地，就都有水稻的栽培。因此，亚洲栽培稻与野生稻都具有同域分布（sympatry）的特点，再加上它们都具有相同的染色体组（AA），彼此很容易产生杂交，并产生可育后代。由这些杂种分离产生的子代植株又可进一步与栽培稻杂交，分离出各种中间类型，这很可能是中间类型广泛存在的重要原因之一。

需要特别指出的是，在 20 世纪广泛应用的 *O. perennis* 这一普通野生稻的种名，后来发现是存在明显缺陷的。根据 Tateoka（1963，1964）的考证，*O. perennis* 这一种名是 1794 年根据生长在德国马尔堡（Marburg）植物园的一种水稻命名的。Moench 的描述中称它一般生长在气候较冷的国家。从他描述的水稻植株形态分析，该水稻不是典型的分布在亚洲热带地区的普通野生稻。由于当年命名为 *O. perennis*

这一种名的标本已经遗失，对它的进一步考证已无法进行，因而建议废除对亚洲多年生普通野生稻广泛沿用的种名 *O. perennis*，并将其改名为 *O. rufipogon*。这一建议得到了当时国际水稻研究所从事种质资源研究的张德慈等众多稻作科学家的支持。因此，自 20 世纪 70 年代以后，*O. rufipogon* 这一种名得到了越来越普遍的应用。该种名最早在 1851 年就已被提出，但真正被广泛采用是在 20 世纪 70 年代以后。在我国 *O. rufipogon* 这一种名曾被译为"曲须根野生稻"。

在亚洲，多年生的普通野生稻的种名为 *O. perennis* 或 *O. rufipogon*，而一年生的野生稻的种名为 *O. sativa* f. *spontanea*（或 *O. sativa* f. *spontanea*）、*O. fatua* 或 *O. sativa* var. *fatua*，这种情况常常被视为同种异名，出现在与稻种分类相关的文献中（Oka，1964）。但是，自 1965 年 Sharma 和 Sharstry 报道一年生野生稻 *O. nivara* 以后，*O. sativa* f. *spontanea* 又常常被视为杂草稻（weedy rice）（Chang，1976；Oka，1988；Vaughan，1989），这又给普通野生稻种名的科学命名增添了新的混乱。

如前所述，亚洲普通野生稻与栽培稻同域分布的现象非常普遍。它们之间很容易发生互相杂交，并且杂种后代分离形成的中间类型也非常复杂。同为一年生普通野生稻，如果说 *O. sativa* f. *spontanea* 可能由多年生普通野生稻与栽培稻杂交分离产生，那么对于 *O. nivara* 来说，也同样无法排除这种情况产生的可能性。事实上，无论是在印度的南部还是北部，都有多年生野生稻与一年生野生稻同域分布的现象。在这些地区，栽培稻与野生稻之间通过天然杂交，不可避免地形成杂种群（hybrid swarm）。另外，由于栽培稻与野生稻的杂交后代是一种分离群体，很难确定其代表物种的典型特征，不适宜给它一个新物种的种名。更何况 *O. sativa* f. *spontanea* 这一种名早在 1931 年便已确定，而 *O. nivara* 是迟至 20 世纪 60 年代才被命名的。因此，简单地将前者作为杂草稻，后者作为一个新的野生种显然是不科学的。可以认为 *O. sativa* f. *spontanea*、*O. nivara*、*O. fatua* 及 *O. sativa* var. *fatua* 等种名，虽然名称不同，但它们所代表的都是分布在亚洲地区的一年生普通野生稻，只是命名时所依据的种群不同而已。这是典型同种异名现象在亚洲野生稻上的表现。

原产于中南美洲的多年生普通野生稻，主要分布于亚马孙河流域和加勒比海地区，尤其在古巴的分布较为集中。在 20 世纪 60 年代以前，这一野生稻种的种名中，多个种名与古巴有关，如 *O. cubensis*、*O. perennis*、*O. perennis* subsp. *cubensis* 和 *O. perennis* var. *cubensis* 等，我国学者曾将其译为古巴野生稻。在形态上，古巴野生稻与亚洲多年生普通野生稻并无明显差异，它们都是二倍体物种，但不存在一年生类型。为明确古巴野生稻与亚洲普通野生稻之间的亲缘关系，已有分类学家将这两种野生稻进行了杂交（Morinaga and Kuriyama，1959；Morishima，1969）。发现古巴野生稻与亚洲栽培稻或普通野生稻的杂种在减数分裂过程中，同源染色体配对基本正常，说明它们的染色体组构成均为 AA。但杂种 $F_1$ 代高度不育（Morinaga and Kuriyama，1959），在部分杂种花粉母细胞减数分裂中期 I 可观察到单价体的出现。花粉育性很低，可染花粉仅为 10%—15%。因此，Henderson（1964）建议将古巴野生稻的染色体组命名为 A2，以区别于亚洲栽培稻和普通野生稻的染色体组 A1。鉴于古巴野生稻在遗传上存在明显的分化，结合 *O. perennis* 这一种名存在的缺陷，古巴野生稻的种名在 20 世纪 60 年代后期被改为 *O. glumaepatula*（Clayton，1968），我国称之为展颖野生稻。*O. glumaepatula* 这一种名早在 1855 年就已经提出（Roschevicz，1931），但在 20 世纪 70 年代以后才得到广泛应用。

Oka（1964）对大洋洲的多年生普通野生稻进一步研究证实，它属于一年生或二年生的野生稻。在形态性状上它与一年生的 *O. nivara* 有许多相似之处，但其穗部一次枝梗与主穗轴之间靠得比较紧密，因而穗型较为紧凑。更为重要的是，尽管它也是二倍体种，染色体组为 AA，但它与其他 AA 组二倍体种（如 *O. sativa*、*O. rufipogon*、*O. nivara*、*O. barthii* 和 *O. longistaminata*）的杂种均表现为高度不育，说明它与其他 AA 染色体组的稻种之间生殖隔离已十分明显。因此将其作为一个新的野生稻种命名为 *O. meridionalis*（Ng et al.，1981），在我国称为南方野生稻。

2. 非洲栽培稻野生近缘种的不同名称

非洲栽培稻（*O. glaberrima*）是由非洲野生稻演化形成的。非洲野生稻也有一年生野生稻和多年生野生稻之分。在 20 世纪 70 年代以前的文献中，一年生非洲野生稻的种名一般均为 *O. breviligulata*（短舌野生稻），多年生非洲野生稻的种名为 *O. barthii*（巴蒂野生稻）。Clayton（1971）研究发现，上述两种种名实际上指的是同一种野生稻。一年生非洲野生稻的准确种名应该是 *O. barthii*，而多年生非洲野生稻的准确种名应该是 *O. longistaminata*（长药野生稻）。前者主要分布于毛里塔尼亚和苏丹，在坦桑尼亚和赞比亚也有分布；后者在非洲南部和其他热带地区广泛分布。*O. longistaminata* 最主要的特征是有发达的地下根状茎，既可借助地下茎向周边扩张，也可分根繁殖。

以上两种非洲野生稻在种名上的变更，在一定程度上也造成了不同文献之间种名的混乱。表 1-8 列举了普通野生稻在不同文献中种名的变化，其中 Vaughan（1989）采用的野生稻种名基本成为现在普遍应用的名称。

# 第六节 稻属分类研究的新进展

到 20 世纪 60 年代，尽管稻属的主要野生种已被发现和命名，但是由于不少野生稻种之间，以及野生稻与栽培稻之间存在着严重的生殖隔离，杂交很难成功，因而对于这些野生稻的染色体组构成，以及它们与已知野生种和栽培种之间遗传联系相关的研究很难顺利进行，这在很大程度上阻碍了分类研究的进展。然而，鉴于水稻在保障全球粮食供给方面的重要地位，以及野生稻所蕴藏的重要抗病虫基因资源，对于新的野生稻的挖掘和已有野生稻的遗传研究，依然是稻属分类学家最关心的科学问题。

分类研究的本质是揭示不同物种间的区别与联系，确定它们在遗传和进化上的相互关系。自 20 世纪 80 年代以来，由于分子生物学研究的迅速发展，遗传操作和 DNA 鉴定技术取得了长足发展，如荧光原位杂交（fluorescence *in situ* hybridization，FISH）技术、胚拯救（embryo rescue）技术和目标基因的序列分析（sequence analysis）等，相继运用到稻属不同物种之间的进化研究。这些技术的应用对探明不同野生稻种之间，以及野生稻与栽培稻间的遗传关系发挥了重要作用，加快了对稻属已发现野生种的分化研究和新发现野生种的鉴定进程。对稻属不同野生种研究的主要成果可概括为以下几个方面。

## 一、未知染色体组构成的确定

至 20 世纪 60 年代，构成稻属的 20 余个物种中，明确染色体组构成的仅有 15 个种（包括 *O. nivara*）。发现的染色体组类型有 AA、BB、CC、EE、FF、BBCC 和 CCDD 共 7 种。其余野生稻种的染色体组构成尚不明确，给这些野生稻在分类中的准确定位带来了很大困难。

Aggarwal 等（1997）通过核基因组 DNA 杂交技术，明确了分属于 *O. meyeriana* 复合体的 3 个二倍体野生稻种 *O. granulata*、*O. meyeriana* 和 *O. indandamanica* 的染色体与已知的二倍体种都不相同，将其染色体组型命名为 GG。而分属于 *O. ridleyi* 复合体的四倍体野生稻种 *O. ridleyi* 和 *O. longiglumis* 的染色体组与已知的四倍体物种不同，其染色体组型与稻属物种已知的染色体组型也不相同，是一种新的染色体组型，将其命名为 HHJJ。

Ge 等（1999，2001）通过对两种水稻乙醇脱氢酶（alcohol dehydrogenase）基因 *Adh1*、*Adh2* 和叶绿体（chloroplast）基因 *matK* 的序列分析，明确了四倍体野生稻 *O. schlechteri* 中，有一染色体组与已知的其他染色体组型均不相同，将其命名为 KK 染色体组，并确定 *O. schlechteri* 的染色体组型为 HHKK。以上野生种染色体组型的确定为稻属物种的科学分类提供了可靠依据。

## 二、几个新的野生稻种的命名

在国际水稻研究所成立以后，科学家对生长在世界各地的野生稻进行了广泛征集和调查，发现并鉴定出几个新的野生稻种，主要包括以下几种。

（1）*O. meridionalis*，原产于澳大利亚的一年生或二年生野生稻，在被证实为新的野生稻后，于 1981 年由 Ng 等命名（Ng et al.，1981）。

（2）*O. rhizomatis*，原产于斯里兰卡，是一种多年生的二倍体野生稻，染色体组型为 CC，它的重要特征是具有较发达的地下茎。在林间隙地生长，尤以塘边和水边分布较多，在完全太阳光照射地区和部分遮阴地区均可生长，于 1990 年由 Vaughan 命名（Vaughan，1990）。

（3）*O. indandamanica*，发现于印度安达曼群岛（Andaman Islands）的鲁特兰岛（Rutland Island）。它与 *Granulata* 组的野生稻十分相似，可能是颗粒野生稻（*O. granulata*）的一个居群，因为在与其邻近的泰国、尼泊尔和印度南部都有颗粒野生稻分布。安达曼群岛是孟加拉湾邻近缅甸的一群岛屿，与陆地相距甚远，因而怀疑是陆地上的颗粒野生稻被迁飞的候鸟携带至岛上而形成的新的颗粒野生稻居群，但这一推论尚缺乏直接证据（Vaughan，1989）。

（4）*O. malapuzhaensis*，是一种四倍体野生稻，染色体组型为 BBCC。它只在印度西南部喀拉拉邦（Kerala）和泰米尔纳德邦（Tamil Nadu）有少量分布。该野生稻的植株形态与药用野生稻（*O. officinalis*）较为类似，但粒型稍大。Tateoka（1963）曾认为它是药用野生稻的一个亚种（subspecies），在我国被译为马蓝普野生稻。

（5）*O. schweinfurthiana*，是一个四倍体野生稻，染色体组型为 BBCC。过去在相当长的时间里，斑点野生稻（*O. punctata*）被认为有两种类型，即二倍体的 *O. punctata* 和四倍体的 *O. punctata*。实际上，这两种野生稻不仅染色体组不同，生长习性也完全不同。二倍体种为一年生类型，仅含 BB 染色体组，四倍体为多年生类型，含有 BBCC 染色体组。因此，它们在本质上是两个不同的野生稻种，四倍体的种被命名为 *O. schweinfurthiana*，在我国被称为非洲野生稻（卢宝荣等，2001）。

（6）*O. neocaledonica*，它与颗粒野生稻很相似，仅分布在南太平洋岛国新喀里多尼亚（New Caledonia）的波姆旁特（Pouembout）地区。该野生稻可否作为一个独立的新种，还有待进一步研究。

此外，在斯里兰卡还发现一种野生稻，其形态与紧穗野生稻（*O. eichingeri*）极为相像。由于以往报道的紧穗野生稻只分布在非洲，一般生长在隐蔽的林地，而在斯里兰卡发现的野生稻，既可生长在隐蔽的生态环境中，也可生长在空旷地区。因此，Sharma 和 Shastry（1965）推测其是一个新的野生稻种，并将其定名为 *O. collina*，但它是否可作为新种尚存在争议。

### 三、疣粒野生稻与颗粒野生稻的关系

#### 1. 存在的争议

野生稻 *O. granulata* 和 *O. meyeriana* 的种名一直是有争议的问题。Roschevicz（1931）列出的稻属分类表中，在 *Granulata* 组内列有 2 个野生稻种，分别为 *O. granulata* 和 *O. abromeitiana*。后在相当长一段时期内，被 Roschevicz 称为 *O. abromeitiana* 的野生稻，又被称为 *O. meyeriana*（Chevalier，1932；Chatterjee，1948；Sampath，1962）。Tateoka（1963）通过对 *O. granulata*、*O. meyeriana* 和 *O. abromeitiana* 三种野生稻标本进行比较研究，认为它们应属于同一个种 *O. meyeriana*，由于它们在形态性状和地理分布上存在一定差异，因而将以上三种野生稻作为 *O. meyeriana* 的三个不同亚种，分别命名为 *O. meyeriana* subsp. *granulata*、*O. meyeriana* subsp. *meyeriana* 和 *O. meyeriana* subsp. *abromeitiana*。Sharma 和 Manda（1980）则将这三种野生稻作为三个不同野生种，分别命名为 *O. meyeriana*、*O. granulata* 和 *O. abromeitiana*。据 Vaughan（1989）研究，*O. granulata* 的粒长较短，一般短于 6.4mm，*O. meyeriana* 的粒长较长，为 6.4—9.0mm，而 *O. abromeitiana* 的粒长最长，为 9mm。它们分布的地域也不完全相同，前者分布于东南亚和我国的西南部，次者则主要分布于南亚，第三种野生稻则只分布于菲律宾和印度尼西亚的马鲁古群岛（Maluku Islands）。*O. meyeriana*（疣粒野生稻）在我国台湾省、海南省和云南省均有发现（表 1-6）（丁颖，1961）。

据吴万春（1995）的研究，分布于我国的 *O. meyeriana* 与在南亚生长的 *O. meyeriana* 不同，认为它是一个新亚种，并将其定名为瘤粒野生稻（*O. meyeriana* subsp. *tuberculata*）。不同分类研究者对 *Granulata* 组野生稻所采用的种名见表 1-12。

图 1-6　疣粒野生稻植株形态
A. 生长在云南澜沧江畔丛林间的疣粒野生稻；B. 温室盆栽的疣粒野生稻

表 1-12　疣粒野生稻（*O. meyeriana*）在分类上种名的变更

| Roschevicz (1931) | Tateoka (1963) | Sharma 和 Manda (1980) | Duistermaat (1987) | Vaughan (1994) | Gong 等(2000) |
|---|---|---|---|---|---|
| *O. granulata* | *O. meyeriana* subsp. *meyeriana* | *O. meyeriana* | *O. meyeriana* var. *meyeriana* | *O. meyeriana* | *O. granulata* |
| | *O. meyeriana* subsp. *granulata* | *O. granulata* | *O. meyeriana* var. *granulata* | *O. granulata* | |
| *O. abromeitiana* | *O. meyeriana* subsp. *abromeitiana* | *O. abromeitiana* | *O. meyeriana* var. *abromeitiana* | | |

*O. granulata* 在我国称为颗粒野生稻，该野生稻内稃和外稃表面均分布有规则排列的颗粒状突起。*O. meyeriana* 在我国称为疣粒野生稻，在这种野生稻的稃面也有颗粒状突起。为了明确这两种野生稻在遗传上的可能联系，确定它们在稻种分类上的地位，Gong 等（2000）利用收藏于国际水稻研究所的 4 种颗粒野生稻和 3 种疣粒野生稻，通过颗粒野生稻与疣粒野生稻杂交，并以不同来源的疣粒野生稻（或颗粒野生稻）彼此杂交种作为对照，从杂交结实率、杂种 $F_1$ 育性和染色体在减数分裂中的配对表现，研究了颗粒野生稻与疣粒野生稻之间的关系。发现在被调查的野生稻之间，尽管在形态性状上存在一些差异，如疣粒野生稻的粒长明显短于颗粒野生稻，株高则比颗粒野生稻稍高，但这些差异在不同产地的野生稻

之间都存在。在最能反映这两种野生稻遗传差异的指标方面，如颗粒野生稻与疣粒野生稻之间的杂交成功率、杂种 $F_1$ 的育性和染色体在减数分裂中的配对表现等，这些特征与不同产地的疣粒野生稻（或颗粒野生稻）彼此之间杂交的情况相比，均没有明显的差异。为此，Gong 等（2000）认为，目前一般所指的颗粒野生稻和疣粒野生稻在本质上应是同一个野生稻种，并建议将其称为 *O. granulata*。

从颗粒野生稻和疣粒野生稻生长的生态条件来看，它们都是陆生的，有地下茎，喜欢生长在有荫蔽的林间坡地。在印度常被称为林间水稻（forest rice），在越南则称为孔雀稻（peacock rice）。由于对这些野生稻收集的样本不多，研究工作也不系统，相关结论很难反映其真实情况。从文献考证来看，颗粒野生稻（*O. granulata*）是 1891 年被报道的，疣粒野生稻（*O. meyeriana*）最早在 1845 年就已被报道。我国台湾和海南两省发现的疣粒野生稻则分别由 G. Masamune 和 E. D. Merrill 在 1942 年和 1935 年报道（丁颖，1961）。从 Gong 等（2000）提供的资料来看，从不同地域采集的颗粒野生稻或疣粒野生稻除了形态性状有一定差异，育性高低也不尽相同。其中从马来西亚采集的疣粒野生稻育性只有其他地区野生稻样本的50%左右，说明在这些野生稻种群内部还存在许多分化。这些野生稻种之间的相互关系，仍需要进一步研究才能确定。

### 2. 正确处理分歧的途径

在稻属分类研究中，曾出现过不少分歧。准确认识和把握这些分歧是进行科学分类的关键。水稻是一种古老而又富有变异能力的物种，据考证，水稻作为物种已有 1.3 亿年历史（Khush，1997），并且是一个全球广泛分布的物种。复杂的生态条件、水稻自身的变异能力，加上长期自然选择和适应性进化等因素的作用，水稻不可避免地在种群内部积累了大量变异，这是造成研究人员对稻属植物分类产生分歧的根本原因。这些分歧曾在稻种分类研究中带来许多概念上的混乱，通过近几十年的努力，对以下问题的认识已经越来越清晰。

（1）普通野生稻是否存在一年生与多年生种的差异，一直是个有争议的问题。一般来讲，多年生普通野生稻包括亚洲的 *O. rufipogon* 和美洲的 *O. glumaepatula*，在秋季种子成熟以后，母体植株并不枯萎，来年又可由茎节腋芽发育成新的蘖芽继续生长，开花结实。这种特性一方面与生长地温暖的气候条件有关，另一方面与这些野生稻具有较强的耐逆性和再生能力密切相关。而一年生野生稻（*O. nivara* 或 *O. sativa f. spontanea*），虽然在秋季种子成熟后，地上部分的茎叶多数会枯萎死亡，但在温度和水分条件适宜时并不立即枯死，部分植株也会由休眠芽萌发成苗，出现再生的现象。这种现象在栽培稻中同样存在，我国南方地区生产上推广的再生稻便是一个例证。因此，有人认为水稻本质上是一种多年生植物，将一年生野生稻列为一个物种，自然也就失去意义。

但是，如果仔细分析一年生野生稻、多年生野生稻和栽培稻的各种性状，包括形态性状、生理性状和繁殖能力等差异时可以发现，一年生野生稻与多年生野生稻的性状差异是非常明显的。多年生野生稻一般育性较低，花药较大，雄蕊也很发达，柱头外露明显，具有很强的变异能力，异交率一般在 30%以上（Oka，1964）。多年生野生稻营养体分蘖（这种分蘖可发生在茎秆的各个节上）能力较强，而且茎节的发根能力也很强，因而当分枝的营养体被折断后，一旦遇到适宜的生长条件，即可落地生根形成新的居群，这在美洲展颖野生稻（*O. glumaepatula*）中表现得尤为明显（Vaughan et al.，2003）。栽培稻和一年生野生稻固然在种子成熟后也有一部分植株营养体，在条件适宜时可以由休眠芽生长为新的植株，但这种再生能力是有条件的，特别是对灌浆期的温度和水分条件要求较高，温度偏高或偏低，水分过多（为淹水条件）或过少（为干旱环境），再生能力便会很快丧失。事实上，经过人工驯化的许多一年生作物，在条件适宜时均可有一定的再生能力，如番茄、玉米、高粱等。已有研究表明，多年生野生稻与一年生野生稻及栽培稻杂交，尽管 F$_1$ 代可以结实，但育性一般偏低，说明它们之间已经产生了明显的遗传分化。因此，将一年生野生稻与多年生野生稻列为稻属的不同种，无论从分类学角度还是从育种应用角度，都较为适宜。

（2）在对稻属不同种的分类标准上，早期的研究以形态指标为主。由于分类学研究早于遗传学研究，早期主要依据形态性状差异对稻属植物进行分类的做法是完全可以理解的。但是，由于稻属植物本身具有很强的变异能力，这就给仅依靠变异程度对物种进行准确命名带来了许多困难，这是稻属植物同一物种被重复命名、产生许多同种异名的重要原因。20 世纪 30 年代以来，由于遗传学研究的迅猛发展，特别是细胞遗传学研究技术的建立和发展，大大提高了鉴别稻属植物不同物种变异的能力。20 世纪 30—60 年代，已完成稻属多数物种染色体组的准确鉴定，为确定不同稻种之间的遗传联系提供了可靠依据，这也是稻属分类研究中最为辉煌的时代。

但是，染色体组研究在方法上也存在自身的缺陷，因为在研究不同稻种染色体组的相互关系时，必须通过杂交才能对杂种花粉母细胞减数分裂过程中染色体的配对行为进行分析。由于携带不同染色体组的稻属物种之间存在着严重的生殖隔离，广泛进行不同稻种间的有性杂交非常困难，在很大程度上阻碍了这方面研究工作的深入，使得稻种分类研究在相当长一段时期内处于停滞不前的状态。直到 20 世纪 90 年代以后，随着分子生物学研究技术的发展，借助于 DNA 水平的分析手段，对稻属物种进行新的分类研究，使得那些染色体组不明确的野生稻逐一得以准确鉴定，它们在稻属植物分类中的地位也相继被确立。

　　然而，利用 DNA 序列变异进行物种分类和进化研究，也存在着其自身的局限性。在分析水稻不同野生种两种乙醇脱氢酶基因 *Adh1* 和 *Adh2* 的序列变异时，Ge 等（1999）在以往被从稻属剔除的物种 *P. coarctata* 中，发现这两个基因的序列与西莱特野生稻（*O. schlechteri*）相同，仅凭个别基因的序列变异亦很难作出准确判断。因此，有关 *P. coarctata* 可否重新归入稻属仍存在争议。

　　Vaughan 等（2003）也注意到，仅凭 DNA 少数片段序列变异来作为分类依据存在明显的缺陷。个别基因的序列相似性并不一定代表它们间的直接亲缘关系。在分类研究中，只有综合考虑被调查物种的形态性状、染色体组构成和重要基因的序列变异，才有可能得出更为可靠的结论。以在长药野生稻（*O. longistaminata*）中发现的转座子（transposon）*Tourist-olo9* 为例，由于它只存在于稻属 AA 和 FF 染色体组的稻种中，如果因此推测这两类稻种的亲缘关系比与其他染色体组的稻种更为密切，则会与实际情况背道而驰。

　　在近缘植物中，平行进化（parallel evolution）现象是广泛存在的。这既表现在形态性状上，也表现在 DNA 序列变异中。一般来说，基因序列变异是最能反映近缘物种进化过程的遗传证据。但是，由于选择的基因不同，其序列保守性也会有很大差异，仅依据个别基因的序列变异来判断不同物种或不同生态群之间的亲缘关系，难免会出现这样或那样的错误判断。因此，在研究不同野生稻种在分类上的相互关系时，包括它们与栽培稻之间的遗传关系，不能仅凭某一方面的信息。为了作出准确的判断，需要根据形态学、生理学、染色体组构成等多方面的研究结果，必要时还需结合重要基因或在稻种进化上具有重要价值的 DNA 序列变异，进行综合分析和研判，才能得出更加可靠的结论。

# 第二章　水稻的染色体组

染色体是基因的载体，真核生物细胞核内的基因都位于染色体上，水稻也不例外。栽培稻体细胞核内具有 24 条染色体，其花粉母细胞在第一次减数分裂的前期，这些染色体通过配对形成 12 个二价体。这一现象最早是由日本水稻遗传学家 Kuwada（1909，1910）报道的。

栽培稻的染色体数被报道以后，引起了水稻遗传学家对稻属染色体组的关注。20 世纪 30 年代，日本科学家 Sakai（1935）和 Nandi（1936）相继报道了阔叶野生稻（*O. latifolia*）和小粒野生稻（*O. minuta*）的体细胞染色体数均为 $2n=48$。这说明在稻属的不同物种之间不仅存在着倍性的差异，还可能存在着染色体组的分化。

## 第一节　水稻染色体组

### 一、染色体组基数的确定

染色体组是指真核生物细胞核内的一组非同源染色体，它们在形态和功能上各不相同。稻属不同的物种之间，虽然核内染色体数有所不同，但都是 12 的倍数。因此，一般认为水稻染色体组的基数（basic number）为 12，或 $x=12$。由此推论，栽培稻应该是一种二倍体（diploid，$2n=2x=24$）；而染色体数为 48 的野生稻，如阔叶野生稻和小粒野生稻应属于四倍体（tetraploid，$2n=4x=48$）。

### 二、古多倍体的可能性

一些研究者认为，当今的栽培稻在进化过程中可能发生过多倍化或者某些染色体添加。早年他们提出这一观点是基于在水稻减数分裂过程中观察到的一些特殊现象。其中最受关注的有两点：①一些水稻在花粉母细胞减数分裂的前期，常可发现有 2 个核仁的存在，这一现象在籼稻品种中尤为常见。在终变期以前，核仁一般是与随体染色体联系在一起的，因而核仁的数目常与随体染色体的多少相关。不少二倍体物种的染色体组中仅有一个随体染色体，而在多倍体物种中则可能有多个随体染色体。②水稻在减数分裂前期同源染色体配对形成二价体以后，不同二价体常会相互靠近，形成所谓的次级粘连（secondary association）现象。

根据 Sakai（1935）的观察，在次级粘连发生时，以 2（3）+3（2）的方式最多，即 2 个二价体相互联系在一起出现 3 组，3 个二价体相互联系在一起出现 2 组。这些二价体相互靠拢，可能表明它们在起源上存在着较为密切的联系。基于以上原因，Sakai 认为，组成栽培稻染色体组的 12 条染色体，可能是由染色体基数为 5 的物种通过杂交和加倍而形成的，其中有 2 条染色体还可能发生了添加。例如，某一物种的染色体为 a1b1c1d1e1，另一物种的染色体为 a2b2c2d2e2，如果添加的染色体是 c 和 d，则通过杂交和染色体加倍，加上两个染色体的添加，最终形成的栽培稻染色体组就会有 a1b1c1d1e1a2b2c2d2e2cd 等 12 条（Sakai，1935；Nandi，1936）。按照这一理论，水稻应该属于古多倍体植物。支持这一假说的理由之一是，当时发现在竹类植物中存在染色体基数为 5 和 7 的物种（Yamaura，1933）。因此他们推论，稻属植物在进化上与竹类植物可能存在着某种联系。竹类植物是个很大的家族，含有 70 多个属，与水稻一样同属禾本科。但是，据李秀兰等（1999，2001）研究，竹类植物的染色体基数为 8（$x=8$）。分布于我国江苏、浙江等长江流域的竹类植物多数为六倍体（$2n=6x=48$）。尽管在竹类植物中，染色体数存在着比较复杂的变化，却很难说明它们与水稻染色体组之间存在直接的亲缘关系。竹类植物在生长习性和植株形态上也与稻属植物有很大差异。竹类植物都是多年生的，植株一般都很高大，茎秆和枝条都是高度木质化的；不少品种具有发达的地下茎，借助于这些地下茎，可以发展为比较大的群落。与之相反，稻属植物则都是草本；除了非洲的某些野生稻种（如长药野生稻），一般都不具备地下茎的特征；水稻在正常情况下，都表现为一年生的生长特性，只有在冬季温度比较高的地区，它们才可以借助宿根越冬，次年由越冬蘖芽萌发，恢复生长。这与竹类植物的多年生常绿特性有着本质的区别。

另外，在稻属植物中，无论是现今分布于世界各地的栽培稻，包括亚洲栽培稻或非洲栽培稻，还是分布于亚洲、非洲、美洲或大洋洲的野生稻种，其染色体数都是 12 的倍数，从而推测稻属植物的染色体基数为 $x=12$。栽培稻为二倍体种，天然的四倍体种只存在于野生稻中。这不排除在进化过程中，稻属植物存在着染色体数目变异的可能。在这一过程中，它的祖先种与哪些物种有着进化关系，通

过何种途径形成 $x=12$ 的染色体，仍是一个有待解决的科学问题。

## 第二节　水稻染色体组的分化

稻属植物是一个古老的物种，在世界各地分布也很广泛，其野生种在亚洲、非洲、中南美洲和大洋洲都有分布。由于在不同的地理、气候和生态条件下生长繁殖，经过长期的进化，不同野生类型之间发生了明显的分化，这些分化也反映在染色体组水平上。Kuwada（1910）于 20 世纪初确认栽培稻的染色体数为 $2n=24$ 以后，Morinaga（1940）等报道了稻属中存在四倍体物种。一般来讲，自然界中存在的多倍体物种都是异源多倍体（allopolyploid）。这表明，在稻属的不同物种之间，不仅染色体组发生了分化，而且分化情况可能比较复杂。

### 一、染色体组的命名

在植物染色体的研究中，为方便起见对某一物种的染色体组一般都用大写字母来表示。例如，普通小麦（*Triticum aestivum*）是六倍体，构成其染色体的有三个染色体组，分别被命名为 A、B 和 D 染色体组，其染色体组的组型为 AABBDD。

稻属物种染色体组的研究开始于 20 世纪 30 年代。在开始阶段，由于缺乏染色体组的命名规则，不同科学家对同一物种染色体组采用不同命名方案的现象时常发生。例如，20 世纪 60 年代初，普通野生稻的种名一般都采用 *O. perennis*（现名为 *O. rufipogon*）这一名称。印度学者 Richharia（1960）将该野生稻的染色体组命名为 P 染色体组，由普通野生稻衍生的亚洲栽培稻或其他野生稻中的 P 染色体组，则分别在字母 P 后加上不同数字的上标加以区别，如 $P^1$、$P^2$、$P^3$ 等，以说明这些染色体组之间在进化上既存在联系又发生了分化的特点。美国学者 Yeh 和 Henderson（1961）将栽培稻与分布于世界不同地区的野生稻进行杂交试验，并根据杂种在减数分裂过程中的染色体配对行为和花粉育性，分析了它们之间可能存在的遗传分化，发现亚洲栽培稻与分布在世界不同地区的普通野生稻杂交所产生的杂种，在育性上存在着明显的差异。例如，由栽培稻与原产于亚洲的几种野生稻（包括 *O. sativa* var. *fatua*、*O. sativa* var. *formosana* 和 *O. balunga*）杂交产生的杂种 $F_1$，可育花粉一般都在 70% 以上（有些组合可达 99.9%），杂种一般可以正常结实。说明栽培稻与这几种野生稻之间的差异主要表现在形态性状和生长习性方面，而在亲缘关系上彼此之间是很接近的。与此相反，栽培稻与原产于中南美洲的古巴野生稻（*O. cubensis*，现称 *O. glumaepatula*，即展颖野生稻）配置的 7 个组合杂种，可育花粉均在 15% 以下，完全不能结实。与非洲巴蒂野生稻（*O. barthii*）配置的杂种也与此相似。由亚洲栽培稻与非洲栽培稻杂交所产生的杂种也表现出明显的育性障碍。因此，Yeh 和 Henderson（1962）曾建议将栽培稻和原产于亚洲的几种野生稻的染色体组定为 A1，而将原产于中南美洲的古巴野生稻的染色体组定为 A2。鉴于亚洲栽培稻及普通野生稻，与非洲的栽培稻和野生稻之间存在明显的遗传差异，他们建议将非洲的栽培稻及其相关野生稻染色体组命名为 E 染色体组。这种不同科学家之间在稻属染色体组命名上的分歧，曾一度造成染色体组符号命名的混乱。

20 世纪 60 年代初在稻属不同物种染色体组命名上出现的混乱，对于不同研究者之间信息交流显然是不利的。为了解决这一问题，于 1963 年在国际水稻研究所召开的水稻遗传学与细胞遗传学讨论会上，成立了一个由 Kihara、张德慈、李先闻、Morinaga 和 Richharia 5 位水稻遗传学家组成的专门委员会，对稻属不同物种染色体组命名方案进行了讨论，确定了以下三点作为水稻染色体组命名的依据。

1）采用 Morinaga 对稻属不同物种染色体组的命名方案，以大写英文字母代表其染色体组。例如，*O. sativa* 的染色体组为 A。

2）二倍体种的染色体组型以 2 个大写字母表示，四倍体种的染色体组型以 4 个大写字母表示。例如，*O. sativa* 的染色体组型为 AA，*O. minuta* 的染色体组型为 BBCC。

3）对于不同物种，如果从其 $F_1$ 代减数分裂过程中染色体的行为和杂种的育性判断，发现它们的染色体组基本相似，但又发生明显分化的情况，建议在代表其染色体组的大写字母右上角加上不同的小写字母以示区别。例如，普通栽培稻 *O. sativa* 和原产于亚洲的多年生野生稻 *O. pernnis* 的染色体组型为 AA，原产于非洲的巴蒂野生稻（*O. barthii*）的染色体组型为 $A^b A^b$，原产于非洲的非洲栽培稻（*O. glaberrima*）和短舌野生稻（*O. breviligulata*）的染色体组型为 $A^g A^g$，原产于中美洲的古巴野生稻（*O. cubensis*）的染色体组型为 $A^{cu} A^{cu}$，等等。

这样，对水稻染色体组的命名得到了统一。在日本、中国、印度和美国等几个国家科学家的努力下，到 20 世纪 60 年代末，稻属中已被明确的物种和它们所携带的染色体组型，可总结为表 2-1。

表 2-1　不同研究者对稻属植物染色体组的命名和比较

| 拉丁名 | 中文名 | 2n | IRRI | Morinaga 和 Kuriyama（1960） | Richharia 等（1960） | Yeh 和 Henderson（1962） | Bouharmont（1962） |
|---|---|---|---|---|---|---|---|
| O. sativa | 亚洲栽培稻 | 24 | AA | AA | $P^2P^2$ | $A_1A_1$ | AA |
| O. nivara | 尼瓦拉野生稻 | 24 | AA | AA | | $A_1A_1$ | AA |
| O. rufipogon | 普通野生稻 | 24 | AA | AA | $P^1P^1$ | $A_1A_1$ | |
| O. glumaepatula | 展颖野生稻 | 24 | $A^{cu}A^{cu}$ | AA | | $A_2A_2$ | |
| O. glaberrima | 非洲栽培稻 | 24 | $A^gA^g$ | AA | $P^3P^3$ | EE | $A_1A_1$ |
| O. barthii | 巴蒂野生稻 | 24 | $A^bA^b$ | AA | $P^3P^3$ | $A_?A_?$ | $A_1A_1$ |
| O. longistaminata | 长药野生稻 | 24 | $A^eA^e$ | | | $A_2A_2$ | |
| O. meridionalis | 南方野生稻 | 24 | $A^mA^m$ | | | | |
| O. officinalis | 药用野生稻 | 24 | CC | CC | $O^1O^1$ | | OO |
| O. malapuzhaensis | 马蓝普野生稻 | 48 | | | $O^1O^1O^3O^3$ | | |
| O. minuta | 小粒野生稻 | 48 | BBCC | BBCC | $O^1O^1M^1M^1$ | | |
| O. rhizomatis | 根茎野生稻 | 24 | CC | | | | |
| O. eichingeri | 紧穗野生稻 | 24 | CC | | | | |
| O. punctata | 斑点野生稻 | 24 | BB | | | | |
| O. schweinfurthiana | 非洲野生稻 | 24 | BBCC | BBCC | | | FFGG |
| O. latifolia | 阔叶野生稻 | 48 | CCDD | CCDD | $O^1O^1O^2O^2$ | | CCDD |
| O. alta | 高秆野生稻 | 48 | CCDD | CCDD | $O^1O^1O^2O^2$ | | OOEE |
| O. grandiglumis | 重颖野生稻 | 48 | CCDD | CCDD | | | |
| O. australiensis | 澳洲野生稻 | 24 | EE | | | | |
| O. brachyantha | 短药野生稻 | 24 | FF | | | | FF |

注：1963 年在国际水稻遗传学与细胞遗传学讨论会上由稻属物种染色体组命名委员会推荐的符号

## 二、稻属各染色体组的确定

### 1. 染色体组 A、B、C 和 D 的确定

对于稻属不同物种之间染色体组分化的研究，日本、中国和印度的科学家做了大量的工作，其中尤以 Morinaga 所做的研究最为系统。但是，自 20 世纪 30 年代末至 40 年代中期，受第二次世界大战的影响，相关研究曾一度中断。第二次世界大战结束以后，这方面的研究又重新活跃起来。当时的研究工作主要依据杂种 $F_1$ 代的细胞学鉴定结果和杂种的育性表现来确定稻属染色体组型。Morinaga 等自 1937 年以来相继报道了栽培稻 O. sativa 与四倍体野生稻 O. minuta 和 O. latifolia，以及后两者之间杂交 $F_1$ 代的细胞学研究结果。发现由 O. sativa 与 O. latifolia 种间

杂交所得 $F_1$，在减数分裂过程中染色体由于缺乏同源性，只能形成 36 个单价体（36Ⅰ）；而四倍体野生稻 *O. minuta* 与 *O. latifolia* 的杂交种 $F_1$，则在减数分裂过程中形成了 12 个二价体（12Ⅱ）和 24 个单价体（24Ⅰ）。这说明 *O. sativa* 的染色体组与 *O. minuta* 和 *O. latifolia* 均不相同；而在后两者之间，有一组染色体相同，另外一组则彼此不同。从而确定了稻属这几个种的染色体组构成，并将它们所携带的染色体组按大写英文字母的序列，依次命名为 A、B、C、D 四种。这几个种的染色体数和组型构成见表 2-2。

表 2-2　栽培稻 *O. sativa* 与四倍体野生稻 *O. minuta* 和 *O. latifolia* 的染色体数及组型构成

| 种名 | 染色体数 | 组型构成 |
| --- | --- | --- |
| *O. sativa* | $2n=24$ | AA |
| *O. minuta* | $2n=48$ | BBCC |
| *O. latifolia* | $2n=48$ | CCDD |

药用野生稻（*O. officinalis*）是一个二倍体种（$2n=24$），但它与同为二倍体的栽培稻杂交时很难获得杂种。1937 年，印度学者 Ramanujam 等报道了他们以栽培稻与药用野生稻杂交获得了杂种 $F_1$，但该杂种在减数分裂过程中染色体并不配对，形成了 24 个单价体。为确定药用野生稻染色体组与稻属已知几个种的染色体组之间的关系，Morinaga 和 Kuriyama（1952，1959）、Morinaga 等（1958）用药用野生稻与栽培稻（*O. sativa*，染色体组型为 AA）、小粒野生稻（*O. minuta*，染色体组型为 BBCC）、阔叶野生稻（*O. latifolia*，染色体组型为 CCDD）和重颖野生稻（*O. grandiglumis*，染色体组型为 CCDD）做了大量杂交试验。发现药用野生稻与栽培稻的杂种 $F_1$ 在减数分裂终变期，所有染色体均以单价体形式存在，这与 Ramanujam（1937）报道的结果完全一致。另外，药用野生稻与其他几个四倍体种的杂种 $F_1$，在减数分裂终变期均形成 12 个二价体和 12 个单价体，说明药用野生稻的染色体组与上述四倍体野生稻的染色体组中有一组是同源的，这些四倍体野生稻的另一个染色体组则与药用野生稻不同，因此确定了药用野生稻的染色体组型为 CC。它很可能是四倍体野生稻中 C 染色体组的供体。

2. 染色体组 E 和 F 的确定

原产于非洲的短药野生稻（*O. brachyantha*）和原产于大洋洲的澳洲野生稻（*O. australiensis*）都是二倍体种，但它们与栽培稻杂交都很难获得杂种。Li 等（1961，1962，1964）在我国台湾利用胚培养（embryo culture）技术，将栽培稻与上述两个野生稻杂交后的杂种幼胚，在培养基上萌发和培养，获得了杂种 $F_1$ 幼苗，于 1961 年和 1962 年相继报道了上述两个杂种 $F_1$ 的研究结果。其中，澳洲野生稻在与栽培稻及其他几个染色体组已知的野生稻杂交时，表现出一些明显的特点。首先，它们之间的杂交很难获得成功。当以二倍体栽培稻为母本、澳洲野生稻为父本进行杂交时，共授粉 1173 朵颖花，仅获得 1 株正常生长发育的杂种，杂交成功率仅为 0.085%。其次，澳洲野生稻与栽培稻、小粒野生稻及巴拉圭野生稻（O. paraguaiensis，染色体组型为 CCDD）的杂种都完全不育。并且，澳洲野生稻染色体的大小也与稻属其他种的染色体有明显差异。根据作者的测量，它比栽培稻的染色体平均大 1.4 倍。因此在减数分裂中期 I，可以依据染色体大小来判断杂种 $F_1$ 的染色体配对状况。并且，澳洲野生稻染色体与其他几个种的染色体很少进行正常配对，因而在中期 I 多数染色体以单价体形式存在。在偶尔配对的二价体中，根据染色体大小判断多属于同一物种不同染色体成员之间发生的同源联会（autosyndesis）。而不同物种染色体成员之间的配对，即异源联会（allosyndesis）的频率很低。因此，杂种染色体在中期 I 多数以单价体形式存在，这是导致杂种不育的主要原因。

根据澳洲野生稻与栽培稻及其他几种野生稻的杂交难易程度，结合所得杂种在减数分裂过程中的联会状况，Li 等（1961）认为它的染色体组不同于已知的 A、B、C 和 D 染色体组，并将澳洲野生稻的染色体组命名为 E 染色体组，其染色体组型为 EE。

短药野生稻是一种原产于非洲的野生稻，也是一个二倍体种（$2n = 2x = 24$）。但是，短药野生稻很难与栽培稻、小粒野生稻和药用野生稻杂交并获得杂种。Wuu 等（1963）以栽培稻为母本与短药野生稻杂交，共授粉 3201 朵颖花，只得到 1 株杂种。但是，杂种 $F_1$ 在减数分裂中期 I，绝大部分染色体以单价体形式存在，说明双亲染色体之间缺乏同源性，因而无法配对和重组（表 2-3）。即使个别细胞

表 2-3　亚洲栽培稻与澳洲野生稻和短药野生稻杂种 $F_1$ 在减数分裂中期 I 染色体的联会表现

| 杂交组合 | 观察细胞数 | 染色体数 | 单价体数 | 二价体数 | 三价体数 |
| --- | --- | --- | --- | --- | --- |
| O. sativa×O. australiensis | 105 | 24 | 21.68 | 1.04 | 0.01 |
| O. sativa×O. brachyantha | 350 | 24 | 23.94 | 0.03 | 0 |
| O. australiensis×O. alta | 103 | 36 | 22.5 | 6.75 | 0.05 |
| O. minuta×O. australiensis | 128 | 36 | 26.24 | 4.7 | 0.085 |
| O. paraguaiensis×O. brachyantha | 200 | 36 | 34.89 | 0.56 | 0.05 |

注：根据 Li 等（1961，1962，1964）整理

中期 I 偶尔出现少量二价体，也并非双亲染色体间配对与重组的结果，而是同源联会形成。因此，杂种不能形成正常花粉，表现为完全不育。

短药野生稻不仅与以上三个种杂交很困难，与稻属中的其他野生稻，包括短舌野生稻（*O. breviligulata*）、药用野生稻、阔叶野生稻及澳洲野生稻杂交也都无法获得杂种。表明短药野生稻的染色体组与已知的 A、B、C、D 和 E 染色体组均不相同，因此将短药野生稻的染色体组命名为 F 染色体组，其染色体组型为 FF。

### 3. 染色体组 G、H 和 J 的确定

上述几种染色体组的命名都是根据杂种 $F_1$ 在减数分裂过程中的染色体配对行为确定的。稻属不同种之间染色体组的分化会直接影响它们之间的可交配性，染色体组分化程度越大，相互杂交获得杂种的难度也越大。因此，在杂交试验中无法或很难获得杂种的物种，它们的染色体组与已知染色体组之间的关系就很难研究。直到 20 世纪 90 年代初，稻属的 20 余个野生种中，仍有近 1/3 的物种未能确定它们的染色体组构成类型。

分子生物学技术的发展为解决上述问题提供了可能。在本质上，物种分化是遗传分化的结果。染色体组分化固然与物种分化有着直接联系，而基因组在 DNA 序列上的分化与染色组分化有着密切关系。因此，通过物种 DNA 序列的变化来揭示染色体组分化的本质，显得更为直接、更加灵敏。

为了明确野生稻种 *O. meyeriana* 复合体（complex）和 *O. ridleyi* 复合体相关稻种的染色体组与已知染色体组之间的关系，Aggarwal 等（1997）选择分别代表已知染色体组的 8 个种，以及以上两个复合体内各 2 个种，共计 12 个种。以这些物种的基因组 DNA，经 $^{32}P$ 标记作为探针，分别与稻属不同物种及其亲缘物种 90 多个种系的基因组 DNA 进行 Southern 杂交分析。从杂交带型和信号强度可以清楚看出，在 *O. meyeriana* 复合体或 *O. ridleyi* 复合体内，不同物种之间 DNA 序列有很高的相似度，不仅杂交信号很强，并且呈现连续的弥散条带。与之相反，无论是 *O. meyeriana* 复合体物种，还是 *O. ridleyi* 复合体物种，它们的 DNA 序列与染色体组已知的物种相比，均发生了极为明显的分化，表现为杂交条带较少，信号强度也很弱。说明 *O. meyeriana* 和 *O. ridleyi* 两个复合体，它们所包含的染色体组，是不同于已知稻种染色体组的新类型。因此，将二倍体 *O. meyeriana* 复合体野生稻种的染色体组命名为 G 染色体组，其染色体组型为 GG。四倍体野生稻 *O. ridleyi* 复合体所含有的两个染色体组，分别被命名为 H 和 J 染色体组，其染色体组型为 HHJJ。

4. 染色体组 K 的确定

至 20 世纪末，稻属 20 多个物种的染色体组构成已基本明确。然而，对于西莱特野生稻（*O. schlechteri*）染色体组构成尚未有明确的结论。另外，在稻属分类中，对于 *Poetersia coarctata*，Roschevicz 曾将其作为稻属的一个种，命名为 *O. coarctata*。为明确这两个物种的染色体组构成，Ge 等（1999）利用水稻核基因组中两个乙醇脱氢酶（alcohol dehydrogenase）基因 *Adh1* 和 *Adh2* 基因序列，并结合叶绿体基因组中基因序列的变化，研究了稻属不同物种间的进化关系。发现在利用这些基因标记建立的系统进化树中，*P. coarctata* 与 *O. schlechteri* 总是归入到同一分支（clade）中，说明这两个物种在进化上存在着非常紧密的联系。另外，从稻属不同物种 *Adh1* 和 *Adh2* 基因的分子进化树分析，可以清楚地看出，*O. schlechteri*、*P. coarctata*、*O. ridleyi* 和 *O. longiglumis* 共同享有染色体组 H。而作为四倍体种的 *O. schlechteri* 和 *P. coarctata* 还分别具有另一个新的染色体组，将该染色体组命名为 K。因此，这两个物种的染色体组型应为 HHKK。由于 *P. coarctata* 的染色体组型与 *O. schlechteri* 的相同，Ge 等（1999）曾建议将其重新划归到稻属中，但对于这一建议，目前尚存在不同的观点。

## 三、稻属 A 染色体组物种间的分化

在稻属中，染色体组为 A 的物种有多个，除了亚洲栽培稻（*O. sativa*）和非洲栽培稻（*O. glaberrima*），广泛分布于亚洲热带和亚热带地区的多年生普通野生稻（*O. rufipogon*）、一年生野生稻（*O. nivara*）和分布于中南美洲、大洋洲、非洲的多年生普通野生稻都具有 A 染色体组。Morinaga 和 Kuriyama（1960）自 20 世纪 50 年代开始，对稻属这些物种染色体组进行了详细研究，观察了不同种间杂种 $F_1$ 在减数分裂过程中染色体的配对行为及其后代育性表现。他们发现，当将栽培稻与亚洲不同地区的普通野生稻（*O. perennis*，现称为 *O. rufipogon*）杂交时，多数 $F_1$ 育性都很低，但其花粉母细胞在减数分裂过程中染色体配对正常，终变期呈现 12 个二价体。说明多年生野生稻的染色体组与栽培稻是相同的，都为 A 染色体组。但是，它们之间在遗传上已发生了一定程度的分化，杂种所表现的不育性表明它们之间的生殖隔离已经形成。Yeh 和 Henderson（1961，1962）将栽培稻与分布于世界不同地区的野生稻进行杂交，所研究的野生稻包括原产于我国的一年生野生稻 *O. sativa* f. *spontanea*（也称为 *O. sativa* var. *fatua* 或 *O. fatua*）、原产于我

国台湾的野生稻 *O. sativa* var. *formosana*，原产于印度的野生稻 *O. balunga* 和 *O. sativa* var. *fatua*（或 *O. fatua*），原产于中美洲的多年生古巴野生稻 *O. cubensis*（也称为 *O. perennis* subsp. *cubensis*），以及原产于非洲的多年生野生稻（*O. barthii*，现称 *O. longistaminata*），发现栽培稻与这些野生稻杂交均不难，杂种在减数分裂过程中的染色体配对也基本正常，说明它们都是 A 染色体组物种。但是，栽培稻与以上野生稻的杂种 $F_1$，其花粉和小穗育性都表现出明显的差异。由栽培稻与原产于亚洲的几种野生稻（包括 *O. sativa* var. *fatua*、*O. sativa* var. *formosana* 和 *O. balunga*）配置的杂种都可以结实，可育花粉比例在 70% 左右，说明栽培稻与这些野生稻之间在亲缘上是很相近的。相反，栽培稻与原产于中南美洲的古巴野生稻配置的 7 个组合杂种 $F_1$，可育花粉比例均在 15% 以下，完全不能结实，说明生长在亚洲的普通野生稻与生长在中南美洲的野生稻之间在遗传上已发生明显的分化。类似的情况也发生在亚洲栽培稻与非洲栽培稻之间，它们两者之间尽管杂种 $F_1$ 的染色体配对正常，但是杂种都表现为不育。按照 1963 年在国际水稻遗传学与细胞遗传学讨论会上形成的意见，将稻属物种染色体组的命名情况列于表 2-1。

到 20 世纪末，经过各国科学家近 70 年的研究，稻属不同物种染色体组型已基本确定。从染色体组构成进行分组，不同染色体组型所包括的物种及其地理分布如表 2-4 所示。

表 2-4　稻属不同染色体组型及其对应的物种

| 染色体组型 | 物种 | 分布 |
|---|---|---|
| AA | *O. sativa*、*O. rufipogon*、*O. nivara* | 亚洲 |
| | *O. glaberrima*、*O. barthii*、*O. longistaminata* | 非洲 |
| | *O. glumaepatula* | 中南美洲 |
| | *O. meridionalis* | 大洋洲 |
| BB | *O. punctata* | 非洲 |
| CC | *O. officinalis* | 亚洲 |
| | *O. rhizomatis* | 斯里兰卡 |
| BBCC | *O. minuta*、*O. malampuzhaensis* | 亚洲热带 |
| | *O. schweinfurthian* | 非洲 |
| CCDD | *O. alta*、*O. latifolia*、*O. grandiglumis* | 中南美洲 |
| EE | *O. australiensis* | 大洋洲 |
| FF | *O. brachyantha* | 非洲 |
| GG | *O. granulata* | 中国、南亚、东南亚 |
| | *O. neocaledonia* | 新喀里多尼亚 |

续表

| 染色体组型 | 物种 | 分布 |
| --- | --- | --- |
| HHJJ | *O. longiglumis* | 印度尼西亚、巴布亚新几内亚 |
| | *O. ridleyi* | 南亚 |
| HHKK | *O. schlechteri* | 印度尼西亚、巴布亚新几内亚 |
| | *O. coarctata* | 南亚 |

  从表 2-4 中所列物种的染色体组型可以看出，在稻属目前已发现的 25 个物种中，二倍体种有 15 个，其染色体组型有 AA、BB、CC、EE、FF、GG 等 6 种。四倍体种有 10 个，染色体组型有 BBCC、CCDD、HHJJ 和 HHKK 等 4 种。在二倍体物种中，尚未发现有 DD、HH、JJ、KK 等染色体组型的物种。一般认为，这些物种可能已经在地球上灭绝，也有可能尚未被发现（Ge et al.，1999）。图 2-1显示了部分稻种的植株形态。

图 2-1　不同稻种的植株形态特征

　　值得注意的是，尽管稻属已鉴定出 25 个物种，这些物种的染色体组型多达 10 种，有多种四倍体物种分布于世界不同地区，但是，目前生产上大面积应用的都是二倍体种（包括 *O. sativa* 和 *O. glaberrima*），这两个二倍体种的染色体组型均为 AA。而且，染色体组型为 AA 的物种数多达 8 个，占稻属已发现物种数目的 1/3 左右，分布范围也最广。这似乎可以说明，AA 染色体组型物种可能最富于变异能力，也是最具可塑性的物种。人类祖先可能正是利用其可塑性，经过长期驯化和改良，培育出适合大面积种植的栽培稻，包括亚洲栽培稻和非洲栽培稻。

## 四、稻属不同染色体组物种间的亲缘关系

　　稻属的不同物种之间，尽管有许多区别，但它们亦有许多相似之处。相似的性状既有形态上的，也有生理上的，而更为重要的是它们在遗传上的联系。遗传上的联系可表现在不同的层面，染色体组间的联系是其中之一。

　　稻属不同物种所携带的染色体组有多种。从物种进化角度分析，染色体组分化自然是与物种分化紧密联系在一起的。由于物种进化是一个极其漫长的过程，人们很难利用某种单一的性状对物种进化尺度作出精确的度量，但是，如果染色体组这一遗传结构发生重大变化，必然对物种分化及其适应性形成产生重大影响。研究不同染色体组之间的亲缘关系，可以帮助人们了解物种在系统进化上的相互关系（phylogenetic relationship）。就稻属而言，可概括为以下几方面：①不同物种之间的

可交配性，包括在自然情况下相互杂交的可能性和人工杂交情况下产生杂种的难易程度。②杂交后代在减数分裂过程中染色体配对情况和育性表现，这是衡量不同物种间是否有生殖隔离的重要指标。③染色体数量和形态，这可以从核型（karyotype）研究中得到相关信息。④标志性基因序列的变异和分化规律，通过这方面的分析，可以构建相关物种的系统进化树（phylogenetic tree），明确它们的进化路径。以上几个方面研究涉及遗传学研究的不同层面，它们在本质上是相互关联的。

在已发现的水稻染色体组中，A 组染色体是最基本的染色体组之一。栽培稻及与其关系密切的野生种，都是由 A 染色体组构成的二倍体物种。已有的杂交试验表明，染色体组型为 AA 的物种，可以与染色体组型为 CC 的物种（如 *O. officinalis*）杂交，也可以与染色体组型为 CCDD（如 *O. latifolia*）或 BBCC（如 *O. minuta*）的物种杂交，得到相应的种间杂种。这说明染色体组 A 与染色体组 B、C、D 在亲缘上是有一定联系的。另外，染色体组 A 与染色体组 B、C、D 之间的分化也是很明显的。表现在染色体组型为 AA 的物种与染色体组型分别为 BB、CC、BBCC 和 CCDD 的物种之间杂交，一般成功率较低；而且所得杂种 $F_1$ 在减数分裂过程中染色体都不能正常配对，极少发现有二价体的出现，这些杂种一般均表现为完全不育，说明它们之间已形成严格的生殖隔离。染色体组型为 AA 的栽培稻与除 CC、BBCC 和 CCDD 之外的其他染色体组型的野生稻一般无法通过常规的杂交方法获得杂种。Li 等（1961，1962，1964）将栽培稻与染色体组型分别为 EE 和 FF 的澳洲野生稻和短药野生稻杂交时，都是通过组织培养方法，将受精后发育不完全的胚置于人工培养基上生长，发育成为成熟杂种胚后，再萌发获得杂种幼苗。黄艳兰等（2000）也通过胚培养的方法，获得了栽培稻与疣粒野生稻的种间杂种。Xiong 等（2006）进一步借助荧光原位杂交方法，证明在栽培稻与疣粒野生稻杂种中，疣粒野生稻的染色体（G 组）确实与栽培稻染色体（A 组）有明显差别，它们之间很少发生配对，并且在同一细胞中 G 组染色体长度是对应 AA 组染色体的 1.69 倍。此外，Yi 等（2017）亦通过胚拯救的方法获得了栽培稻与染色体组型为 HHJJ 的马来野生稻（*O. ridleyi*）的种间杂种，并证明它们之间拥有不同的染色体组。从目前获得的栽培稻与不同染色体组型野生稻的杂种分布情况来看，染色体组型为 HHKK 的野生稻是唯一与栽培稻未能成功杂交的野生稻，推测与这些野生稻种被收集和用于杂交研究，其数量较少有很大关系。

染色体组 C 也是稻属中最基本的染色体组之一，表现在染色体组型为 CC 的野生稻，不仅可以与染色体组型为 AA 的栽培稻或普通野生稻等杂交，而且在自然界存在的野生稻种中,还存在染色体组 C 分别与染色体组 B 和 D 组合形成的四倍体物种,如染色体组型为 BBCC 的小粒野生稻,以及染色体组型为 CCDD 的阔叶野生稻、高秆野生稻和重颖野生稻等。说明染色体组 C 与 B 和 D 之间都存在一定的亲和性(affinity)。一般来说,四倍体物种是由二倍体物种通过杂交和染色体加倍而形成的。这些二倍体物种能相互杂交,与它们在系统进化上存在一定的亲缘关系是分不开的。但是,染色体组为 C 的物种除了可以与染色体组为 A 的栽培稻或野生稻杂交以外,与 E、F、G 等其他染色体组的野生稻之间,至今未见有杂交成功的报道,说明它们之间同样存在非常大的生殖障碍。

与染色体组 C 相似的还有一个染色体组 H。该染色体组既可与染色体组 J 进行组合,出现在四倍体物种长颖野生稻(*O. longiglumis*)和马来野生稻(*O. ridleyi*)中,也可与 K 染色体组进行组合,出现在西莱特野生稻(*O. schlechteri*)和密集野生稻(*O. coarctata*)中。说明在稻属物种进化中,染色体组 H 与染色体组 J 和 K 也有一定的亲缘关系。但是根据已有的研究结果,染色体组 H、J 和 K 都只在四倍体物种中出现,这三种染色体组均没有发现在二倍体物种中存在。

染色体组 E 和 F 分别被发现于澳洲野生稻和短药野生稻中,研究表明染色体组 E 与染色体组 D 在系统发育上是比较接近的(Ge et al.,1999)。但是,染色体组 D 也只在四倍体物种中被发现,染色体组型为 DD 的二倍体种至今尚未被发现。

野生稻研究的重要方向之一,是探索进一步拓宽栽培稻遗传多样性的可能性。实际上,育种家通过选择不同野生稻种,分别与栽培稻杂交,已经向栽培稻导入了不少优异基因,包括抗病和抗虫基因、细胞质雄性不育基因等。从以上对稻属不同染色体组的分析不难看出,拥有染色体组 A 的二倍体野生稻,由于与栽培稻间不存在杂交障碍,它们是栽培稻遗传改良最为直接的基因库。持有染色体组 C 的二倍体野生稻,以及由染色体组 C 参与组合形成的四倍体野生稻,它们虽然与栽培稻杂交有一定的困难,但是通过努力获得有性杂种仍然是可能的。说明向栽培稻转移蕴藏在这些野生资源中的有利基因资源尚有很大潜力,因而可将这些野生稻视为栽培稻遗传改良的第二基因库。而稻属中的其他野生稻资源,则可视为栽培稻遗传改良的第三基因库。

## 五、稻属四倍体野生种染色体组的来源

在稻属已知物种中,除了二倍体以外,有近 1/3 的物种为四倍体(tetraploid),

这些物种都是野生种，并且都是异源四倍体。

在染色体组的组成方式上，由 C 染色体组与 B 染色体组，组合为 BBCC 染色体组型的野生稻有三个，分别为 *O. minuta*、*O. malapuzhaensis* 和四倍体种的 *O. punctata*。由 C 与 D 组合形成 CCDD 染色体组型的野生稻有三个，分别为 *O. alta*、*O. latifolia* 和 *O. grandiglumis*。由 H 与 J 组合形成 HHJJ 染色体组型的野生种有两个，分别为 *O. longiglumis* 和 *O. ridleyi*。由 H 与 K 组合形成 HHKK 染色体组型的野生种为 *O. schlechteri* 和 *O. coarctata*。

已有研究表明，四倍体物种都是由二倍体物种杂交后，再经染色体加倍形成的，稻属的四倍体种也不例外。Ge 等（1999）以叶绿体基因组中的 *matK* 基因与核基因组中的 *Adh1* 和 *Adh2* 基因为研究对象，根据它们的序列变异研究了稻属四倍体物种的起源。由于 *matK* 是叶绿体基因组的一个成员，其具有母性遗传的特点，因而根据该基因在不同物种间的序列变异可以推测四倍体物种可能来源的母本物种。而 *Adh1* 和 *Adh2* 都是核基因组成员，依据它们的序列变异可以追溯四倍体野生稻形成过程中可能的父本物种。

从叶绿体基因组中 *matK* 基因进化树分析可以看出，三个染色体组为 CCDD 的四倍体野生稻与染色体组为 CC 的二倍体野生稻处在同一个单系群（monophyletic group）内，说明 CCDD 四倍体野生稻在形成过程中，染色体组型为 CC 的二倍体野生稻是它们的母本物种，而染色体组型为 DD 的野生稻则是它们的父本物种。进一步从 *Adh1* 和 *Adh2* 基因的进化树可以看出，染色体组型为 CCDD 的四倍体野生稻 *O. alta* 和 *O. grandiglumis* 总是处于同一个单系群内，而且它们是姐妹种（sister species），说明这些物种在形成过程中很可能来源于同一杂交事件。最初由染色体组型为 CC 的二倍体种与染色体组型为 DD 的二倍体种杂交，经染色体加倍后形成染色体组型为 CCDD 的异源四倍体，后经长期分化，演变成当今不同的异源四倍体野生种。而对于染色体组型为 BBCC 的四倍体野生稻 *O. minuta*，从叶绿体基因组中 *matK* 基因的进化树分析，*O. minuta* 与染色体组型为 BB 的二倍体野生稻 *O. punctata* 位于同一个单系群内，说明在四倍体野生稻 *O. minuta* 的形成过程中，*O. punctata* 很可能是它的母本物种。同样根据对叶绿体 *matK* 基因的分析，拥有 HHKK 染色体组的西莱特野生稻（*O. schlechteri*）和密集野生稻（*O. coarctata*），它们的母本物种可能是 KK 染色体组野生稻。

根据 Ge 等（1999）的研究，稻属不同染色体组在物种进化过程中的相互关系可如图 2-2 所示。不同染色体组在进化树分枝中的相对位置，显示它们在进化

过程中亲缘关系的远近。当然，这种联系只是依据 *matK*、*Adh1* 和 *Adh2* 三种基因
的分子进化研究进行推测的。随着这方面研究的深入，肯定会有更多新的发现。

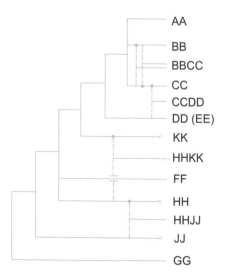

图 2-2 由 *Adh1*、*Adh2* 和 *matK* 三种基因构建的稻属分子进化树（Ge et al.，1999）
• 表示母本野生稻染色体组，○ 表示尚未发现的二倍体物种，虚线表示多倍体物种的起源

# 第三章　栽培稻的起源

　　水稻作为人类最重要的粮食作物之一，它是从何种野生稻演变形成的？人类又是从何时、何地开始驯化野生稻的？野生稻在驯化过程中发生了哪些变化？经历了哪些演变过程？这些一直是受到广泛关注的重要科学问题。对这些问题的认识，不仅关系到人类文明的发展历史，而且有助于拓宽对水稻品种资源的了解，对于品种改良和水稻生产均具有重要的指导价值。

　　对水稻起源这一问题，早在 20 世纪初便有人开始研究。但是在相当长一段历史时期内，由于受研究手段、方法和资源的限制，进展一直比较缓慢。对许多问题的认识，提出的假设较多，形成的争论也较多。近 20 年来，由于研究手段的不断改进，特别是水稻植硅体在考古研究中的应用，以及分子生物学手段在进化研究中的应用，积累了许多过去无法获得的资料和信息，拓宽了人们对水稻起源与进化研究中一些关键问题的认识，为深入探讨水稻起源和进化这一复杂而又充满争议的问题，提供了许多重要信息。

## 第一节　栽培稻的祖先种

　　栽培稻有两个种（species），分别为非洲栽培稻（*O. glaberrima*）和亚洲栽培稻（*O. sativa*）。非洲栽培稻仅在非洲部分地区有栽培，且栽培面积较小。亚洲栽培稻在世界各产稻国家都有种植，是栽培稻的主要类型。为此，一般文献中所指的栽培稻都是亚洲栽培稻。

　　栽培稻是由野生稻驯化而来的。在这些野生稻中，通过驯化成为现代水稻品种的最直接祖先，称为祖先种（ancestor）。在稻属中，野生稻有 20 多个种，而通过人类驯化，进化为栽培稻的祖先种是何种野生稻？这是水稻起源研究中最受关注的核心问题。

### 一、祖先种确定的基本依据

　　在稻属内，除了亚洲栽培稻和非洲栽培稻这两个种以外，野生稻还有 20 多个种。确定与栽培稻亲缘关系最密切的野生祖先种，这是野生稻研究过程中备受关注的科学问题。

一般而言，作为栽培种的直接祖先种，应该与栽培稻有最多的相似性。这种相似性不仅表现在形态、生理、生态等方面，更表现在相互之间的遗传关系上。归纳起来，主要表现在以下 5 个方面。

### 1. 形态性状表现

作为祖先种的野生稻，其形态性状应该与栽培稻有明显的相似性。茎秆、叶片、稻穗等的形态结构，特别是颖花和籽粒的形态结构应与栽培稻非常相似。

在野生稻驯化为栽培稻的过程中，经过数千年的种植和人工选择，尽管栽培稻的株型、穗型等农艺性状已与野生稻有很大的差异，但其叶片和茎秆的基本形态不会有质的改变。因此，植株和叶片的形态也常常是受关注的性状。

### 2. 分布地域

作为栽培稻的祖先种，它的生长和分布地域与栽培稻应有很大的相似性。经过人类数千年的驯化、选择和改良，栽培稻形成的品种类型已十分复杂，其分布的地域范围也不断扩大。以我国水稻的栽培地域为例，南起海南岛的三亚（北纬 18°09′），北至黑龙江漠河（北纬 52°10′），东起山东荣成（东经 122°42′），西至新疆喀什（东经 75°94′），都有水稻栽培，并且品种类型极为复杂。我国野生稻主要分布在纬度相对较低的南部地区，如广东、广西、海南、台湾、云南、江西等地。但总体而言，普通野生稻（*O. rufipogon*）的分布地区也是我国最主要的水稻栽培地区。在东亚和南亚地区，栽培稻的分布和普通野生稻的分布也相互重叠，它们具有明显的同域分布（sympatry）特点。在非洲，当地非洲栽培稻与巴蒂野生稻（*O. barthii*）的分布也表现出类似的特点。

### 3. 染色体组的组成

作为栽培稻的直接祖先种，应具有与栽培稻相同的染色体组，这是栽培稻最直接也是最主要的遗传学依据。无论栽培稻在进化过程中发生何种变化，都离不开这一遗传基础，这在第二章已经做了描述。目前，生产上应用的两个栽培稻种的染色体组型都为 AA。而野生稻中，染色体组型为 AA 的物种有 6 个，分别为 *O. rufipogon*、*O. nivara*、*O. barthii*、*O. longistaminata*、*O. glumaepatula* 和

*O. meridionalis*。其中，*O. rufipogon* 和 *O. nivara* 分布在亚洲，*O. barthii* 和 *O. longistaminata* 分布在非洲，*O. glumaepatula* 分布在中南美洲，*O. meridionalis* 分布在大洋洲。研究表明，栽培稻的驯化是由亚洲先民完成的。水稻最集中的栽培地区在亚洲，包括东亚的中国、日本、朝鲜、韩国，南亚的印度、孟加拉国、巴基斯坦和斯里兰卡等，东南亚的印度尼西亚、马来西亚、菲律宾、泰国、越南、柬埔寨、缅甸和老挝等，这些国家都有大面积的水稻栽培，种植的水稻品种也都是亚洲栽培稻。以上水稻产区的多数地区都有多年生普通野生稻（*O. rufipogon*）和一年生尼瓦拉野生稻（*O. nivara*）的分布。因此，这两种野生稻很有可能是亚洲栽培稻的直接祖先种。按同样道理推测，分布在非洲的一年生巴蒂野生稻（*O. barthii*），与非洲栽培稻和多年生的长药野生稻（*O. longistaminata*）在遗传上的亲缘关系最为密切，它最有可能是非洲栽培稻的直接祖先种。

由于栽培稻与以上几种野生稻种的染色体组型均为 AA，它们相互杂交，一般都容易获得杂种。杂种 $F_1$ 在减数分裂过程中，同源染色体配对正常（但由展颖野生稻 *O. glumaepatula* 配置的杂交组合除外），花粉育性高，许多组合的杂种可以正常结实。例如，以亚洲栽培稻与普通野生稻杂交，所得杂种 $F_1$ 在减数分裂过程中染色体配对正常，有些组合花粉育性接近正常，有些组合会降至 25%左右（Li et al., 1962）。结实率也会因花粉育性的变化而出现波动，但总体上都会有一些颖花结实。在非洲栽培稻与巴蒂野生稻之间，情况也与之相似。

### 4. 生殖隔离

生殖隔离是生物进化中经常出现的现象，它可表现为彼此之间杂交不孕、杂种不育和杂种衰退等方面。作为栽培稻的直接祖先种，相对于其他野生稻种而言，它与栽培稻之间的亲缘关系是最近的，它们之间一般不会表现出明显的生殖隔离。如上所述，亚洲栽培稻与普通野生稻之间，非洲栽培稻与巴蒂野生稻之间，相互杂交均不困难，杂种 $F_1$ 也能结实，彼此之间不表现出明显的生殖隔离，这与它们作为栽培稻的直接祖先种的地位是一致的。另外，无论是亚洲栽培稻还是非洲栽培稻，当它们与同样具有 AA 染色体组的展颖野生稻（*O. glumaepatula*）或南方野生稻（*O. meridionalis*）杂交时，不仅杂交不易成功，而且获得的杂种均表现出不育的现象（Morishima, 1969; Ng et al., 1981）。为了明确稻属中具有 AA 染色体组的不同稻种之间的亲缘关系，Morishima（1969）收集了不同原产地染色体组为 AA 的野生种，将其分别与亚洲栽培稻的籼、粳品种杂交，系统考察了杂种的花粉育性和形态性状变异。其中最能反映彼此之间亲缘关系的花粉育性数据表明，亚洲栽培稻中无论是籼稻还是粳稻，与同样分布于亚洲的普通野生稻杂交产生的杂种，其平均花粉育性在70%以上（表3-1）。而对于美洲展颖野生稻（*O. glumaepatula*）和南方野生稻（*O. meridionalis*），它们与亚洲栽培稻的杂种花粉育性均在5%以下。原产于非洲和美洲野生稻的杂种花粉育性亦很低（一般仅在25%左右）。以上数据表明，亚洲栽培稻的祖先种只能是在亚洲热带地区和亚热带地区广泛分布的普通野生稻，包括多年生野生种 *O. rufipogon* 和一年生野生种 *O. nivara*。需要指出的是，这两个稻种有许多同种异名现象，具体情况见第一章中的相关内容。

表 3-1　稻属具 AA 染色体组的物种间杂交 $F_1$ 代的花粉育性（%）

| 测验种 | 尼瓦拉野生稻 | | 普通野生稻 | | 长药野生稻 | | 展颖野生稻 | | 南方野生稻 | |
|---|---|---|---|---|---|---|---|---|---|---|
| | 平均 | 变幅 | 平均 | 变幅 | 平均 | 变幅 | 平均 | 变幅 | 平均 | 变幅 |
| 尼瓦拉野生稻 | 85.5 | 61—96 | 92.7 | 69—99 | 82.7 | 35—99 | 11.9 | 4—29 | 22.2 | 15—33 |
| 普通野生稻 | 85.9 | 44—97 | 74.0 | 30—99 | 30.5 | 3—97 | 5 | 0—27 | 5.3 | 0—11 |
| 展颖野生稻 | 8.5 | 1—41 | 11.2 | 0—41 | 25.4 | 2—96 | 96.8 | 95—98 | 0.8 | 0—3 |
| 栽培稻（籼） | 88.2 | 49—98 | 78.6 | 22—98 | 26.4 | 0—76 | 0.3 | 0—2 | 0.4 | 0—1 |
| 栽培稻（粳） | 79.1 | 31—95 | 70.4 | 19—95 | 32.9 | 4—58 | 1.3 | 0—8 | 0.8 | 0—1 |

巴蒂野生稻（*O. barthii*）和长药野生稻（*O. longistaminata*）是原产于非洲、染色体组为 AA 的野生稻，前者为一年生种，后者为多年生种，它们都可与非洲栽培稻（*O. glaberrima*）生长在同一生态环境中，并以杂草形式出现在栽培稻的田间。与长药野生稻相比，巴蒂野生稻在生长习性、繁殖方式和形态性状等方面更接近栽培稻类型，如无地下茎、以自花授粉繁殖为主等。而长药野生稻的地下茎非常发达，以根茎繁殖为主，在传粉特性上，异交率很高，存在明显的自交不亲和现象（图 3-1）。据 Ghesquiere（1986）的研究，在非洲各地分布的长药野生稻中，具地下茎的类型中仅 14%的植株可自交结实，且 75%以上的自交结实率低于 1%，说明自交不亲和性在这种野生稻中是普遍存在的。在长药野生稻与非洲栽培稻并存的情况下，栽培稻田间常常出现一种被称为"Obake"的变异类型，它能够自交结实，有地下茎。一般认为，它是长药野生稻与非洲栽培稻杂交产生的，衍生的后代植株有明显的育性障碍，这也是巴蒂野生稻而不是长药野生稻被认为是非洲栽培稻直接祖先种的重要原因之一。

图 3-1　长药野生稻植株形态特征

A. 单株地下茎繁殖的长药野生稻群落；B. 开花后的长药野生稻稻穗；C. 由地下茎繁殖的长药野生稻新生蘖芽

## 5. 其他野生稻种参与栽培稻进化的可能性

除了以上野生稻种，亚洲栽培稻中还存在一些粒型偏小或粒型特别细长的品种类型。曾有观点认为小粒野生稻（*O. minuta*）和药用野生稻（*O. officinalis*）亦有可能通过杂交和渐渗（introgression）参与部分栽培稻品种的进化过程。但是小粒野生稻的染色体组型为 BBCC，是四倍体种，与栽培稻之间存在明显的杂交障碍。即使通过人工杂交获得杂种 $F_1$ 代，其染色体也不配对，不能形成正常的配子，杂种高度不育。药用野生稻的染色体组型为 CC，与栽培稻也不能正常杂交，所以一般认为它们不可能是栽培稻的祖先种。

无论是亚洲栽培稻还是非洲栽培稻，它们与相应的野生祖先种之间不存在明显的生殖隔离现象，分布地域又相互重叠，因此在水稻生产集约化程度不高、伴有野生稻分布的地区，常可发现由栽培稻与野生稻之间通过天然杂交，产生杂种植株的类型。这些杂种又进一步与栽培稻杂交，产生各种类型的分离后代。它们或混杂在栽培稻田间，或散落分布在栽培稻周边的沟、渠和池塘边，形成杂种群（hybrid swarm）。这种杂种群遗传变异复杂，并且遗传渐渗不断发生，由此产生的后代会出现从野生稻到栽培稻之间的各种组合表型。另外，不同地区分布的野生稻和与之发生杂交与渐渗的栽培品种均不相同，不可避免地增加了种群遗传变异的复杂性。

## 二、普通野生稻的分布

前述具有 AA 染色体组的野生稻中，在亚洲广泛分布的两种野生稻，即多年生的普通野生稻（*O. rufipogon*）和一年生的尼瓦拉野生稻（*O. nivara*），是亚洲栽培稻的直接祖先种。在非洲中西部分布的一年生巴蒂野生稻（*O. barthii*）则是非洲栽培稻的直接祖先种。分析这些野生稻种群的性状变异和遗传特点，有助于进一步了解它们被驯化为栽培稻的原因和驯化以后的演化特点等。

由于世界水稻主产区广泛种植的栽培稻大部分是亚洲栽培稻，其直接祖先种普通野生稻的变异也远比巴蒂野生稻复杂，因此这里介绍的野生稻种群内的变异将以普通野生稻为对象。

### 1. 普通野生稻的地域分布

普通野生稻适宜生长在温暖湿润的气候条件下，在亚洲赤道两边的热带和亚热带地区都有分布。从地理分布区域来看，从南纬 10°到北纬 28°，东经 68°到 145°的广大地区都有普通野生稻的分布。分布比较集中的国家除了中国，还有印度、泰国、柬埔寨、菲律宾、印度尼西亚和马来西亚等国家（图 3-2）。

位于南太平洋的马来西亚和印度尼西亚，由于地处赤道两边北纬 10°到南纬 12°的范围内，雨量充沛加上气候温暖，是野生稻生长的理想地区。在南亚的印度、孟加拉国和东南亚的泰国、缅甸和柬埔寨等国家，由于受季风的影响，气候有明显的雨季和旱季的交替变化。一般 4-10 月为雨季，雨量比较充沛；而从 11 月到第二年 4 月为旱季，其间雨水变得稀少。为适应水分条件的变化，多数普通野生稻生长在水沟、河滩和沼泽地带，也有的生长在水深 1m 以上的水塘和滩地。

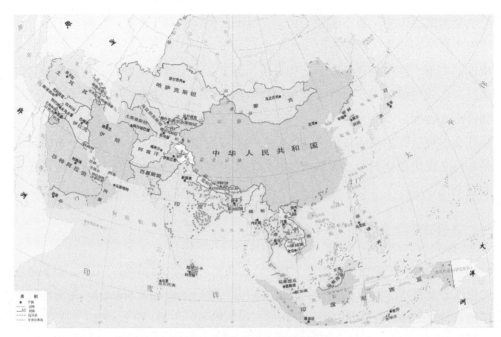

图 3-2　普通野生稻在亚洲的分布
根据 Harlan（1975）资料整理

在 Harlan（1975）所列普通野生稻分布地区中，位于东南亚的越南尚无野生稻的发现，说明那时的越南对野生稻的考察和收集还没有进行。

从野生稻分布的生态环境来看，它们一般生长在地势较低的湿地，包括常年积水的浅滩和周期性积水的沟、河、池塘周边，这些地方的海拔一般很低。在印度东北部的 Jeypore 地区，虽然海拔达 1000m，但是气候和水分条件适宜，仍有许多普通野生稻的分布。

### 2. 我国普通野生稻的分布

我国关于野生稻的分布很早就有文献记载。早在 1917 年，Merrill 在广东罗浮山麓至石龙平原发现并报道了普通野生稻的生长，随后丁颖于 1926 年在广州市东郊犀牛尾的沼泽地也有发现（丁颖，1961）。此后，在广东、海南、云南和广西等省区均相继发现有野生稻的分布。为了明确野生稻在我国地形地势最复杂的云南的种类及其分布范围，中国农业科学院水稻生态研究室于 1963—1965 年，对云南澜沧江、怒江、元江流域的思茅、西双版纳、临沧和德宏等地的野生稻进行了较为系统的调查。除了发现多地有普通野生稻的分布以外，还发现了药用野生稻（*O. officinalis*）和疣粒野生稻（*O. meyeriana*）的分布。为了深入了解野生稻在我国的分布情况和特点，1978—1982 年，由中国农业科学院主持，组织广东、广西、江苏、云南、江西、福建、湖南、湖北、安徽和贵州等省区的稻作科学家，对我国野生稻资源进行了更为系统深入的调查。对典型地区的野生稻，包括普通野生稻、药用野生稻和疣粒野生稻等 3 种野生稻的根茎与种子进行了采集和分析，为我国野生稻资源的后续研究和利用提供了宝贵的种质资源和基础数据（全国野生稻资源考察协作组，1984）。

调查表明，普通野生稻是我国分布最广的野生稻，在广东、广西、云南、江西、湖南、福建六省区的 111 个县市都有生长。分布范围最西处为东经 100°4′的云南省景洪县（现为景洪市）景洪乡，最东处为东经 117°08′的福建省漳浦县湖西乡，最南处是北纬 18°09′的海南省崖县（现为崖州区）林旺乡，最北处是北纬 28°14′的江西省抚州市东乡县（现为东乡区）东沉乡（图 3-3）。

图 3-3　我国野生稻分布示意图

根据全国野生稻资源考察协作组（1984）资料整理

普通野生稻具有很强的适应性，分布地域非常广泛。以温度的适应性为例，我国海南的崖州区、乐东黎族自治县和陵水黎族自治县三地的年平均气温达 24—25℃，最低气温达 6—8℃；广东和广西年平均气温一般在 20℃以上，最低气温分别为 0.3℃和 3.4℃；江西省抚州市东乡区年平均气温仅为 17.7℃，绝对最低气温仅−8.5℃。尽管以上不同地区气候条件相差很多，但野生稻都能正常生长。冬天气温较低时地上部分会枯萎，但其匍匐茎或者靠近根部的休眠芽仍保持生命力，待翌年气温回升后，休眠芽继续萌发生长。

由于普通野生稻都分布在赤道两侧纬度较低的地区，长期的适应性生长，形成其短日照植物习性，对日照长度非常敏感。一般在初秋日照长度明显缩短后抽穗开花，秋末冬初种子成熟，成熟种子极易脱落。普通野生稻对水分和土壤条件也有很强的适应性，适宜生长在比较湿润且阳光充足、没有遮挡的地域。

我国发现有普通野生稻分布的省区包括广东、广西、云南等省区，这些地区既有珠江、元江、澜沧江等河流经过，又有南岭、十万大山、云岭等多座大山的阻隔，形成了非常复杂的生态环境，为普通野生稻的生存和繁衍提供了良好的条件，并在种群内积累了丰富的变异。

# 第二节　普通野生稻种群的遗传变异

普通野生稻分布地域很广，经过不同土壤、水分和气候条件等适应性选择，出现了许多变异类型，并在种群内积累和保存下来。

## 一、一年生与多年生的变异

自然界分布的普通野生稻大部分是多年生的，对日长反应很敏感。北半球的野生稻一般在秋季抽穗开花，冬季来临前气温变低，伴随地上部分逐渐枯萎，种子脱落。翌年春天气温回升后，匍匐生长的茎蘖或近根部的蘖芽继续萌发、生长，因此，文献中常常将其称为"宿根型"多年生野生稻。这种多年生野生稻曾出现多种种名，最常见的有 *O. rufipogon*、*O. perennis*、*O. sativa f. spontanea* 等。

普通野生稻中的一年生野生稻在繁殖特性上明显不同于多年生野生稻。一年生野生稻种子成熟后地上部分茎叶相继枯萎、死亡，翌年不能再生，但掉落在田间的种子可以萌发成苗。因此，一年生野生稻主要通过种子繁殖。

### 1. 生殖性状的变异

多年生野生稻与一年生野生稻相比，光合产物生殖分配（reproductive allocation）比例有着质的差异。其中，一年生野生稻的穗型明显增大，结实性能增强，因而可以产生更多的种子。

不同地区的普通野生稻，其生殖分配比例不同。随着它们对所在地区生态条件的适应，光合作用形成的原初产物分配至生殖器官的比例呈现明显的变异。表 3-2 列出了亚洲不同地区普通野生稻的生殖分配比例。可以看出，分布在南亚和东南亚的普通野生稻，其生殖分配比例存在着很大变异，但也不乏生殖分配比例较高的一年生类型。我国南方各省区分布的普通野生稻，生殖分配比例一般偏低，以多年生类型为主。

表 3-2　亚洲不同地区普通野生稻生殖分配比例的变化范围

| 不同地区测定的野生稻种群数 | 生殖分配比例（%） | | | | | | | | |
|---|---|---|---|---|---|---|---|---|---|
| | 0 | 5 | 10 | 15 | 20 | 25 | 30 | 35 | 40 |
| | 多年生 ◄ | | | | | | ► 一年生 | | |
| 印度、尼泊尔、孟加拉国、斯里兰卡 | 1 | | 2 | 3 | 1 | 1 | 1 | 1 | 2 |
| 缅甸、泰国、柬埔寨、马来西亚 | 1 | | 1 | 3 | 4 | 1 | 3 | | 2 |
| 中国 | 4 | 8 | 2 | 1 | 1 | | | | |
| 印度尼西亚、菲律宾 | 3 | 3 | | | | | | | |

注：根据 Morishima（1984）资料整理

一年生野生稻结实性能的提高，是对环境变化产生的诸多适应性变异结果。这里所指的环境变化主要包括气候条件的变化和土壤条件的变化。Morishima（1984，1986）对印度及东南亚诸国野生稻分布地区的生态环境的调查表明，多年生野生稻一般生长在水层比较稳定或水深较深的河沟和湿地处。在这些地区，比例较高的光合产物分配至营养体，显然有利于增强其生存的能力，充分发挥其 K 型生存策略（K-strategy），是多年生野生稻的重要特点。一年生野生稻一般分布在水分条件不稳定的季节性干旱地区，持续的缺水可能危及其生存能力。长期的自然选择和对环境的适应，让更多的营养物质运输和贮存到种子中，逐渐形成具有高繁殖能力的类型。这些种子可借助休眠特性，让其渡过干旱、低温等逆境条件，待翌年雨水和温度条件改善后重新发芽成苗，形成所谓的 R 型生存策略（R-strategy）。调查表明，一年生野生稻主要分布在印度和泰国。其中，Shastry 等（1960）报道的一年生尼瓦拉野生稻（*O. nivara*），可以作为这一类野生稻的代表。早在尼瓦拉野生）稻被命名以前，便有 *O. sativa* f. *spontanea*、*O. fatua* 或 *O. sativa* var. *fatua* 等种名（详见表 1-7）的一年生野生稻。在不同文献中，对多年生野生稻和一年生野生稻的不同命名，曾一度比较混乱（详见第一章）。

我国普通野生稻中是否有一年生类型，长期以来一直存有争议。王象坤等（1996）的研究表明，分布在不同地区的野生稻有匍匐型、倾斜型、半直立型和直立型之分。其中匍匐型均为多年生类型，倾斜型绝大部分也为多年生类型，在半直立和直立生长的普通野生稻中，只有20%的是一年生类型。它们无论在自然条件下还是室温条件下，地上部分茎叶在冬季均会枯死，只能靠种子繁殖后代。进一步研究发现，这些类型的野生稻在遗传上均是杂合的，推测它们很可能是多年生普通野生稻与栽培稻杂交衍生的后代。

2. 其他与繁殖相关性状的变异

普通野生稻多年生类型与一年生类型相比，除了在生殖分配比例性状上存在明显差异以外，在与繁殖相关的其他性状上也有不少差异，主要表现在以下几方面。

1）多年生普通野生稻以异花授粉为主，花药肥大，柱头发育好，外露率高。一年生野生稻的花药相对较小，柱头外露率偏低，异花授粉率明显低于多年生普通野生稻。据统计，多年生普通野生稻的异交率为30%—60%，而一年生野生稻的异交率仅为10%—20%（Oka and Morishima，1967）。

2）多年生普通野生稻茎蘖的再生能力很强，而一年生野生稻的再生能力较弱。这些再生苗是由茎节休眠芽萌发生长形成的，茎节上的腋芽和地下部分的根系并未在种子成熟时失去活力，这与一年生野生稻明显不同。一年生野生稻种子成熟时，茎叶会随之枯萎，根系也失去活力。不同野生稻种群之间，结实性能的高低与再生能力的强弱有着密切的联系，结实性能越强，再生能力越弱。但是，这种相关关系在栽培稻不同品种之间并不存在。栽培稻通过人工栽培，主要收获对象是稻谷。经过人工选择，栽培稻品种的结实能力一般都很高，但在收割以后，不同品种在再生能力上存在很大差异，有些品种表现出较强的再生能力，其中以粳稻品种比较突出，而籼稻的再生能力一般较弱，这与长期的人工选择有着密切的关系。研究表明，水稻的再生能力与其他性状一样，由遗传基因控制。将两个再生能力相近的品种杂交，杂种 $F_2$ 代不同个体之间再生能力会出现明显的分离，其中不乏再生能力很低或不具备再生能力的个体。

## 二、形态性状的变异

普通野生稻由于分布地域广，生态环境差异很大，经过长期的适应和选择（主要是自然选择），产生和累积的自然变异会很多。这些变异在形态性状上有许多表现，包括株型、穗型、芒性等。李道远（1996）曾对他们收集的1022份普通野生稻的形态性状进行了比较分析。分析的形态性状包括生长习性、叶舌形状和长度、分蘖特性、抽穗百分率、剑叶角度、穗型、籽粒长度、芒性、穗色等。研究表明，不同来源的野生稻形态性状变异十分丰富。在植株形态上，有些野生稻的分蘖能力很强，沿地面匍匐生长；有些野生稻与栽培稻相似，呈直立生长的形态，有些则表现为中间类型。根据植株形态的不同，这些普通野生稻可分为匍匐型、倾斜型、半直立型和直立型四类。如果将植株形态与是否为多年生性状组合起来，则可分为11种类型。不同类型的普通野生稻在几个主要形态性状上的表现及其所占比例列于表3-3。

表3-3 不同类型普通野生稻主要性状的变异及其分布

| 类型 | 份数 | 比例(%) | 第二叶舌长（mm）及其所占比例（%） | | | | 花药长（mm）及其所占比例（%） | | | 籽粒长（mm）及其所占比例（%） | | | 籽粒宽（mm）及其所占比例（%） | | |
|---|---|---|---|---|---|---|---|---|---|---|---|---|---|---|---|
| | | | 7.1-15 | 15.1-20 | 20.1-25 | 25.1-35 | 2.9-4 | 4.1-5 | 5.1-6.5 | 7.1-8 | 8.1-9 | 9.1-10 | 1.9-2.4 | 2.5-2.6 | 2.7-3.4 |
| 多年生匍匐型 | 391 | 38.26 | 59.1 | 29.9 | 9.5 | 1.5 | 1.0 | 38.1 | 60.9 | 16.9 | 49.1 | 34.0 | 70.1 | 26.6 | 3.3 |
| 多年生倾斜深水型 | 98 | 9.59 | 2.0 | 18.4 | 25.5 | 54.1 | 6.1 | 36.7 | 57.1 | 11.2 | 62.2 | 26.5 | 58.2 | 34.7 | 7.1 |
| 多年生倾斜变异型 | 222 | 21.72 | 18.5 | 41.9 | 24.3 | 15.3 | 33.3 | 52.3 | 14.4 | 41.0 | 54.5 | 4.5 | 55.9 | 35.6 | 8.6 |
| 多年生半直立型 | 28 | 2.74 | 17.9 | 57.1 | 25.0 | 0.0 | 39.3 | 60.7 | 0.0 | 32.1 | 60.7 | 7.1 | 17.9 | 64.3 | 17.9 |
| 多年生直立型 | 7 | 0.68 | — | — | — | — | 42.9 | 57.1 | 0.0 | 0.0 | 28.6 | 71.6 | 0.0 | 14.3 | 85.7 |
| 中间倾斜型 | 118 | 11.55 | 10.2 | 25.4 | 35.6 | 28.8 | 57.6 | 30.5 | 11.9 | 24.6 | 68.6 | 6.8 | 20.3 | 58.5 | 21.2 |
| 中间半直立型 | 46 | 4.50 | 8.7 | 21.7 | 41.3 | 28.3 | 89.1 | 6.5 | 4.3 | 21.7 | 67.4 | 10.9 | 10.9 | 60.9 | 28.3 |
| 中间直立型 | 3 | 0.29 | 33.3 | 0.0 | 66.7 | 0.0 | 100.0 | 0.0 | 0.0 | 0.0 | 66.7 | 33.3 | 33.3 | 0.0 | 66.7 |
| 一年生倾斜型 | 51 | 4.99 | 11.7 | 29.4 | 37.3 | 21.6 | 58.8 | 33.3 | 7.8 | 29.4 | 62.7 | 7.8 | 29.4 | 54.9 | 15.7 |
| 一年生半直立型 | 37 | 3.62 | 6.5 | 45.9 | 35.1 | 12.5 | 73.0 | 27.0 | 0.0 | 37.8 | 59.5 | 2.7 | 8.1 | 32.7 | 59.2 |
| 一年生直立型 | 21 | 2.05 | 5.0 | 33.3 | 28.6 | 33.1 | 90.5 | 9.5 | 0.0 | 45.8 | 54.2 | 0.0 | 0.0 | 66.7 | 33.3 |

注：根据李道远（1996）资料整理

在11种类型的普通野生稻中，最为典型的是第1类，即多年生匍匐型野生稻。这种野生稻所占比例最高，占38.26%。其主要特点除了匍匐生长的生长姿态以外，它的宿根越冬性能很强，无性繁殖能力强，而有性繁殖能力相对较弱；花药肥大，柱头外露率高；穗型松散，具长芒；成熟时小穗内外稃呈深褐色；籽粒细长，落粒性强；感光性强，抽穗开花较迟（多数在10—11月抽穗）。多年生倾斜深水型和多年生倾斜变异型普通野生稻主要分布在水层较深的沼泽湿地。秋天抽穗时穗下茎节迅速伸长，稻穗伸出水面，植株呈倾斜状态。其中多年生倾斜深水型有独立群体，而多年生倾斜变异型无独立群体。这些野生稻与从东南亚引进的多年生普通野生稻（*O. rufipogon*）相比，形态性状基本形似，但前者花药更长。一年生和中间类型及多年生半直立、直立型野生稻的有性繁殖能力明显比多年生匍匐型和多年生倾斜型强。不少植株在酯酶同工酶酶谱上呈现杂合带型。表现杂合带型的个体中，常常出现 1—4 条栽培稻的谱带，说明这些野生稻植株多数是野生稻与栽培稻天然杂交的后代。

## 三、同工酶基因的变异

同工酶作为一种生理遗传性状，在不同水稻品种和不同野生稻群体间存在着丰富的变异，可以灵敏地反映不同群体之间以及同一群体内不同个体之间存在的变异状况。早在 20 世纪 70 年代，Nakagahra 和 Hayashi（1977）就报道在印度阿萨姆邦（Assam）到我国云南省之间的水稻品种，在酯酶同工酶上存在着丰富的遗传变异。Glaszmann（1987）对孟加拉国水稻品种的 8 种同工酶的 15 个基因位点进行了研究，也发现了大量的遗传变异。黄燕红和王象坤（1996）研究了 7 种同工酶在我国广西壮族自治区桂林市、崇左市扶绥县，以及江西省抚州市东乡区的 3 个普通野生稻群体之间的变异。这 7 种同工酶分别为酯酶同工酶 Est-3、过氧化氢酶 Cat-1、氨肽酶 Amp-2、酸性磷酸酶 Acp-1、酸性磷酸酶 Acp-2、苹果酸酶 Mal-1 和苹果酸酶 Mal-2。为排除外来花粉对野生稻可能造成的污染，研究中首先通过基因检测剔除了遗传上杂合的个体，选择 92 份遗传上纯合的野生稻，利用上述 7 种同工酶基因进行检测，共发现有 14 种基因型组合类型。其中出现频率最高的基因型组合类型为 3 号、5 号和 7 号，分别占被测份数的 47.8%、13.0%和 9.8%（表3-4）。从这些同工酶基因的组合中，同工酶基因在栽培稻籼、粳两大亚种的分布频率来看，它们都属偏粳的基因组合类型。在分析的 7 种同工酶中，每一个等位基因在籼、粳中都有分布，只是出现频率不同而已。说明上述同工酶基因在野生稻中的变异是很复杂的，只依据某一个或少数几个同工酶基因的变异来确定其变异方向是困难的。Second（1982）对 1948 份水稻品种（或品系）共 40 种同工酶基因位点进行了研究和分析，所得结果也与之类似。

## 四、核基因组 DNA 序列的变异

核基因组 DNA 的序列变异，是直接反映生物种群遗传分化的变异，这类变

表 3-4　我国 92 份普通野生稻 7 个同工酶位点的基因分布

| 基因型类型号 | 籼粳属性* | 份数 | Est-3 | Cat-1 | Amp-2 | Acp-1 | Acp-2 | Mal-1 | Mal-2 |
|---|---|---|---|---|---|---|---|---|---|
| 1 | K | 1 | 1 | 2 | 4 | 2 | 0 | 2 | 1 |
| 2 | K | 4 | 1 | 2 | 1 | 2 | 0 | 2 | 1 |
| 3 | K′ | 44 | 1 | 2 | 1 | 1 | 1 | 2 | 2 |
| 4 | K′ | 2 | 1 | 2 | 1 | 1 | 0 | 2 | 2 |
| 5 | K′ | 12 | 1 | 2 | 1 | 2 | 0 | 2 | 2 |
| 6 | K′ | 1 | 1 | 1 | 1 | 2 | 0 | 2 | 2 |
| 7 | K′ | 9 | 1 | 2 | 1 | 1 | 1 | 2 | 1 |
| 8 | K′ | 4 | 1 | 2 | 1 | 1 | 0 | 2 | 1 |
| 9 | K′ | 1 | 1 | 2 | 2 | 2 | 0 | 2 | 2 |
| 10 | K′ | 1 | 1 | 2 | 4 | 2 | 0 | 2 | 2 |
| 11 | H′ | 6 | 1 | 1 | 1 | 1 | 1 | 2 | 2 |
| 12 | H′ | 2 | 2 | 1 | 1 | 1 | 1 | 2 | 2 |
| 13 | H′ | 4 | 2 | 2 | 1 | 1 | 1 | 2 | 2 |
| 14 | H′ | 1 | 1 | 2 | 2 | 1 | 1 | 2 | 2 |

注：摘自黄燕红和王象坤（1996）。*Est-3*：1 为粳稻特征带，2 为籼稻特征带；*Cat-1*：1 为籼稻特征带，2 为粳稻特征带；*Amp-2*：1 为粳稻特征带，2 为籼稻特征带，4 为稀有基因；*Acp-1*：1 为籼稻特征带，2 为粳稻特征带；*Acp-2*：0 为粳稻特征带，1 为籼稻特征带；*Mal-1*：2 为籼稻特征带；*Mal-2*：1 为粳稻特征带，2 为籼稻特征带

*K 为粳型，K′为偏粳稻，H′为偏籼型

异可以用 DNA 分子标记进行检测。限制性片段长度多态性（restriction fragment length polymorphism，RFLP）是最早被利用且对核基因组变异最为敏感的分子标记之一。庄杰云等（1995）在研究亚洲栽培稻与普通野生稻核基因组的关系中，选择了我国广东、广西、福建、湖南和江西的 14 份普通野生稻和来源于不同国家的 19 个栽培稻品种，以 *Eco*R I 、*Eco*R V 和 *Hind* III三种限制性核酸内切酶（简称限制酶）对各个材料进行了 RFLP 分析。在所用的 20 个探针中，发现有 17 种探针在被研究的材料中检测到多态性。若仅以一种限制酶为基础，共检测到在不同材料间有 67 条特异片段。野生稻的 RFLP 图谱明显不同于栽培稻，在不同野生稻之间，RFLP 图谱亦不相同。孙传清等（1996）收集了来自 10 个不同国家的 122 份普通野生稻和 76 份栽培稻品种，对它们的核基因组进行了 RFLP 分析。通过 48 个探针的杂交，共发现 201 种特异 DNA 片段，其中只出现在普通野生稻的有 85 种，占 42.3%；只在栽培稻品种中出现的有 4 种，占 2%。在所用的 48 个探针中，能检测到普通野生稻具有特异性片段的探针多达 37 个，说明在普通野生稻中的变异远高于栽培稻品种。对于不同来源的普通野生稻，我国普通野生稻的

遗传多样性明显高于南亚和东南亚的普通野生稻。

## 五、普通野生稻的籼、粳分化

亚洲栽培稻的重要特点之一是存在明显的籼、粳分化，因而，栽培稻有两个亚种，分别称为籼亚种（*O. sativa* subsp. *indica*）和粳亚种（*O. sativa* subsp. *japonica*）。亚洲栽培稻是由普通野生稻驯化而来的。因此，普通野生稻内部是否存在籼、粳分化，一直是稻作科学家普遍关心的问题。

### 1. 在形态和生理性状上的表现

籼稻与粳稻之间的差异涉及的形态和生理性状很多，诸如植株和叶片形态、穗型、粒型、米质、稃毛长短、幼苗生长对低温的敏感程度和对氯酸钾的抗性等。由于上述性状多数存在中间类型，因而很难根据某个单一性状的差异准确区分籼、粳的类别。

在传统的分类方法中，籼、粳品种在颖壳稃毛长度（$H$），幼苗对低温的敏感性（$C$）、对氯酸钾的抗性（$K$），颖壳对苯酚的反应（Ph）上的差异是比较明确可靠的依据。而将这些性状联合起来，通过计算公式求得加权平均值（$X$），用于判断籼粳类属，其准确率可达 95%以上（Morishima and Oka，1981）。

$$X= -K+0.75C-0.22H+0.86Ph$$

但是，如果仅依据以上 4 个性状中的某一个性状来区分籼粳类属，便会产生较高概率的判别错误。为研究籼、粳之间一些重要性状的相关性，以及它们在籼、粳分类上的作用，Oka 和 Morishima（1982）、Oka（1988）曾选择不同普通野生稻、栽培稻和从印度杰普尔（Jeypore）地区收集的水稻材料（倾向于野生稻的类型和倾向于栽培稻的类型），以及由一年生和多年生中间型野生稻与籼、粳典型品种杂交衍生的自然群体为材料，分别就氯酸钾抗性、颖壳稃毛长度和幼苗对低温的敏感性 3 个性状间的相关性做了研究。结果表明，颖壳稃毛长度与氯酸钾抗性、氯酸钾抗性与低温敏感性、低温敏感性与颖壳稃毛长度这 3 对性状之间，在栽培稻品种中呈现明显的正相关关系，标志着利用这些性状判别水稻品种的籼粳类属可以得到很好的结果。但是，在印度 Jeypore 地区收集的倾向于栽培稻的类型中，以上相关系数便有了明显的减小。在一年生至多年生中间类型野生稻与典型籼、粳品种杂交衍生的杂种 $F_7$ 代群体中，以上性状的相关性更低。在典型的野生稻不同群体中，以上性状之间的相关性已不复存在（表 3-5）。这说明，利用以上 3 种籼、粳品种鉴别性状的任何一个来鉴别野生稻的籼粳属性都是无效的。因此，Oka 认为，在亚洲普通野生稻中，还不存在籼、粳分化，籼、粳分化是在野生稻被驯化成栽培稻的过程中逐渐形成的。

表 3-5 不同水稻群体间籼、粳区分关键性状间的相关性

| 水稻群体 | 分析群体数 | 相关系数 | | | 一致性 [a] |
|---|---|---|---|---|---|
| | | *H–K* | *K–L* | *L–H* | |
| 亚洲普通野生稻 | 40 | −0.04 | −0.03 | −0.03 | 0.03 |
| 印度 Jeypore 野生稻 [b] | 26 | −0.05 | −0.30 | 0.12 | 0.16 |
| 印度 Jeypore 栽培稻 [b] | 118 | 0.10 | 0.21 | 0.21[*] | 0.17 |
| 亚洲来源栽培稻 | 120 | 0.68[**] | 0.59 | 0.64[**] | 0.64 |
| $F_7$（籼×野生稻 [c]） | 82 | 0.13 | 0.09 | 0.22[*] | 0.15 |
| $F_7$（粳×野生稻 [c]） | 68 | 0.16 | 0.11 | 0.24[*] | 0.17 |

注：根据 Oka 和 Chang（1962）资料整理。*H*. 颖壳稃毛长度，*K*. 氯酸钾抗性，*L*. 幼苗对低温的敏感性

a. 平均相关系数绝对值

b. 从印度 Jeypore 地区收集的野生稻、栽培稻中间类型水稻群体。野生稻、栽培稻依据水稻的生长姿态区分

c. 从印度 Chinsurah 地区收集的一年生-多年生中间类型水稻。将其分别与籼稻品种 AC108 和粳稻品种台中 65 杂交

\* 5%显著水平

\*\* 1%极显著水平

值得注意的是，Oka 等所做的上述研究中，所采用的野生稻群体都来自印度和泰国的野生稻种群。从这些野生稻分布的地域来看，都属于南亚或偏南亚的类群。一般认为，这些类群的野生稻很少具有向粳型方向演化的痕迹，被调查的 3 个野生稻与籼、粳分化有关性状之间并不表现出相关现象。进一步研究发现，如果扩大收集野生稻的范围，尤其是将原产于我国的普通野生稻与来源于印度和泰国等地的野生稻一起分析时，可以看出，不同普通野生稻群体间在一定程度上确实存在着籼、粳分化的现象。源于南亚和东南亚的普通野生稻对氯酸钾和低温多数比较敏感，它们是偏籼型的；源于我国的普通野生稻中不少种群对氯酸钾有一定抗性，苗期对低温的敏感性也相对较低，它们多数是偏粳型的（Morishima，1986）。如果将野生稻对氯酸钾和低温的抗性与生殖分配比例一起研究，则不同普通野生稻种群间的籼、粳分化倾向可以看得更清楚。

2. 在同工酶基因分化上的表现

在上述有关普通野生稻种群内同工酶变异的介绍中，已涉及与籼、粳分化类似

的基因型组合类型。才宏伟等利用来自国内 7 个省区的 132 份普通野生稻，加上从国外引进的 27 份普通野生稻，排除了因渗入杂交而产生的杂合型野生稻后，对剩余的纯合基因型普通野生稻进行了同工酶 Est-2、Acp-2、Amp-2 和 Cat-1 分化状况检测（Cai et al，1996）。结果表明，普通野生稻的籼、粳分化虽然不像栽培稻那样明显，但一定程度上的籼、粳分化是确实存在的。不同类型野生稻的籼、粳分化水平与其分布地域有一定关系。原产于我国江西、湖南等纬度较高地区的普通野生稻，主要为粳型和偏粳的类型；从东南亚或南亚地区引进的普通野生稻则以籼型和偏籼类型为主。

### 3. 线粒体基因组的分化

植物细胞中含有核、叶绿体和线粒体 3 个基因组。核基因组属双亲遗传，而叶绿体和线粒体基因组为母性遗传。水稻线粒体基因组序列测定已经完成，其总长度为 490 520bp（Notsu et al.，2002）。

孙传清等（1998）通过 7 个 RFLP 探针、17 种限制性内切核酸酶探针组合对 118 份普通野生稻和 76 份亚洲栽培稻的线粒体 DNA（mtDNA）的分析表明，籼、粳分化是亚洲栽培稻线粒体基因组分化的主流。76 个栽培稻中，36 个品种的 mtDNA 为籼型，40 个品种的 mtDNA 为粳型。普通野生稻 mtDNA 以籼型为主（86 份），粳型较少（7 份），1 份类型难以确定，还有 24 份没有籼、粳分化。曹立荣等（2013）通过对 184 份亚洲栽培稻和 203 份普通野生稻的 3 段线粒体基因序列 cox3、cox1、orf224 与 2 段基因间序列 ssv-39/178、rps2-trnfM 的多样性进行了研究，验证了以下观点：粳稻起源于我国，籼稻既有我国起源的，也有国外起源的。亚洲栽培稻的起源为二次起源，即普通野生稻存在偏籼和偏粳两种类型，亚洲栽培稻的两个亚种籼稻和粳稻，在进化过程中分别由偏籼型的普通野生稻和偏粳型的普通野生稻进化而来。Tian 等（2006）根据籼稻和粳稻线粒体 DNA 的多态性分析，推测籼、粳分化发生在 45 000-250 000 年以前。

### 4. 叶绿体基因组的分化

叶绿体基因组（chloroplast genome）是细胞质基因组的一部分。由于叶绿体基因组是随母体细胞质传递给子代的，它是一种单倍体性的基因组，在世代传递中不存在核基因组融合的过程。因此，研究叶绿体基因组的变异及其与栽培品种间的异同，可以清楚地了解栽培稻在驯化过程中与野生稻之间的关系。

叶绿体基因组由位于叶绿体上的 DNA 分子组成，水稻光合作用中涉及的许多蛋白均由叶绿体 DNA 编码。水稻叶片中分布有许多植硅体，这给叶绿体的分离和提纯带来了不少困难，也影响了对叶绿体 DNA 的研究进度。然而，Hirai 等（1985）通过改进，利用 *Pst* I、*Pvu* II 和 *Sal* I 等 3 种限制性内切核酸酶，成功构建了水稻叶绿体基因组的物理图谱，证明它是由环状 DNA 构成的（图 3-4）。

图 3-4　水稻叶绿体 DNA 的物理图谱（Hirai et al.，1985）
显示 *Pst* I、*Pvu* II 和 *Sal* I 三种限制性内切核酸酶的识别位点

依据这一物理图谱，Hiratsuka 等（1989）以粳稻品种日本晴为研究材料，获得了水稻叶绿体 DNA 的全部核苷酸序列，全长 134 525bp。通过序列比对，发现有许多编码转运 RNA（tRNA）和核糖体 RNA（rRNA）的基因。

对于一年生尼瓦拉野生稻叶绿体基因组，Masood 等（2004）利用原产于斯里兰卡的 1 个种系 SL10，进行了全基因组的序列分析。通过比对，发现与栽培品种日本晴的叶绿体基因组序列之间存在着 57 处插入和 61 处缺失变异。在这些序列变异中，最大的有 3 个区段，分别为：69bp 的缺失，发生在可读框（open reading frame，ORF）100 区段；16bp 的缺失，发生在 ORF106 和 ORF36 的基因间区段；21bp 的插入，发生在 *infa* 和 *rps8* 之间的基因间区段。这 3 个区段按叶绿体基因组序列的碱基编号，分别处于第 8548—8616、56 948—57 077 和 76 694—76 695 区段，故被分别命名为 8k、57k 和 76k 区段。

在 8k 区段，尼瓦拉野生稻和普通野生稻都发现有 69bp 的缺失变异存在。在

57k 区段，普通野生稻除了有 16bp 缺失或插入（InDel）以外，还存在不同的碱基置换现象。根据这两种变异，57k 区段可被分为 57k-1—57k-6 等 6 种类型。其中，在 57k-4 类型中，尼瓦拉野生稻和普通野生稻在 86 和 87 碱基位置上分别存在 AA 和 TT 两种变异。如果将以上 InDel 与 AA、TT 变异结合考虑，则水稻叶绿体基因组可分为 11 种单倍型，分别为 A、B、C、D-AA、D-TT、E-TT、F-AA、F-TT、G-AA、G-TT 和 H-TT。尼瓦拉野生稻存在 D-AA、E-TT、G-AA、G-TT 和 H-TT 5 种类型，普通野生稻存在 D-AA、D-TT、E-TT、G-AA 和 G-TT 5 种类型。将两种野生稻相比，它们的叶绿体基因组既有相同的类型，也有不同的类型。尼瓦拉野生稻有 H-TT 类型，这是普通野生稻所没有的。而普通野生稻有 D-TT 类型，这是尼瓦拉野生稻所不具备的（表 3-6）。

表 3-6　根据水稻叶绿体基因组 3 个区域（8k、57k 和 76k）多态性划分的类型，以及与其他 AA 染色体组野生稻之间的比较

| Cp 类型 [a] | 多态性区域 [b] | | | 碱基置换 [c] | 栽培稻 | | | | 尼瓦拉野生稻 | 普通野生稻 | AA 染色体组其他野生稻 [d] |
| | 8k | 57k | 76k | | 籼稻 | 粳稻 | | | | | |
| | | | | | | 温带粳稻 | 温/热带粳稻 | 热带粳稻 | | | |
| A | L | 1 | S | — | 0 | 1 | 0 | 5 | 0 | 0 | 0 |
| B | L | 2 | S | — | 0 | 0 | 0 | 2 | 0 | 0 | 1 |
| C | L | 3 | S | — | 2 | 2 | 0 | 1 | 0 | 0 | 0 |
| D | L | 4 | S | AA | 16 | 0 | 0 | 0 | 2 | 8 | 8 |
| | | | | TT | 1 | 1 | 0 | 14 | 0 | 6 | 4 |
| E | L | 5 | S | TT | 0 | 0 | 0 | 0 | 1 | 1 | 0 |
| F | L | 6 | S | AA | 2 | 28 | 0 | 9 | 0 | 0 | 0 |
| | | | | TT | 15 | 15 | 1 | 38 | 0 | 0 | 0 |
| G | S | 5 | S | AA | 13 | 0 | 0 | 0 | 1 | 4 | 0 |
| | | | | TT | 107 | 2 | 0 | 0 | 2 | 4 | 0 |
| H | S | 5 | L | TT | 0 | 0 | 0 | 0 | 2 | 0 | 0 |

注：根据 Kawakami 等（2007）资料整理

a. Cp 类型：叶绿体基因组类型

b. L. 长片段，S. 短片段，57k 区段中的数字 1—6 指该段的 6 种序列类型

c. 57k-4 和 57k-5 中第 86—87 碱基位置或 57k-6 中第 102 和 103 碱基位置发生的置换

d. B 型 Cp 有一种 O. glumaepatula 样本，D-AA 型 Cp 有 4 种 O. glumaepatula、2 种 O. longistaminata 和 2 种 O. meridionalis 样本，D-TT 型 Cp 有 1 种 O. barthii、2 种 O. glaberrima 和 1 种 O. longistaminata 样本

黄燕红等（1996）在研究我国 12 种江西东乡、广西桂林及扶绥的普通野生稻叶绿体基因组时，对 ORF100 片段（在 8k 区段）的序列多态性进行了分析。

当用引物（P1 为 5'-AGTCCACTCAGCCATCTCTC-3'，P2 为 5'-GGCCATCATTT
TCTTCTTTAG-3'）扩增时，都可以扩增出片段较长的和片段较短的两种产物，电
泳图上表现为慢带和快带两种谱带。推测其中的快带为存在缺失的序列，而慢带
为完整的序列。以上结果说明，在东乡、桂林和扶绥的野生稻种群中，ORF100
片段都存在缺失变异的个体，但变异出现的频率不同。在栽培稻籼、粳两亚种之
间，一般 ORF100 片段缺失主要存在于籼稻品种中，而粳稻品种的 ORF100 片段
不存在大片段缺失。同一野生稻中出现明显不同的谱带类型，在一定程度上反映
出这些野生稻已出现倾籼或倾粳的分化。肖晗等（1996）以分布在我国广西、江
西、广东、湖南、福建和云南等省区的 17 份普通野生稻和 28 份栽培稻品种为材
料，利用 $EcoR$ I、$Hind$ III 和 $Pst$ I 三种限制性内切核酸酶对各野生稻和栽培稻品
种的叶绿体 DNA 进行酶切，对所产生的限制性片段长度多态性做了分析。发现
栽培稻品种在籼、粳之间，限制性片段的带型存在明显不同的三种类型。其中 $C_1$
型为粳型品种的主要类型，$C_2$ 和 $C_3$ 则存在于籼稻品种中，绝大多数籼稻品种（11
个品种中占 10 个）为 $C_3$ 类型。在 17 份野生稻材料中，16 份与粳型品种相同，
为 $C_1$ 型；仅 1 份来源于广西的普通野生稻表现为籼型叶绿体基因组的特点，为
$C_3$ 型。这说明在我国各地分布的普通野生稻的叶绿体基因组存在着籼、粳分化，
而且以粳型为主要类型（表 3-7）。

表 3-7　我国栽培稻和普通野生稻 Cp DNA 酶切类型的划分

| Cp DNA 类型 | 限制性酶切片段类型 | | | 普通野生稻 | 栽培稻 | |
|---|---|---|---|---|---|---|
| | $EcoR$ I | $Hind$ III | $Pst$ I | 份数（占比，%） | 籼（占比，%） | 粳（占比，%） |
| $C_1$ | I | I | I | 16（94.1） | 0 | 17（100） |
| $C_2$ | II | II | II | 0 | 1（9.1） | 0 |
| $C_3$ | III | III | III | 1（5.9） | 10（90.9） | 0 |

注：根据肖晗等（1996）资料整理

对照亚洲栽培稻与普通野生稻之间叶绿体基因组的变异，可以发现它们之间
存在着明显的联系。在表 3-6 中，栽培稻籼稻品种叶绿体基因组 G-TT、D-AA 和
G-AA 在一年生和多年生的野生稻类型中都存在。粳稻品种的叶绿体基因组变异
比较复杂，不同叶绿体基因组类型的分布频率在热带粳稻与温带粳稻之间有一定
差异。若就出现的变异类型而言，粳稻品种中存在的 D-AA 型、D-TT 型、E-TT
型和 G-TT 型，在普通野生稻中也都存在。从表 3-7 中看出，栽培稻中的粳稻品
种的叶绿体 DNA 都属于 $C_1$ 型，是我国多年生普通野生稻叶绿体 DNA 的主要类

型。栽培稻中籼稻品种的叶绿体 DNA 主要是 $C_3$ 型，在普通野生稻中也同样存在。因此，可以推测亚洲栽培稻的祖先种是普通野生稻。

# 第三节　稻属植物的起源与驯化

水稻是人类最早栽培的粮食作物之一。据丁颖（1961）的考证，我国多种古籍有神农氏播种五谷的记载。五谷即黍、稷、稻、菽、麦 5 种谷类作物。说明在 5000 多年前，水稻已被我们的祖先作为粮食作物栽培，至于将野生稻驯化为栽培稻则可追溯到更早的时期。

作为栽培稻祖先的普通野生稻，它的分布地域极为广泛，在赤道两边的亚洲热带和亚热带地区都有分布。这些野生稻是如何被人类驯化为栽培稻的，以及它们被驯化的地区、时间和传播的途径，一直是有争论的问题。亚洲栽培稻有籼、粳两大亚种，在被人类驯化的过程中它们之间有何关系，一直没有获得统一的意见。对这些问题的认识，直接关系到对稻种资源的收集、保存和利用。

相对于亚洲栽培稻（*O. sativa*）而言，非洲栽培稻（*O. glaberrima*）分布比较局限，栽培时间较晚。加上非洲栽培稻的变异类型远不如亚洲栽培稻丰富，不存在籼、粳分化。它的祖先种巴蒂野生稻（*O. barthii*）的变异也与之类似，驯化过程相对简单。所以有关栽培稻起源的介绍，将以亚洲栽培稻为主。

## 一、稻属植物的起源

第二章已经提到，稻属植物有 20 多个种，其中染色体组型同为 AA 的二倍体有 8 个种，分布在亚洲（3 个种，即 *O. sativa*、*O. rufipogon* 和 *O. nivara*）、非洲（3 个种，即 *O. glaberrima*、*O. longistaminata* 和 *O. barthii*）、大洋洲（1 个种，即 *O. meridionalis*）和中南美洲（1 个种，即 *O. glumaepatula*）。进一步分析稻属其他染色体组野生种的分布可发现，它们的分布范围与染色体组型为 AA 的野生稻十分相似，也分布在 4 个洲。其中尤以分布在非洲和亚洲的物种较多，说明稻属植物最早的起源地与以上 4 个洲有着非常密切的关系。

据古地理学研究，在 3 亿年前的古生代，地球上的泛大陆由于受地球自转离心力和天体引潮力的作用，分裂为南北两个古陆。北面为劳亚古陆（Laurasia），南面为冈瓦纳古陆（Gondwanaland）。冈瓦纳古陆以后又进一步分裂为几个不同的板块，并发生漂移，形成了当今的非洲、南美洲、印度次大陆、南极洲和大洋洲等几个陆地板块。劳亚古陆也发生分裂和漂移，形成了当今的亚欧大陆、北美洲和格陵兰岛等陆地板块。也就是说，地球岩石圈是由板块拼合而成的。由于漂移的作用，海洋和陆地板块的相对位置不断发生变化。

研究表明，冈瓦纳古陆在二叠纪时期，占优势的植物群之一是种子蕨类中的舌羊齿类（glossopteris）植物。研究表明，稻属植物的分布与舌羊齿类植物的分布有许多相似之处。张德慈等认为，稻属植物的最早发祥地应该是冈瓦纳古陆（图3-5），时间大约在1亿3000万年以前（Chang，1976；Khush，1997）。

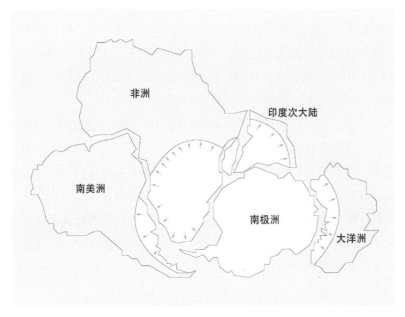

图3-5 由冈瓦纳古陆分离形成的几个板块，包括非洲、南美洲、大洋洲、
南极洲和印度次大陆（Chang，1976）

按照这一理论，可以推测稻属A、B、C、D等染色体组的分化可能早在冈瓦纳古陆时代便已开始。而A染色体组内部的分化，如A、$A^g$、$A^{cu}$、$A^l$和$A^b$的分化，则是在冈瓦纳古陆分裂成几个不同板块以后才开始的。上述推测结果为解释A染色体组野生稻在亚洲、非洲、南美洲和大洋洲同时都有分布奠定了基础，也能更好地解释A染色体组不同野生稻种之间的分化关系。

既然稻属植物发源于冈瓦纳古陆，而亚洲大陆是由劳亚古陆分裂形成的，那么广泛分布于亚洲的普通野生稻和其他几种野生稻，如药用野生稻（O. officinalis）、疣粒野生稻（O. meyeriana）和小粒野生稻（O. minuta）等是从何处传入的呢？

目前对这一问题的解释可归结为两点：①根据板块漂移学说，印度板块从冈瓦纳古陆分离出来以后，在侏罗纪至白垩纪时，逐渐向北漂移，至新生代，大约在4000万年以前，印度板块漂移至亚欧大陆的南缘。印度板块进一步向北漂移，与劳亚大陆板块发生碰撞和挤压，劳亚大陆与印度板块相接的部分逐渐隆起，形成青藏高原和宏大的喜马拉雅山系，原来分布于冈瓦纳古陆的稻属植物随印度板块进入了亚洲大陆。②印度板块与亚欧板块切合挤压后，在形成的喜马拉雅山系中，两大板块的分界在何处？这会直接影响到稻属植物向亚欧板块陆地传播的路径。据研究，在珠穆朗玛峰的北坡，已发现存在冈瓦纳地层，其中含有舌羊齿类植物化石和晚古生代的冰渍层。在西藏自治区的雅鲁藏布江一带，也发现有古大洋的地壳暴露。因此，推测印度板块与亚欧板块的接合线为现今的雅鲁藏布江一线（金性春，1980）。按照这一理论，原来分布于印度板块陆地的稻属植物和其他野生物种，一同进入亚欧大陆也就很容易理解了。

野生稻的传播范围除了与人类的采集、迁徙和动物的取食有着直接关系以外，一般认为水流也是重要的传播媒介，是野生稻在新的领地得以植根和繁衍最重要的生态要素。在喜马拉雅山系隆起过程中，既形成了东西流向的长江、黄河和西江等河流，也形成了南北流向的澜沧江、怒江和雅鲁藏布江等河流。这些河流进入东南亚和南亚后分别被称为湄公河、萨尔温江、布拉马普特拉河等，印度最重要的河流之一恒河也发源于喜马拉雅山系。稻属植物沿着以上水系向东、向南扩散传播应该是很自然的事情。

## 二、野生稻的驯化

一般认为，农业起源于对野生植物种子或果实的采集和取食（Harlan，1975；Binford，1968）。一方面是这些种子和果实含有许多人类生存所必需的营养要素，如淀粉、蛋白质、油脂、糖和维生素等，而且风味各异，可以适应人类生活中对能量和不同味觉的需求；另一方面，不少种子和坚果便于携带与贮藏，适应人类流动和严冬季节渔猎活动遇阻时，补充对食物的需求。

野生稻作为一种禾本科植物，能成为人类最早驯化的植物之一，原因是多方面的。

### 1. 种子的特点

野生稻种子在谷类植物中属粒型较大的一类，而普通野生稻种子又是野生稻中粒型偏大的一种（一般千粒重可达 15g 左右）。种子富含淀粉和蛋白质等养分，可为人类生活提供可靠的能量，也可作为饲料喂养禽类和其他动物，在禽畜饲养中可以很方便地被利用。

### 2. 分布地区的特点

野生稻在热带、亚热带地区分布广泛。对于缺乏御寒条件的史前人类来说，这一地区也是他们生活和生存最适宜的地区，因而野生稻的生长环境与人类息息相关，成为人类首选的驯化对象之一。

### 3. 生长的繁茂性

野生稻作为一种喜水的植物，多数生长在河、湖、浅滩和池塘、溪水边。那里具备较好的土壤和水分条件，加上温光合适，因而野生稻的生长一般比较繁茂。由于野生稻具有感光性，植株开花和种子成熟时间集中，易于被人类采集和贮藏。普通野生稻种子成熟以后，宿根依然存活，越冬后第二年可继续萌发生长，这一特性保证人类可在同一地方多年稳定收获，使得普通野生稻成为可以依赖的食物来源之一。很多从事水稻起源研究的科学家注意到，即使现在人类生产活动已经非常发达，但在一些偏远的有野生稻分布的地区，野生稻种子仍被采集作为禽畜饲料（Chang，1976；Harlan，1975；Morishima，1984），便是一个例证。

### 4. 野生稻种子和茎叶对人类有多方面的实用性

人类除了食用野生稻的种子，还可以利用其干枯的茎叶。它们既可作为饲养家畜的饲料，也可经过简单的编织，成为草垫或草毯，用于御寒。即使是稻谷被碾磨后留下的谷壳，在古人类居住的房舍和土坯制作中也是常被利用的物料。这些谷壳和碎草一方面可混合在土坯中提高韧性，另一方面可作为土坯的铺垫物帮助成型和干燥，这可从南方古建筑土坯或土基（用黏土制成的砖状土块）的成分中得到证明。Watabe（1982）在对缅甸、泰国、柬埔寨和印度古代水稻稻种类型的考证中，就是以这些国家古建筑土基中混入的稻谷籽粒和谷壳的形态为依据的。在我国的水稻产区，现在仍然沿袭着制作土基时在泥料中加入水稻谷壳和稻屑的习惯。由于水稻茎叶在干燥后强度和韧性都很好，是制作绳索最经济实惠的材料。我国出土的新石器时代文化遗物中，多数陶器表面有水稻谷壳或草绳的印纹，说明先民制作这些陶器泥坯时，用了水稻谷壳或干枯的水稻茎叶作为加工陶器的辅料。以上列举的种种现象表明，在人类生活中，水稻很早就与他们有着密切的联系，成为不可或缺的生活与生产资料。

野生稻种子和茎叶在被古代人类长期采集与利用过程中，不可避免地会产生选择的过程。其中，优良的变异会优先被选留或移植，驯化活动可能就是这样最先开始的。当然，人类在驯化野生稻的过程中，不可能只选择水稻一种植物作为驯化的对象，因为野生稻种子可为人类提供营养的主要是淀粉和蛋白质，而能提供这两类物质的种子或果实很多。据 Yang 等（2015）报道，中外诸多学者对浙江上山遗址出土的大约 10 000 年前的水稻残留物进行了研究，发现稗草（*Echinochloa spp.*）在很长一段时间内与水稻共生，并有可能成为人类的驯化对象。稗草的种子也可为人类提供淀粉和蛋白质，但它最终没能被驯化，说明野生稻能被驯化成栽培植物还是有它自身优势的。

### 5. 野生稻自身的遗传特点

野生稻很早被人类驯化有它自身遗传的原因。普通野生稻作为一种二倍体植物，虽然很难与稻属内其他野生稻种杂交，但它本身却是一种比较容易产生变异的物种。这些变异既可表现在形态性状方面，如植株的高矮、生长的姿态、叶片的宽窄和长度、伸长节间的多少、穗型的大小、籽粒的大小、茎叶和籽粒的颜色等；或者表现在生理性状方面，如对感光性的有无和强弱、节间伸长能力的强弱、伸长间节数的多少和开花后稻谷成熟速度的快慢等。一般野生稻群体内都蕴含着许多变异，农家品种也具备这种多样性的遗传结构特征。因此，丁颖（1961）称水稻是一种多型性（polymorphic）植物。水稻这一遗传特点，不仅为古代人类研究野生水稻驯化提供了丰富的素材，而且良好的选择响应，反过来又推动了人类对水稻变异的选择和驯化。随着这一过程的发展，人类不断从中获得相应的效益。例如，对落粒性的选择，从原来容易落粒的野生稻中选择相对不易落粒的变异，不仅可以减少因落粒而造成的损失，而且落粒性的减弱还会导致稻株有性繁殖能力的提高，选择者可以从中获得更多的收益。落粒性之所以成为人类对水稻最早进行选择的性状，可能与此直接相关。再如，对水稻粒型的选择，普通野生稻的粒型较小，虽然籽粒形态和颜色等性状并没有特别的优势，但它的变异范围很大。通过选择，不仅粒型明显增大，籽粒的形态和色泽也出现了符合人类要求的各种变化。与之相比，早期被人类同时种植的稗草，由于可供人类选择的有利变异太少，失去了被驯化的价值（Yang et al.，2015）。

### 6. 地球气候变化的影响

野生稻能被人类驯化为栽培的谷类作物，与地球气候变化之间有着密切的联系。古气候学研究表明，宇宙中不同天体之间的相互作用，加上地球本身存在许多不可预期的活动过程，如火山喷发、板块位移和洋流变化等，都会诱发气候出现周期性异常波动，使得地球表面和大气温度出现异常的降低或升高，从而导致生态环境和地球植被发生显著变化。这种变化可直接危及地球生物种群的食物链，导致某些物种的消亡。恐龙在白垩纪的灭绝事件，便是最明显的例证。

一些研究表明，水稻被驯化的重要动因之一，与出现在 11 000 余年前的新仙女木事件（Younger Dryas，YD）之间可能存在着直接的联系（Zhao，1998；Zhao et al.，1998；Zhao and Pierno，2000；Lu et al.，2002）。这将在有关水稻起源时间的部分做进一步阐述。

## 第四节　栽培稻的起源时间与地区

野生稻是何时被驯化的？被驯化的地方在哪里？一直是广为争议的两个基本问题。一方面，水稻是一种很古老的作物，早在人类有文字出现以前就已经被驯化、栽培和利用，现有的文字记载无法直接回答这些问题；另一方面，水稻在亚洲不少国家和地区都有广泛栽培，它的野生祖先种，包括多年生野生稻和一年生野生稻在亚洲热带、亚热带地区分布十分广泛，人们对其可能驯化的时间节点和地点，不可避免地出现不同的看法。在过去相当长的一段时期里，由于研究条件的限制，对水稻进化过程中的问题很难通过实验获得足够的证据支持，从而产生了相互矛盾的假设与推测。

### 一、起源问题的几个代表学说

水稻被驯化的过程，实际上就是人类对野生稻选择和改良的过程。归纳起来，关于栽培稻的起源主要有以下几种观点。

### 1. 印度起源说

最早持有这一观点的是康德尔（Candolle），他在 1882 年出版的《栽培植物的起源》一书中曾提出水稻起源于印度，这是由于印度野生稻的分布最为广泛。苏联进化遗传学家 Vavilov（1926）在 20 世纪 20 年代启动了作物起源中心的研究。通过广泛的调查，提出了某一作物的多样性中心即为该作物起源中心的理论。根据他们的调查和研究，将栽培植物起源地划分为 8 个起源中心，并将水稻列入印度中心之内。这一中心的范围包括印度、孟加拉国和缅甸。之所以将印度列为水稻的起源中心，主要原因是普通野生稻在那里分布较为广泛。在印度东北部的阿萨姆邦（Assam）和邻近的孟加拉国，即布拉马普特拉河（Brahmaputra River）和恒河（Ganges River）流域的许多地方都有普通野生稻生长。那些地区的栽培稻类型也很复杂，除了典型籼稻和粳稻品种以外，还有一些介于野生稻与栽培稻之间的中间类型。

除了上述印度东北部阿萨姆邦和孟加拉国以外，在印度中东部奥里萨邦（Orissa）的杰普尔（Jeypore）地区也有普通野生稻分布（Ramiah and Ghose，1951；Sampath and Govindaswami，1958），而且变异类型非常丰富，既有多年生类型，也有一年生和中间类型。那里栽培稻的变异类型也很复杂，既有籼稻品种，也有粳稻品种，或者是籼、粳中间类型。Oka 和 Chang（1962）对杰普尔水稻品种的研究证实，该地区不少栽培品种是介于野生稻与栽培品种之间的中间类型。程侃声和才宏伟（1993）对该地区栽培稻不同品种同工酶酶谱的研究表明，在他们所测试的品种中，具有籼型酶谱的占 69%，具有粳型酶谱的占 11.3%，另有 19.7% 的品种从形态性状上分析虽然有偏籼或偏粳的差异，但在酯酶上却没有典型籼、粳同工酶的特征条带，说明它们的籼、粳特性分化不彻底，籼、粳中间类型的存在是该地区水稻品种的一个重要特点。这一地区水稻类型的特点显然与当地气候、地理条件复杂多变有关，它们在栽培稻起源和分化过程中所扮演的重要角色自然会受到更多关注。

印度水稻栽培有很久的历史，这可从印度古文字的记载和出土水稻遗存中得到证明。据 Oka（1988）调查，印度最早关于水稻的记载出现在梵文圣典《阿闼婆吠陀》（Atharva Veda）之中。梵语中称水稻为 "Vrihi"。Oka 认为该书大约出现在 4000 年以前，但据丁颖考证为 3000 年前左右（丁颖，1959）。印度出土的水稻遗存可追溯的年代要比文字记载更早。例如，在印度与巴基斯坦边境莫亨朱达罗（Mohenjo Daro）出土的稻谷，被证实属于栽培稻的籽粒，其年代为 4500 年前左右（Andrus and Mohammed，1958）。在印度古吉拉特邦（Gujarat State）、塔加斯坦（Tajastan）、北方邦（Uttar Pradesh）、奥里萨邦（Orissa）和西孟加拉邦（West

Bengal State）等地都相继挖掘的水稻遗存，则可追溯至3700—4000年前。据Sharma
和Manda（1980）报道，在恒河平原北方邦的马哈拉嘎（Maharaga）出土的碳化
稻谷，经 $^{14}$C 测定其年代可追溯至（6530±185）—（8570±210）年前。这些碳化
稻谷的长宽比为 2.15，从籽粒的外形分析，判定它们属于栽培稻类型。也有报道
称在北方邦的阿拉哈巴德（Arahabard）出土的水稻可追溯至 9000 年前左右
（Matsuo，1997），但是否属于栽培稻类型，却没有明确结论。根据已有的资料分
析，8000—9000 年前印度就可能出现了栽培稻，而最早驯化的地区可能是在北部
的恒河流域。图 3-6 显示了目前在印度各地已挖掘的水稻遗存分布情况。

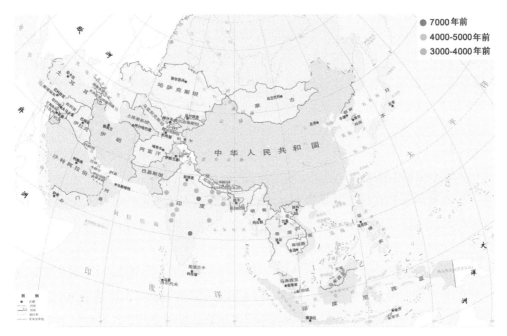

图 3-6　印度发掘出的古代水稻遗存分布图
根据 Matsuo（1997）整理，只标出距今 3000 年以上的遗址

## 2. 华南起源说

水稻起源于我国华南这一假说，最早是由丁颖（1949，1959，1961）提出的，
丁颖提出这一假说有多方面的证据。首先，在我国华南的广东省、海南省和台湾
省等地，自古以来都有野生稻的分布。其中分布最为广泛的是栽培稻的祖先种普
通野生稻，这一事实在古文字和一些重要著作中有许多记述。康德尔在其《栽培
植物的起源》一书中，推测中国有野生稻分布（丁颖，1959，1961；Matsuo，1997）。

另外，有多种古籍记载我国南方地区有野生稻分布的现象，如战国时期的《山海经·海内经》、汉代许慎的《说文解字》（公元100—121年）、三国时期张揖的《稗苍》（公元227—232年）著作中，都有野生稻的记载（丁颖，1959）。而且，丁颖本人也于1926年在广州市东郊犀牛尾和郊县多地发现有野生稻的生长。我国南方许多地区都相继发现有野生稻的分布，推测野生稻在那里被驯化为栽培稻是完全可能的。

丁颖不仅认为我国的栽培稻来源于南方的野生稻，而且认为我国是世界上栽培稻出现最早的国家。这可以从古代有关水稻的文字记载和考古发现的水稻遗存等得到证明。

据丁颖（1961）考证，从公元前的古籍《管子》（公元前475—前221）"轻重"戊篇，《陆贾新语》（公元前195年）的"道基"篇，《淮南子》（公元122年）的"修务训"中出现的有关水稻的记载，推测我国最早将水稻作为栽培作物种植始于4700年前。4600年前左右，有关神农氏（炎帝）领导百姓种植黍、稷、稻、麦、菽五种谷类作物，以及大禹、后稷、伯益等疏治九河，教授百姓在低湿地区种植水稻（约在公元前21世纪）等，在不少古籍中都有记载。而在汉代初期由司马迁编写的《史记》中也有类似记载。这些事实均证明在4600年前，我国黄河流域已有一定规模的水稻栽培。如果按前述Oka和丁颖两人考证的印度梵文圣书《阿闼婆吠陀》（Atharva Veda）中有关史书记载水稻的平均时间推算，印度出现水稻文字记载的时间比我国推迟1200年左右。

我国考古发现的水稻遗存也比印度发现的水稻遗存早（图3-7）。就发现有栽培稻稻谷实物的考古发掘遗址而言，在河南贾湖遗址和湖南彭头山遗址出土的稻谷（或稻米）都距今8000年以上。由湖南道县玉蟾岩遗址出土的稻谷则距今11 000年左右。印度出土年代最为久远的水稻，为印度北方邦马哈拉嘎（Maharaga）出土的稻谷，距今8000—8500年（Oka，1988），至少比我国最先出土的稻谷晚2000年左右。由此说明，我国自古以来种植的水稻只能是自己驯化的。丁颖认为我国栽培稻最早驯化的地区应该是华南地区。

亚洲栽培稻与非洲栽培稻最重要的区别是亚洲栽培稻内部存在着籼稻与粳稻两个不同亚种的分化。在这两个亚种驯化的顺序上，丁颖认为最先驯化形成栽培稻的应该是籼稻，因为籼稻品种无论是在分布地域上还是在性状表现上，都比较接近普通野生稻。他认为粳稻是籼稻在向纬度或海拔较高地区推进时产生的适应性变异。最近Huang等（2012）通过对446份野生稻和1083份栽培稻基因组的

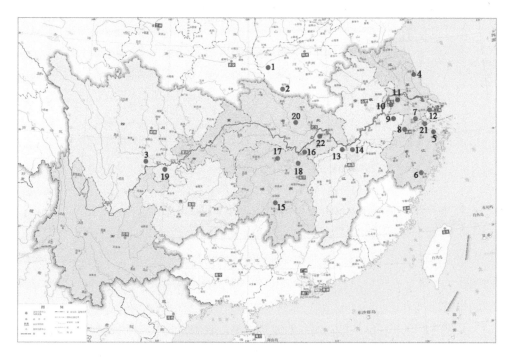

图 3-7 我国出土的主要水稻文化遗址的分布

1. 仰韶文化遗址；2. 贾湖遗址；3. 大溪文化遗址；4. 龙虬庄遗址；5. 河姆渡遗址；6. 上山遗址；7. 罗家角遗址；8. 良渚遗址；9. 水田畈遗址；10. 三星村遗址；11. 草鞋山遗址；12. 崧泽遗址；13. 吊桶环遗址；14. 仙人洞遗址；15. 玉蟾岩遗址；16. 八十垱遗址；17. 城头山遗址；18. 彭头山遗址；19. 城背溪遗址；20. 屈家岭遗址；21. 马家浜遗址；22. 放鹰台遗址

重测序分析，依据核基因组单核苷酸多态性（single nucleotide polymorphism，SNP）变异分布的相似性，以及部分在驯化过程中被人类重点选择基因的序列特征，认为水稻起源于我国华南珠江流域的中部。从地理位置上说这与丁颖提出的华南地区是水稻发源地是基本吻合的。但是在栽培稻不同类型的分化路径上，Huang 等的观点与丁颖提出的有关栽培稻起源学说存在较大差异。他们认为野生稻本身存在着籼、粳分化，最早的栽培稻是从分布于我国西江流域的偏粳型野生稻驯化形成的，因此最早驯化的栽培稻应该是粳稻，籼稻是粳稻与南亚或东南亚的籼型野生稻杂交分化产生的。以上籼、粳两种水稻驯化产生的途径可见图 3-8。

Huang 等提出上述栽培稻的起源理论以后，Civáň 等（2015）根据 Huang 等文章中提供的资料，进行新的计算和分析后，推测栽培稻可能存在三条不同起源途径，即粳稻起源于我国南方和长江流域，籼稻起源于东南亚和布拉马普特拉河流域，秋稻（Aus）起源于印度和孟加拉国。以上情况说明，基因的序列变异提供了许多

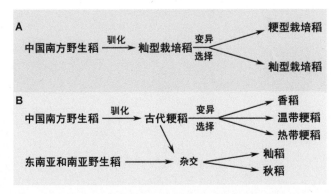

图 3-8　栽培稻籼、粳两大类型驯化与演化示意图

A. 依据丁颖（1961）提出的假说；B. 依据 Huang 等（2012）提出的假说

从表型上看不到的遗传信息。但是如何利用这些信息，采用科学统计方法获得合理的解释至关重要。同时，考古学的证据对于栽培稻起源的科学判断，也起着十分关键的作用。

从表 3-8 可以看出，早在旧石器时代末期，我国（长）江淮（河）流域便开始种植被驯化的水稻，这一时期发掘出来的水稻遗存可从植硅体的形态上得到鉴别。新石器时代的水稻遗存不仅大量出现在长江流域，黄（河）淮（河）平原也有多地

表 3-8　我国出土的主要水稻遗存地址及推测年代

| 遗址名称 | 水稻遗存种类 | 推测年代 | 籼或粳 | 作者及文献 |
| --- | --- | --- | --- | --- |
| 河南仰韶 | 茎叶及陶片稻谷印痕 | 5 000 年前 | | 丁颖（1960） |
| 浙江河姆渡 | 碳化稻谷和米 | 6 950±130 年前 | 籼、粳并存 | 汤圣祥（1996） |
| 江苏龙虬庄 | 碳化稻米和植硅体 | 5 500—7 000 年前 | 粳 | 张文绪和汤陵华（1996） |
| 上海崧泽 | 碳化稻谷 | 5 360±105 年前 | | 游修龄（1979） |
| 河南贾湖 | 碳化稻米和植硅体 | 7 868—8 942 年前 | 粳为主，籼为辅 | 陈报章和王象坤（1995） |
| 湖南彭头山 | 陶片印痕和稻壳 | 8 000 年前 | 籼 | 张文绪和裴安平（2003） |
| 湖南汤家岗 | 陶片印痕和稻壳 | 5 500—6 000 年前 | 籼 | 张文绪（1998） |
| 湖南花荣村 | 陶片印痕和稻壳 | 4 500 年前 | 粳 | 张文绪（1998） |
| 湖南八十垱 | 碳化稻谷和米 | 8 000—9 000 年前 | 中间类型 | 张文绪（1998） |
| 江苏绰墩 | 古水田、植硅体和碳化米 | 5 500 年前 | 中间类型 | 丁金龙（2004） |
| 江苏草鞋山 | 古水田、植硅体和碳化米 | 6 000 年前 | 粳 | 丁金龙（2004） |
| 广东牛栏洞 | 植硅体 | 8 000—12 000 年前 | | 向安强（2005） |
| 江西仙人洞 | 植硅体 | 9 000—12 000 年前 | | 加里·克劳福德和沈辰（2006） |
| 江西吊桶环 | 植硅体 | 9 000—12 000 年前 | | 加里·克劳福德和沈辰（2006） |
| 江苏三星村 | 碳化稻谷 | 5 500—6 500 年前 | 偏粳 | 王根富（1998） |
| 浙江上山 | 陶片上稻壳印痕 | 9 000—11 000 年前 | 早期栽培稻 | 郇秀佳等（2014） |

被发掘，说明当时我国的水稻栽培已经非常普及了。值得一提的是，无论是长江流域 7000 年前遗留的河姆渡水稻文化遗址，还是黄河流域 5000 年前留下的仰韶文化遗址，除了有稻的遗存以外，河姆渡还出土了与从事水田耕作相关的骨耜和当时人类居住的干栏式建筑，仰韶文化遗址中还出现了古村落的布局形态，说明当时的人类已经发展为定居式的早期农业。事实证明，我国作为最早驯化水稻国家的结论，在考古学上是有充分证据的。

在栽培稻起源的地域上，丁颖依据野生稻在广东、广西、海南和台湾存在广泛分布的情况，认为华南是我国栽培稻最早的发祥地。并且认为，最早出现的栽培稻应该是籼稻，粳稻是在籼稻向北推移过程中逐渐演变形成的。对于这两个问题，目前争议较多。如何看待这些争议，下面再做进一步讨论。

### 3. 阿萨姆-喜马拉雅-云南起源说

这一假说是由张德慈提出的（Chang，1976）。他认为，喜马拉雅山南麓，包括南亚及与之相邻的东南亚山区和中国西南部应被视为栽培稻的起源地。其主要依据是地球的发育史，喜马拉雅山系的隆起是印度板块与亚欧板块相撞以后相互挤压的结果，而水稻正是在这一过程中从印度板块进入亚洲大陆的。另一个重要依据是在喜马拉雅山脉的南麓，包括印度东北部的阿萨姆邦、东部奥里萨邦的杰普尔（Jeypore）、孟加拉国、泰国北部、老挝北部以及我国云南省（图 3-9），都有野生稻的分布（Morinaga，1968；Oka and Morishima，1982；Watabe，1977）。此外，以上地区栽培稻的类型变异非常丰富，其中不少品种具有原始类型的特点。

图 3-9　普通野生稻植株形态

A. 云南元江普通野生稻自然群落；B. 海南陵水普通野生稻田间植株形态

Chang（1976，1985）认为，一年生栽培植物一般是由一年生的野生祖先种进化而来的，水稻也不例外。在稻属中，一年生的尼瓦拉野生稻（*O. nivara*）可认为是亚洲栽培稻（*O. sativa*）的直接祖先，而尼瓦拉野生稻则由多年生的普通野生稻（*O. rufipogon*）分化产生。非洲栽培稻（*O. glaberrima*）的起源经历过与亚洲栽培稻大致相似的过程。它的直接祖先种为一年生的巴蒂野生稻（*O. barthii*），巴蒂野生稻由多年生的长药野生稻（*O. longistaminata*）进化而来。在亚洲栽培稻种植地区如果有野生稻分布，它们通过渗入杂交，便会形成形态各异的杂草型野生稻类型，即 *O. sativa* f. *spontanea*。在非洲栽培稻种植地区，同样可通过渗入杂交，形成非洲的杂草型野生稻（*O. stapfii*）。栽培稻的演化路径如图 3-10 所示。

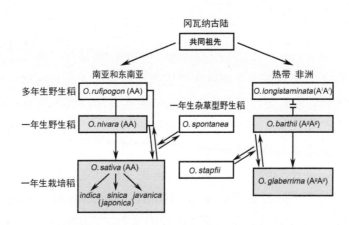

图 3-10　亚洲及非洲栽培稻的演化示意图

实线连接为直接祖先种，断线连接为间接祖先种，双向箭头为渗入杂交。依据 Chang（1976）修改

Chang（1976，1985）认为早期被驯化的亚洲栽培稻可能是籼型的。它们的生育期比其野生祖先种短，结实率也有所提高，可以适应在喜马拉雅山隆起过程中多变的生态条件下生长。栽培稻中的另一生态型粳稻同样起源于这一地区，它的形成与喜马拉雅山隆起过程中气候逐渐变冷有关。这一地区复杂的生态条件，加速了水稻的变异和分化。比较耐低温、干旱的粳型栽培稻，经过人类的驯化和选择，逐渐从籼稻中分化出来，并从这个地区向外扩散至东南亚和我国东部地区。其中一部分扩散到东南亚热带海岛地区，分化形成了爪哇稻（Javanica）。以上不同类型水稻的分化方向可见图 3-11。

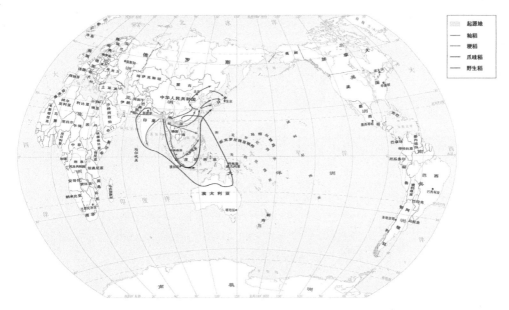

图 3-11　栽培稻不同生态型及其野生祖先种在亚洲和大洋洲的分布示意图

根据 Chang（1976）资料整理

　　Morinaga（1968）关于栽培稻起源的观点与张德慈的观点类似。他利用从印度锡金和大吉岭（Darjeeling）收集的 8 个水稻品种，分别与亚洲各地不同生态型的水稻品种杂交。这些生态型包括粳稻（Japonica），印度尼西亚的婆罗稻（Bulu）和久莱稻（Tjereh），老挝的诺达稻（Nuda），印度和孟加拉国的夏稻（Boro）、秋稻（Aus）和冬稻（Aman）。发现与一般水稻品种间杂交所得杂种不同的是：由大吉岭地区收集的水稻品种与上述不同生态型品种杂交，所得杂种 $F_1$ 的育性都在 30%—70%，既不表现出明显的生殖隔离，也不表现出完全正常的育性。说明这些产自喜马拉雅山南麓的水稻可能是一类较为原始的品种，在一定程度上维持未发生明显分化的状态。因此他将这些品种称为喜马拉雅稻。

　　由于喜马拉雅山东南麓包括了印度东北部布拉马普特拉河流域的阿萨姆邦、孟加拉国、缅甸、泰国北部和我国云南南部地区，因此，张德慈的这一起源假说又称为阿萨姆-喜马拉雅-云南起源说（图 3-12）。

　　喜马拉雅山南麓在地理上是一个很特殊的区域，一方面该地区的地形复杂多变，气候因地势不同垂直差异十分明显。受北部高山阻隔，中南部雨水充沛，形成温光条件不同的小生态区。生长在这些地区的水稻品种，受长期自然选择和人工选择的影响，变异类型丰富。据 Nakagahra 和 Hayashi（1977）对不同地区

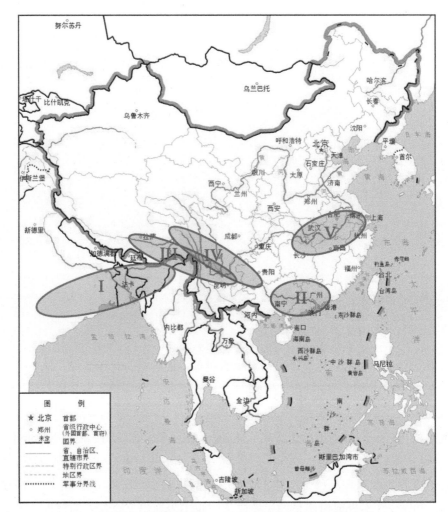

图 3-12　栽培稻起源中心几个假说地理位置示意图

I. 印度起源中心；II. 华南起源中心；III. 阿萨姆-喜马拉雅-云南起源中心；

IV. 阿萨姆-云南起源中心；V. 长江中下游起源中心

水稻 12 种酯酶同工酶的研究，分布在印度阿萨姆邦、缅甸、老挝、中国云南和泰国北部的水稻品种的变异是最丰富的。表明这一地区是水稻变异类型最丰富的地区之一。

在东南亚的缅甸、泰国和老挝北部，普通野生稻的分布很普遍。这些国家有多条大江源于喜马拉雅山系，如缅甸的伊洛瓦底江（Irrawaddy）和萨尔温江（Salween River），泰国和老挝的湄公河（Mekong River）等。一般认为，分布于这些地区的野生稻均来源于上游喜马拉雅山系南麓，流经这些地区的河流作为主要载体，为水稻的传播发挥了重要作用（柳子明，1975）。由此说明，东南亚的水稻与喜马拉雅山南麓及周边地区稻种的关系应该是最密切的。

### 4. 阿萨姆-云南起源中心说

利用出土的水稻遗存进行深入分析，是明确早期水稻类型和分布的最直接、也是最有说服力的方法。Watabe（1977，1982）根据先民制备建筑物土基时加入水稻谷壳的做法，对泰国、柬埔寨、缅甸、越南、老挝、印度、孟加拉国、斯里兰卡等各建筑所用土基中的稻谷（壳）类型进行了系统调查。发现在印度东北部的阿萨姆邦，东南亚的缅甸、泰国和柬埔寨等国的北部地区，早期栽培的品种多数是粒型较短的粳型或偏粳型品种。这些水稻品种一般都是陆稻或者是种植在坡地上的雨育稻，它们既可以在旱地生长，也可以在有积水的梯田生长。而在沿江平原地区栽培的品种则以粒型偏长的籼稻为主。在短粒型品种中，根据现代栽培品种的粒型推断，可能有相当比例是糯稻品种。从被调查的土基年代分析，年代越早，粳型（或类粳型）陆稻品种所占比例越高；年代越近，籼型品种越多。这些籼稻品种与印度中南部的籼稻品种同属一类品种，它们比较适应平原地区水分充足、温光资源丰沛的自然条件。Watabe 认为，东南亚平原地区近代栽培的籼稻品种是从印度传入的，这些品种最早发祥地可能是印度东北部的阿萨姆邦，而缅甸、泰国和老挝北部的粳型与偏粳型品种则可能起源于我国云南省。从印度阿萨姆邦到我国云南省这一地带都属于喜马拉雅山东南麓的山区，由于喜马拉雅山的隆起，这里有南北走向的大江大河，包括雅鲁藏布江（进入印度境内称布拉马普特拉河）、怒江（进入缅甸境内称萨尔温江）和澜沧江（进入老挝、柬埔寨和越南境内称湄公河）等，水稻可沿着这些河流南下扩张。因此，Watabe 认为亚洲水稻的起源中心应该是从印度阿萨姆邦到我国云南省的高原地区。这一假说又称为阿萨姆-云南起源中心说。

需要指出的是，由于所考察的是混合于土基内的稻谷或谷壳，这些土基一般距今仅 1000—2000 年，而栽培稻的起源时间比其要早很多。因此，仅根据土基中稻谷或稻壳的类型，来追溯栽培稻的起源时间与起源地也是比较片面的。此外，在栽培稻中，无论是籼稻还是粳稻，其粒型的长短、宽窄均有许多变异，仅根据粒型确定水稻或陆稻的籼粳类属，难免会发生误判。至于被调查的稻谷是否属于糯稻，则更难判断。水稻作为人类最主要的粮食，人们对稻米品种的改良，与不同地区的民族组成及不同民族的风俗习惯、宗教信仰有密切联系。这些都会因时代的改变而变化，尤其是在相隔时间久远的情况下，很难从目前的状况对过去的实际情况作出准确判断。

如果将阿萨姆-云南起源中心说与阿萨姆-喜马拉雅-云南起源中心说相比，可以发现，这两种假说所指的地理位置本质上是重叠的。所不同的是阿萨姆-云南起源中心说所指的位置区域范围比较小，而阿萨姆-喜马拉雅-云南起源中心说所指的起源中心的延伸范围比较大。柳子明（1975）根据我国云（南）贵（州）高原地区地形和河流分布以及生物多样性的特点，提出了栽培稻可能起源于云贵高原的假说，这一假说所划分的水稻起源地覆盖范围更小（图 3-11），但其基本依据与上述假说是相近的。

### 5. 长江中下游起源中心说

长江中下游地区是我国水稻最主要的产区之一。这一地区土壤肥沃，水资源丰富，自古以来一直是我国粮食作物最重要的生产基地。在这一地区种植的水稻既有籼稻又有粳稻，是典型的籼粳并存的稻作区域。

长江流域存在野生水稻被驯化为栽培稻的观点，最早是由周拾禄（1948）提出的。他认为在我国长江流域及其以北广泛栽培的粳稻是由分布于安徽巢湖地区和江苏北部地区的像塘稻（一类粳型野生稻）进化而来的。

近几十年来，水稻考古研究及分子进化研究表明，长江中下游地区应该是栽培稻的重要起源中心之一。其中，最重要的依据是这一地区有丰富的水稻遗存。20 世纪 60 年代以后，在这一地区相继发现了多处年代在 7000 年以上的水稻文化遗存，如浙江的河姆渡遗址、上山遗址，江苏的龙虬庄遗址和草鞋山遗址，湖南的彭头山遗址、八十垱遗址，河南的贾湖遗址和江西的仙人洞遗址等。龚子同等（2007）对我国发现的 280 个有水稻遗存的遗址进行分析，发现在我国六大稻作区域（分别为华南稻作区、华中稻作区、西南稻作区、华北稻作区、东北稻作区和西北稻作区）中，分布于华中稻作区的出土水稻遗址数达 189 个，占总数的 67.5%。而在华中稻作区的三个亚区中，分布于长江中下游的水稻遗址最多，达 141 个，占这一区域遗址数的 74.6%，占全国遗址数的 50.4%。说明全国有水稻遗存出土的考古遗址中，一半以上分布于长江中下游地区（表 3-9）。

长江中下游地区的水稻文化遗址除了数量多、年代远以外，还呈连续分布的特征，在距今 2000—12 000 年的遗址中均有发现。

表 3-9  中国水稻遗存的时空分布

| 稻作发展阶段 | I 华南稻作区 | | II 华中稻作区 | | | III 西南稻作区 | | IV 华北稻作区 | | V 东北稻作区 | VI 西北稻作区 | 遗址总数（个） |
|---|---|---|---|---|---|---|---|---|---|---|---|---|
| | 闽粤桂台 | 滇南 | 长江中下游 | 川陕盆地 | 江南丘陵平原 | 黔东湘西 | 滇川高原岭谷 | 华北北部 | 黄淮平原丘陵 | 辽河沿海 | 甘宁晋蒙 | |
| 第一阶段 8 000—12 000年前 | | | 浙江2 湖北2 湖南6 | | 湖南2 江西1 广东1 | | | | 河南1 | | | 16 |
| 第二阶段 6 000—8 000年前 | 广东1 | | 江苏11 浙江13 安徽1 湖北1 湖南7 | 陕西3 | 湖南2 | 湖南1 | | | 江苏2 安徽1 河南2 | | | 45 |
| 第三阶段 3 000—6 000年前 | 台湾6 福建3 广东1 广西1 | 云南1 | 上海3 江苏26 浙江22 安徽6 湖北19 河南2 湖南7 | 重庆2 湖北2 河南3 | 江西16 浙江3 广东4 广西1 | 湖南3 | 云南8 四川1 贵州1 | 山西1 | 江苏3 安徽10 山东5 河南10 陕西4 | 辽宁1 | 甘肃2 | 177 |
| 第四阶段 2 000—3 000年前 | 广东1 广西3 | 云南3 | 江苏2 浙江1 安徽4 湖北5 湖南7 | 陕西1 四川1 | 湖南1 江西2 广东1 | | 四川2 贵州1 | 河南2 北京1 | 江苏5 河南2 陕西1 | | | 42 |
| 遗址总数（个） | 16 | 4 | 141 | 14 | 34 | 4 | 14 | 4 | 46 | 1 | 2 | 280 |

注：根据龚子同等（2007）资料整理

值得注意的是，自古以来这个地区一直有野生稻分布的记载，至今在江西省抚州市东乡区仍有成片的野生稻群体生长。严文明（1982）从古生物学和孢粉学研究考证，发现长江中下游地区四五千年前的气候可能要比现在温暖，因而完全具备普通野生稻在这一地区生长的条件。结合这一地区发现的密集古水稻文化遗存，认为长江中下游地区应是栽培稻的起源地。近30年来，由于考古鉴定技术的提高，多处年代久远的古水稻文化遗址相继被发现。例如，江西省万年县的仙人洞、吊桶环和湖南省道县的玉蟾岩遗址，都发现有水稻植硅体等遗存，距今12 000年左右，是迄今为止世界上发现有水稻遗存最早的一类文化遗址。近年来，随着对野生稻分子生物学研究的不断深入，越来越多的证据表明，我国长江中下游地区应是栽培稻的起源中心之一（Lu et al.，2002；Gross and Zhao，2014；Londo et al.，2006；Fuller et al.，2007；Fuller and Sato，2008）。

6. 籼、粳独立起源假说

亚洲栽培稻存在籼、粳两个不同亚种，这两个亚种在形态特征、生理特性和地理分布上均存在明显差异。上面谈到，在普通野生稻内部，虽然不存在籼型与粳型之分，但在某种程度上的籼、粳分化现象是存在的。既然如此，那么栽培稻中的籼稻和粳稻是由同一种野生稻驯化形成的，还是由不同的野生稻驯化形成的？至今尚是一个有争议的问题。

周拾禄（1948）最早提出籼、粳稻具有不同起源的概念，他认为我国栽培的籼稻是从国外引进的，而粳稻是由我国粳型野生稻驯化形成的，他所指的粳型野生稻主要是分布在安徽巢湖地区的塘稻和江苏北部的稆稻一类。也就是说，籼稻和粳稻是由不同类型的野生稻驯化产生的。

不少研究者认为，籼稻与粳稻的起源地和被驯化的野生稻直接祖先或基础种群（founder population）可能是不同的。在籼、粳两个亚种中，籼稻起源于印度，最可能的起源中心是喜马拉雅山南麓阿萨姆邦的布拉马普特拉河到恒河流域这一带；粳稻起源于中国，最可能的起源中心是长江中下游地区（Gross and Zhao，2014；Londo et al.，2006；Fuller，2007；Fuller et al.，2007，2010；Cheng et al.，2003）。按照这一假说，亚洲水稻的起源中心可能有两个或者多个，彼此之间是独立的。这一假说也可称为籼、粳独立起源（independent evolutionary origin of indica and japonica rice）假说。产生这一假说的依据是多方面的。

第一，籼稻和粳稻的分布地区有明显差异，籼稻主要分布于印度、孟加拉国、泰国、缅甸、柬埔寨、菲律宾和我国长江以南地区，比较适应热带、亚热带气温偏高的生态环境；粳稻主要分布于我国长江以北和东南亚国家北部的山地、丘陵，包括云南、贵州等海拔偏高和气温偏低的生态地区。

籼、粳稻对不同生态条件反应的差异，直接表现在我国不同稻区水稻品种类型的分布上。我国水稻的主要种植地区从南到北，年平均温度和有效积温都呈现出从高到低的变化趋势。籼稻品种主要分布于长江以南地区，其中以温度较高的华南双季稻稻区最为集中。这一区域温光资源非常丰富，日均温≥10℃以上的有效积温（水稻可以正常生长的日均温度之和）达5800—9300℃，这一稻区种植的水稻大部分是籼稻品种。而长江流域的华中单双季稻稻区，温光资源低于华南双季稻稻区，日均温≥10℃以上的有效积温为4500—6500℃，籼、粳品种均可种植。夏季高温条件下成熟的多数是籼稻，秋季较低温度下成熟的基本上是粳稻。

华北单季稻稻作区地处黄（河）淮（河）平原，温光资源低于长江流域，日均温≥10℃以上的有效积温为 4000—5000℃，栽培品种以粳稻为主，仅少数地区有籼稻栽培。东北早熟单季稻区，栽培品种则全为粳稻，这一地区在水稻生长期间≥10℃的有效积温仅为 2000—3700℃，尤其是在水稻开花灌浆期间，气温较低，籼稻已不能适应（中国水稻研究所，1989）。以上籼、粳稻不同地域分布，涉及许多与适应性相关的性状，而并非来自少数基因的突变。

第二，我国和印度都有丰富的水稻出土遗存。从这些出土的稻谷粒型和植硅体形态分析，我国出土的水稻遗存有籼有粳，但以粳型居多。据汤圣祥（1996）对 109 处出土水稻遗存的统计，除了 77 处因年代久远，出土的稻谷（或谷壳和碳化稻米）严重变形而无法鉴别籼、粳以外，可以鉴别为粳稻的有 21 处，籼粳并存的有 9 处，仅为籼稻的只有 2 处。在出土粳稻的遗存中，多数分布在长江中下游地区。表 3-10 列出了我国已发掘的新石器时代的粳稻遗址，其中最著名的浙江钱塘江口的河姆渡遗址便在其中。该遗址出土的水稻遗存距今 7000 年左右（6950±130 年前），从粒型和芒的特征区分，偏籼、偏粳以及与普通野生稻相似的类型同时存在，说明当时先民种植的水稻已经发生分化，并与野生稻共存。1996 年 1 月，湖南澧县梦溪镇八十垱遗址出土了不少距今 7500—8500 年的稻谷。据张文绪和汤陵华（1996）对这些稻谷的研究，其粒长较短，平均为 7.2mm，接近于现代粳稻，但粒宽较窄，仅为 2.65mm，长宽比（2.74）与现代籼稻相近，稃面的双峰乳突与现代籼稻相似，具有籼、粳中间类型的特征。既存在粒型似粳，但双峰乳突偏籼的类型，又存在粒型偏籼，而双峰乳突似粳的类型，说明当时该地区种植的水稻，是正在发生籼、粳分化中的类型，故被称为"八十垱古栽培稻"。自新石器时代中期以后，各地出土的稻谷籼、粳分化变得逐渐清晰，表现为典型籼稻或典型粳稻，以及籼、粳并存的现象。

印度和南亚国家栽培的水稻一般都是籼稻品种。因此，从这些国家出土的水稻遗存很少涉及籼、粳之分。Watabe（1982）在调查印度和东南亚制作土基时掺入稻谷的类别时，发现古代印度北部地区栽培的水稻，有不少是粒型偏短圆的粳型品种，而在印度中部杰普尔（Jeypore）和南部平原地区栽培的水稻，多数为粒型偏狭长的籼型品种，他是通过粒型来区分籼粳的。那些土基的制作大都距今2000 年左右或更近，相当于我国的汉代时期。当时不同地域间人类的交往和迁徙已经比较频繁，很难说明与籼、粳起源之间的关系。但是，他注意到籼、粳品种在这些地区的分布，随着不同年代和不同地区的演化，同样有一定的规律性，

表 3-10　我国已出土的新石器时代粳稻遗址

| 出土遗址 | 推测年代 | 水稻遗存种类 |
|---|---|---|
| **长江下游** | | |
| 浙江桐乡罗家角 | 7040±150 年前 | 籼粳稻谷混合 |
| 浙江余姚河姆渡 | 6950±130 年前 | 籼粳稻谷混合 |
| 浙江湖州钱山漾 | 4568±100 年前 | 籼粳稻谷混合 |
| 浙江杭州水田畈 | 大约 4000 年前 | 籼粳稻谷混合 |
| 上海青浦崧泽 | 3395±45 年前 | 籼粳稻谷 |
| 江苏苏州市吴中区草鞋山 | 4290±205 年前 | 籼粳稻谷混合 |
| 江苏吴江龙南 | 5360±120 年前 | 粳谷 |
| 江苏无锡仙蠡墩 | 4300—3700 年前 | 粳稻壳 |
| 江苏吴中区摇城 | 大约 4500 年前 | 籼粳米混合 |
| 江苏南京庙山 | 4000—5000 年前 | 粳稻谷痕迹 |
| 江苏东海焦庄 | 大约 4000 年前 | 粳稻谷 |
| 安徽合山仙踪 | 大约 4000 年前 | 籼粳稻谷混合 |
| 安徽肥东大陈墩 | 大约 4000 年前 | 粳稻粒结块 |
| **长江中游** | | |
| 江西湖口城墩坂 | 大约 5000 年前 | 粳稻谷和稻壳痕迹 |
| 江西湖口文昌洑 | 大约 4000 年前 | 粳稻谷和稻壳痕迹 |
| 湖北天门石家河 | 大约 4000 年前 | 粳稻谷和稻壳痕迹 |
| 湖北京山屈家岭 | 大约 4600 年前 | 粳稻壳和稻秆痕迹 |
| 湖北郧县青龙泉 | 2600—2900 年前 | 粳稻谷壳 |
| 湖北武昌洪山 | 大约 4000 年前 | 粳稻谷壳 |
| 湖北武昌放鹰台 | 大约 4000 年前 | 粳稻谷壳 |
| 湖北随州冷皮垭 | 大约 4600 年前 | 粳稻谷和稻米 |
| 湖北云梦好石桥 | 2600—2900 年前 | 粳稻壳和稻秆 |
| 河南淅川黄楝树 | 2600—2900 年前 | 粳稻壳 |
| **长江上游** | | |
| 云南元谋大墩子 | 1470±55 年前 | 粳稻谷和叶 |
| 云南耿马 | 大约 3200 年前 | 光壳陆稻 |
| **其他地区** | | |
| 广东曲江石峡 | 大约 4500 年前 | 籼粳稻谷和米混合 |
| 台湾台北芝山岩 | 3000—4000 年前 | 粳稻谷 |
| 台湾台中营埔里 | 3000—4000 年前 | 粳稻谷 |
| 河南渑池仰韶 | 大约 5000 年前 | 粳稻粒痕迹 |
| 山东栖霞杨家圈 | 大约 5000 年前 | 粳稻壳痕迹 |

注：根据汤圣祥（1996）资料整理

主要表现在两个方面：①北部丘陵地区分布的以粒型短圆的粳稻品种较多，南部平原和水资源充分的地区，栽培的都是籼稻；②东南亚国家早期种植的水稻，籼、粳均有。Watabe 称其为"湄公河系列"品种，以后随着水利条件的改善，逐渐被从印度和孟加拉国引入的籼稻代替，作者称其为"孟加拉系列"品种。因此可从中推测，当时南亚和东南亚种植的籼稻品种可能起源于南亚的印度和孟加拉国。

第三，研究表明，分布于亚洲不同国家和地区的普通野生稻尽管从形态性状上分析，并不像栽培稻那样存在明显的籼、粳差异，但在遗传上已经表现出籼、粳分化的趋向。这种分化明显地表现在同工酶不同等位基因出现的频率不同。据王象坤等（1996）研究，水稻籼、粳不同品种在酯酶基因（*Est*）、酸性磷酸酶基因（*Acp*）、过氧化物酶基因（*Cat-1*）和氨肽酶基因（*Amp*）上都存在明显差异。当对它们的基因组 DNA 进行分析时，可出现 2 种或 2 种以上的不同条带型。其中一种条带主要出现在籼稻品种中，称为籼稻的特征带（1 号带）；另一种条带主要出现在粳稻品种中，则称为粳稻的特征带（2 号带）。以基因 *Cat-1* 为例，1 号带主要出现在籼稻中，而 2 号带主要出现在粳稻中，这两种同工酶的基因被分别命名为 *Cat-1$^1$* 和 *Cat-1$^2$*。它们是同一基因座上的 2 种复等位基因，这 2 种基因型在野生稻中同样可以被检测到。其他 3 种同工酶基因也表现出这一特征，在一定程度上说明了籼、粳分化在野生稻中是客观存在的事实。

据才宏伟等研究，在野生稻中，可被用于鉴别籼、粳分化同工酶的基因中，最为有效的有 5 个，它们分别是过氧化氢酶基因 *Cat-1*、酸性磷酸酶基因 *Acp-2*、氨肽酶基因 *Amp-2*、酯酶基因 *Est-2* 和 *Est-10*（Cai et al.，1996）。他们选用了从我国不同地区收集的野生稻 132 份和来自国外的野生稻 27 份，在剔除可能发生渗入杂交而表现为杂合型的野生稻以后，对它们的分析表明，这些野生稻在籼、粳分化上表现出明显的连续性变异。我国 92 份野生稻多数为偏粳或粳型（占 57.6%），少数为偏籼或籼型（占 17.4%），其余的为中间类型（25%）。来自国外的野生稻则以偏籼型和籼型居多。来自我国的野生稻不同种群间的籼、粳分化，与它们的来源地有一定的联系。较高纬度地区如江西东乡、湖南江永和茶陵主要是偏粳型的，而在偏低纬度地区（如广西）的野生稻则偏籼与偏粳共存。

Morishima 和 Gadrinab（1987）从亚洲不同国家收集了 362 种野生稻种群，对这些野生稻 *Acp-1*、*Amp-1*、*Est-2*、*Pdg-1*（葡糖-6-磷酸脱氢酶基因）、*Pox-1*（过氧化物酶基因）等几种同工酶基因的研究表明，这些基因的不同等位基因出现频率，与野生稻的籼、粳分化，以及是否表现多年生或一年生的生长习性存在明显的相关性。源于我国的野生稻，一般偏粳居多，并表现出多年生的生长习性；源于印度的野生稻，多数偏籼型，并表现一年生的生长习性；从泰国及其邻近国家收集的野生稻则介于两者之间（Oka，1988）。

以上分析可以看出，虽然普通野生稻不能简单地从形态性状上用籼、粳进行区分，但从同工酶等遗传标记分析，籼、粳分化现象是存在的。我国的野生稻多数偏粳，而南亚的野生稻多数偏籼。而从地理位置分析，我国有野生稻分布的地区，除了海南省属于热带地区以外，其他都属于亚热带地区，而印度野生稻的分布地区则以热带为主。因此，我国和印度的野生稻在独立驯化成栽培稻的过程中，它们在籼粳属性上会出现明显差异。

## 二、水稻分散起源的可能性

从以上有关水稻起源的不同假说可以看出，虽然研究人员都认为亚洲栽培稻的直接祖先是多年生普通野生稻 *O. rufipogon*（也有人认为粳稻起源于 *O. rufipogon*，籼稻起源于一年生野生稻 *O. nivara*，对于这两种野生稻在命名上的不同意见，参见第二章），但对于亚洲栽培稻的起源地点和演化路径仍存在许多争议。对这些争议做进一步分析，可以发现争论的焦点与亚洲栽培稻是单元起源（single origin）还是多元起源（multiple origin）有关。

单元起源是指现今的籼稻和粳稻都是由同一种野生稻驯化形成的，而多元起源则是指被驯化为栽培稻的原始野生稻群体或基础种群（founder population）并不止一个，因而被驯化的地点和时间也可能彼此不同。同一种作物在不同地区、不同时间，由不同的野生祖先群体驯化形成的假说也被称为分散起源假说（theory of defused origin）。

### 1. 作物起源中心

在农学上，作物是指被人类大规模栽培的植物群体。从植物进化角度分析，任何作物都是由野生植物驯化而成的，人类驯化植物的目的是满足生存的需要。将野生植物按照人类的需要，逐步改造成适应人工培植的作物是一个漫长的过程。这一过程从本质上说，是与种植业的发展紧密联系在一起的，二者不可分割。

作物生产是农业生产最主要的组成部分，发展作物生产，不仅可以收获人类自身生活所必需的粮食、油脂和纤维，也可以为养殖业提供必要的谷物和饲草。从某种程度上说，没有种植业就没有养殖业，农业生产是以种植业为基础发展起来的。

在农业发展史的研究上，一般认为最早的农业可能出现在近东地区，时间在 10 000—12 000 年以前（Hancock，2003）。这一地区农业的起源是与麦类作物（主要是小麦和大麦）的驯化联系在一起的。苏联科学家 Vavilov（1926）根据广泛的调查，提出了作物起源中心的概念。他认为每一种作物都有其相应的起源中心，这种中心可以根据被调查的作物变异及其地理分布来确定。一般来说，在某一作物变异类型分布最集中的地区，便是该作物的起源中心。根据 Vavilov 的研究，世界范围内存在 8 个作物起源中心（图 3-13）。每一个起源中心都有若干个被驯化的作物，对全球农业生产的起源和发展作出了重大贡献。在 Vavilov 列出的起源中心里，水稻被列入印度起源中心，小麦则起源于中亚和西亚（相当于目前的中近东地区），包括西起土耳其、叙利亚，向东延伸至伊拉克、伊朗、阿富汗和塔吉克斯坦等国家所在的地区。

## 2. 农业起源中心与非中心

Vavilov 作物起源中心理论提出以后，引起了植物遗传学和作物科学界的广泛关注。按照起源中心理论，植物变异的地理分布会有一定的规律。例如，在起源中心，可发现有较多受显性基因控制的性状，而在起源中心外围，则会出现相应的隐性突变体等。进一步研究发现，植物变异的发生在很大程度上取决于分布地区地理环境的复杂性，以及是否能使这些变异得以保存的生态小环境。地理环境越复杂，越容易诱导变异的产生。在多山地区，由于有山岭、峡谷等地理因素形成隔离的生态屏障，变异类型容易被保存下来。相反在平原地区，产生的变异很容易由于杂交和稀释而在群体中消失。

近几十年来的研究表明，Vavilov 提出的作物起源中心实际上就是全球农业发祥最早的地区。这些地区覆盖范围有些较小，有些则很大。就作物起源的地理位置而言，很多作物的起源地并非局限在某一特定的区域，部分作物及其野生祖先也不存在变异中心等。以小麦和高粱为例，一般认为小麦起源于中近东地区。这一地区覆盖范围相对较小，集中分布着小麦野生种及其二倍体和四倍体的野生变异种，因而称为小麦的起源中心。高粱作为起源于非洲的作物，它的野生种及其驯化过程中不同阶段的变异类型，在非洲撒哈拉沙漠以南、赤道以北的地区分布

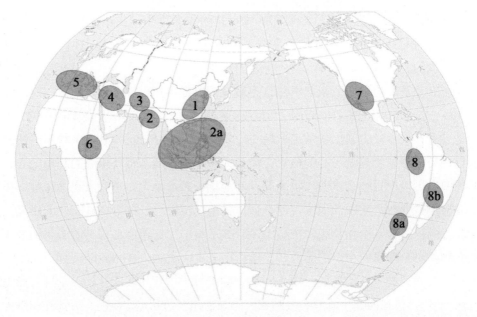

图 3-13　Vavilov 提出的 8 个起源中心（Harlan，1971）

1. 中国起源中心；2. 印度起源中心；2a. 东南亚起源中心；3. 中亚起源中心；4. 南亚起源中心；5. 地中海起源中心；6. 埃塞俄比亚起源中心；7. 中美洲起源中心；8. 南美洲起源中心；8a. 智利起源中心；8b. 巴西起源中心

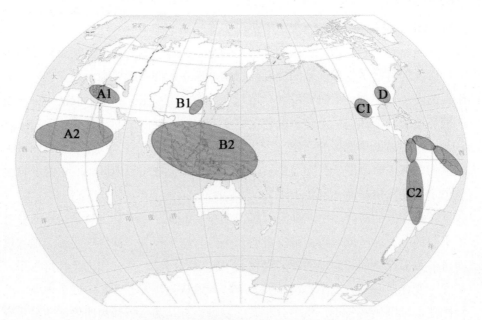

图 3-14　全球农业的起源中心与非中心（Hancock，2003）

A1. 近东中心；A2. 非洲非中心；B1. 中国北部中心；B2. 东南亚和南太平洋非中心；
C1. 中美洲中心；C2. 南美洲非中心；D. 北美洲中心

非常广泛。这一现象说明，高粱的驯化可能会分散进行，形成分散起源（defused origin）的现象。Harlan（1975）称这样的作物起源地区为非中心（non-center）。Harlan 认为，农业的起源与人类对作物野生祖先种的驯化是联系在一起的。只有通过人类选择，才能将野生植物逐渐改造为可以栽培的作物，这是一个漫长的过程，也是农业起源的过程。根据 Harlan 的研究，全球存在着三个独立的农业起源系统，每一个系统包含一个中心和一个非中心。20 世纪 80 年代，Smith（1989，1998）又补充增加了北美洲起源中心（图 3-14）。每一个中心包含的地理区域都较小，而每一个非中心所覆盖的地理区域相对比较宽广。在每一个中心或非中心都有被驯化的作物，水稻的驯化主要是在 B2 非中心内完成的。该地区西起印度东部，向东经缅甸、泰国到中国南部和南太平洋岛国。

按照 Harlan 对起源中心和非中心的理解，由非中心地区起源的栽培植物，很多具有分散起源的特征，水稻也不例外。许多研究水稻进化遗传的学者也支持这一观点。俞履圻和林权（1962）在分析籼稻起源时注意到，普通野生稻在亚洲南部分布非常广泛，认为从中国至印度以南亚洲大陆各国都有这种野生种，这些地区都有可能是籼稻的起源地。严文明（1982）在分析野生稻地理分布与稻作农业起源的关系时曾明确指出，既然适合栽培的野生稻在中国、印度和东南亚等许多地区都有分布，那么栽培稻的驯化很可能在这些地区较早地独立发生。Oka（1988）认为，水稻的驯化无论是在地点上还是时间上都可能是个分散进行的过程。程侃声和才宏伟（1993）也认为，从已经积累的资料来看，水稻是分散起源的。

从考古学、古气候学、人类学等研究，结合普通野生稻的分布和不同地区栽培稻的遗传差异等，得出亚洲栽培稻分散起源的结论还是有足够科学依据的。

### 三、水稻多元起源的依据

亚洲栽培稻多元起源的依据可归纳为以下几点。

#### 1. 细胞质基因组的依据

细胞质基因组（包括叶绿体基因组和线粒体基因组），籼稻与粳稻之间存在着明显的差异。由于细胞质基因组是母性遗传，籼、粳稻间在细胞质基因组上有差异，反映了它们起源的基础种群可能是不同的（详细内容见本章第二节）。

2. 核基因组的依据

核基因组的差异可以从同工酶基因差异，以及核基因组 DNA 分子标记多态性方面来说明。

（1）同工酶的差异

不同水稻品种之间，同工酶基因的变异非常普遍。具体表现在，同一种同工酶可以由不同基因座的基因编码，同一基因座也可能存在不同的等位基因。根据 Second（1982）对来自不同国家 41 个亚洲栽培稻品种 40 个同工酶基因座的研究，发现 32 个基因座有等位变异。存在等位变异的基因座上，一般有 2—4 个等位基因。以最常见的酯酶（esterase，EST）同工酶为例，水稻基因组编码该酶的基因座有 11 个之多，分别称为 *Est-A*、*Est-B*、*Est-C*、…、*Est-cal*。基因座 *Est-B* 有 2 个复等位基因，*Est-c* 有 3 个复等位基因，以此类推。如果对这些基因座的变异进行多元分析（multivariate analysis），可将它们划分为籼稻和粳稻类型。籼稻主要来自印度和我国南部，粳稻来自我国北部和日本。以上两类水稻品种同工酶基因的分化及其对酚反应的差异非常一致。按被测品种同工酶基因的变异和它们杂交后代的育性表现综合分析，Second 认为，籼稻和粳稻在起源上可能是相互独立的。

（2）单核苷酸多态性的差异

单核苷酸多态性（single nucleotide polymorphism，SNP）在基因组中普遍存在，因而可以很灵敏地反映不同品种或被测群体间核基因组的变异，也可根据 SNP 在基因组中的分布及不同种质之间分布的异同，探知它们之间的亲缘关系。Wang 等（2018）从 3010 份栽培稻品种的核基因组中发现的 SNP 达 2900 万个之多，其中 1700 万个 SNP 构成了水稻的基础 SNP（base-SNP），它可用来检测水稻基因组中各种类型的基因变异及其产生的效应。根据在水稻被驯化过程中 9 种被选择基因单倍型序列的变异，推测籼稻的起源是独立于粳稻的。Huang 等（2012）利用分布在全基因组的 SNP 对 1083 个栽培稻品种和 446 份普通野生稻的分析表明，被研究的野生稻主要有 3 组，分别为 Or-Ⅰ、Or-Ⅱ和 Or-Ⅲ组。从亲缘关系分析，栽培稻中的籼稻与 Or-Ⅰ组野生稻的关系比较密切，粳稻与 Or-Ⅲ组野生稻的亲缘关系较为密切。在地理分布上，属于 Or-Ⅰ组的野生稻与属于 Or-Ⅲ组的野生稻是明显不同的。

（3）长末端重复逆转座子的依据

在植物基因组中长末端重复（long terminal repeat，LTR）是普遍存在的逆转座 DNA 序列，水稻亦不例外。LTR 一般是通过复制和粘贴（copy and paste）方式插入的。这些 LTR 的插入一方面可使基因组增大，另一方面插入后可发生序列变异而逐渐分化。由于 LTR 分化程度与插入时间长短有一定的关系，因此可以依据 LTR 的分化程度来确定可能的插入时间。另外，进化过程中不同时期插入的 LTR 也可能不一样，从而为研究物种的分化途径和发生时间提供了可能性。

近 20 年来，随着测序技术的发展，以日本晴为代表的粳稻基因组序列和以 93-11 为代表的籼稻基因组序列测序已相继完成，为通过序列变异研究栽培稻籼、粳分化过程，以及这种分化与野生稻之间的关系提供了基础。Vitte 等（2004）以籼、粳水稻 4 种 LTR（分别为 hopi、houba、Retrosat1 和 RIRE8）序列为研究对象，发现在日本晴和 93-11 两个品种基因组中共有 169 个 LTR，其中 110 个对研究水稻籼、粳分化过程具有重要的参考价值。从这些 LTR 入手，他们发现进化早期插入的 LTR 两个品种都存在。82 个在粳稻日本晴中出现的 LTR，却在籼稻 93-11 中均不存在（表 3-11）。为明确这种差异是否具有普遍性，他们又进一步对 66 份来自亚洲不同国家的籼、粳品种进行了分析，结果表明，LTR 的插入变异与水稻的籼、粳分化有关。根据一般序列变异速率推算，这种分化可能早在 90 万—210 万年前便已开始。考虑到 LTR 区段的序列变异速率一般比编码区快，Vitte 等（2004）估计至少在 20 万年前这种分化就应该已经开始。也就是说，可能在喜马拉雅山脉隆起的过程中，普通野生稻已开始出现籼、粳分化。

表 3-11　粳稻日本晴与籼稻 93-11 基因组中部分 LTR 插入上的差异

| 逆转座子种类 | 与籼、粳分化无关的插入 | | 与籼、粳分化有关的插入 | |
| --- | --- | --- | --- | --- |
| | 籼稻中不存在 | 一般重复序列 | 仅在粳稻中存在 | 籼、粳稻中均存在 |
| hopi | 3 | 32 | 35 | 2 |
| houba | 1 | 5 | 21 | 6 |
| Retrosat1 | 5 | 8 | 12 | 17 |
| RIRE8 | 0 | 15 | 14 | 3 |
| 总数 | 9 | 60 | 82 | 28 |

注：根据 Vitte 等（2004）资料整理

### 3. 考古发掘实物资料的依据

由考古发掘获得的水稻遗存，可以最直观地推测栽培稻可能出现的年代。结合发掘遗址中所获得的其他实物，可以进一步分析古人类所在年代的生活特点，以及对水稻的依赖程度和利用水平。

随着经济发展和考古技术水平的提高，发掘有水稻遗存的遗址不断增加。如前所述，仅在我国发掘出有水稻遗存的遗址就有 280 多处（龚子同等，2007），其中不少遗址出土的水稻遗存可追溯到 7000 年之前。亚洲发现有水稻遗存的除了我国，已知的还有印度、泰国等国家。

印度发掘的最早水稻遗存，在靠近印度与巴基斯坦交界的莫亨朱达罗（Mohenjo Daro）和哈拉帕（Harappa），发现了距今 5000 年左右的水稻遗存。已发掘的遗址中，最古老的遗址可能是位于北方邦（Uttar Pradesh）的马哈拉嘎（Maharaga），时间可以追溯到 6570±210BC 到 4530±185BC，该处出土的水稻籽粒长宽比为 2.15。据研究，这些稻谷属于栽培稻类型，也就是说，8000—8500 年以前印度就有了栽培稻的出现。同时出土的还有许多石制工具、牛骨和山羊骨等。说明在该地区，那时人类的生活尚处在由狩猎和采集向种植业过渡的阶段。

泰国及附近地区出土的能反映新石器时代文化的是和平文化（Hoabinhian Culture）遗址，其中尤以位于泰国东北部的能诺他（Non-Nok-Tha）和西北部的神仙洞（Spirit Cave，也有人称为仙人洞）遗址最为著名。在神仙洞遗址距今约 8000 年的地层中发掘出了与稻作有关的陶罐、石刀等农具。根据 Gorman（1969）的研究，以泰国为代表的东南亚地区，最早的农业是从块根或块茎类的园艺作物驯化开始的，之后才过渡到稻作农业。所以作者认为，在泰国和其他东南亚地区，栽培稻的出现不会早于 8000 年前。Oka（1988）对从泰国及其周边地区考古发掘所获得的资料（包括出土水稻遗存、驯化的家畜骨骼遗存和青铜器具等）进行分析，认为这一地区栽培稻出现的时间应是 6500 年前。

相对于印度、泰国和其他产稻国家，我国出土的稻作文化遗址是最丰富的，这不仅表现在出土文化遗址的数量上，还表现在这些遗址所能提供信息的质量和时间的连续性上。

我国最早出土的水稻遗存是 1921 年在河南省三门峡市渑池县仰韶村发现的。发掘该遗址时，考古学家从出土的陶罐上发现了水稻谷粒的印痕，推测该陶罐的制作时间应在 5000 年前。说明在 5000 余年前，我国黄河流域已有水稻种植（Oka，1988）。随后，我国先后又在河南、江西、江苏、湖南、浙江、上海和广东等省市发掘了比仰韶文化遗址更早并拥有水稻遗存的文化遗址，如浙江省余姚市

出土的河姆渡遗址，距今 6500—7000 年；湖南澧县八十垱遗址，出土的稻谷距今
7500—8500 年（张文绪和裴安平，1997）；河南舞阳县贾湖遗址，距今 7868—
8942 年（陈报章，1997）；湖南澧县彭头山遗址，距今 7150±120 年（严文明，
1989）。江西万年县发掘的吊桶环和仙人洞文化遗址中筛得的栽培稻植硅体，更可
追溯到 10 000—11 000 年前（严文明，1989；张光直，2002）。以上列举的新石器
时代水稻遗存表明，栽培稻在我国长江中下游地区 10 000—11 000 年前就已经出现。
也就是说，水稻在我国开始被驯化的时间比印度大约早 2000 年，比泰国早 3000 年
左右，那时人类社会还处在相当原始的状态。印度、泰国与我国南部和西南地区，
虽然在地理位置上相互毗邻，但彼此之间，有众多山岭相阻，加上民族不同，语言
不通，交通不便，在新石器时代或者更早时候，不同地区之间进行稻作文化交流的
可能性是很小的。即使在我国境内，水稻起源地点也可能不止一个。Silva 等（2015）
通过对亚洲 400 余个水稻考古遗址资料的统计分析，认为我国长江中游和下游地区
可能是两个不同的起源中心。

## 4. 文化和语言学上的依据

栽培稻的分散起源也表现在对稻的称谓和文字的描述上。如果水稻的传播是
通过人类迁徙实现的，则在对稻的文字描述或语言称谓上也会有所反映。

我国是世界水稻的主产国之一，尽管水稻分布非常广泛，但对水稻的称谓相
当统一。从南到北无论在文字上还是语言上都称其为"稻"。长期以来，我国水稻
的栽培很早就采用育苗移栽的方式，对移栽前的水稻幼苗一般都称为"秧"，培育
稻苗的地称为"秧田"。广东、广西等南方地区也有称稻苗为"禾"的。与之相应
的，成熟的稻粒一般都称为"稻谷"。"谷"的名称也常被应用于品种的称谓之中，
如麻谷、月亮谷、水田谷等。少数民族对"稻"的称谓比较复杂，如在壮族和侗
族语言中，称"稻"为 kau，也有称"稻"为"亳"的。但是，这些词发音都离
不开辅音"d""t""k"和元音"a""u""o"等音素，组成的音符分别为"dao"
"tao""kau""tu"和"ku"等，其读音基本上是相通的。与此相反，印度和东南
亚国家对稻的称谓无论是在文字上还是在语音上都与我国有很大差异。例如，在
印度尼西亚和马来西亚称"稻"为"pad"或"paddy"，在印度则称其为"vrihi"
"arruz""Ourza""Shali"或"breeh"等（Oka，1988；俞履圻，1984；程侃声
和才宏伟，1993）。在印度和东南亚国家之间，这种差异也是显而易见的。说明
水稻这一作物名称在中国、印度和东南亚国家之间是相互独立的，这也支持了

水稻分散起源的观点。

当然，分散起源并不排斥水稻有主要起源地的可能。从已有研究资料分析，籼稻和粳稻这两种亚洲栽培稻类群（或亚种）的主要起源地可能不止一处。主要起源地为印度东北部以阿萨姆邦为中心的周边地区和中国长江中下游地区，这是栽培稻的两个起源中心。但是，并不排斥其他地区有类似水稻被驯化的可能。

现今生产上种植的品种类型，是经过长期人工选择和自然选择共同作用形成的产物。由于地处不同生态条件的野生稻长期适应性变异，加上人类在驯化过程中的选择取向不同，驯化形成的栽培稻自然会有很大差异。例如，广泛分布在我国（长）江淮（河）流域、东北地区，以及朝鲜和日本的粳稻，与分布在印度尼西亚的婆罗（Bulu）稻就存在显著差异。前者一般称为温带粳稻，后者称为热带粳稻。这两种粳稻在起源上的相互关系目前尚未取得统一的意见。按分散起源的观点分析，婆罗稻是否可能由我国起源的粳稻传播过去，或是由分布在东南亚海岛地区的野生稻独立驯化形成，下一章会作进一步的讨论。

## 四、水稻起源的时间推测

准确确定栽培稻的起源时间是一件相当困难的事情。因为在栽培稻与它的祖先种普通野生稻之间，尽管存在许多差异，但这些差异的出现是一个逐步积累的过程，并不存在一个明显的分界线。一般确定栽培稻的起源时间，主要是看其能否成为人类的栽培对象，并且是否表现有栽培稻的特征性状，如籽粒大小、结实率、落粒性和植硅体的形态等。

### 1. 从考古发掘推断的可能起源时间

水稻是一种栽培历史久远的作物。人类有文字出现的时间远在水稻被驯化利用以后，所以栽培稻起源时间无法依据人类文字记载来回答。水稻起源时间最有说服力的证据是从考古发掘中得到的水稻遗存和它所表现的性状特征。

迄今为止，世界各国已发掘的带有水稻遗存的古文化遗址很多。比较古老的遗址主要出现在中国、印度和泰国三个国家，其中尤以在我国发现的水稻考古遗存最多、历史最久，所以讨论水稻的起源时间应从我国入手。

我国已发现的水稻遗存种类很多，出现较多的有碳化稻谷或颖壳，陶制器皿

（多数为陶罐）上稻谷或颖壳的印纹，先人种植或收获水稻用的蚌刀、蚌镰、石刀、石镰、骨制农具等。在近30年间的出土遗址中，水稻植硅体也是被研究较多的水稻遗存之一。

到目前为止，我国水稻遗存已知最为久远的遗址有4处，它们都距今10 000年以上，分别是湖南省道县的玉蟾岩遗址、江西省万年县的仙人洞和吊桶环遗址、广东省英德市的牛栏洞遗址。其中玉蟾岩出土的碳化稻谷经张文绪和汤陵华（1996）鉴定，确认它兼具野生稻与栽培稻的籼稻和粳稻特征，为普通野生稻向栽培稻演化的原始古栽培稻。从仙人洞、吊桶环和牛栏洞出土的均为水稻植硅体。其中牛栏洞出土的植硅体尚无法区别是野生稻还是栽培稻，因此对栽培稻起源时间的研究参考意义不大。仙人洞出土的水稻植硅体，最早出现在3C1B地层，经 $^{14}C$ 测算距今1.2万—1.5万年。这一地层中，同时也发现了大量野生稻类型的植硅体。并且从这一地层向下，发现的都是野生稻类型的植硅体。与此相反，在仙人洞上层文化段距今9000—12 000年的地层中，水稻植硅体多数为栽培稻类型。在距仙人洞不远的吊桶环遗址中，发现的情况也与此类似。而在仙人洞遗址有栽培稻植硅体分布的地层中，还发掘出了用于稻谷加工的马鞍形砺石、馒头形的磨棒，以及用于收割的蚌刀和烧制得比较原始的陶器等。表明那里的先民对水稻这一谷类植物，已经开始从简单采集向有意识进行规模化种植的方向发展。

根据玉蟾岩、仙人洞和吊桶环遗址资料，可以推算到距今10 000—11 000年的新石器时代早期，长江中游一些地方栽培类型的水稻已经出现。

前面已经提到，亚洲栽培稻起源地的印度和泰国，栽培稻出现的时间分别为8500年前和8000年前。我国栽培稻的出现时间要比印度大约早2000年，比泰国早3000年左右。水稻被驯化的历程从古水稻通过印度板块漂移传至亚欧大陆开始，演变为栽培稻的过程是一个漫长的进化过程（表3-12）。这一过程中影响普通野生稻能否驯化成栽培稻的因素，除了野生稻本身的适应性变异以外，人类对它的需求和选择也起着关键性的作用。这也是导致不同地区野生稻驯化为栽培稻时间早晚差异最主要的因素。我国地处亚欧大陆东南部，有记载的人类活动可追溯到160万—200万年前的泥河湾人，而北京人和云南元谋人的活动也可追溯至50万—60万年前。从时间上说，华夏大地是地球上古人类最早的活动地区之一，所以水稻最先在这里被驯化是有其历史渊源的。

表 3-12　水稻在进化过程中经历的主要事件和出现年代

| 年代 | 与栽培稻有关的起源事件 | 参考文献 |
| --- | --- | --- |
| 6500 万年前 | 地球处于冰河期,恐龙灭绝,古水稻植物作为禾本科植物之一开始发祥 | |
| 4000 万年前 | 由于地球板块移动,印度板块与亚欧板块南端相碰接,喜马拉雅山脉开始隆起,稻属植物进入亚欧大陆 | |
| 160 万—200 万年前 | 亚洲古人类出现(泥河湾人) | |
| 50 万—60 万年前 | 北京人出现,开始用火 | 张光直,2002 |
| 8.6 万—44 万年前 | 野生稻开始分化,包括早期的籼、粳分化 | Molina et al.,2011 |
| 1.25 万年前 | 新仙女木事件(Younger Dryas)出现,地球气候变冷,水稻植硅体减少 | Zhao and Pierno,2000；Lu et al.,2002 |
| 1.0 万—1.2 万年前 | 江西省万年县仙人洞、吊桶环遗址所在地区出现早期栽培稻(依据植硅体鉴定) | 彭适凡,1998；彭适凡和周广明,2004；严文明,1989 |
| 8000—9000 年前 | 湖南澧县彭头山、八十垱遗址所在地区出现籼、粳和中间类型原始栽培稻,粒偏小 | 张文绪,1998 |
| 8200—8490 年前 | 长江中下游地区气温下降,水稻籼、粳分化加速 | 游修龄,1976 |
| 7000 年前 | 浙江省余姚市河姆渡遗址所在地区水稻栽培已成规模,始见稻作农具,水稻籼、粳具有 | 游修龄,1986,1976,1979 |
| 6000 年前 | 江苏省苏州市吴中区草鞋山遗址出土水稻被鉴定为粳稻 | Molina et al.,2011 |
| 5000—5500 年前 | 河南省仰韶文化遗址有水稻栽培,依据彩陶上的稻谷印纹鉴定为粳稻,江苏省高邮市龙虬庄遗址出现整齐水稻田 | 游修龄,1979,1993 |
| 3500 年前 | 河南殷墟出土的甲骨文中始见稻的原始文字 | 丁颖,1961 |
| 2000 年前 | 汉代文字记载中始见糯稻 | 丁颖,1961 |

2. 从地质考古和古气候学推断起源时间

前面提到,水稻被驯化为栽培植物可能与新仙女木事件(Younger Dryas,YD)有关。仙女木是寒冷气候的标志性植物,常被用来命名发生在北欧地区的寒冷事件。新仙女木事件是指发生在晚更新世(Late Pleistocene Epoch)至全新世(Holecene Epoch)之间末次冰期的最后一次寒冷事件,出现在距今大约 11 000 年,为期 1000 年左右。新仙女木事件发生期间,地球平均气温下降了 7—8℃。气候骤然变冷,地球两极和阿尔卑斯山脉、青藏高原等地冰层扩张,许多生长或生活在较高纬度的动植物大量死亡。在这种情况下,生长在热带和亚热带地区,水分条件相对较好地区的野生稻自然会引起古人类的注意,使得野生稻成为他们赖以生存的补充食物资源和重要驯化对象之一。

水稻在我国长江流域最早被驯化的事实,可从中国科学院地质和地球物理研究所，联合法国、日本和美国科学家，对我国长江口外海床沉积物的考古研究中得到证实。在长江流域，水稻叶片泡状细胞中的扇形植硅体和叶片中的哑铃形植硅体，在稻株腐烂后随江水冲刷至长江口外的海床中沉积下来。这些植硅体在沉积的土层中，从底层到表层的分布会呈现一定的年度梯度分布规律，每一层植硅体的沉积年代可由 $^{14}$C 测定得到准确的鉴定。据研究，在长江口到冲绳海沟中的沉积物中，于距今 13 900 年的沉积层中开始出现栽培稻的植硅体，但在距今 13 050—13 470 年的沉积层中突然消失，在距今 9470 年及其以后沉积层中又大量出现。这一趋势与地球古气候的变化十分吻合。16 000—20 000 年前，地球还处于更新世的末次冰期，地表气温很低而且干燥（平均气温比现在低 7—8℃）。13 000—16 000 年前，地球气候明显回暖，水分条件改善，平均气温比现在高约 2℃，为水稻的生长繁殖创造了很好的条件。11 600—12 800 年前，由于新仙女木事件，地球再次变冷，水稻生长和繁殖一度受到抑制，导致长江口海洋沉积土中水稻植硅体严重消失。之后从距今 10 500 年开始，地球又明显变暖，因此在距今 9470 年的沉积物中，水稻植硅体又大量出现。这些植硅体明显表现为栽培稻的特征。以此推算，在长江流域水稻的早期驯化在 13 000 年前就已经开始，后来地球气候一度变冷，水稻的繁殖和驯化也因此受到影响。在 10 000 年前的全新世早期，气候回暖，水稻的种植也随之得到发展，并明显表现为栽培稻的特征（Lu et al.，2002）。

从已发现的水稻遗存、古气候学和古地理学等资料分析，我国先民对野生稻的驯化活动早在 13 000 年前便已开始。但是，早期对野生稻的驯化效率很低，最早栽培的水稻可能以移植野生稻为主。在这一过程中，人类逐步学会了对其进行选择，通过改良提高生产效率。这种初期的改良和选择，对于将野生稻驯化为栽培稻是至关重要的。这段时间延续了 2000 年左右（Harlan，1975；Yang et al.，2015；Silva et al.，2015）。由此推算，栽培稻在我国的出现时间为 10 000—11 000 年前。也就是说，栽培稻与小麦、大麦在中亚的起源时间基本上是同期的。由于新仙女木事件导致全球气候的变化，人类从渔猎和采集并重，逐步向驯化、培植谷类植物和驯养禽畜的早期农业生产过渡，这也可能是水稻、小麦等谷类作物在同一时期起源的重要原因。

## 第五节　栽培稻的驯化与性状变异

史前人类早期的生活，除了渔猎以外，采集植物种子、果实也是获取食物的重要途径之一。据研究,原始人类采集的植物种类多达1000种以上(Harlan,1975)。禾本科植物的颖果由于富含淀粉、蛋白质等营养元素,是古人类采集的主要对象之一。相当一部分采集的物种伴随着人类的繁衍,被驯化成了农业生产中广泛栽培的作物,水稻便是其中之一。

## 一、驯化的外在动力因素

驯化是将野生物种转变为人类家养(家畜或家禽)或种植(作物或花卉等)物种的过程。驱使人类驯化野生物种的因素很多,主要是气候条件和人类定居方式的改变。

### 1. 气候条件的改变

人类在地球上的生存历史大约有200万年,这200万年中,气候是如何影响人类生存的已无法详细考证。但是如前所述,分别发生在11万年和12 800年前的末次冰期与新仙女木事件使地球气候发生了变化,迫使人类开拓寻找新的食物资源。人们从单纯的渔猎和采集为生的游猎生活,向进行饲养与种植的早期农牧定居生活过渡。因此,从某种意义上说,气候变化是促使人类对水稻这样的谷类植物进行驯化的直接动力。

我国地势西高东低,长江、黄河、金沙江、西江等诸多河流大川,为喜马拉雅山系隆起过程中野生稻向东传播开辟了极为便捷的通道。来自太平洋的季风气候,为长江、黄河和珠江流域提供了丰沛的雨水。古地理学和气候学研究表明,长江流域和黄河流域的南部在古代相当一段时期内气候温暖,四季分明。生活在这一地区的古人类一方面可以享用春、夏、秋季丰富的动植物资源;另一方面必须面对冬季寒冷时期食物资源不足的困难,尤其是在地球气候偏冷的年代,食物资源不足造成生存压力,迫使他们改变简单的渔猎生活,转向学习驯养动物和培植可被食用的谷类植物。在这些地区遍布水边生长的野生稻,成为他们驯化和利用的对象。一方面野生稻生长最集中的地方可能也是古人类从事渔猎活动最活跃的区域,另一方面野生稻种子成熟季节恰好是秋末冬初食物变得短缺的时间。这可能成为我国栽培稻比南亚和东南亚地区出现更早的重要原因之一(严文明,1982,1989;程侃声和才宏伟,1993;Fuller,2007;Fuller et al.,2007;Harlan,1971)。

在气候条件更为温暖的南方地区,如我国华南和东南亚国家,由于四季常绿、食物丰富，人们的生存压力就小得多。谷类植物的驯化并没有北方地区那么迫切，所以普遍生长的薯类植物更容易成为驯化对象。一般认为这一地区薯类植物被驯化的时间要早于谷类植物（严文明，1982，1989；Oka，1988）。

## 2. 人类定居方式的改变

早期人类在长期狩猎和采集生活中逐渐认识到不同地区生存条件的差异。为了补充生活资料而开始对动植物进行驯化以后，他们的生活方式也必须进行相应的改变，从过去移动渔猎变为逐渐定居。定居居所的特点一般是靠山近水、气候温和，既可上山狩猎、下河捕鱼，也可在邻近地方种植植物或养殖动物，对它们进行驯化活动。这可从近几十年来发掘的具有水稻遗存的文化遗址得到验证，这些遗址一般都分布在靠山近水的地方，而且凡是发现有水稻遗存的地方，一般也有动物或鱼类骨骼等遗存。

史前人类定居生活与动植物驯化有着密切的联系。在定居条件下，对野生动物的驯化饲养和对植物的栽培才能有效进行。从某种意义上说，早期农业发祥地与人类定居生活方式的养成有着不可分割的关系。在河姆渡、八十垱、仰韶等文化遗址有早期房屋或建筑遗存出现，便可证明这一点。在浙江省杭州市萧山区出土的距今 7000—8000 余年的跨湖桥遗址中，除了发现有稻谷、陶器、兽骨遗存外，还发现了一具独木舟和划桨等遗存，说明当时的人类已经有了交通工具，这从一个侧面反映出当时的人类已经开始过上定居生活。

## 3. 工具制作水平

在农业启蒙时期，用于农业生产活动的工具制作水平会影响到当时生产水平和对野生物种的驯化进程。从我国各地出土的新石器时代文化遗址来看，随着时代的进步，用于农作物耕作的生产工具制作水平也在不断提高。在距今 10 000 年左右的万年仙人洞、湖南玉蟾岩和广东牛栏洞等遗址中，发掘出的工具类遗存主要是磨制石器、穿孔石器、骨器和蚌器等物件，也有质地较为疏松的陶片。说明当时人类开始利用火来烧制生活中所需要的陶罐等器具。在距今 7000—8000 年的浙江河姆渡和河南贾湖遗址中，出土的生活和生产工具要丰富许多，除了石铲、石镰、骨镖、骨镞以外，还有石磨盘、石磨棒等与谷物加工有关的工具。在河姆渡遗址出土的生产工具除了石斧、石锛等，还有水田耕作用的骨耜，说明在农田耕作中已用上将兽骨与木柄组合起来的工具。从遗址中出土的大量稻谷显示了河姆渡人稻作的规模化。出土的稻谷粒型上已有籼有粳，说明当时被河姆渡人种植的水稻在驯化过程中已发生明显的籼、粳分化。在距今 5000—6000 年的新石器时代中晚期，出土这一时期的水稻遗存中，定居生活更为明显。以河南省的仰韶文化遗址为例，该遗址中不仅有当时人类居住的房屋，而且这些房屋呈现一定的结构，并与墓地配套。生产工具仍以磨制石器为主，其种类丰富，有刀、斧、锛、凿，还有与加工农产品有关的石纺轮等。出土的陶器有各种颜色，故称为彩陶。从这一时期出土的陶器来看，在新石器时代的中晚期，我国南北各地的制陶业就已很发达，陶器种类繁多，形态各异。这些陶器除了用于盛水或其他液体物品以外，还用于贮存谷物或食物，这些都是与定居生活紧密联系在一起的。在距今 5500—6000 年的江苏省草鞋山和绰墩遗址中发现了成片稻田和灌水渠道（丁金龙，2004），生产工具普遍出现了锛、镰和锄等农田耕作工具，相应种植的水稻类型也出现了明显的变化。河南省仰韶文化遗址（5000—7000 年前）出土的稻谷，从印纹粒型上判断为粳稻（柳子明，1975）。江苏省苏州市吴中区草鞋山遗址（5500—6000 年前）出土的水稻也是粳稻（丁金龙，2004）。而在浙江省嘉兴市马家浜遗址（6000 年前）出土的水稻，既有籼稻也有粳稻。以上情况说明在 5500—6000 年以前，长江中下游的先民驯化的水稻不仅有籼、粳之分，而且出现了籼稻或粳稻品种单独成片种植的趋向。说明当时我国先民对籼、粳品种的不同特性已有所认识，并在稻作生产中加以运用。

4. 杂交和分化

水稻是自花授粉作物，但其祖先种普通野生稻却有很高的异交率。据在泰国清迈的调查，普通野生稻的异交率可达 44.0%以上（Oka and Chang，1961）。野生稻不仅杂合度很高，而且通过杂种后代的分离，野生稻群体会产生明显的遗传分化。这些分化的个体间又可能发生相互杂交，使后代进一步发生分化，如此形成的分化杂交循环（differentiation hybridization cycle），可使野生稻种群内的分化逐步积累，形成遗传上十分复杂的异质群体。一般认为，发生在野生稻种群中的分化杂交循环，是通过提高异质性来适应环境变化的重要途径。表明野生稻是在自然选择压力下，不断适应环境和逐步进化的过程。

野生稻群体内在的遗传分化，为古代人类对其进行选择提供了遗传基础。人类对野生稻的驯化最早是从简单的移植开始的，他们发现移植对象不同，长出的后代亦不相同。久而久之，则会对野生稻的异质群体进行选择。选择的流程不仅十分简单，也容易获得预期的结果。例如，对早熟的个体加以选择，它的后代一般也会比较早熟，由于熟期迟早非常容易区别，其控制的遗传基因也很简单。

人类对野生稻驯化所进行的选择是有明确目标的，这一目标与自然选择的目标并不相同。野生稻在自然状态下的分化杂交循环，与驯化过程中经历的分化杂交循环在遗传机制上并无明显差异，但产生的效果则迥然不同（图 3-15）。前者表现在对环境适应性方面的改变，后者则会使野生稻的农艺性状和经济性状朝着人类所需要的方向改变（当然，被选择后代的适应性也会发生一定程度的改变）。

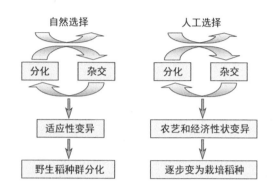

图 3-15 野生稻在不同选择方式下进化方向的差异

左图表示在自然情况下的进化过程，右图表示在驯化状况下的进化过程

## 二、驯化选择与遗传瓶颈

野生稻在被驯化为栽培稻的过程中，其生长环境会随人类的迁徙而不断发生变化。在新的环境里它们可能会发生适应性变异，人类也会不断对其选择和加工，使得原有性状随之发生深刻的变化。

### 1. 人工选择和驯化综合征

野生稻被驯化的过程是其按人类意志逐渐改良的过程。除了杂交以外，人类在驯化过程中不断进行的选择，对于野生稻向栽培稻演变的方向也起着关键性作用。

人类在驯化野生稻的过程中，需要对其多种性状进行改良，这是一个非常漫长的过程。由于性状不同，其遗传机制亦不相同。对于遗传上比较简单的性状，如芒的有无和长短、落粒性的强弱等，通过为数不多世代的选择，就可以在后代中固定下来，使得被选择群体与原始群体产生区别，形成分裂选择（disruptive selection）的遗传效应。将被选择群体从野生群体中分离出来，这对于缺乏遗传知识的古人类来说，短时期内是很难做到的。

对于遗传上比较复杂的性状，对其进行改良更为困难。以食用的稻谷为例，稻谷收获的多少直接关系到人类的生存，所以收获量会在选择中成为最重要的目标性状之一。另外，稻谷本身是水稻的种子，与种子有关的性状如穗型大小、结实率高低和种子大小等都是复杂性状，它们在遗传上受到多个基因的控制，需要经过许多世代的选择才有可能被固定。因此，水稻被驯化是一个漫长的过程。在驯化起始阶段，由于当时人类对性状遗传缺乏了解，对它们的改良效率十分低下。通过反复实践，人们逐步认识水稻性状的遗传特点以后，改良效率才慢慢提高。在植物驯化过程中，野生植物经过不断加工和选择，相关性状发生改变的同时，其他性状也随之发生改变，产生适应性综合征（adaption syndrome），也称驯化综合征（domestication syndrome）（Harlan，1975）。据研究，人类在驯化作物过程中，对不同性状的选择和改良会形成不同的驯化综合征（表 3-13），水稻亦不例外。

表 3-13　禾谷类植物在以收获种子为选择压时产生的驯化综合征

| 选择方向 | 技术措施 | 适应性性状 |
| --- | --- | --- |
| 收获种子 | 提高种子收获率 | 1）不落粒 |
| | | 2）形成有限生长习性，大株作物侧枝减少（如玉米），小株作物分蘖整齐度提高（如水稻） |
| | 增加种子产量 | 1）结实率提高 |
| | | 2）不孕小花减少，育性提高 |
| | | 3）花序增大，小花数增加 |
| 提高种苗竞争力 | 提高种苗生活力 | 1）种子增大 |
| | | 2）蛋白质含量减少，碳水化合物含量增加 |
| | 提高发芽速率 | 1）减少或丧失发芽抑制物质 |
| | | 2）减少颖片或其他附属结构数量 |
| 与耕作管理相关的选择压力导致杂草小种的形成 | | 1）形成与栽培种竞争生长的能力 |
| | | 2）保留野生种的落粒性 |

注：根据 Harlan（1975）资料整理

## 2. 遗传渐渗

水稻在驯化过程中，通过人工选择，可以改变被选择性状相关基因在群体中的频率，也可以使某些基因选择性淘汰，从而使被选择群体后代的性状发生改变。由于人工选择有明确目标，如为了增加稻谷的收获量，穗型较大或结实率更高的个体自然会成为被选择的目标，在选择压的影响下，通过分化杂交和选择的综合作用，野生稻群体便会在遗传渐渗（genetic introgression）的作用下逐渐向穗型增大和结实率提高的方向演变，其他性状在驯化过程中的变化也与之类似。除水稻以外的其他栽培植物在驯化过程中也会经历复杂的遗传渐渗过程。从某种程度上说，野生物种被驯化的过程是这些物种在人类干预下通过遗传渐渗被逐步改良的过程。

需要指出的是，在野生稻被驯化的过程中，所产生的遗传渐渗与现代回交育种中的遗传渐渗存在着本质上的差异。现代回交育种的遗传渐渗一般只涉及两个或少数几个亲本品种之间的杂交和回交，遗传渐渗也只涉及这些亲本间有限基因的累积或叠加的过程。在野生稻被驯化的过程中，由于不同种群间存在的变异可能很多，驯化选择过程中所经历的分化杂交可以反复进行，通过遗传渐渗和定向选择累积的基因必然很多。从栽培稻的野生祖先变成初期的驯化植株（incipient domestication plant），再变成栽培种（cultigen），是一个逐步递进的过程。正因为如此，栽培稻与其野生祖先种之间的遗传差异一般不会表现在少数基因上，它们之间的性状差异涉及的基因会很多。

### 3. 遗传瓶颈

在驯化过程中，人类对野生稻群体内已有变异首先进行了选择，野生稻基因库被保留下来的只能是野生稻群体的一部分。每选择一次，被选择群体内的变异就被淘汰一批。如此反复进行选择，原有野生稻群体中存在的丰富变异就有相当部分会被淘汰。不仅原始群体的基因频率会发生很大改变，而且许多基因会在被选择群体后代中丢失，形成遗传冲刷（genetic erosion）。这种在驯化过程中由于选择造成后代的遗传多样性因基因流失而降低的现象称为遗传瓶颈（genetic bottleneck）。遗传瓶颈的宽窄取决于三方面因素：一是驯化中被选择的个体数量，选择保留的个体数越少，丧失的变异越多。二是驯化选择时间的长短，选择时间越长，丧失的变异越多。三是被选择的性状所涉及的基因的性质，一般来说，遗传上中性基因被淘汰的概率较低，选择后会引起显著表型变异的基因，被选择的机会则会相应增加，其多样性也容易被削弱。

受遗传瓶颈的影响，被人类驯化的栽培稻品种，遗传多样性一般会明显低于其野生祖先种。不同地区驯化的栽培稻品种，由于驯化早期经历的选择强度和时间不同，它们所保留的遗传变异的丰度也会有很多差异。

### 三、关键性状与基因的驯化

在水稻被驯化的过程中，被选择的性状很多，其中有些是栽培稻形成中很关键的性状，它们可能是人类在驯化野生稻时最早受到关注的性状，其中最主要的有以下几种。

#### 1. 落粒性

野生稻是很易落粒的。一般在开花后灌浆过程中，种子在没有完全成熟以前，如果遇到振动或外力扰动便会脱落。落粒性强不仅会减少可以采集的稻谷数量，也会影响稻谷的饱满度。因此，作为谷类作物的水稻，其落粒性可能是驯化过程中首先受到关注和改良的性状。

目前，生产上广泛应用的栽培品种是不易落粒的，可保证稻谷正常安全成熟并收获归仓。但是，不同品种之间落粒性强弱仍有很大差异。籼稻品种的落粒性比粳稻品种要强一些，这与不同品种稻谷基部离层（abscission layer）细胞的发育程度不同有关。在遗传上落粒性受两种基因的控制，分别为 *sh4* 和 *qsh1*。*sh4* 基因存在于普通野生稻之中，赋予野生稻易落粒的特性。在栽培稻中，该基因的等位变异使落粒性显著降低，因而形成不易落粒的特性（Li et al.，2006）。*qsh1* 是另一个与落粒性形成有关的基因，它是从籼稻与粳稻的杂交后代中发现的（Konishi et al.，2006）。这两个基因均相继被克隆和功能解析（Zhang et al.，2009）。

但是，在不易落粒的栽培稻品种农垦 57 号中，曾发现该品种与一个小粒突变体杂交后，在杂合状态下出现很强落粒性的现象（朱立宏和顾铭洪，1979）。在非洲巴蒂野生稻（*O. barthii*）中，从两个易落粒的不同个体的杂交后代中也曾发现有不落粒分离个体的出现（Oka，1988）。说明在水稻中，存在着通过不同等位基因间的互作来影响落粒性差异的现象。

#### 2. 休眠特性

休眠是指种子成熟以后，在水分、温度适宜的条件下不发芽的现象。野生稻种子一般都具有明显的休眠特性，这是对环境变化的一种适应性性状。由于休眠特性的存在，野生稻种子秋天成熟以后，掉落在田间，即使在水分充足的环境下也不会发芽，有利于抵御冬天不利的环境和气候条件，至第二年春天气温回升后再发芽生长，繁衍后代。

由于野生稻种子具有休眠的特性，它的发芽整齐度很不一致。自然情况下越冬以后，野生稻种子发芽可早可迟，前后时间相差可达一个月以上。与其相反，栽培稻种子没有很强的休眠特性。尤其是长江流域及其以北的粳稻品种，一般种子成熟以后遇到适宜的环境便可发芽，这是人工长期选择的结果。发芽整齐有利于秧苗的生长，并根据秧苗的生长节律有目的地实施不同的田间管理措施，以获取最优的产量和经济效益。

水稻种子的休眠是由母体基因型、胚基因型和环境因子共同决定的。Lin 等（1998）利用粳稻品种日本晴和籼稻品种 Kasalath 的回交近交系群体（$BC_1F_5$）定位到 5 个控制休眠的数量性状基因座（quantitative trait locus，QTL），分别位于第3、5、7 和 8 号染色体上。Zhou 等（2017）利用来源于中国连云港的穞稻和籼稻的回交群体及高代回交群体共定位到 12 个种子休眠相关 QTL，其中 9 个与其他报道位置相似。

植物激素是调控种子休眠的重要因子，其中赤霉素（gibberellin，GA）和脱落酸（abscisic acid，ABA）是两种最主要的激素。*Sdr4* 是第一个在水稻中克隆的控制种子休眠性的基因，受 *OsVP1*（拟南芥 ABA 相应转录因子 *ABI3* 的同源基因）调控（Sugimoto et al.，2010）。

3. 出穗期

出穗期的迟早除了与播种日期有关以外，对品种生育期的长短也起着很重要的作用，水稻不同品种之间在这一性状上存在着很大的差异。生育期较短的早熟品种从播种到出穗仅 70 天左右，而生育期长的晚熟品种从播种到出穗在 120 天以上。

水稻的出穗期是由它的感光性、感温性和基本营养生长性三者共同决定的。感光性是指水稻生长期间对日照长度的感应特性，感温性和基本营养生长性的强弱对出穗期的早迟也有很大的影响，但对出穗期影响最大的是感光性的有无和强弱。

水稻感光性的本质是水稻发育进程中对短日照的感应性。普通野生稻由于分布在赤道两侧低纬度的热带和亚热带地区，这一地区的夏季日照时数相对于较高纬度地区一般较少。例如，在我国海南省海口市，水稻生长季内从 3 月到 10 月的日照时数都在 13.5h 以内，而在黑龙江省黑河市，水稻生长季内多数月份都在 14h 以上，其中 6 月的日照时数在 16h 以上（表 3-14）。因此，普通野生稻是一种典型的短日照植物，通过光周期发育，一般需要不长于 13.5h 的日照时数，否则出穗会明显延迟，甚至不能出穗（吴光南和仲肇康，1957）。

表3-14　我国不同地区水稻生长季内日照时数的变化

| 纬度（N） | 代表性地点 | 日期 | 月份 | | | | | | | |
|---|---|---|---|---|---|---|---|---|---|---|
| | | | 3月 | 4月 | 5月 | 6月 | 7月 | 8月 | 9月 | 10月 |
| 50° | 黑河 | 1日 | 10:58 | 12:55 | 14:41 | 16:04 | 16:18 | 15:14 | 13:31 | 11:39 |
| | | 13日 | 11:42 | 13:38 | 15:19 | 16:20 | 16:01 | 14:37 | 12:47 | 10:56 |
| | | 25日 | 12:28 | 14:21 | 15:50 | 16:21 | 15:34 | 13:55 | 12:02 | 10:12 |
| 40° | 北京 | 1日 | 11:18 | 12:39 | 13:54 | 14:49 | 14:58 | 14:16 | 13:05 | 11:47 |
| | | 13日 | 11:50 | 13:10 | 14:19 | 15:00 | 14:47 | 13:51 | 12:34 | 11:16 |
| | | 25日 | 12:21 | 13:40 | 14:40 | 15:01 | 14:29 | 13:22 | 12:03 | 10:46 |
| 35° | 开封 | 1日 | 11:26 | 12:34 | 13:35 | 14:21 | 14:29 | 13:54 | 12:55 | 11:50 |
| | | 13日 | 11:52 | 13:00 | 13:57 | 14:30 | 14:19 | 13:33 | 12:29 | 11:24 |
| | | 25日 | 12:19 | 13:24 | 14:14 | 14:31 | 14:05 | 13:09 | 12:03 | 11:00 |
| 30° | 绍兴 | 1日 | 11:33 | 12:29 | 13:20 | 13:57 | 14:03 | 13:34 | 12:46 | 11:53 |
| | | 13日 | 11:54 | 12:50 | 13:37 | 14:04 | 13:55 | 13:17 | 12:25 | 11:32 |
| | | 25日 | 12:16 | 13:10 | 13:50 | 14:05 | 13:43 | 12:58 | 12:03 | 11:11 |
| 25° | 昆明 | 1日 | 11:39 | 12:24 | 13:05 | 13:35 | 13:40 | 13:18 | 12:38 | 11:55 |
| | | 13日 | 11:56 | 12:42 | 13:19 | 13:40 | 13:35 | 13:04 | 12:22 | 11:38 |
| | | 25日 | 12:14 | 12:58 | 13:30 | 13:41 | 13:25 | 12:48 | 12:04 | 11:22 |
| 20° | 海口 | 1日 | 11:45 | 12:20 | 12:52 | 13:16 | 13:19 | 13:02 | 12:32 | 11:57 |
| | | 13日 | 11:59 | 12:34 | 13:03 | 13:20 | 13:15 | 12:51 | 12:18 | 11:44 |
| | | 25日 | 12:12 | 12:46 | 13:12 | 13:21 | 13:07 | 12:38 | 12:05 | 11:32 |

注：根据丁颖（1961）资料整理。表中数字是太阳上部边缘自东方地平线出现，到没入西方地平线历经的时间。如果将早晚微亮（相当于天空一等星能见的亮度）的时间计算在内，则大约要增加1h

由于普通野生稻对日照长度很敏感，因而一般在秋天日照长度明显缩短时才能出穗。因此，在驯化过程中降低其对日照长度的敏感程度，成为提早出穗和成熟的关键。在水稻从南方向北方扩展时，必须改变原有对日照长度敏感的特性。因为在北半球纬度愈高，有效生长季愈短（图3-16）。

研究表明，水稻对日照长度的敏感性这一性状受多个基因控制，其中关键的成花素由 Hd3 和 RFT1 基因控制（Komiya et al.，2008）。在短日照下 Hd3 负责合成成花素，而在长日照下成花素则由 RFT1 合成。在水稻中主要存在两条调控成花素合成的途径：一条是与拟南芥同源的 *OsGI-Hd1-Hd3a* 途径，另一条是水稻独有的 *Ghd7-Ehd1-RFT1* 途径。另外，组蛋白修饰等对这两个途径中的一些基因也具有表观调控作用（Sun et al.，2014）。

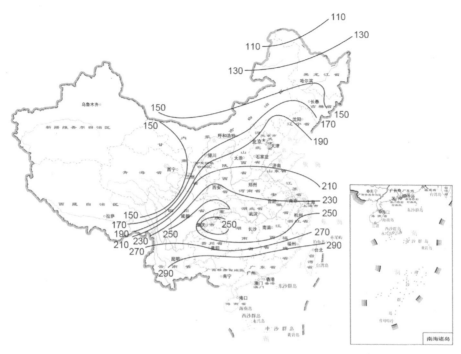

图 3-16 我国不同地区粳稻生长季天数分布图（丁颖，1961）

### 4. 自交百分率

栽培稻与其祖先种普通野生稻很重要的一个差异是繁殖方式不同。栽培稻是一种自花授粉作物，其异交率一般在 1%以内，而野生稻是一种常异花授粉植物，多年生野生稻的异交率一般在 40%以上，一年生野生稻的异交率比多年生野生稻稍低，但异交率一般也超过 10%（Oka，1988）。在性状上与异交率高相适应的表现为，野生稻的柱头明显比栽培稻大，开花时柱头外露显著，花药也较大。

在水稻被驯化的过程中如何将野生稻的异花授粉改变为自花授粉，至今还是个谜。可能的原因之一是自花授粉百分率的提高与结实性状的改良有关。例如，落粒性的降低有利于种子饱满度的提高，水稻在开花后两周，种子便具备发芽能力，但此时脱落的种子不够饱满。在水稻被驯化的过程中，自交促进了基因的纯合，增加了群体中遗传上被固定的变异。在人工选择的作用下，表现为自交衰退的个体逐渐被淘汰，而结实性提高的个体被保留了下来。通过如此循环选择，在自交结实率提高的同时，还获得了结实性能得到显著改善的栽培稻类型。

结实性状的改良对于水稻演变成真正具有栽培价值的粮食作物具有决定性的意义。从1万多年前水稻开始被驯化时代的气候条件来看，补充食物不足是人类驯化水稻最为重要的动机之一。

水稻结实性状的驯化和改良涉及的问题很多，有些与形态性状有关，如粒型的大小、着粒的密度等；有些与生理性状有关，如出穗后光合作用产物向穗部输送和贮存能力等；有些则直接与育性性状有关，如是否有不育基因或亲和性基因影响育性水平的提高等。由于这些性状遗传上都比较复杂，驯化、改良的效率却是很低的。但在自交性能提高的情况下，与这些性状相关的基因的固定速度显著加快，因而选择的效率也会得到相应提高。因此，水稻被驯化的过程是一个极为缓慢、逐渐探索的过程。

5. 芒性

野生稻虽然粒型较小，但都是有芒的。芒是野生稻对自然环境的适应性状之一，它的存在一方面有利于野生稻种子的传播，另一方面可减少鸟、鼠等野生动物对种子的危害。在水稻被驯化的过程中，芒的存在逐渐失去了意义，并且在稻谷收获和加工过程中，常给人类的活动带来诸多不便，如刺痛皮肤和增加加工残余物等，因而芒是在人类对水稻驯化过程中逐渐被淘汰的性状之一。

芒是一种受显性基因控制的遗传性状，因而选择的效率一般都比较高。目前商业化水稻品种中已很少见到有芒的品种，但在地方品种资源中，有芒类型还非常普遍，尤其在粳型地方品种中，有芒品种出现的频率很高。

以上是水稻驯化过程中被改良的一些主要性状。除了这些性状，实际被改良的性状还非常多，如稻米的品质、株型相关的性状、对病虫害的抗性、对旱地或深水环境的适应性等。由于涉及的性状很多，不同性状的遗传特点也不相同，在这里不再一一赘述。

四、杂草稻

杂草稻是指伴生在栽培稻田间或邻近沟渠或塘边的野生或半野生型水稻。它们并非真正意义的野生稻，却具有野生稻的一些特征或特性，如不用播种，可以在自然状态下自行发芽、生长；具有明显的落粒性，种子在成熟时会自然脱落，掉入田间或沟渠中；种子具有明显的休眠特性，故落入田间后当年不会发芽，至第二年休眠特性解除后始能发芽，但发芽时间极不整齐统一（Gu et al.，2005）。

1. 杂草稻的种类

杂草稻的分布范围很广，几乎在有水稻栽培的地方都有杂草稻。例如，南亚的斯里兰卡、印度、尼泊尔到东南亚的泰国、缅甸、越南，东北亚的韩国、朝鲜和日本等都有杂草稻出现。美国虽然远离栽培稻的发源地，也不可能有野生稻分布，但是却有杂草稻分布。这些杂草稻由于果皮呈红色，因而在美国一般都称之为红米稻（red rice）。其实，许多杂草稻都有果皮红色的特征，但也有些杂草稻的果皮并不表现为红色，这与它们的基因型有关（Ziska et al.，2015）。

由于杂草稻分布范围很广，不同地区的杂草稻可能有不同的来源，它们的遗传特性也不尽相同。从已有的研究资料分析，常见的杂草稻主要有两类：一类是由普通野生稻与栽培稻杂交衍生形成的，另一类是由栽培稻脱驯化形成的。

由普通野生稻与栽培稻杂交形成的杂草稻，在印度奥里萨邦的杰普尔地区和泰国水稻产区最为常见。在相当多的文献中，常用 *Oryza sativa* f. *spontanea* 或自然野生稻来代表这类杂草稻（Chang，1976）。这类杂草稻一般只存在于有普通野生稻分布的地区。而由栽培稻脱驯化（de-domestication）形成的杂草稻的分布范围很广。研究表明，这类杂草稻的形成与近年来直播技术的应用和推广有着密切的关系（Cao et al.，2006；Song et al.，2015；Gu et al.，2003）。在直播栽培条件下，由于杂草清除不彻底，相对于传统的移栽栽培，田间管理相对比较粗放，收获时常有水稻种子遗落在田间，埋入土层后部分种子会正常越冬，逐渐退化形成杂草稻。一般来说，由于籼稻种子很多具有休眠特性，因而在有籼稻栽培的地方，这类杂草稻更易发生（Song et al.，2015）。这种杂草稻的生长姿态与栽培稻往往很接近，但易落粒，种子具有明显的休眠特征，一般比栽培品种早熟，种子发芽不整齐，苗期生长速度较快。对于这一类杂草稻应该用何种学名来代表，目前尚比较混乱。Cao 等（2006）和 Song 等（2015）仍用 *O. sativa* f. *spontanea* 来表示，但在 Shivrain 等（2010）的报道中则以 *Oryza sativa* 来表示。由于这一类杂草稻与前一类杂草稻在起源上存在着明显差异，形态特征上也有诸多不同，如何处理这两类杂草稻在学名应用上的分歧，仍有待进一步研究和讨论。

2. 杂草稻的遗传分化

由于杂草稻多数与栽培稻同域分布，因而在遗传上不可避免地与所在地区的栽培稻有着密切的联系。对杂草稻不同种群内部遗传分化的了解，不仅可为研究杂草稻的起源提供直接的依据，也可为了解杂草稻的变异规律和进一步探索相应的防治措施提供可靠的依据。因此，有关杂草稻种群遗传特点的研究近年来已受到越来越多的关注。

阿肯色州是美国最主要的水稻生产地区之一，该州 60% 的稻田都受到红米杂草稻（weedy red rice）的危害。据 Shivrain 等（2010）研究，这些杂草稻的不同类群之间存在着明显的遗传分化，表现在用简单序列重复（simple sequence repeat，SSR，又称微卫星）标记鉴定时，不同种群之间的遗传距离（genetic distance，GD）存在着明显的差异。据他们测定，37 个栽培稻品种间的遗传距离平均为 0.26，而 137 个杂草稻间的遗传距离平均为 0.70，最大的达 0.80，杂草稻间的遗传距离明显高于栽培稻品种间的遗传距离，表明它们之间的遗传分化远远高于栽培稻品种之间的遗传分化水平。在被调查的杂草稻中，大约有 1/4 可被检测到与当地栽培稻有相同的等位基因。推测在杂草稻与栽培稻之间存在着明显的遗传渐渗现象。

为进一步研究杂草稻与栽培稻之间，以及不同地区杂草稻种群之间的遗传联系，Cao 等（2006）及 Song 等（2015）收集了我国东北辽宁省和长江流域的不同杂草稻种群，并以本地栽培稻及来源于国内外不同地区的野生稻和栽培稻主栽品种为研究对象，以 20 种 SSR 分子标记分别对它们进行了检测，计算了它们之间的遗传距离，并进行了聚类分析。研究表明，同一地区的不同杂草稻种群之间的遗传距离明显小于这些杂草稻与当地栽培稻之间的遗传距离，杂草稻与本地栽培稻之间的遗传距离小于杂草稻与异地和国外栽培稻之间的遗传距离，而杂草稻与栽培稻之间的遗传距离又小于它们与普通野生稻之间的遗传距离。这说明这些被研究的杂草稻从起源上讲的确与栽培稻品种退化有关。不同地区的杂草稻的遗传分化水平也存在着明显的差异。一般来说，在初期出现的杂草稻的遗传分化水平不会很高，而经过较长世代衍生的杂草稻的遗传分化水平就会明显提高。例如，1985 年在东港采集的杂草稻的遗传分化度（He）仅为 0.011，而 2001 年在盘山采集的杂草稻的遗传分化度达 0.380，后者比前者高出近 34 倍。说明杂草稻在生长繁衍过程中，不仅本身在不断地分化，其与周边栽培稻和其他杂草稻之间也会通过杂交和渐渗产生基因的交流和重组。

　　Li 等（2017）对美国两种类型 38 个杂草稻株系进行了全基因组序列测定，结合已经发表的 145 个水稻基因组序列，对这些杂草稻株系的起源和适应性进行了分析，推测栽培稻品种的脱驯化是产生这些杂草稻的主要原因。Qiu 等（2017）也对来源于中国 4 个代表性稻区的 155 份杂草稻和 76 个当地栽培稻品种进行了测序分析，明确这些杂草稻是独立由栽培稻品种脱驯化形成的。Sun 等（2019）利用高通量测序组装了杂草稻 WR04-6 的高质量序列图谱，通过野生稻和已有水稻参考基因组序列比较及其群体分析，推断杂草稻由栽培稻拟驯化（semi-domestication）而来。

# 第四章　栽培稻的分化和传播

水稻被驯化栽培以后，随着社会的发展，作为谷类作物在满足人类需求中发挥的作用逐渐被认识，种植范围也在不断扩大。如今水稻已经成为全球最重要的粮食作物之一，其种植范围覆盖了亚洲的主要国家，并在非洲、美洲、大洋洲和其他大陆大面积栽培。

经过人类长期选育和栽培，在不同地理、气候条件的影响下，不同地区栽培的水稻发生了深刻分化，形成了数以万计的品种或类型。因此，准确认识水稻在栽培和利用过程中的分化规律，解析其与自然环境之间的相互关系，对于培育更加满足人类需求的优良品种具有十分重要的意义。

在栽培稻中，由于非洲栽培稻（*O. glaberrima*）的栽培地区比较局限，品种变异也远比亚洲栽培稻简单，因而本章介绍的主要是亚洲栽培稻。

## 第一节　栽培稻的分化

栽培稻的分化一方面源于水稻本身的多态性和变异能力，另一方面与不同地区地理、气候和水分条件，以及当地人群对它的选择有着密切的联系。通过以上两方面因素的综合作用，栽培稻的分化呈现明显的类群变化特征。

### 一、籼、粳的分化

栽培稻中籼稻与粳稻的分化是最深层次的分化。籼、粳分化在野生稻中已经开始，但由于野生稻主要分布在热带和亚热带地区，加上没有人工选择的介入，因而野生稻中籼、粳分化只停留在初级阶段，是不彻底的类群分化。与此相反，栽培稻的籼、粳分化则表现得非常明显。

1. 籼、粳分化的年代

从文字上考证，我国早在《诗经》的《周颂·丰年》中便有"稻"字的记载。诗文中说："丰年多黍多稌，亦有高廪。万亿及秭，为酒为醴，烝畀祖妣，以洽百礼，降福孔皆。"文中的"稌"指的就是"稻"，意即在丰收之年，收获的小米和稻谷，堆积起高高的粮仓，成万上亿，酿成清酒和甜酒，供奉先祖，期待先祖保佑，普降福禄，吉泰安祥。《周颂·丰年》写于周代，这说明在 3000 余年以前，水稻在黄河流域已大面积栽培。但这些水稻属于何种类型，从文字上还无法分辨。到 1900 多年前的汉代，在许慎著的《说文解字》一书中，籼稻和粳稻已明确区分开来。当时将籼写作"秈"或"穛"，粳写作"秔"或"稉"，并明确将前者表示为不粘者，后者为粘者（丁颖，1961）。其实，文字表达上的籼与粳的差别，只是对当时农业生产中两种不同类型水稻的表述而已。在我国可以追踪的水稻种植史上，籼与粳的区分早在新石器时代便已出现。根据对水稻出土遗址的考证，从浙江河姆渡出土距今约 7000 年的稻谷粒型判断，当时那里栽培的稻谷是籼型的（游修龄，1976，1993）。但从稻谷稃面双峰乳突的形态分析，有些稻谷又呈现出粳稻的特征（张文绪和汤陵华，1996），说明当时在河姆渡地区种植的水稻是一种籼、粳混合，或籼、粳分化不够彻底的古老栽培稻群体。在苏州市郊草鞋山遗址出土的距今 6000 余年的稻谷，也是籼、粳皆有，以粳为主。而出土的距今 5000 年左右的水稻已有明确的籼、粳之分，并且同一遗址出土的稻谷基本表现为同一种类型。例如，在江苏昆山绰墩和无锡仙蠡墩出土的稻谷基本为粳稻，而与之相近时期在湖南唐家港出土的水稻则为籼稻（张文绪和汤陵华，1996；汤圣祥，1996）。

以上籼、粳分化的现象，在江苏省高邮市龙虬庄遗址出土的稻谷中可以得到更加清晰的印证。1993—1995 年，由南京博物院牵头完成的龙虬庄遗址考古发掘中，发现在不同文化层中出土的稻谷，在粒型大小、长宽比等性状方面表现出明显的差异。在距今 6300—7000 年埋藏较深的文化层中出土的稻谷粒型明显较小，而在 5500—6300 年前埋藏较浅的文化层中出土的稻谷粒型较大，已接近当今栽培稻品种的水平（表 4-1）。籽粒长宽比为 2.03—2.31，基本上在粳稻的变化范围之内。稃面双峰乳突在双峰距、垭深度、距深比和峰角度等性状上，呈现出类似籼稻、粳稻或籼粳中间类型的变化。说明当地在 5500 年前种植的栽培稻，已经涉及从籼粳中间类型到粳型，并且正在向粳型方向演化（汤陵华等，1996；张文绪和汤陵华，1996）。综合以上结果可以看出，5000—7000 年前是栽培稻通过人工选择，逐渐分化成籼稻和粳稻的关键时期。说明早在 5000 年以前，籼稻与粳稻对不同气候和地域条件适应性的差异，已逐渐被我国古代的稻农所认识，并逐渐形成粳稻向北推进、籼稻向南方发展的局面。俞履圻（1991）认为，粳稻起源于我国云南南部山区的陆稻（即旱稻）。原因是粳稻比较耐旱和耐冷，与旱稻相似。其实凉爽、干旱的环境在长江中下游地区也广泛存在，而且从长江流域向北，随着纬度升高，气候越来越冷，雨水也越来越少。因此，栽培稻在向北推进的过程中演化为粳稻的生态条件是完全具备的。

表 4-1　龙虬庄出土稻谷与当地农家品种粒型比较（汤陵华等，1996）

| 类别 | 出土土层或品种* | 长宽比 | （长×宽）1/2 | （长×宽×厚）1/3 |
|---|---|---|---|---|
| 出土稻谷 | 第 4 层 | 2.31 | 3.35 | 2.97 |
| | 第 6 层 | 2.03 | 3.22 | 2.57 |
| | 第 7 层 | 2.07 | 3.29 | 2.64 |
| | 第 8 层 | 2.19 | 3.28 | 2.61 |
| 地方品种 | 矮黄种 | 1.94 | 3.96 | 3.00 |
| | 长颈骨糯 | 1.82 | 3.78 | 3.01 |
| | 黑种 | 1.78 | 3.91 | 3.06 |
| | 麻雀青 | 2.07 | 3.91 | 2.88 |
| | 黄种 | 1.96 | 3.88 | 2.98 |

\* 经 $^{14}$C 测定，第 4—6 出土层为 5500—6300 年前的稻谷，第 7—8 出土层为 6300—7000 年前的稻谷

### 2. 籼稻与粳稻之间的差异

籼稻与粳稻之间的差异是多方面的，有些表现在形态性状上，有些则表现在生理性状上。它们之间相互交叉的现象也经常发生，特别是在自然环境比较复杂地区生长的水稻品种，以及通过籼、粳杂交育成的品种，常常出现这种现象。这两种水稻栽培类型之间的差异概括表述于表 4-2。

表 4-2　籼稻与粳稻品种之间性状的差异

| 编号 | 性状 | 籼稻品种 | 粳稻品种 |
|---|---|---|---|
| 1 | 籽粒 | 一般偏细长，但亦有短圆类型 | 一般较短圆，粒较厚，亦有长粒类型 |
| 2 | 稃毛 | 较短而排列稀 | 一般较长而密，尤以在内稃、外稃顶部更为明显，但也有光稃类型 |
| 3 | 芒 | 一般无芒 | 常有芒，但改良品种多数无芒 |
| 4 | 叶片 | 一般较宽而薄，色偏淡 | 一般较窄，叶较厚，色偏深 |
| 5 | 叶毛 | 有毛，且较多 | 毛较少，也有光叶类型 |
| 6 | 穗着粒密度 | 较稀 | 较密，有些品种很密 |
| 7 | 茎秆强度 | 较软，茎壁偏薄 | 较硬，茎壁较厚 |
| 8 | 分蘖 | 较多，晚生分蘖常不成穗 | 分蘖较少，成穗率较高 |
| 9 | 落粒性 | 一般较易落粒 | 不易落粒 |
| 10 | 幼苗耐冷性 | 不耐冷 | 耐冷性较强 |
| 11 | 耐热性 | 较耐热 | 不耐热，尤其在灌浆期更明显 |
| 12 | 胚乳淀粉 | 直链淀粉含量一般较高 | 直链淀粉含量较低 |
| 13 | 酚反应 | 一般有反应，呈深褐色 | 一般无反应 |
| 14 | 氯酸钾抗性 | 一般不抗 | 较抗 |

　　如果对表 4-2 中列出的籼稻与粳稻间表现有差异的性状进行分析，不难发现，大部分性状的差异都具有相对性，有些性状还存在重叠和交叉现象。因此，单凭某一性状的表现对籼、粳品种进行区分，不可避免会发生误判的现象。以粒型为例，虽然一般籼稻品种以细长粒型较为常见，粳稻品种的籽粒较为短圆，但在籼稻中也有粒型短圆的品种。例如，在 20 世纪 60 年代从早籼矮脚南特号中选育出的团粒矮，以及广东省农业科学院通过广场矮 3784 与陆财号杂交育成的早籼品种广陆矮 4 号，都曾在生产上大面积推广过，这两个籼稻品种的粒型都属于短圆类型。与之相反，粳稻品种也不乏长粒的类型。我国古老的农家品种三粒寸，其粒型细长，但它却是典型的粳型品种。已有的研究表明，用于判断籼、粳类别的性状中，准确率相对较高的几个性状分别为氯酸钾抗性、稃毛长度和对冷害的抵御能力等（Oka，1988）。程侃声等（1985）通过研究，发现 6 个性状与籼、粳分化相关，它们是籽粒稃毛长度和密度、酚反应的有无、稻穗第 1-2 穗节长度、抽穗时颖壳的颜色、叶毛的多少和籽粒长宽比，并将 6 个性状的分值进行加权平均，可以比较准确地对被测品种的籼、粳属性进行划分。这一方案经过修订，对每个性状的评价标准列于表 4-3。

表 4-3　籼、粳鉴别性状的级别与评分

| 项目 | 等级及评分 | | | | |
|---|---|---|---|---|---|
| | 0 | 1 | 2 | 3 | 4 |
| 稃毛 | 短、齐、硬、直、匀 | 硬，稍齐，稍长 | 中或较长，不太齐，略软或仅有疣状突起 | 长、稍软，欠齐或不齐 | 长、乱、软 |
| 酚反应 | 黑色 | 灰黑色或褐黑色 | 灰色 | 边及棱微染 | 不染 |
| 稻穗第 1—2 穗节长度 | <2cm | 2.1—2.5cm | 2.6—3.0cm | 3.1—3.5cm | >3.5cm |
| 抽穗时颖壳的颜色 | 绿白色 | 白绿色 | 黄绿色 | 浅绿色 | 绿色 |
| 叶毛 | 甚多 | 多 | 中 | 少 | 无 |
| 籽粒长宽比 | >3.5 | 3.1—3.5 | 2.6—3.0 | 2.1—2.5 | <2.0 |

注：根据程侃声和才宏伟（1993）整理，各项之和，分值在 0—8 的为籼，9—13 为偏籼，14—17 为偏粳，18—24 为粳

　　以上由程侃声等提出的利用几个性状结合起来对籼、粳进行鉴别的方法，一般简称为程氏指数法。除了这一方法，Oka 和 Morishima（1982）也提出过类似的方法。他们所鉴别的性状除了稃毛、籽粒长宽比以外，还包括对氯酸钾的抗性、抗旱性、耐冷性、胚乳在氢氧化钾溶液中的扩散度等。由于这些性状的测定需要一定的设备和药品，花费时间较长，调查的复杂性和难度明显比程氏指数法大。

## 二、籼、粳分化与起源之间的关系

第三章在讨论栽培稻起源时，已经提及在籼、粳起源上存在不同观点的问题。这至少包括两个方面：首先，最先被驯化的水稻是籼稻还是粳稻？其次，不同地区栽培的籼稻或粳稻是同一起源还是不同起源？要准确回答这两个问题非常困难，因为水稻栽培的历史十分悠久，地域又很宽广，从野生稻被驯化成现在的栽培稻，其间经历的变化也很复杂。

探究栽培稻籼、粳分化过程及其与起源地之间的关系，不可避免地会涉及水稻是单元起源还是多元起源的问题。

### 1. 基于单元起源假说的籼、粳分化

丁颖根据籼稻和粳稻生育期对温光反应的差异，结合在地理分布上南方多为籼稻、北方多为粳稻，云贵高原不同海拔地区籼、粳品种的规律性分布，以及我国普通野生稻主要分布于南方省份等特点，认为最早由野生稻驯化形成的栽培稻是籼稻。并将籼稻定为栽培稻的基本型，而粳稻是栽培稻从长江流域向北（高纬度）或从低海拔地区向高海拔地区推广过程中发生的适应性变异，经人工选择形成的适宜在凉爽气候条件下生长的变异类型。也就是说，从起源上讲，籼稻与粳稻是由同一种野生稻分化产生的，是单元的。栽培稻的籼、粳分化是在驯化和被人类在不同地域利用过程中发生的（丁颖，1957，1959，1961）。

张德慈虽然在栽培稻的起源地上与丁颖持有不同的观点，但对于籼稻与粳稻由同一地区普通野生稻驯化形成的观点是一致的。他认为从野生稻进化为栽培稻的过程中，最早出现的是籼稻，粳稻是从籼稻中分化形成的。但是最早出现粳稻的地区除了我国内陆以外，还包括印度东北部的布拉马普特拉河流域（Chang，1985）。

Huang 等（2012）通过对野生稻和栽培稻基因组重测序分析，提出人类最早驯化的栽培稻是粳稻。籼稻是在粳稻向外扩展过程中，通过与籼型野生稻杂交分化形成的，也就是说，籼稻与粳稻在本质上是同源的，但粳稻品种形成在先，籼稻品种形成在后。这与丁颖提出的籼、粳分化路径是明显相左的（图3-8）。

从我国不同地区种植水稻的历史分析，水稻在南方驯化与栽培的时间明显比北方早。这可从长江中下游地区出土的水稻遗存，包括出土的碳化稻米、谷粒、植硅体和出土陶器上水稻释壳印纹等得到证明。在长江中下游地区出土的栽培稻

遗存，一般年代愈早，籼稻的比例愈高（游修龄，1976，1979，1986，1993；汤圣祥，1996）。因此，就籼、粳这两类亚种而言，按照单元起源的假说，尽管早期被驯化过程中两种类型出现的先后尚有争议，但籼稻更早出现的可能性明显要大一些，这可从水稻胚乳蜡质基因的序列变异得到验证。

水稻胚乳蜡质基因（$Wx$）是控制稻米直链淀粉（amylose）合成的主基因，也是在驯化过程中被强烈选择的基因，因为它与稻米蒸煮品质有很密切的联系。该基因位于水稻 6 号染色体上，由 14 个外显子（exon）和 13 个内含子（intron）组成。基因内存在多个变异位点（site），这些位点的碱基替换或片段插入，形成了多个复等位基因，影响着直链淀粉的合成效率，使胚乳总淀粉中直链淀粉比例发生改变。直链淀粉含量高的可达 28% 甚至更多，低的仅 10% 左右，最低的糯稻胚乳中甚至只有支链淀粉（amylopectin），没有或者很少有直链淀粉的存在（0—2%）。研究表明，不同水稻品种胚乳直链淀粉含量的高低，直接与它们携带的蜡质基因种类有关。Wang 等（1995）的研究表明，导致直链淀粉含量高低变异的重要因素是蜡质基因第一内含子的第一个碱基，当该位点是鸟嘌呤（G）时，蜡质基因编码的颗粒结合淀粉合成酶（GBSS）合成正常，可正常催化直链淀粉的合成，因而胚乳直链淀粉含量较高；当该位点是胞嘧啶（C）时，GBSS 的合成效率显著下降，胚乳直链淀粉含量也随之下降。研究证明，野生稻与一般籼稻蜡质基因该位点都是 G，因而胚乳直链淀粉含量较高；一般粳稻蜡质基因中该位点都是 C，胚乳直链淀粉含量较低。也就是说，野生稻蜡质基因是一种很原始的基因 $Wx^{lv}$，一般籼稻中的蜡质基因为 $Wx^a$，而粳稻的蜡质基因为 $Wx^b$。就蜡质基因第一内含子上该变异位点的碱基类别而言，籼稻要比粳稻更接近野生稻（图 4-1）。从这方面分析，籼稻出现应该早于粳稻。

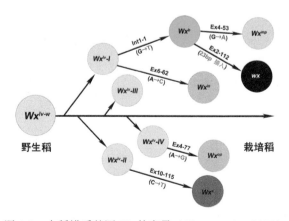

图 4-1 水稻蜡质基因 $Wx$ 的变异（Zhang et al., 2019）

2. 基于籼、粳独立起源假说的水稻分化

籼、粳分化的独立起源假说是指籼稻和粳稻具有不同起源途径的理论假说。前面已经提到，原中央农业试验所的周拾禄认为，我国是粳稻的起源地，而籼稻是从国外引进的。也就是说籼稻与粳稻在起源地上是不同的，它们是各自独立的。

籼稻与粳稻起源途径不同的理论，最近在水稻基因组分子生物学研究中也得到不少实证，这在前面论及起源的部分已经谈到，因此不再赘述。籼、粳两类水稻有着不同起源过程的情况下，它们如何分化形成当今在全世界广泛种植、类型各异的水稻品种？对于这一问题的回答，以下两点是十分关键的。首先，导致籼、粳分化的原因，除了与被驯化的原始普通野生稻种群本身是否存在籼、粳分化有关以外，还与哪些因素有关？其次，在籼、粳两种水稻独立起源的情况下，以后的分化是否是单向的，即籼稻只沿着籼稻方向分化，粳稻只沿着粳稻方向分化？

不可否认，在水稻被驯化过程中，野生稻已发生的籼、粳分化，对它的进化方向会产生重要影响，因为分化是在遗传适应过程中产生的，是可以遗传的。但另外，驯化过程本身又是一个很复杂的过程。

首先，人类对水稻的驯化是一个漫长的历史，一般来说，古代人类在驯化野生稻以前，最早利用的就是普通野生稻。也就是说，人类对野生稻驯化以前一般都有一个很长时间的前驯化栽培（pre-domestication cultivation）阶段（Fuller，2007）。在这一阶段中，只有人们对隐藏在野生稻群体内部的变异逐步认识以后，才能不自觉地开始对野生稻群体内的变异进行选择，这才是真正意义上对野生稻驯化活动的开始。要认识人们所进行的选择能否获得预期的效果，进一步利用选择手段对其加以改良，需要经过更长时间的摸索。野生稻在被驯化的过程中，群体的遗传结构一方面会受到人类选择的影响，另一方面也会受到它们所在地区地理、地形和气候条件的影响，因为只有适应当地的生态环境（包括当地人群对它的要求），它们才能被保存下来。其次，野生稻具有很高的异交率，不同驯化种群之间或者被驯化的水稻种群与当地其他野生稻种群之间，不可避免地会产生杂交和遗传渐渗。因此，由野生稻驯化产生的栽培稻，不可能简单地只保留某一种原始种群的遗传结构，它的基因组要比最早驯化的种群更为复杂。也就是说，它会包含不同种群的遗传组分。从栽培稻的整个基因组分析，同样也是多元的。

前面谈到，发生在野生稻中的籼、粳分化是不完全的，尽管在某些同工酶的检测中，可以发现分布在不同地区的野生稻在一定程度上已经发生了籼、粳分化现象，但在形态性状上，这种分化是很难表现出来的。因此，尽管籼稻和粳稻在起源上可能是独立的，但它们在驯化过程中的漂变动因可能是多元的。这在籼、粳之间没有不可逾越的鸿沟。

3. 分散起源与栽培稻的分化

第三章在讨论栽培稻起源时，曾涉及分散起源的问题，它是指栽培稻在亚洲有两个或两个以上彼此独立起源中心的可能性。从已有资料分析，可以认为我国长江中下游地区和印度东北部，包括阿萨姆邦的布拉马普特拉河流经的地区，最有可能是栽培稻的两个起源中心。除此以外，也不排除其他地区会有野生稻被驯化成栽培稻的可能。

在分散起源的情况下，不同起源地驯化的栽培稻有何区别，是籼还是粳？还是籼、粳并存？这必然是备受关注的科学问题。

Watabe（1977，1982）认为起源于印度阿萨姆邦至我国云南的栽培稻，向外传播时形成了三个系列的水稻：向南传播至印度、斯里兰卡和孟加拉国形成的孟加拉系列品种为籼稻；向东南亚传播形成的湄公河系列品种为粳型旱稻；向东传播至我国长江中下游地区形成的扬子江系列品种为粳稻。之所以后两者为粳稻，是因为它们在传播的路径中要越过众多高原和山岭，那里气候环境凉爽，只有耐低温的粳稻才能生存、繁殖和传播。Watabe 认为，处于起源中心的水稻在遗传上是异质的（heterogeneous），而籼稻、粳稻是在传播过程中在人工和自然选择作用下逐渐形成的。

Oka 和 Morishima（1982）为研究水稻为何发生籼、粳分化，将普通野生稻分别与典型籼、粳品种杂交，并将杂交后代连续自交 6 代，待杂种后代基本纯合后检测各单株在籼、粳性状上的表现。被检测的性状包括对氯酸钾的抗性、幼苗对低温的耐受能力、稃毛的长短和分布等。通过研究，发现在野生稻与籼稻品种的杂交后代中分离出了少数偏粳的类型，而在野生稻与粳稻品种的杂交后代中也分离出了一些偏籼的类型。这说明虽然野生稻本身从形态性状上并无明显的籼、粳之别，但它具备分化出籼、粳两种水稻的潜在能力。这一研究结果说明决定水稻籼与粳差异的性状，遗传上很多并不是受单一基因控制的，杂交后代所表现的性状分离并不是简单地重现亲本的性状。与此相反，通过基因重组，可以出现许多新的性状或性状组合。这些性状的变异类型会向何种方向发展，关键在于这些变异类型对环境适应能力的强弱和人类对它们的选择方向。在某种程度上，水稻性状变异所表现出的多型性特点，固然与环境变化有关，但这仅仅是变异产生的一种动因。水稻在被驯化的过程中，人类对具有多型性变异群体的选择，是影响水稻种群演化方向最关键的因素。

既然同一水稻种群具有向籼和粳两个方向演化的潜力，那么源于我国长江中下游地区的偏粳型普通野生稻祖先种，就不可能只分化出粳稻类型，反过来，源于印度阿萨姆邦的布拉马普特拉河流域的偏籼型普通野生稻祖先种，也不可能只分化出籼稻类型，那些被驯化群体的分化方向取决于它们所处的环境、可能产生的杂交与遗传渐渗事件，以及人类对它们的选择。如果除了我国长江中下游地区和印度恒河-布拉马普特拉河流域以外，其他地方也有野生稻被驯化为栽培稻，它们的演化方向也会与之相似，这是普通野生稻本身固有的潜能。

在比较我国与印度乃至整个栽培稻地区的地理条件与气候特点不难发现，由于受季风、地理纬度、山川、河流等地形、地势的影响，那些地方不仅有江河冲积形成的平原湿地，还有丰富多样的河谷、缓坡和高原山地。有些地区适宜籼稻生长，如我国珠江流域、长江以南地区，以及东南亚、南亚国家的平原地区，这些地区夏季高温多雨，水稻生长季平均气温偏高。另一些地区则适宜粳稻生长，如我国太湖地区、（长）江淮（河）地区，东北辽河、松花江流域，西北的宁夏和新疆等地。在印度和东南亚国家北部山区，以及我国云贵高原海拔偏高的地区，水稻生长季的气温条件与之类似。这些地区要么纬度偏高，要么海拔偏高，在水稻生长季的温度都偏低，因而比较适于粳稻生长。

从源头上分析，不同起源地的籼稻和粳稻都有从当地普通野生稻起源的可能。也就是说，对于印度阿萨姆邦-布拉马普特拉河流域与我国长江中下游地区这两大起源中心来说，在每一个起源中心都会有通过利用当地的野生稻种群，在长期的驯化过程中，经过选择产生籼稻和粳稻这两大类型的可能性。

野生稻在起源中心被驯化和向外扩散的过程中，究竟演化成哪种类型的水稻，关键在于所处的环境，以及当地人类在驯化和利用过程中对它们的选择。以耐热性为例，籼稻在生长期和籽粒充实期比较耐热，因而在热带地区的驯化过程中容易被保存下来。经过长期选择，逐渐形成适于热带地区栽培的籼稻品种。相反，在温带和海拔较高的地区，由于水稻生长期间温度偏低，比较耐低温的粳型和偏粳型品种被保留下来，逐渐形成栽培的粳稻品种。因此，我国广泛栽培的水稻，无论是粳稻还是籼稻，均有可能是由分布于我国南方地区的野生稻驯化形成的。同样，在南亚印度和东南亚国家广泛栽培的水稻，除了籼稻是由印度起源的以外，该地区北部山区栽培的粳稻，亦可能是由当地野生稻在驯化过程中分化形成的。

当然，籼、粳稻的独立和同地分化，并不排除这两大起源地区的水稻和其他可能存在的次生中心的水稻之间，发生基因交流和遗传渐渗的可能。事实上，在人类史上，不同地区、不同民族或种群之间存在着广泛的迁徙和交流，伴随着这些迁徙和交流，水稻作为人们赖以生存的谷类作物，也会被带到新的目的地培育和种植，并有可能与当地稻种进行杂交，分化出新的品种或类型。但是，这一过程应该发生在野生稻驯化之后。如前所述，在普通野生稻种群内早已存在着各种各样的遗传分化，包括在一定程度上的籼、粳分化。既然如此，人类在驯化水稻的过程中，很难排除野生稻种群在籼、粳分化方面原有遗传基础的影响。

4. 不同起源中心籼、粳起源和分化的依据

栽培稻的不同起源地分别存在籼、粳品种演化这一现象，可从以下方面得到佐证。

第一，在我国的考古发掘中，最早出现的栽培稻多数是籼稻。这些籼型稻谷的出现年代一般比印度已出土的古栽培稻早。例如，在湖南彭头山遗址和河南贾湖遗址出土的稻谷中都有籼稻，其出现的年代分别为 8200 年前和 8900 年前，它们都被证实为栽培稻（张居中等，1996；陈报章，1997）。前面提到，从江西仙人洞和吊桶环遗址出土的水稻植硅体分析，其出现的年代要比这两个遗址早 2000 年左右。与我国出土的这些水稻遗址相比，印度考古发掘发现的水稻遗址，距今最早的不早于 8500 年（程侃声和才宏伟 1993；Oka，1988）。因此，有关我国栽培稻中，籼稻是从南亚或东南亚地区引入的说法自然是不合理的。当然，考古发掘带有一定的随机性，但我国多个地点出土如此早的水稻遗物显然不是偶然事件。因此可以认为，丁颖在论述栽培稻的起源时所强调的，我国生产上应用的籼稻起源于我国的论断是正确的。至于一些文章中提及的，我国籼稻是由越南占城稻引入栽培的观点，是缺乏说服力的，因为占城稻引入我国发生在宋代，距今仅 1000 年左右。当时引入越南品种只是品种的引进或交流，与起源并没有直接联系。

游修龄（1979）和周季维（1981）在研究河姆渡、罗家角、钱山漾和崧泽等遗址出土稻谷时都提到，这些遗址出土的稻谷（或碳化米）从粒型上看都存在着

籼、粳之分，而且是混合在一起的。说明在那个年代，尽管栽培稻已经发生了籼与粳的分化，但当时的稻农还没有将它们区分开来。游修龄（1979）也注意到，从籼稻与粳稻所占的比例来看，河姆渡遗址出土的稻谷以籼型为主。但随着时间的推移，粳稻所占比例有逐步升高的趋势。从进化角度来看，太湖流域栽培的水稻从新石器时代就存在向偏粳方向演化的现象，其地理纬度可能在北纬30°左右。进一步分析不同纬度出土的稻谷遗物也不难发现，自太湖流域向北推进过程中，粳稻所占比例随纬度的升高也存在升高的现象。从长江以南苏州市吴中区的草鞋山，到长江以北高邮市的龙虬庄，再到江苏省东北部东海县焦庄出土的稻谷都以粳稻为主，进一步向北推进到华北平原出土的也是粳稻。与此相反，从长江流域向南，种植的水稻则明显出现籼稻化的倾向。以河姆渡以南的浙江省中部和南部为例，位于浙江省中东部的台州地区自1800余年前开始就有较多的籼稻种植，但也有粳稻种植，形成了籼、粳并存的局面。而浙江省东南部的温州地区，种植的水稻都是籼稻，再向南到福建省和广东省，都是籼稻种植区域。

第二，从粳稻分析，我国和日本、朝鲜在生产上应用的粳稻（或称东亚粳稻或温带粳稻）都有一些共同的特点：它们粒型一般比较短圆（或呈椭圆形），多稃毛，尤其顶部稃毛密而长，对苯酚不显变色反应，对氯酸钾的抗性较强等。分布于印度、巴基斯坦和与其接壤的我国云南南部的光壳陆稻和镰刀谷，它们多数也属于粳稻。这些粳稻品种粒型一般比较细长，在酚反应、稃毛的多少和长短、穗颈长度和穗轴第1-2节长度等性状上，都具有与普通粳稻不同的特点（王象坤等，1998）。更为重要的是，在以杂种 $F_1$ 育性为标志的杂交亲和性上，这些水稻也与普通粳稻明显不同。表现在当以镰刀谷与普通籼、粳品种杂交时，$F_1$ 代育性往往都偏低（Cheng et al.，1989），这说明分布在南亚的粳稻与东亚的粳稻在亲缘上明显是有差异的。

第三，同工酶分析结果说明，分布在不同地区的栽培稻在遗传上是存在明显差异的。Glaszmann（1987）收集亚洲不同国家生产上利用的水稻品种1688个，分别对编码过氧化氢酶（Cat）、磷酸葡糖异构酶（Pgi）、氨肽酶（Amp）、乙醇脱氢酶（Adh）、酯酶（Est）、异柠檬酸脱氢酶（Icd）、酸性磷酸酶（Acp）和莽草酸脱氢酶（Sdh）等8种同工酶的15个基因座的等位变异进行了分析，按这些基因的变异组合，可将所有供试品种分成6类：第Ⅰ类为典型的籼稻，第Ⅱ类为印度、孟加拉国特有的秋稻（Aus），第Ⅲ和Ⅳ类为孟加拉国与印度东北部的深水稻，第Ⅴ类为分布于印度和巴基斯坦的巴斯马蒂（Basmati）类香稻，第Ⅵ

类为典型的粳稻（表 4-4）。

表 4-4　利用同工酶多态性进行亚洲栽培稻不同品种的分类

| 品种类型 | 同工酶类型分组（种） | | | | | | | 分布的地区和国家 |
| --- | --- | --- | --- | --- | --- | --- | --- | --- |
| | I | II | III | IV | V | VI | 中间类型 | |
| 深水稻 | 10 | 1 | 5 | 11 | — | — | — | |
| 冬稻（Aman） | 28 | — | — | — | 2 | — | — | 印度次大陆，包括印度、孟加 |
| 秋稻（Aus） | 2 | 32 | — | — | — | — | 1 | 拉、巴基斯坦、斯里兰卡等 |
| 夏稻（Boro） | 2 | 6 | — | — | — | — | — | |
| 水稻品种 | 168 | — | — | — | — | — | — | 东南亚地区，包括泰国、老挝、 |
| 旱稻品种 | 12 | — | — | — | — | 66 | — | 缅甸、越南、柬埔寨等 |
| 久莱（Tjereh） | 10 | — | — | — | — | — | — | |
| 干得尔（Gundil）（粳型旱稻） | 4 | — | — | — | — | 10 | — | 西亚地区，包括印度尼西亚和 马来西亚 |
| 婆罗（Bulu） | — | — | — | — | — | 24 | — | |
| 籼 | 84 | — | — | — | — | — | — | 中国 |
| 粳 | — | — | — | — | — | 26 | — | |
| 粳 | 2 | — | — | — | — | 89 | 2 | 东亚地区，包括韩国和日本 |

　　从表 4-4 列出的数据可以看出，分布于我国和东亚的水稻品种在籼、粳分化上都很鲜明，而分布于南亚印度和巴基斯坦的品种除典型籼稻以外，还有多种其他类型的水稻。Wang 等（2018）通过对亚洲栽培稻不同国家和地区 3010 份水稻品种全基因组的序列分析，结合在水稻被驯化过程中受到强烈选择的 9 种基因（分别为 $Rc$、$Bh2$、$PROG1$、$OsC1$、$SH4$、$Wx$、$Gs3$、$qsh1$ 和 $qsw5$）序列变异的研究表明，亚洲栽培稻内的籼稻（XI）品种内有东亚籼稻（XI-1A）与南亚籼稻（XI-2）之分，粳稻中也有东亚温带粳稻（GJ-tmp）与东南亚热带粳稻（GJ-trp）的区别。说明分布于东亚地区的水稻品种，无论是籼稻还是粳稻，与分布于南亚的品种存在着明显的差异。这些品种从起源上分析，也应该是彼此独立的。

　　总体上看，分布于东亚和东南亚地区的水稻品种，籼、粳分化都很彻底。而分布于印度等南亚次大陆地区的水稻品种，除了籼稻和粳稻（粳稻只分布于尼泊尔和印度北部）以外，还存在不少中间类型和其他类型的品种。说明分布于南亚的水稻与东亚的水稻在遗传上存在着明显的差异。程侃声和才宏伟（1993）的研究也得到了类似的结果。当然，无论是东亚的水稻品种还是南亚的水稻品种，都发生了明显的籼、粳分化，这是共性的一面，但这并不排斥它们遗传上是有差异的。共性的一面可能是由共同的祖先种——普通野生稻进化而来的，不同的一面则可能是它们的直接祖先种本身已发生了分化。也就是说，南亚和东亚粳稻分别由当地野生稻直接演化形成，本质上是独立起源的，籼稻也不例外。东南亚的越南、老挝、柬埔寨等国家，地处东亚与南亚水稻两个主要起源中心的中间地带，外部又受到亚欧大陆，特别是我国部族南迁的影响，使得这一地区的水稻品种可能包含了东亚和南亚不同地区来源的基因资源。

由于东南亚农业的起源最早可能是从驯化根茎或块根类植物开始的，水稻栽培的起始时间明显在我国之后。因此，就水稻而言，它不可能是个独立的起源中心。东南亚地区地形非常复杂，有山地，有平原，加上南太平洋的岛屿等复杂的地形地貌，生态环境复杂多样。这一地区不少地方都有普通野生稻分布，在当地原居民和外来民族融合过程中，作为粮食来源之一的水稻，不可避免地会在当地品种与外来品种或野生稻之间发生遗传重组和渐渗，形成一些本地特有的品种类型。

## 三、生育期的分化

水稻播种以后，历经幼苗的生长、分蘖、开花、灌浆、成熟等过程，其整个过程经历的时间称为生育期。在生产上，不同水稻栽培地区由于受纬度、海拔和地形等地理与气候条件的影响，适合水稻生长发育的生育期长短有很大差异。在海南省三亚市，水稻基本上可以全年生长；而地处黑龙江省的牡丹江地区，适于水稻生长的生育期仅为 130 天左右。与此相对应的是，适于不同地区栽培的水稻品种的生育期长短差异也很大。早熟的水稻品种全生育期短于 100 天，而晚熟品种可达 170 天以上。

水稻全生育期的生长和发育时期可分为三个阶段：①从出苗至幼穗原基形成时段；②从幼穗原基形成至出穗时段；③从出穗开花至成熟时段。第一个时段称为水稻的营养生长期，第二和第三时段称为水稻的生殖生长期。一般来说，影响水稻品种生育期长短的主要因素是营养生长历经的时间。而生殖生长历经的时间在不同品种之间的差异相对较小，其中从幼穗原基形成至出穗一般历经 30 天左右，从出穗至成熟一般历经 35—50 天。在最后阶段，籼稻品种历经的时间较短，粳稻品种历经的时间较长。

从以上分析可以看出，不同水稻品种之间生育期的长短主要由营养生长期的长短决定的。制约营养生长期长短的因素主要是水稻品种的感光性（photosensitivity）、感温性（thermosensitivity）和基本营养生长性（basic vegetative growth）。

## 1. 感光性的影响

水稻品种的感光性是指水稻在生长发育过程中对短日照的反应特性。由于水稻原产于热带、亚热带地区，具有感光性的品种通过光周期发育，需要不超过 13.5h 的短日照（丁颖，1961）。我国地处北半球，水稻生长季从 5 月中旬开始，长江流域以北地区的日照时数便会超过 13.5h，这样的光照条件在南京要延续到 8 月初，黑龙江黑河则可延续至 9 月初，而南方海口市的日照长度全年均在 13.5h 以内。因此，对光周期敏感的品种，在长江流域一般 8 月上旬可通过光周期发育，出穗期多数在 9 月上中旬，但在黑龙江就不能出穗。在海南生长时，感光性品种的生育期便会明显缩短。例如，晚粳品种 10509，在南京（北纬 32°左右）从播种至出穗要经历 128 天，比在广东新会（北纬 22°左右）双季稻的两个播期相应延长 47 天和 66 天（表 4-5），分别延长了 58.0% 和 106.5%。不感光的早稻品种便不会出现这种情况。这显然是由它们的感光性基因发生变异引起的，人工选择在这些品种早熟性的形成中起了决定性作用。这一现象可从我国不同原产地水稻品种抽穗日期早迟对日照长度的反应中得到证明。据吴光南和仲肇康（1957）研究，我国水稻品种抽穗期对日照长度的反应，与原产地的纬度高低之间存在非常密切的联系。原产于南方的水稻品种一般对日照长度比较敏感（早熟品种除外），而原产于北方的水稻品种对日照长度的敏感度相对较低甚至没有反应。这种南北水稻品种对日照长度反应的差异，显然是由人工定向选育造成的。

表 4-5　晚粳品种 10509 在不同纬度种植时的日照条件和出穗日数

| 地名 | 纬度 | 最长日照时间<br>（时:分） | 播种期<br>（月/日） | 出穗期<br>（月/日） | 历经天数 | 试验单位 |
|---|---|---|---|---|---|---|
| 南京 | 32°N | 14:16 | 5/10 | 9/15 | 128 | 华东地区农业科学研究所（1958 年） |
| 南昌 | 28°N | 13:56 | 5/14 | 8/29 | 107 | 江西省农业科学研究所（1957 年） |
| 新会 | 22°N | 13:29 | 3/11 | 6/1 | 81 | 新会县良种场（1957 年） |
| 新会 | 22°N | 13:29 | 7/20 | 9/20 | 62 | 华南地区农业科学研究所（1958 年） |

注：根据丁颖（1961）主编的《中国水稻栽培学》第 115 页表 5-4 资料改写

## 2. 感温性的影响

水稻的感温性是指水稻生长发育对温度高低的反应能力。一般认为，高温可以促进水稻的发育进程，表现为同一品种在较高温度下比在较低温度下生长时间缩短。表4-5中晚粳品种10509同在广东新会县（现为新会区）种植，7月20日播种，从播种至出穗历经62天，比3月11日播种的缩短19天，就是由于在迟播情况下，水稻生长期间温度较高。这一现象在不感光的早稻品种中最容易显现出来。例如，将东北的水稻品种南引至长江流域种植，由于长江流域夏季温度明显高于北方，出穗天数都会显著缩短。但是，感温性的表现必须以对日照长度不敏感为前提。

### 3. 基本营养生长性的影响

就水稻而言，基本营养生长性又称短日高温生育性，是指在满足水稻对短日照和适当温度要求的条件下，从出苗到穗原基分化所需的最短天数；也有将出苗到出穗历经天数称为短日高温生育期的（中国农业科学院，1986）。基本营养生长性在不同水稻品种间有很大变异。早熟品种基本营养生长性较弱（表现为营养生长经历时间较短），而且对日照长度不敏感。晚熟品种基本营养生长性较强（表现为营养生长经历时间较长）或感光性也较强，如果以上两因素都强，则生育期会更长。中熟品种是以上两类品种的中间类型，它的感光性、感温性和基本营养生长性会出现不同类型的变异及组合（Matsuo，1952）。产于印度尼西亚的爪哇稻（Javanica）是一种较为特殊的类型，这类品种的基本营养生长性较强，但不感光，因而生育期比较稳定。我国台湾的粳稻品种也具有类似的特点。

## 四、旱稻与深水稻的分化

野生稻是一种在沼泽或湿地环境中生长的植物。由野生稻进化形成的栽培稻，也保留有适应湿地环境的一些组织结构和生理机能。例如，它的根、茎和叶片中仍保留有一般陆生植物所没有的裂生通气组织，通过这种组织与叶片的气孔相通，可增强根部对氧气的吸收能力，这是一般旱生植物不具备的。

### 1. 旱稻

栽培稻在演化过程中，遇到的土壤和水分条件不同，除了有灌溉条件的低地水田以外，相当广阔的地区并无灌溉条件。经过长期的驯化和适应，栽培稻也分化出了适应旱地生长的类型，主要依靠天然的降水条件和土壤中积蓄的水分。这类品种一般称为陆稻或旱稻，也称旱地水稻（upland rice）。经过长期的适应，旱稻品种对土壤缺水条件的适应性明显高于普通水稻品种，但在有灌溉的条件下可能比干旱条件下生长发育更好。

旱稻分布范围很广，在南亚、东南亚国家缺乏灌溉条件的丘陵山区常有栽培。印度和孟加拉国广泛栽培的秋稻（Aus）多数属于旱稻。菲律宾由于受季风气候的影响，水稻生长期间有周期性的降雨，因而旱稻栽培亦很普遍，当地称其为雨育稻（rain-fed rice）。旱稻在我国主要分布于云南、广西等省区，在海南、广东和福建等地亦有零星栽培。云南西南山区种植的光稃镰刀谷大多数属于旱稻类型。

### 2. 深水稻

与旱稻相反的是深水稻（deep water rice）。深水稻可以在水层较深的水田、水滩和河道中生长。这类水稻的特点是节间伸长能力很强，而且伸长节间数较多，拔节期如遇山洪淹没，可通过节间的超强伸长能力浮出水面，洪水退去后，凭借其浮生能力正常生长。因此，深水稻也常被称为"浮生稻"（floating rice）。这类水稻一般对日照长度有很强的感应能力。它们都是迟熟品种，一般至秋天雨季结束后才抽穗开花。我国种植浮生稻品种的地方很少，主要是广东西江流域的高要等地。但是在印度、孟加拉国和泰国等地，浮生稻的种植比较普遍，多数冬稻（Aman）品种属于这一类型。

## 五、粘稻与糯稻的分化

稻米煮成米饭以后，按米饭的黏性可大致分为两大类：一类是米饭很黏软的，另一类是相对不太黏软的，前一类称为糯米，后一类称为粘（音为 zhan）米。这两类稻米的差异主要在于胚乳中直链淀粉占总淀粉的比例。糯米的胚乳中一般不含直链淀粉或只含有极少量的直链淀粉（2%以下），而粘米的胚乳中直链淀粉的含量一般都在15%以上，有些品种可达30%左右。

稻米胚乳中直链淀粉含量高低直接影响米饭的黏性和质地，因而在很大程度上决定着米饭的口感。因此，直链淀粉含量是水稻进化过程中一直广受关注的目标性状。事实上，不同品种或类型粘稻的直链淀粉含量也不一样。一般来说，粳稻品种稻米的直链淀粉含量低于籼稻品种，因而用粳米煮成的米饭比籼米饭柔软，黏性也比较强。水稻中的软米，直链淀粉含量比普通粳米或籼米更低一些，煮成的米饭更为柔软。研究表明，稻米不同品种胚乳中直链淀粉含量的高低，主要是由淀粉合酶的变异引起的，其中编码颗粒结合淀粉合成酶（GBSS）的主基因 $Wx$ 起着最关键的作用。这一基因的单倍性变异有多种，会直接影响稻米胚乳中直链淀粉含量的高低。

稻米煮成米饭的味道，是受消费者喜好影响的性状，因而在不同地区和人群之间存在很大差异。例如，我国广东、广西、福建、湖南、江西等省区，人们喜欢食用疏松不黏的籼米；而在太湖流域的江苏、浙江、上海等地，人们则喜欢食用比较黏、软的粳米。我国北方地区居民也习惯食用粳米。在云南许多少数民族地区，不少人喜欢以糯米为主食。与我国相邻的老挝、缅甸和泰国北部的居民也喜食糯米，形成了所谓的"糯稻栽培圈"。与其相反，加工米线、米粉等大米制品，则要求直链淀粉含量偏高的水稻品种。如上所述，不同地区人群对稻米品质有不同的需求，因而经过选择，使得栽培的水稻品种之间，在影响稻米食味品质最重要的几个性状，如直链淀粉含量、胶稠度、糊化温度和蛋白质含量等品质性状上产生了许多差异，形成了满足不同地区人群需求的品种类型。

# 第二节　栽培稻的分类

水稻作为人类最主要的谷类作物之一，不仅亚洲广泛栽培，非洲、美洲、大洋洲和欧洲的一些地区也有大面积种植。不仅如此，水稻和小麦一样，是被人类最早驯化的谷类作物之一。经过人类长期驯化和选择，在不同的地理和气候条件下形成了大量的、性状各异的品种或类型。每一类品种都有独特的性状或性状组合，它们对土壤、温度、水分等生态条件的要求也有不少差异。认识每一品种或类型的特性和特征，不仅在生产上有重要的参考价值，对认识品种变异的内在规律、指导品种改良等也具有重要意义。

## 一、分类的依据

依据何种指标对栽培稻品种进行分类，直接关系着所做分类的科学性和合理性。根据已有的资料，可用于品种分类的性状包括形态性状、生理性状、遗传标记和杂种育性等。

### 1. 形态性状

用于品种分类的形态性状包括：植株形态、茎叶形态、籽粒形状、籽粒稃毛的长短和密度、叶片的形态和颜色等。近 30 年来，研究发现水稻植硅体和稻谷稃面双峰乳突的形态在不同类群品种间存在明显的差异，而且在同一类品种中具有很好的稳定性，因而植硅体的形态也常被用于品种的分类研究。

2. 生理性状

水稻品种分类研究的主要生理性状包括：对日照长短的反应、对环境温度高低的反应、对氯酸钾的抗性和对土壤水分的反应等。对于这类生理性状，一般需要借助相关仪器或试剂进行测定，才能获得相应的分类结果。

3. 遗传标记

同工酶是分类研究中常用的遗传标记之一。由于同工酶有很多种，每一种同工酶基因又存在数量不等的等位变异，利用这些变异及不同等位变异的组合，可以对水稻不同种类之间的分化进行研究，Second（1982）、Glaszmann（1987）和 Nakagahra 等（1975）对不同水稻类群及其同工酶的研究证明了这一点。除了同工酶标记外，基因组 DNA 的序列变异，也越来越多地作为遗传标记，用于品种的分类研究。随着分子生物学研究的快速发展，已开发的这类标记有很多种。最常见的有 RFLP（限制性片段长度多态性）标记、SSR（微卫星标记）和 SNP（单核苷酸多态性）标记等。由基因组序列中某些核苷酸插入或缺失（InDel）形成的变异，也被广泛地应用于基因和物种的分子进化研究中。

4. 杂种育性

不同品种间杂种 $F_1$ 代的育性，包括花粉育性和小穗育性，更是品种分类研究中的重要指标。杂种 $F_1$ 代育性的高低，可以直接反映出亲本品种之间的遗传分化水平。籼稻、粳稻这两个亚种之间的差异就是这样被认识的，这与生物学种的概念相一致。

## 二、籼、粳的分类

Kato 和 Maruyama（1928）收集了我国、印度和日本国内的水稻品种，通过不同品种之间杂交，发现来源于我国和日本的粳稻品种，与印度和东南亚国家的籼稻品种杂交，$F_1$ 代普遍存在不育现象，表现为花粉败育和结实率下降。结合不同品种的血清反应，认为栽培稻无论是水稻还是旱稻，也无论是早熟品种还是晚熟品种，都可分为两大类型，即日本型和印度型，并将其分别定名为 *Oryza sativa* subsp. *japonica*（即日本亚种）和 *Oryza sativa* subsp. *indica*（即印度亚种）。这里所指的日本亚种即我国所称的粳稻，印度亚种即我国所称的籼稻。实际上，他们在进行杂交试验和血清学研究中，所采用的水稻品种多数都是来自我国的籼稻和粳稻品种，如帽子头、浦口三百粒、洋籼等（Nagao，1936）。他们将籼稻和粳稻两个亚种分别用"indica"（印度亚种）和"japonica"（日本亚种）来命名，显然是一种偏见。因为日本既不是粳稻的起源地，也与栽培稻起源无关，而我国对籼、粳这两大类群水稻的称谓早已在文字中被记载了下来。丁颖（1959，1961）认为，籼、粳两类水稻品种在我国已有数千年的栽培历史，我国劳动人民不仅驯化和培育了水稻，在文字上也早就有了对籼、粳两类水稻品种的描述和记载，他们试验中用的品种多数取自我国，将我国自古就有的籼、粳水稻品种命名为印度型和日本型显然是不恰当的。因此，他建议将籼、粳两类品种分别命名为 *Oryza sativa* subsp. *hsien* 和 *Oryza sativa* subsp. *keng*。张德慈认为，由于粳稻原产于我国，将粳稻称为"sinica"比"japonica"更为适宜（Chang，1976）。由于籼稻和粳稻的称谓在我国已有2000余年的历史，Wang 等（2018）主张将籼稻称为 *Oryza sativa Xian*，将粳稻称为 *Oryza sativa Geng*，其中"Xian"和"Geng"是现在通用的对"籼"和"粳"的汉语拼音。

Kato 和 Maruyama（1928）明确提出籼稻和粳稻的区别是栽培稻两个不同亚种水平的差异，比较科学地反映了这两大类型水稻在分类上的地位，因而由他们提出的籼、粳两类品种的学名在学术界还是得到了广泛的运用。

在 Kato 和 Maruyama（1928）将栽培稻依据杂种 $F_1$ 代的育性分为两个亚种以后，不少学者采用相同的方法，对分布于世界各地的水稻品种进行了研究。研究发现，在印度型和日本型之间其实还存在不少中间类型，因而又提出了相应的修正方案。不同研究者提出的方案与籼、粳两个亚种间的对应关系列于表 4-6。在中间类型的水稻中，比较突出的是粳稻中存在一类分布于印度尼西亚和马来西亚热带地区称为 Bulu 的水稻。研究表明，它与我国或日本的普通粳稻杂交，产生的杂种 $F_1$ 代育性正常；与某些籼稻品种杂交，如与印度的 Aus 稻或 Boro 稻杂交，也表现出一定的亲和性。因此，Terao 和 Midusima（1939，1943）将其与一般粳稻区分开来，称为Ⅰc 型，Matsuo（1952）将其列为 B 型，Oka（1953a，1953b，1953c，1954a）的分类中则将其列为Ⅱa 型或Ⅱab 型水稻。这类品种一般称为爪哇粳稻或爪哇稻，张德慈建议将其称为 *javanica*，与 *indica* 和 *japonica* 并列。实际上，它属于热带粳稻一类，Oka 称其为热带海岛型粳稻，与之相对应的普通粳稻，则称为温带海岛型粳稻。

表 4-6 对籼、粳稻不同分类方案的比较

| 品种类型 | Kato 和 Maruyama（1928） | 丁颖（1949） | Terao 和 Midusima（1939，1943） | Matsuo（1952） | Oka（1953a，1953b，1953c，1954a） |
|---|---|---|---|---|---|
| 粳 | O. sativa subsp. japonica | O. sativa subsp. keng | Ⅰa 和 Ⅰb | A | Ⅱb |
| Bulu | | | Ⅰc | B | Ⅱa 和 Ⅱab |
| 籼 | O. sativa subsp. indica | O.sativa subsp. hsien | Ⅱ和Ⅲ | C | Ⅰa 和 Ⅰb |

近 30 年来，由于分子生物学研究迅速发展，利用核基因组分子标记对不同水稻品种的变异和分类研究取得了不少新的成果。Glaszmann（1987）对来自 20 个亚洲国家 1688 份水稻品种 15 种同工酶基因的变异分析表明，将供试品种分为 6 群，除了籼稻群和粳稻群这两种主要类群以外，还有 Ashima、Rayada、Aus 和 Aromatic 4 个比较小的群。其中 Ashima 和 Rayada 类型在印度和孟加拉国一般称为 Aman（冬稻），Aromatic 主要是指像 Basmati 一类具有香味的镰刀谷。Wang 等（2018）通过全基因组序列和 9 种重要基因的序列变异分析，对 3010 份栽培稻品种分析后将它们分成 9 类，其中最主要的仍然是籼稻和粳稻两个类群，结合不同类群品种的地理分布，籼稻可细分为 4 个亚类，包括东亚籼稻、南亚籼稻、东南亚籼稻和现代籼稻；粳稻分为 3 个亚类，包括东亚粳稻、东南亚粳稻和南亚粳稻；另外，还有 Aus 和 Basmati 两类。这一研究结果与 Glaszmann（1987）的研究结果基本上是一致的。

### 三、水稻主产国对栽培品种的分类

#### 1. 我国栽培稻的传统分类

我国古代很早就注意到，栽培稻的不同类群在对温度高低的反应、籽粒形状、生育期长短、煮成米饭的黏性等方面存在明显的差异。早在 1800 余年前的东汉时代，许慎在其著作《说文解字》一书中便将水稻分为了黏与不黏。据游修龄（1993）考证，在《说文解字》一书中，以禾为部首收录的文字已有"秔"（jing）和"稉"字，并称"稉，俗秔"，意思是"秔"是"稉"的通俗称谓。至明代，1637 年在宋应星著的《天工开物》一书中记载有水稻中的"不黏者，禾曰稉，米曰粳"。清代段玉裁在注释《说文解字》时称："更，声也。陆德明曰：稉和粳皆俗秔字。"说明早在汉代，"稉"字已出现在文字中，它和"秔"字都指普通的水稻。明代"粳"字的出现，开始是用于代表由"稉"稻生产的稻米的。以后"秔"字和"稉"字逐渐淡出，现在均以"粳"字代表粳稻和由粳稻谷碾成的稻米了。

"籼"字在《说文解字》中尚未出现，但该书中有代表籼稻的"秫"字出现，并称"秫，稻不黏者"。说明在东汉时期，我国劳动人民对籼型稻米的特点已有很清楚的认识。

至公元3世纪，由张揖著的百科辞典《广雅》中始出现"籼"字。在公元6世纪由顾野王撰写的字书《玉篇》中，既出现了"秫"字，又收入了"籼"字。此后"秫"和"籼"字逐渐被"籼"字代替。

糯稻在古代常被称为"稌"，"糯"字的出现，始见晋代吕忱的《字林》中，距今约1700年（丁颖，1961；游修龄，1993）。在《天工开物》一书中记有："不黏者，禾曰秔，米曰粳；粘者禾曰稌，米曰糯"，意思是水稻中碾出的米煮成饭以后黏性相对较小的水稻称为"秔"，碾成的米称为"粳"；而黏性大的水稻称为"稌"，碾成的米称为"糯"。糯稻在古代也有称为"秫稻"的情况。最早"秫"是专指粟中的糯性类型。水稻中糯性类型出现以后，也就常常将糯稻称为"秫稻"。在西汉的《氾胜之书》中，便有"三月种秔稻，四月种秫稻"的记载。游修龄（1993）注意到在我国古代文学著作《诗经·七月》中有"八月剥枣，十月获稻，为此春酒，以介眉寿"的诗句。认为当时酿酒的稻米应是糯米，因为普通粳米不宜酿酒。因此，糯稻在我国出现的时间至少距今2600年（《诗经》出现的时间为公元前1000—前600年）。由此推测我国可能是最早选育出糯稻的国家。

综上所述，水稻中的籼、粳和糯三大类型，我国劳动人民早在2000余年前的汉代已有清楚的认识，并将它们以不同的文字记载下来。在这以后，我国农业生产上一直将籼稻、粳稻和糯稻作为水稻品种的三个不同类群来对待。这三类品种中，又根据生育期的不同，进一步分为早熟品种、中熟品种和晚熟品种等。

## 2. 丁颖对栽培稻的分类

丁颖以系统发育理论为基础，从品种形成与自然生态环境、人工选择相统一的观点出发，对我国栽培稻品种类型的分化及其相互之间的亲缘关系进行了系统分析。并以此为基础，对我国栽培稻的分类提出了一套很完整的方案。

他认为，水稻是从分布在低纬度地区的普通野生稻驯化而成的。因而对栽培稻品种的分类必须从普通野生稻本身的特征和特性出发，系统研究栽培稻性状的演变，结合起源地向外扩展过程中所遇到的环境条件和人类对它的选择，进行综合分析。基于这样的认识，他认为与粳稻相比，籼稻更接近野生祖先种，它是栽培稻的基本型。粳稻是水稻向温带或高海拔地区推进过程中，将发生的变异类型经过长期人工选择而成。它们属于两种适应不同气候条件而分化形成的不同气候生态型。在分类上，籼稻与粳稻分属于两个不同的亚种，两者之间已形成一定程度的生殖隔离。遵照我国对这两种水稻在历史上已形成的习惯称谓，丁颖（1959，1960）对籼稻和粳稻进行了重新定名。

不同水稻品种之间生育期的长短存在着很大的差异，这是水稻长期人工选择产生的适应性变异。在长江流域，一般将生育期 120 天以内的称为早稻，145 天以内的称为中稻，超过 145 天的为晚稻。

丁颖认为野生稻是一种短日照植物，这是由野生稻分布的低纬度地区日照的特点决定的。在栽培稻中，晚熟品种仍然保留着这一特性。早中熟水稻品种，包括我国南方栽培的早籼或早粳品种，或黄河流域甚至在东北地区栽培的早熟粳稻品种，则是对北方生长季的长日照条件形成了新的适应性。早中熟品种的生殖发育（表现为茎端生长点的分化从叶原基向穗原基转换）对短日照已没有严格要求。这是水稻在向北部高纬度地区推进过程中，逐步适应高纬度的日照条件，并经长期人工选择形成的（图 4-2）。因此，早中熟品种也是两种不同的气候生态型（丁颖，1959，1961）。

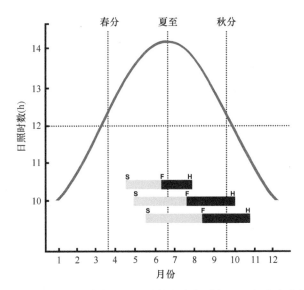

图 4-2 我国长江流域栽培稻早、中、晚三种熟期生长季与日照长度变化的关系（南京）
S. 播种；F. 穗分化开始；H. 收获

丁颖认为，栽培稻中被广泛栽培的旱稻，是水稻被人类引到水分相对缺乏的土壤条件下，经驯化形成的新类型，称其为地土生态型（edaphic ecotype）。栽培稻的祖先普通野生稻是一种沼泽性的水生植物。与其相比，水稻显然在对水分的要求上更接近祖先类型，是栽培稻中的基本型。

与旱稻相反的浮生稻，由于通气组织特别发达，地上部节间伸长能力很强，因此遇到水田突然大量积水的条件仍可依赖节间伸长，在水田（或池塘）中漂浮生长，这也是土壤生态型的一种。

不论早熟稻、晚熟稻，还是水稻、旱稻或浮生稻，都有籼、粳之分。只要是籼、粳同种类型的品种相互杂交，杂种 $F_1$ 代就都无生殖障碍，育性正常。说明它们彼此之间的差异是在新的环境下，经过长期自然选择和人工选择形成的生态型差异。

前面提及的糯稻是栽培稻中被广泛栽培的另一个类群。遗传研究表明，稻米胚乳的糯与非糯特性是由 $Wx$ 基因控制的简单性状。糯性相对于非糯是一种隐性性状，非糯为显性性状。由非糯品种与糯稻杂交，$F_1$ 代为非糯，$F_2$ 代非糯与糯性表现为 3∶1 的分离比例。丁颖将非糯品种统称为粘（音 zhan）稻，由于粘稻与糯稻之间只涉及胚乳淀粉成分的差异，因而称为糯性淀粉变异。糯性淀粉变异与栽培稻的籼粳差异、早晚熟稻差异或水稻、旱稻、浮生稻差异的变异，在系统发育上不在一个变异水平。但作为栽培稻中的一个类群，分类上仍然有它的地位。丁颖（1959）将我国栽培稻按亚种、生态型和变异型分为 4 级共 16 个类群。俞履圻（1984）则将以上 16 个类群称为 16 个变种（图 4-3）。

丁颖对我国栽培稻的分类，不仅比较系统地阐述了不同类型水稻品种在演化过程中的亲缘关系，还说明了从亚种到变异型之间的进化层次，它们之间的关系简洁明了，因而得到了广泛的认同。

3. 印度对栽培稻的分类

印度地处南亚，三面环海，热量充沛，又受季风气候的影响，带来大量降水，为水稻生长提供了极为优越的条件。印度是全球最主要的水稻生产国之一，栽培面积居世界产稻国家之首，品种类型也很复杂。

由于热量和降水充足，印度大部分地区全年均可种植水稻。受季节性降雨的影响，印度及其相邻的孟加拉国种植的水稻分 Boro、Aus 和 Aman 三大类型，相当于三种不同的气候生态型。这三种生态型水稻在我国分别被译为夏稻、秋稻和冬稻。但是，不同学者对上述三种水稻在种植和收获时间上的记载有所不同，因而命名也不同（表 4-7），这容易引起概念上的混淆。

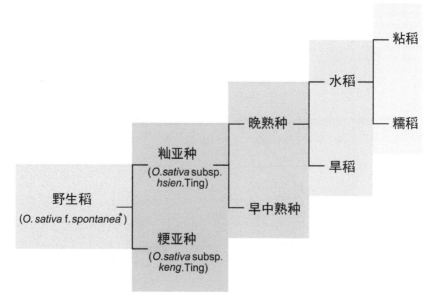

图 4-3　我国栽培稻的分类及其在系统发育上的地位

根据丁颖（1959）改写。*种名 *O. sativa* f. *spontanea* 现为 *O. rufipogon*

表 4-7　印度和孟加拉国水稻品种不同生态型译名的差异

| 作者 | Boro | Aus | Aman | 参考文献 |
|---|---|---|---|---|
| Nagao | 夏稻 | 秋稻 | 冬稻 | Nagao，1936 |
| Takahashi | 春稻 | 秋稻 | 冬稻 | Takahashi，1997 |
| 张德慈 | 冬稻 | 夏稻 | 秋稻 | Chang，1985 |

在印度和孟加拉国（图 4-4），夏稻一般 1、2 月播种，4、5 月收获，收获时节正值当地的夏季。秋稻一般 4、5 月播种，8、9 月收获，收获时已进入了秋季。冬稻一般 5、6 月播种，12 月至翌年 1 月收获，收获时节为当地的冬季。从水稻生长期间日照长度和雨季出现时间分析，夏稻的生长季在旱季。它从播种出苗到穗分化开始，都在日照长度相对较短但正逐渐变长的阶段。能在这一时段完成生长发育的周期，说明夏稻属于不感光的类群。秋稻生长季都在雨季期间，在缺少灌溉的条件下也可得到雨水的滋养。所以，不少秋稻品种是旱稻，生长季日照长度正处在一年中最长的时段（表 4-7）。而不少冬稻品种是浮生稻，它们都很感光，所以抽穗很迟，生育期也很长。从亲和性上分析，Boro、Aus 和 Aman 都属于籼稻。其中 Aus 的亲和性有些特殊，后文再作详细分析。

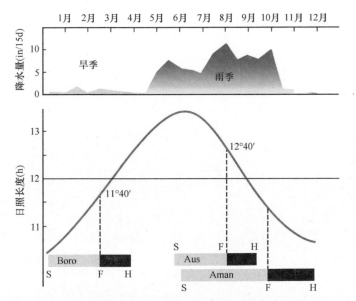

图 4-4 印度、孟加拉国三种生态型水稻品种的生长季节及其与日照长度
和雨季出现时期的关系（Takahashi，1997）

S. 播种期；F. 穗原基分化；H. 成熟收获期。1in=2.54cm

### 4. 印度尼西亚对栽培稻的分类

印度尼西亚是水稻生产大国之一，常年水稻种植面积在 1140 万 hm$^2$ 以上。该国栽培的水稻有三大类型，分别为 Bulu、Tjereh 和 Gundil。我国分别称其为婆罗、久莱和干得尔。Tjereh 是普通的籼稻，对日照长度很敏感，它在马来西亚也有广泛栽培。Bulu 对日照长度一般不太敏感，主要在靠近赤道的爪哇岛（Java）和巴厘岛（Pulau Bali）等地种植。

Bulu 粒型比较宽大，叶片和籽粒表面多绒毛，一般有芒（在印度尼西亚语言中，Bulu 就是指有芒的水稻）。这类水稻一般分蘖力较差，茎较粗，类似于我国的粳稻品种。一般被称为爪哇稻（Javanica）的就是指这一类品种（Chang，1985）。实际上它是一种热带粳稻，与一般粳稻品种杂交时所得杂种 F$_1$ 代育性正常。

Gundil 在印度尼西亚同样分布于爪哇岛和巴厘岛等地。这类品种都无芒，熟期偏早，分蘖力也不强。在当地主要靠降雨提供水分，是一种适合在热带多雨地区旱地条件下生长的粳型旱稻。

亚洲广为栽培的水稻，除了以上介绍的几种类型，还有一种被称为诺达（Nuda）的光壳旱稻，它主要分布于老挝和我国西南部的云南省，此外菲律宾也有少量种植。这类水稻品种的叶片和籽粒的稃面均无绒毛，被称为光叶或光稃水稻。一般认为这种光叶和光稃性状，对于减少由干热风引起的水分蒸腾，增强抗旱能力有帮助。

## 四、不同生态型的分类

### 1. 栽培稻不同生态型之间的遗传分化

上面提及亚洲栽培稻除了存在籼稻和粳稻的分化之外，不同国家种植的籼稻或粳稻品种还存在不同生态型的分化。为了明确不同生态型水稻之间的亲缘关系，Morinaga（1968）、Nakagahra（1978，1985）通过不同生态型品种，以及这些品种与典型籼、粳品种杂交，参照研究籼、粳两亚种之间亲缘关系的方法，对它们进行了分析。研究发现，这些生态型水稻按杂种育性大致可分为三类。

1）Aus、Boro、Aman 和 Tjereh 这四类生态型品种相互杂交，$F_1$ 代育性一般都可达 70% 以上，达到或接近同一类型不同品种间相互杂交所得 $F_1$ 代的育性水平。说明它们都属于籼稻，相互之间不存在生殖障碍，遗传上是非常接近的。

2）普通粳稻与 Boro、Aman 和 Tjereh 这三类生态型品种杂交，杂种 $F_1$ 代的育性都在 30% 以下。说明普通粳稻与上述三种生态型籼稻品种之间存在着明显的生殖障碍，这与上一节提及的籼、粳分化结果是完全一致的。

3）在 Bulu 与 Aus 和 Boro 之间，杂种 $F_1$ 代的育性为 30%—70%。Aus 与普通粳稻和 Bulu 之间，杂种 $F_1$ 代的育性也在 30%—70%。

以上结果可以确定 Aus、Aman、Boro 和 Tjereh 生态型都属于籼稻。产于印度尼西亚和马来西亚的 Bulu，与普通粳稻在遗传上是相近的，应属于粳稻类型，但它与普通粳稻之间也存在一定的分化。在籼稻中，Aus 是一种比较特殊的类型，它不仅与 Aman、Tjereh、Boro 这些籼稻有很近的亲缘关系，与普通粳稻和 Bulu 也有较近的亲缘关系（图 4-5）。

### 2. Morinaga 对栽培稻不同生态型的分类

根据以上水稻不同生态型之间的遗传联系，Morinaga（1968）曾提出了一个新的分类方案（图 4-6）。在这一方案中，他引进了生态种（ecospecies）的概念。在水稻栽培种以下，按生态种和生态型两级对栽培稻进行分类，其中生态种有 4 个，分别为生态种 Aman、生态种 Aus、生态种 Bulu 和生态种 Japonica。

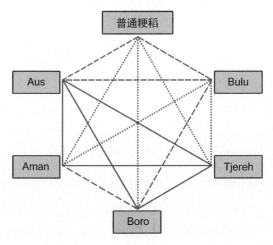

图 4-5　栽培稻不同生态型之间杂种 $F_1$ 代的育性及其相互之间的遗传联系

（根据 Morinaga，1968 资料绘制）

实线表示 $F_1$ 代育性在 70%以上，蓝色粗虚线表示 $F_1$ 代育性在 30%—70%，红色细虚线表示 $F_1$ 代育性在 30%以下

图 4-6　Morinaga（1968）对栽培稻的分类

但是，生态种是一种比较含糊的概念，它既不是一般植物分类上的一个节点，也很难准确确定彼此之间的界限。在 Morinaga 的方案中，籼和粳两个亚种被分别放在生态种和生态型两个不同的分类节点便是一个例证。

### 3. 对栽培稻不同生态型系统分类的建议

从栽培稻分化和分类研究中可以看出，在亚洲栽培稻的籼和粳两个亚种的区别是最为显著的，它们被分别称为 *O. sativa* subsp. *indica*（或 *O. sativa* Xian）和 *O. sativa* subsp. *japonica*（或 *O. sativa* Geng），这在学术界已得到公认。分布于印度尼西亚和马来西亚热带地区的 Bulu，尽管在遗传上与普通粳稻存在一些差异，但它们之间的差异要小于籼粳之间的差异。Morinaga（1968）所提供的杂交 $F_1$ 代的育性资料中，Bulu 与 4 种籼稻（Boro、Aman、Tjereh 和 Aus）的杂种平均结实率为 37.50%，普通粳稻与 4 种籼稻的杂种平均结实率为 31.75%，两者差异并不显著；Bulu 与普通粳稻的杂种结实率为 66%，育性基本正常。因此将 Bulu 称为热带粳稻，将其作为粳稻中的一个生态型是合理的。

在生态型水平上，原产于印度和孟加拉国的 Boro、Aman，以及原产于印度尼西亚的 Tjereh，三类水稻彼此杂交所得杂种的育性均在 70% 以上，说明它们在遗传上是非常接近的。彼此之间的差异，只是分布地区或对日长反应的差异，其中对日长反应的差异，在一般水稻品种之间也是常见的现象。因此，将这三种生态型都置于籼亚种之内也是无可争议的。在籼稻内部，比较特殊的是 Aus，它与普通粳稻或 Bulu 杂交，$F_1$ 代育性分别达到 56% 和 66% 的水平，明显高于 Boro、Aman 或 Tjereh 三种生态型水稻与粳稻杂种的育性水平。近年来，研究证明，Aus 与一般籼、粳稻品种的杂种 $F_1$ 代结实率均偏高，是由这一类品种携带的广亲和基因 $S_5^n$ 决定的（Ikehashi，1984，1986）。也就是说，它们之间的差异可能是由单个或少数主基因的差异引起的。因此，从总体上看将 Aus 归入普通籼稻一类仍然是合理的。

Nuda 是分布于我国云南省西部和老挝及其邻近地区的光稃旱稻。如前所述，它是由粳稻在该地区特定的土壤和气候条件下形成的一种生态型。

Gundil 是分布于印度尼西亚热带地区的另一类粳型旱稻，它与 Bulu 的区别在于，Bulu 有芒，而 Gundil 是无芒旱稻，但它们都属于热带粳稻类型。

根据以上分析，顾铭洪（1988）、程侃声和才宏伟（1993）都曾分别提出过分类方案。这两个方案十分相似，所不同的是前者采用种-亚种-生态型三级分类，后者采用种-亚种-生态群三级分类（图 4-7）。

进一步分析印度和孟加拉国的 Boro、Aus 与 Aman 生态型，这三种生态型实际上分别是当地的早季稻、中季稻和晚季稻，相当于我国水稻品种的早籼稻、中籼稻和晚籼稻。所不同的是前者属热带地区的籼稻，而我国籼稻的种植区域主要在淮河以南，主产区的广东、广西、湖南、江西、福建和台湾都属亚热带地区（我国亚热带的地理纬度在 22°N—34°N），仅海南属典型的热带地区，因此在我国生长的籼稻是典型的亚热带地区籼稻（subtropical indica rice）。本质上它与粳稻有温带粳稻（temperate japonica）和热带粳稻（tropical japonica）之分是一样的。因此，我们建议将亚热带籼稻、热带籼稻、温带粳稻和热带粳稻分别列为 4 个生态群，应该是更为合理的分类方式。在生态群之下，再分出不同生态型。这样，对亚洲栽培稻的分类可以采用种-亚种-生态群-生态型四级的分类方案（图 4-8）。

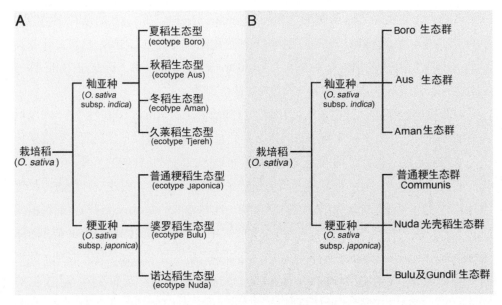

图 4-7　国内一些学者对栽培稻不同分类的比较

A. 顾铭洪的分类方案；B. 程侃声和才宏伟的分类方案

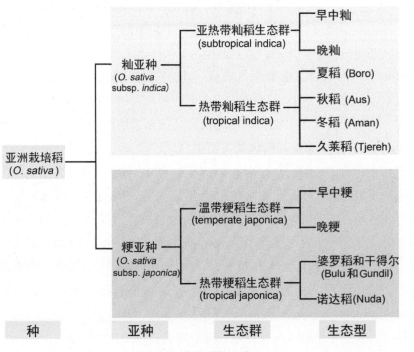

图 4-8　栽培稻的分类

　　这一分类方案有以下三个方面的优点，首先，它可客观地反映温带水稻品种与热带水稻品种之间的差异；其次，它将南亚水稻因不同季节、温度和水分条件而形成的几种熟期不同的生态型，与我国同样因季节不同而形成的早、中、晚稻生态型置于同一分类层次上，显得更为合理；最后，这一分类方案可以与丁颖对我国栽培稻的分类方案对接，将熟期不同的水稻进一步按水、旱和胚乳淀粉性质的差异做进一步的分类。

### 4. 有待进一步研究的问题

　　以上对栽培稻不同生态型的系统分类中，尽管已尽可能照顾到不同地区种植品种类型的特征与特性，但由于有些地区地理条件比较特殊或是研究资料尚不充分，对准确确定它们在分类中的位置尚有不少困难。例如，分布于巴基斯坦、伊朗和我国云南西南地区的镰刀谷，据程侃声等研究，它们的类型变异很复杂，从粒型上看它们都比较细长，但亲和性多数偏粳，且存在籼型或偏籼的类型（程侃声，1987；Yu et al.，1987）。这些变异产生的原因尚不清楚，因而在分类上，将镰刀谷不同亲和性类型的品种放在什么位置还缺乏依据。对这些不同类型的镰刀谷品种进行准确分类，还需深入研究。再如，对于目前在美国南部地区种植的长粒型光稃品种，虽然其与分布于我国云南省和老挝等地的光壳陆稻有些相似，但它们在来源上是完全不同的。目前，美国南部种植的长粒型品种，一般称其为长粒粳稻。这些光稃品种，是近代通过杂交选育而成的新品种，遗传上与南亚和我国云南山地的光壳稻无明显亲缘关系。亚洲的光壳稻多数为粳型旱稻，但也存在籼型类型（程侃声和才宏伟，1993；王象坤等，1984）。对于光稃品种的不同类型，还需要有更多的研究，才能为这一类水稻的分类提供更科学的依据。

　　由于水稻是重要的粮食作物，分布地域非常广泛，不同地区的地理和气候条件变化复杂，加上水稻本身具有很强适应环境的能力，因而栽培稻内部的变异类型极为丰富。在亚洲喜马拉雅山脉周边地区，如尼泊尔、不丹等地还有许多原始的栽培类型，对这些栽培稻品种或地方品种（landrace）如何准确分类，也有待进一步收集、整理，通过研究给出合理的答案。

## 第三节　栽培稻的传播

　　栽培稻在其起源中心被驯化以后是如何向外传播的，在向外传播过程中发生了哪些变化等，一直是受到稻作科学界广泛关注的问题。

由于水稻驯化远早于人类社会文字出现的时间，有关栽培稻在早期传播的路线，不可能从文字记载中获得答案。要捕获这方面的信息，主要还得依赖不同地区出土的水稻遗存，以及对栽培稻不同类群亲缘关系的研究提供的信息等。此外，在古人类学、古气候学和古地理学研究中，特别是在人类早期农耕社会的研究中，通过对已经积累的资料进行分析，也可以获得不少有价值的信息。

## 一、影响栽培稻传播的因素

水稻从其被驯化，到它向外传播的过程中，会受到许多因素的影响。有些因素是由水稻本身遗传特性决定的，有些则是外在因素。概括起来，对水稻传播产生影响的主要因素有三方面。

### 1. 起源中心的影响

作为人类最主要粮食作物之一的水稻，虽然集中栽培地区是在亚洲，但它早已被人类传播到世界各地，成了全球种植的重要作物。

前文有关栽培稻起源的论述中已经谈到，早期不少学者认为水稻起源于印度（Roschevicz，1931；Ramiah and Ghose，1951；Vavilov，1926），起源中心是印度东北部喜马拉雅山南麓，从阿萨姆邦到与其毗邻的中国云南、泰国、缅甸和老挝北部这一地区（Chang，1976，1985；Morinaga，1968；Watabe，1977，1987）。因此，过去有关栽培稻的传播都是以这一地区为出发点来认识的。

前面讨论过，栽培稻至少存在两个起源中心：一个是印度东北部喜马拉雅山南麓起源中心；另一个是我国长江中下游地区起源中心。因此，栽培稻从起源中心向外传播的途径，比想象的路线要复杂得多。

### 2. 人群迁徙的影响

栽培稻是人类祖先为适应粮食需求不断驯化的。水稻被驯化以后，逐渐成了主要的粮食作物，因而很自然会随着人群的迁徙而转移。引起人群发生迁徙的原因很多，最常见的是由民族、宗教矛盾或领土纷争导致的战争，从而引起的人群大规模迁徙；另一种是由自然灾害导致的人群迁徙。例如，19 世纪发生在爱尔兰的马铃薯晚疫病，曾导致 150 多万人因缺少食物而死亡，几百万人迁徙到海外。

我国历史上历经过多次朝代更迭，不同诸侯之间的摩擦和战争也经常发生，加上灾荒等，人群迁徙也很普遍。例如，目前散居于华南和东南亚国家的客家人，总人数达数千万之多。据考证，他们多数是从秦代开始，为躲避战乱而分批向南迁移，然后定居下来的族群。目前定居在云南丽江的纳西族，原为羌族人为躲避战乱而迁居至云南形成的一个民族。云南元江地区著名的元阳梯田景区一带生活的哈尼族也有类似的迁徙经历。哈尼族人民在那里构筑梯田种植水稻，可能与该民族迁徙前喜食稻米的习俗有关。

我国是世界上农耕文化产生最早的国家之一。在人群向外迁徙的过程中，将源于我国的水稻种质和稻作技术随之向外转移也是可能的。我国与东南亚国家山水相连、人种相似、文化相通，自古以来交往不断，也是海上丝绸之路的主要通道。水稻作为一种特别适合在热带、亚热带地区种植的作物，向这些地区的国家发展和推广是很正常的现象。据游修龄（1993）考证，我国古代长江以南的"百越人"早在公元前 300—前 200 年时已越洋出海。他们最初到达的岛屿是菲律宾的巴拉望岛，以后又到了沙捞越、苏门答腊和爪哇等地。这可以从这些地区出土的文物，如陶器和陶器皿的纹饰、墓葬习俗和铜鼓的传播路径等方面得到证明。百越人渡海南迁带去的文化中，除了与生活起居有关的日用品以外，还有水稻种质和稻作文化。

与我国东部相邻的朝鲜半岛和日本，它们与东南亚国家一样，自古以来就与我国有商业往来，他们的稻作文化同样来自我国。与东南亚地区不同的是，日本、朝鲜和韩国种植的基本上都是粳稻，这些粳稻品种最早均源于我国。这在日本众多著作中均有记载（Matsuo，1997）。

### 3. 文化传播的影响

文化源于生活，文化也是科学技术传播的载体。我国是世界稻作文化产生最早的地方，这一方面与我国是水稻的起源地之一有关，另一方面与我国古代文明产生较早有密切联系。从浙江余姚河姆渡出土的大量稻谷、干栏式建筑和在水田耕作中使用的早期农具表明，我国早在新石器时代便开始有一定规模的稻作农业，并开始有定居式的农耕生活。不仅如此，我国古代劳动人民在水稻生产实践中，发明和创造了许多对世界稻作科学具有深刻影响的新技术或新工艺，对推动稻作事业的发展起到了重要的作用。据 Chang（1976，1985）考证，早在公元前 1500—前 1100 年我国劳动人民便开始利用水牛作为水田耕作的畜力；公元前

1222 年，发明了在稻田周边修筑田埂，以蓄积雨水促进水稻的生长；公元前600—前500 年已经开始利用灌溉技术来种植水稻；公元前400 年已发明和利用特制的农具，如犁、铲和镰刀；以后又在大约1800 年前发明了育秧移栽技术；公元618—906 年发明了脚踩的龙骨水车，用于对稻田的灌溉等。所有这些新工具或新技术的应用，都对推动我国当时的水稻生产水平发挥了重要作用，也被我国周边地区的稻农广泛引进和采用。以上诸多技术革新或改进中，尤其需要指出的是，水稻育秧移栽和灌溉技术，以及以这一技术为中心的水稻系列栽培技术，这些技术被引进到日本、朝鲜、韩国和东南亚国家以后，成了这些地区水稻种植最基本的技术。时至今日，我国的水稻栽培技术对推动那些国家和地区水稻生产的发展仍然发挥着极为重要的作用。

伴随着稻作新技术和新工艺的向外传播，我国许多水稻品种也被引进到相关国家和地区，这可从糯稻品种的种植地区得到证明。

前文提到，我国是世界上最早有糯稻记载的国家。研究表明，糯稻品种胚乳中之所以只含有支链淀粉，是因为编码直链淀粉合成酶基因（$Wx$）序列中出现了一个23bp 的插入片段，致使该基因的终止密码子提前出现，而破坏了该基因的功能。据研究，目前我国常见的糯稻品种，包括 Watabe（1982）所指的"糯稻栽培圈"，即老挝、泰国、缅甸这 3 个国家的北部和我国云南省的西双版纳，其糯稻品种都属于这种类型。这说明，上述糯稻栽培圈里的品种都有可能是从我国传播过去的，或者是由这些品种与当地其他品种杂交的衍生后代。

## 二、栽培稻的传播路线

水稻作为一种粮食作物，它的传播受到起源中心周边地区地形地貌的影响，同时也与水稻不同类群对环境适应性的差异有关。地形地貌不仅会直接影响水稻的传播通道，也会因人群在不同区域间流动的难易，间接地影响水稻的传播。水稻不同类群对其生长环境适应性的差异，一方面会影响它们传播的方向，另一方面会对它在传播过程中可能发生的分化产生重要作用。

### 1. 基于单元起源中心的传播路线

前面已经论及，水稻的起源中心有单元起源中心和多元起源中心的争论。在发现水稻存在多元起源中心的可能以前，对于栽培稻的传播一直是以单元起源中心为依据的。在这方面以 Chang、Watabe、游汝杰和柳子明等提出的理论较为系统。

（1）张德慈提出的传播路线

张德慈认为当前在世界各地种植的水稻，除了非洲西部少量的非洲栽培稻以外，其他都来源于喜马拉雅山南麓起源中心，它们都属于亚洲栽培稻（Chang，1976，1985），我国各地栽培的水稻也不例外。他认为在起源中心最早出现的栽培稻是籼稻，粳稻是以后向外传播过程中分化形成的，这是由于喜马拉雅山南麓不少地区气候比较凉爽，在那里分化形成了偏粳型水稻。这些水稻分别向东、向南被引进到东南亚地区和我国南部，其中引进到我国长江流域的偏粳类型，进一步演化为真正意义上的粳稻，并继而引进到朝鲜半岛和日本。他同时认为，分布于印度尼西亚的 Bulu 型和 Gundil 型水稻，同样是由籼稻经人工选择形成的。以上由喜马拉雅山南麓到东南亚北部和我国云南这一起源中心诞生的栽培稻，从印度向南、向西又分别传播到了斯里兰卡和非洲，但是传播到那里的都是籼稻类型。

（2）Watabe 提出的传播路线

Watabe（1977，1987）同样从单元起源中心的理论出发，认为亚洲各地的水稻都是从同一个中心（即阿萨姆-云南起源中心）传播出去的。他将从这一中心传播到我国长江流域的粳稻称为"扬子江系列"品种，将传播到东南亚丘陵山地种植的粳型或爪哇型粳稻称为"湄公河系列"品种，将传播至印度、孟加拉国和东南亚平原地区的籼稻品种称为"孟加拉系列"品种，将传播至恒河流域北部山区的粳型品种称为"布拉马普特拉河-恒河系列"品种（图 4-9）。按照这一理论，我国南方稻区广泛种植的籼稻也应该属于孟加拉系列品种的类型。

前面已经提到，Watabe 提出的栽培稻的起源假说是以他对缅甸、印度、泰国等地古建筑所用的土基中的稻壳或籽粒的形态为依据的，这些土基的制作时间一般仅距今 2000 年左右。我国栽培稻出现的时间要比他调查的那些土基中残留的稻谷久远很多。就浙江省余姚市河姆渡遗址而言，该遗址中出土的稻谷已被证明距今 7000 年左右，比 Watabe 调查到的水稻遗物早 5000 年以上。在湖南澧县彭头山、八十垱遗址出土的水稻稻谷印迹，距今更达 8000 年左右。所以将我国的水稻归为由阿萨姆-云南起源中心传播出去的孟加拉系列品种（籼稻）或扬子江系列品种（粳稻）显然是缺乏依据的。

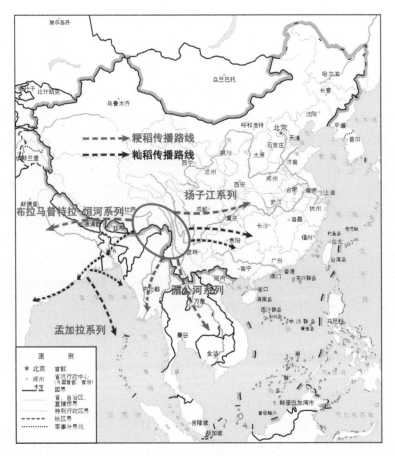

图 4-9  Watabe（1977，1987）对亚洲水稻起源及其传播途径的假说示意图

（3）游汝杰提出的传播路线

游汝杰（1980）从民族语言学的角度曾对我国栽培稻的传播途径进行过调查。他发现从华南到长江中下游地区，水稻生产地的农民普遍有称稻为"禾"的习惯，而从云南向北经贵州到四川一带，稻农则有称稻为"谷"的习惯。因此，从栽培稻起源于越南-老挝-中国云南的观点出发，认为水稻在我国的传播存在着东、中和西三条路线。其中东侧和中间的两条路线为"禾"的路线，西侧路线为"谷"的路线。由于这一理论并没有得到考古学和分子生物学的支持，因而图 4-10 所表示的传播路线及其传播方向是值得商榷的。不过，图中所标出的称稻为"禾"的地点，比较集中出现在我国的东南部；称稻为"谷"的地点，比较集中出现在中西部。在长江中下游地区出现了较多的交叉现象，这在一定程度上反映了我国不同民族的语言特点，也很可能与不同部族或人群之间的迁徙和流动方向有关。

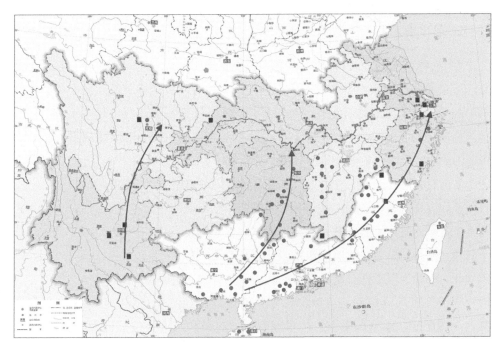

图 4-10  稻的方言与稻作文化传播途径的关系（游汝杰，1980）
● 禾；■ 谷；♠ 稻

需要指出的是，以上张德慈、Watabe 和游汝杰等对栽培稻在我国传播途径的看法，都是建立在水稻是单元起源基础之上的。起源地点在不同学者之间虽有不同，但比较集中于喜马拉雅山脉以南，从印度阿萨姆邦到我国云南南部，以及与之毗邻的地区。前面第三章已经谈到，这一起源理论虽然有一定的道理，但也存在着明显的缺陷。

（4）柳子明提出的传播路线

柳子明认为栽培稻起源于云贵高原。从云贵高原发源的有多条大河大江，其中包括东西流向的长江、黄河，南北流向的澜沧江、怒江等。他认为水稻便是以这些河流为通道，分别向东、向南传播到亚洲各地的。这一理论亦是以单元起源中心为依据提出的。如前所述，基于单元起源中心的传播方向本身就有问题。而水稻起源于云贵高原的理论更有明显的局限性。不过，由于我国云南省的南部地区，毗邻缅甸、老挝，与孟加拉国和印度东北部的阿萨姆邦也很相近，特别是生活在云南的居民，自古以来与周边地区就有很频繁的经济和交通往来，进一步由边疆向我国内地传播是可能的，但这不可能是我国大面积栽培稻的主流。

## 2. 基于多元起源中心的传播路线

近二十年来的考古研究和水稻基因组研究表明，水稻的起源至少存在两个中心：一个为喜马拉雅山南麓起源中心；另一个为我国长江中下游起源中心。从这两个起源中心起源的既有籼稻又有粳稻。因此，栽培稻在起源上是多元的。

从两个起源中心的地理位置上看，前一个起源中心位于印度东北部喜马拉雅山南麓阿萨姆邦及与其毗邻的地区，后一个起源中心是我国长江中下游地区。这两个中心之间有喜马拉雅山、南岭等山系相隔，东西又有横断山脉相阻，交通极为不便。我国和印度都是文明古国，栽培稻在我国和印度出现的时间都可追溯到 8000 年之前甚至更早的时候，我国栽培稻出现的时间比印度要早 2000 年左右。因此，在那个时代，无论是出现在我国的还是印度的栽培稻，都不可能是相互引种的结果。既然如此，起源于以上两个起源中心的栽培稻都有独立向外扩展的可能。

我国长江流域和黄河流域自古以来就是最早的两个农业中心。那里气候温暖，土壤肥沃，水资源丰富，为早期农业的起源和发展提供了极为优越的条件。以上两大流域之间，由于地势平坦，人类迁徙和物资交流十分频繁，作物品种的交流自然也会十分通畅。自长江中下游地区向西，由于有长江水系的沟通，水陆交通非常便捷，加上气候和水文条件相似，水稻从起源中心向西拓展也是十分容易的。

基于以上分析，不难判定，在东亚地区，包括我国、日本、朝鲜和韩国最早的栽培稻，无论是北方粳稻还是南方籼稻，都应该来自长江中下游这一起源中心。与之相对应的是，在印度及其周边地区最早出现的栽培稻，无论是南部的籼稻，还是北部偏粳型的水稻（包括旱稻），都应该是从喜马拉雅山南麓、印度东北部的阿萨姆邦（即恒河-布拉马普特拉河流域）这一起源中心传播过去的。

需要说明的是，水稻从以上两个起源中心分别向外传播，并不排斥以上两个起源中心之间相互渗透和交流的可能性，但这只能是在传播过程中和传播以后发生的事情。图 4-11 显示了我们推测的栽培稻自两个起源中心向外传播可能经过的主要路线。

长江中下游起源的水稻在向西拓展的同时，起源于阿萨姆-云南的水稻，也有随长江、西江等水系向东、向北传播的可能。如果是这样，那么它们会在长江中上游的四川、云南和广西等地，与由长江中下游向西扩展的水稻品种汇合。由于长江流域地处温带与热带气候的交融地带，籼、粳稻都能正常生长，因而远古时代便形成了两种水稻在这里交错分布的格局。这可从长江中上游的屈家岭、放鹰台等遗址出土的水稻遗迹，以及在江汉平原发掘的属于龙山文化的水稻遗址得到证明。这些遗址中出土的水稻既有籼稻也有粳稻，与长江中下游地区籼、粳兼有的情况十分相似。

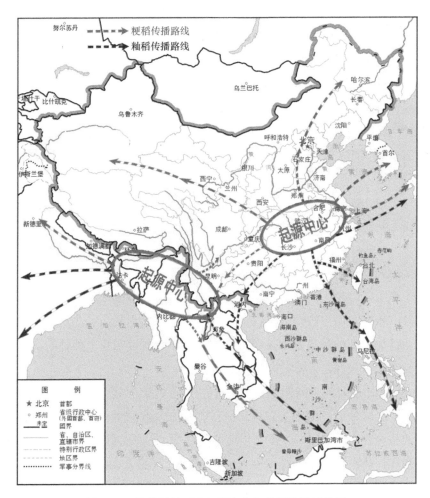

图 4-11　栽培稻的两大起源中心与传播路线示意图

（1）栽培稻向南亚和东南亚的传播

南亚的印度、巴基斯坦、孟加拉国和整个东南亚地区都有大面积水稻栽培。这些地区种植的水稻主要是籼稻，也是全世界籼稻分布最集中的地区。不过，在这一地区的丘陵山地和北部靠近我国云南与喜马拉雅山脉南部地势较高的地区，则种植较多的粳稻品种，其中多数是旱稻或雨育稻。

这些地区地势北高南低，有多条南北走向的河流通过，它们大都发源于我国云南和西藏的横断山脉及喜马拉雅山高地。例如，西藏的雅鲁藏布江是由西向东流向的河流，至墨脱附近急剧拐弯向南，流至印度境内即为布拉马普特拉河，这是印度东北部最重要的河流。源于云南横断山脉的怒江，向南流至缅甸即为萨尔温江；我国云南发源的另一条河流澜沧江，向南流经老挝和越南即为湄公河。这些河流加上印度北部的恒河和缅甸的伊洛瓦底江等，不仅为水稻在这些地区间的传播提供了便捷的通道，也提供了充沛的水资源，在这里形成适于栽培稻种植的大片冲积平原。

受地理位置和热带亚热带气候条件的影响，起源于印度东北部阿萨姆邦布拉马普特拉河流域的水稻，向南、向西和向东传播都具有得天独厚的条件。一般认为，目前在南亚印度、巴基斯坦、斯里兰卡和孟加拉国等地栽培的籼稻均来源于这一起源中心。

自阿萨姆邦向北传播的水稻，由于这些地方地势偏高，气候相对比较凉爽，因而演化成了粳型品种，其中包括粒型细长的粳型旱稻镰刀谷 Nuda。在印度中东部奥里萨邦（Orissa）的杰普尔（Jeypore）地区，由于该地区特殊的地形条件，形成了许多彼此隔离的生态环境，种植的水稻籼、粳都有，而且还分布有野生稻和介于野生稻与栽培稻之间的类型。一般认为，那里是印度水稻的一个次级变异中心（程侃声和才宏伟，1993；Watabe，1977）。该地栽培的有些品种名称，与阿萨姆邦或西孟加拉邦的品种名称雷同，这也从一个侧面说明那里种植的水稻品种至少有相当一部分来源于北部的起源中心。

据 Watabe（1977，1987）的调查，印度不少地区种植的水稻，800—1500 年前存在着一个先粳后籼的变换过程。他在调查印度用于建造佛教寺院或佛塔土基中掺入的稻壳形态时发现，1500 年以前的土基中，许多水稻谷壳都是短圆粒型的，说明当时在周边地区种植的都是粳稻。而在 1000 年前以后，细长粒型籼稻开始占主导地位。说明这些古建筑周边地区种植的水稻已发生了变化。发生这一变化的原因，Watabe 认为与水稻种植地区水利条件的改善有关。因为粳稻根系发达，比较耐旱，在缺乏灌溉条件的地区，种植粳稻的产量比较稳定。水利条件改善以后，由于籼稻比较耐瘠，在有灌溉条件下产量较高，因而农民也就逐渐改种籼稻。由于印度地处热带、亚热带地区，平原地区一般温度偏高，籼稻比较适应温热的气候环境，这也是印度稻农扩大籼稻种植面积的一个重要原因。这与我国形成南籼北粳的状况在相当程度上是一致的。

东南亚地区的缅甸、泰国、老挝和柬埔寨，水稻种植也有很久远的历史。这一地区由于地处热带，水稻生长季内温度较高，大面积种植的水稻都是籼型品种。Watabe（1977）认为，那里的籼型品种都由印度传入，并将其称为孟加拉系列品种。

但是，东南亚地区与我国山水相连，人种相似，文化相通，自古以来人员往来十分频繁，不少居民是从我国迁徙过去的。可以推测，随着迁徙人群的南下，作为粮食作物的水稻自然也会随着他们一起进入。因此，源于我国长江中下游地区的栽培稻很自然地会被传播至东南亚地区。从品种类型上分析，从我国南部传到东南亚的水稻，开始阶段可能会有籼有粳，但最终适应这一地区气候条件的多数是籼型品种，因为这类品种更能适应那里湿热的气候条件。

综上分析，东南亚地区种植的籼稻从来源上讲，很可能是混合的，既有印度品种的血缘，也有我国品种的血缘，这两类品种汇合在一起，相互渗透，并进一步向南太平洋地区扩展。由于南太平洋地区岛屿很多，不同岛屿种稻地区的地形地势和气候特点也不相同，水稻经过长期适应和选择，也会产生新的分化。在印度尼西亚与马来西亚广泛分布的 Tjereh、Bulu 和 Gundil 等生态型水稻可能就是通过这一途径形成的。

（2）栽培稻向朝鲜半岛和日本的传播

朝鲜半岛和日本是我国东部的近邻，也是以稻米作为主粮的亚洲国家和地区。这里栽培的水稻主要是粳稻（韩国有少量的籼稻栽培）。从来源上说，这里种植的粳稻都是从我国传播过去的。

据日本科学家考证，水稻从我国东传至日本是在弥生时代（公元前300年至公元250年），或更早一些。水稻从我国东传的路线可能有三条：第一条是从我国太湖流域经长江口，出海经日本对马岛，再传播到九州北部，这是一条比较近的传播路线，也称中部路线；第二条是从山东半岛南部出海，经朝鲜半岛南部，再东传至日本，这一条路线称为北部路线；第三条可能的路线是从我国华南经海路直接传至日本。在中世纪时代，日本南部曾经有不少籼稻栽培，推测这些籼稻来自我国南方，这条路线称为南部路线。粳稻由中部路线传至日本的可能性最大，因为在日本九州北部出土的半月形石镰，与在我国长江下游和朝鲜半岛南部出土的石镰十分相似，推测这是古代稻农用于收割水稻的一种工具（Ishige，1978；游修龄，1993）。此外，九州出土的磨光石锛和石斧，也与我国长江下游太湖地区出土的石锛和石斧相似。

无论通过哪一条路线，由我国传至日本的水稻，首先到达的地点都是九州北部的佐贺。因为这些地方离我国最近，气候、土壤和水分条件也比较适宜水稻生长。从这些地方出发，水稻逐渐向北扩展，在弥生时代早期到达宫城和青森，在弥生时代中期到达本州，但到17世纪才推广到北海道地区（Matsuo，1997；Nayar，1973）。自此以后，从北到南水稻逐渐成为日本的主要粮食作物（Takahashi，1997）。

（3）栽培稻向美洲的传播

亚洲栽培稻传至美国发生在17世纪。最早将水稻传到美国的是荷兰商船的使者，他们在1660年从非洲马达加斯加将长粒型籼稻带到了美国南卡罗来纳州，并在那里开始种植。1685年在南卡罗来纳州的查理斯顿（Charlestone），第一次将水稻列入作物品种试验。以后在东部的大西洋沿岸地带逐渐扩大试种，在南北战争结束以后逐渐向西推广。目前，美国水稻栽培区主要有两个：一是密西西比河三角洲的4个州，即路易斯安那州、得克萨斯州、密西西比州和阿肯色州；另一个是西部的加利福尼亚州。前4个州主要种植长粒型粳稻，而加利福尼亚州主要种植中短粒型水稻。近年来，长粒型水稻在加利福尼亚州也有扩张趋势。

与亚洲水稻一般按籼、粳分类不同的是，美国的水稻是按粒型进行分类的。根据糙米的长度和长宽比，将水稻分为长粒型、中粒型和短粒型三类（表4-8）。其中，长粒型米主要用于加工成蒸谷米，或经膨化后作为早餐谷物之一；中短粒米则作为一般蒸煮食用。目前，美国水稻生产上种植品种的另一显著特点是光稃和光叶，这是育种家定向选择的结果。由于稃毛和叶毛在收获与加工过程中会产生许多粉尘，因此美国水稻育种家采用光稃品种作为供体亲本与普通品种杂交，后代中经连续定向选择，育成了光稃和光叶的品种类型。早期选育光稃品种过程中，曾发现光稃性状与水稻苗期的繁茂性相关，光稃类型的繁茂性一般比毛颖类型差。通过多年的努力，目前育成的光稃品种的繁茂性已经明显改善。但是品比试验表明，后代毛稃类型的分蘖能力仍比光稃类型强，繁茂性更好。从系谱上分析，美国南部长粒型品种的主要亲本，除了最早引自非洲马达加斯加的籼稻品种Carolina以外，还有引自菲律宾的籼稻和我国台湾的粳稻品种。育成的品种虽然保留了长粒型特征，但它们都具有粳稻的主要特征。例如，直链淀粉的含量一般都在20%左右，

表 4-8　美国水稻长粒型、中粒型、短粒型的分类

| 品种类型 | 糙米长（mm） | 糙米长宽比 |
| --- | --- | --- |
| 长粒型 | >6.61 | >3.0 |
| 中粒型 | 5.51—6.60 | 2.1—3.0 |
| 短粒型 | <5.50 | <2.1 |

比典型籼稻品种要低得多，亲和性上也偏粳型，因而一般称这类品种为长粒型粳稻。加利福尼亚州栽培的中短粒型品种的亲本主要来源于我国和日本的粳稻品种，推广的品种除无稃毛和叶毛以外，其他主要性状与一般粳稻品种类似。

3. 传播至不同地区后形成的变异类型

栽培稻作为一种主要的谷类作物传播到不同地区，由于传播地居民对稻米品质的不同喜好，或者地理、气候和生态适应性上的一些原因，经过当地选择、杂交和改良，会形成新的品种或类型变异。以美国为例，目前美国已成为水稻的重要生产国之一，但不是水稻的原产地。据记载，美国最早种植的水稻是 17 世纪从马达加斯加引入的 Carolina，它是一个籼型品种。以后引进的主要品种包括粳型品种 Colusa 和 Caloro，这两个品种都是 19 世纪初引入的。其中 Colusa 引自意大利，但它原产于我国，Caloro 则是从日本品种 Wase-wataribune 中选出的。除了从我国和日本引进水稻品种以外，美国也从菲律宾等东南亚国家引进水稻品种资源，它们大部分作为杂交亲本用于品种的改良。

由于稻米在美国多数地区并不是居民的主粮，它们常被用来作为早餐膨化谷物的原料，或加工成蒸谷米，因而要求稻米的直链淀粉含量在 20%—22%，但一般籼、粳品种中很少有这样的类型。另外，在加工过程中，由于稻叶和稻谷表面的绒毛会产生的大量粉尘，因此，美国育种家引进了光稃光叶品种资源，再通过与籼、粳杂交，育成了光稃光叶的长粒型品种，如 Balle Patna、Blue Belle 等。目前，美国南部地区生产稻米的几个州，如得克萨斯州（Texas）、路易斯安那州（Louisiana）和阿肯色州（Arkansas），种植的基本上都是这一类品种，它们粒型细长，但亲和性似粳，是一种比较特殊的长粒型粳稻。在美国西部的加利福尼亚州（California），这类品种的种植面积也有扩大的趋势。

我国台湾 19 世纪以前种植的水稻主要是籼型品种。但 20 世纪以后，由于喜食粳米的人群逐步增加，通过引进粳稻品种，与不感光的籼稻品种杂交，育种家逐步选育出了对日照长度不敏感的粳稻，称为蓬莱稻。这些品种一般基本营养生长性较强，生育期比较稳定，大多属于中晚熟类型。这与在我国大陆种植的一般中晚熟粳稻品种有明显差异，也可以认为它们是粳稻品种中的一种新类型。

我国云南省的地方品种一般具有高秆大穗的特点，这显然与云南地处高原、紫外线照射比较强烈有关。一般矮秆品种在高原环境下，因生长量不足而难以获得较高的产量。

# 第五章　水稻的基因符号和连锁群

20 世纪以来，随着遗传学的迅猛发展，水稻重要性状的遗传研究也取得了长足进展。这些性状涉及产量、品质、生物和非生物抗性等，为水稻遗传改良奠定了重要的理论基础。

## 第一节　基　因　符　号

基因符号是遗传研究中对控制目标性状的遗传基因赋予的一种标记，通常用英文字母来表示。规范基因符号的命名，不仅有助于科学家之间进行遗传信息的交流，也有利于育种家对这些基因的高效和广泛利用。

### 一、基因符号命名的简要历史

早期对水稻性状的遗传研究是从最易鉴别的性状开始的，如内稃、外稃的颜色，芒的有无，植株的高矮等。人类早期对水稻的驯化和改良也是从野生稻的性状变异开始的。虽然经历了很多人工驯化与选择，但是由于缺乏遗传学理论的指导，也无文字记载，这些早期的水稻研究均无据可循。根据 Ramiah（1964）的报道，最先发现水稻性状表现为孟德尔式遗传现象的是 van der Stok，他于 1908 年在印度尼西亚发现。随后 Parnell 等（1917，1922）在印度哥印拜陀（Coimbatore）也报道了花青素着色性状的连锁和交换现象。此后，受孟德尔遗传理论的影响，有关水稻性状遗传研究的报道越来越多，这些性状涉及叶色、稃色、护颖色、叶耳色、叶舌色、稻米色、胚乳糯性与非糯性等（Nagao，1936）。在这些研究中都采用了不同基因符号来代表相关的性状。为方便交流，Yamaguchi（1926，1927）对水稻 43 种性状相关基因符号的命名提出了建议，并发表了这些基因符号。此后，水稻遗传研究中被调查的性状以及相应的基因符号越来越多。从形态性状到生理性状，从简单性状到复杂性状，随着研究人员和研究性状的增多，不同研究者对基因符号的命名方法尚不统一。控制同一性状的基因采用了不同的基因符号，或者同一基因符号代表不同基因的现象经常发生，严重阻碍了不同科学家之间的信息交流。以胚乳性状为例，不同科学家对糯性胚乳命名的基因符号有 5 个之多（表 5-1）。

表 5-1　水稻胚乳糯性性状曾采用的基因符号

| 性状名称 | 基因符号 | 作者 |
|---|---|---|
| 糯性 | *m* | Yamaguchi，1918 |
| 非糯性 | *u* | Takahashi，1923 |
| 淀粉质地 | *am* | Yamaguchi，1927 |
| 糯性 | *gl* | Chao，1928 |
| 糯性 | *g* | Enomoto，1929 |

为了解决水稻基因命名过程中的混乱现象，联合国粮食及农业组织（Food and Agriculture Organization of the United Nations，FAO）国际水稻委员会（International Rice Commission，IRC）于 1954 年成立了美国科学家 Jodon（召集人）、日本科学家 Nagao 和印度科学家 Parthasarathy 组成的三人小组，负责起草统一的国际水稻基因符号命名方案，并于 1959 年发布了第一批水稻的基因符号方案。这一方案共列出了 88 个基因符号，如白化基因（隐性）为 *al*、有芒基因（显性）为 *An* 等。

1960 年，国际水稻研究所（International Rice Research Institute，IRRI）在菲律宾成立。1963 年，在该研究所召开的水稻遗传学和细胞遗传学讨论会上，为推进水稻基因符号命名规则的制订，提出能被各国科学家接受的水稻基因符号，经 Kihara、Jodon、Ramiah 和张德慈等共同讨论，决定由国际水稻研究所张德慈与美国科学家 Jodon 共同负责，收集和协调相关科学家的建议，依据基因命名国际委员会（International Committee on Genetic Symbols and Nomenclature，ICGS）的命名规则，提出相应的水稻基因符号及其命名规则。但是，要更正以前由不同科学家已经命名而又彼此不同的基因符号仍是一件难事，因此相关工作的进展非常缓慢。

水稻作为世界上最重要的粮食作物，第二次世界大战结束以后，特别是在国际水稻研究所成立以后，水稻遗传研究发展非常迅速，统一水稻基因符号及其命名规则已成为水稻科学界的当务之急。为此，在 1985 年国际水稻研究所召开的第一届国际水稻遗传学研讨会上，重新成立了由 5 位科学家组成的水稻基因符号和连锁群委员会（Committee on Gene Symbolization Nomenclature and Linkage Group），该委员会由日本学者 Kinoshita 任召集人，成员包括我国的吴信淦、印度的 Seetharaman、美国的 Rutger 和国际水稻研究所的 Khush。经过该委员会专家的讨论，制订出了正式的水稻基因符号、染色体和连锁群的命名规则，并公布了经过认定的水稻基因符号。按照规定，各国科学家新发现的水稻基因均须按这一规则进行命名，所有被命名的水稻基因及其相关遗传信息都需要报水稻基因符号和连锁群委员会审查登记，同时在国际水稻研究所出版的 *Rice Genetics Newsletter*（简称 RGN）上定期发布。从此以后，水稻基因符号的命名走上了国际统一的轨道。

## 二、水稻基因符号的命名规则

国际水稻基因符号和连锁群委员会成立以后，对基因符号的命名制订了统一的规则，该规则发布在 1986 年的 RGN 上，并以此作为水稻基因符号命名的依据。归纳起来，这一规则规定了以下 8 点。

1）基因名称用英文字母表示，研究结果应有足够的证据支持。

2）基因符号用斜体格式，字母以 2—3 个为宜。已被广为应用的基因符号可以保留（如色素原基因 *C*、活化基因 *A*、糯性胚乳基因 *wx* 等）。

3）为了避免混淆，显性基因用大写字母表示，隐性基因用小写字母表示。如果两个等位基因是共显性的（或表达水平是等同的），或者它们的显性表现不稳定，则可根据研究者的意见，将大写字母给予其中某一等位基因。

4）标准或野生型的等位基因，可在基因符号的上方加上"+"的标志。如果相关基因有明确所指时，正常等位基因也可简单地以"+"符号表示，如（"+"和"$al^+$"）等。

5）同一基因位点的复等位基因，可在基因符号的后面加上数字或者字母上标，如 $d\text{-}18^+$、$d\text{-}18^k$、$d\text{-}18^h$ 等。

6）如果被发现的基因并非等位基因，并且它们的效应无法从表型上加以区别时（包括重复基因和互补基因），这些基因可以用同一字母。不同基因之间可以添加数字或字母以示区别，这些数字或字母也可与前面的基因符号以短横线隔开，如 *d-1*、*d-2*、*d-3*，或 *d1*、*d2*、*d3*、*H1-a*、*H1-b* 等。

7）抑制子、增强子或修饰基因可以分别用 *I*、*Su*、*En* 和 *M*（如果是显性），或者 *i*、*su*、*en* 和 *m*（如果是隐性）来代表，其后添加一个短横线以及被修饰的目标基因，如 *I-pl-1*、*Su-gi* 等。

8）如果某一新发现的基因与已知的某些基因表现有类似的遗传效应，但它的基因位点尚不清楚，可以在基因符号后面加上一个（t）来表示，如 *d-50*（t）。一旦这一基因与其他基因的等位关系明确以后，这个附加的（t）就可以被取消（Kinoshita，1986）。

以上规则颁布以后，得到了各国水稻遗传研究工作者的普遍认可，对于水稻遗传研究成果的交流与推广发挥了十分重要的作用。据不完全统计，至 1986 年，在国际水稻基因符号和连锁群委员会登记并获得公布的基因符号，涉及 29 种性状的 514 个基因（Kinoshita，1986）。在 1995 年国际水稻研究所召开的第三届水稻遗传学讨论会上，发布的基因已达 730 个以上。

# 第二节　水稻连锁群的研究

众所周知，核编码基因都位于染色体上。尽管控制生物性状发育的基因有很多，但它们所处的染色体数量是有限的。就水稻而言，单倍体水稻染色体仅为 12 条（$n=x=12$）。因此，同一染色体上携带基因的数目必然是很多的。这些基因在细胞分裂过程中随着染色体的复制而复制，并随染色体的分离而分离。同一染色体上不同基因表现为连锁遗传的特点，位于同一染色体上的众多基因构成一个独立的连锁群。

## 一、水稻连锁遗传现象的发现

在水稻性状遗传研究中，不同性状之间的连锁遗传现象很早就被发现了。据美国 Jodon 调查，最早发现水稻不同性状表现连锁遗传现象的是印度科学家 Parnell。1917 年，Parnell 报道了水稻稃尖色与节间色之间存在着连锁遗传的现象。1921 年，日本科学家 Yamaguchi 将水稻品种神力与乌糯杂交，报道了水稻色素原基因 *C*（当时以基因符号"S"表示）与糯性基因 *wx*（当时以基因符号"M"表示）之间存在连锁遗传现象。之后，日本科学家 Takahashi（1923）、我国水稻遗传学家赵连芳（Chao，1928）也分别报道了这两个性状基因之间的连锁遗传现象。由于色素性状在水稻不同组织和器官中普遍存在，在 20 世纪 30 年代就已有不少有关色素性状的报道，都与不同性状的连锁遗传相关。色素原基因 *C* 的存在，可使茎节、叶鞘、稃尖、柱头等器官都出现紫色性状，很容易被误认为是不同基因存在的连锁遗传现象，以后的研究证实那是同一基因在不同部位的表现，而且还有其他基因的参与。

## 二、连锁群研究的复杂性

连锁遗传是一种非常普遍的遗传现象。20 世纪 60 年代，由于绝大部分水稻基因尚未完成染色体定位，因此连锁群的构建工作进展非常缓慢。水稻有 12 对染色体，任何两个相对性状有差异的个体之间进行杂交试验，控制这两对性状的基因位于同一染色体上的概率都仅为 1/144。虽然连锁遗传现象并不鲜见，但要确定由哪些基因构成一个连锁群并不容易。另外，在连锁群研究中，不同性状往往会受到遗传复杂性的影响，其中最常见的影响是基因多效性（pleiotropy）和基因互作（gene interaction）。基因多效性的存在或者不同基因间的相互作用，都会给杂交后代性状分离的调查与统计带来困难，进而影响对连锁效应的评判。在不同基因的多效性和互补性同时存在的情况下，杂交后代性状分离的类型与比例将更加复杂。

在连锁遗传研究中，能够应用的标志性状，除了表型上易于鉴别以外，相关基因的表达还必须满足不影响个体正常生长发育和相互杂交能力的要求。例如，水稻无叶舌性状虽然是一种容易鉴别的性状，分离模式也很简单，但是在杂交后代中，无叶舌性状个体的种子发芽力明显偏低，从而会影响杂交后代性状分离比例的准确统计。因此在连锁群构建工作中，应尽量选择既能表现典型的孟德尔遗传分离方式，又能保证后代个体发育能力不受影响的性状进行研究，确保研究结果的准确性与可靠性。

## 三、连锁群研究简要发展过程

早期对连锁群的研究中，由于基因的染色体定位尚处于空白阶段，因而对连锁群的分析主要依据被分析基因与连锁群上其他标志基因之间的遗传关系。这些被研究的性状要求遗传模式简单（没有基因多效性的存在），彼此间要互相独立（不表现有基因互作现象）。例如，1936 年，Nagao 确定的第一个水稻连锁群为糯性群，该连锁群中的糯性胚乳是一个标志性状。为了筛选位于不同连锁群的标志性状，需要在确定表现有简单孟德尔式分离的基础上，对具有不同相对性状的个体通过大量杂交试验进行筛选。Nagao 和 Takahashi（1960）对 23 种基因控制的性状配置了 217 个组合的杂交试验，从中发现明确表现有连锁遗传现象的基因组合只有 13 个，平均每 17 个组合中才可发现 1 个组合的相对基因间存在连锁遗传现象。即使如此，以上被确定为连锁遗传的基因，也有被进一步的遗传研究发现并不位于相同染色体的情况。因此，在水稻遗传研究发展初期，对于每一个连锁群标志性状的筛选及连锁群的确立，都经历了一个很十分困难与长久的摸索过程。

连锁群研究不仅在遗传上有重要理论意义，对育种研究也有重要指导价值。自 20 世纪 30 年代以来，以建立水稻连锁群为主的遗传研究，一直受到世界范围内的普遍重视。日本、印度和美国多位科学家投入了许多精力从事这方面的研究。例如，日本北海道大学的 Nagao（1936，1951）、Nagao 和 Takahashi（1947，1960）、Takahashi（1923，1964），美国的 Jodon（1948），印度的 Ramiah 等（1935），以及我国水稻遗传学家赵连芳（Chao，1928）等，在连锁群建立方面做了许多开创性的工作。以赵连芳为例，他对水稻连锁群研究的主要贡献表现在两个方面：一是发现糯性胚乳与稃尖色、芒色、颖色、柱头色之间的连锁遗传现象，并通过杂交试验，对稃尖色和糯性胚乳两个性状控制基因之间的遗传距离进行了较为精确的测定。二是发现长护颖基因与粒长基因之间存在连锁遗传现象。在对色素性状的遗传研究中，他还发现水稻不同器官的着色性状，如柱头色、叶鞘色、稃尖色、果皮色及叶舌颜色之间在遗传上存在着联系。近年来，随着水稻色素性状控制机制的逐步解析，发现这些器官色素性状的表现都受到色素原基因 $C$、活化基因 $A$ 和扩展基因 $P$ 的控制，它们有共同的遗传调控机制。

随着研究资料的积累，建立的连锁群数量也逐步增加。Jodon（1948）依据不同研究者的结果建立了 8 个独立的连锁群。Nagao 和 Takahashi（1960）经过多年努力，于 1960 年首次提出与单倍体水稻染色体数相同的 12 个连锁群方案。该方案在创建当初存在多个明显的缺陷，例如在每个连锁群上包含基因的数目较少，其中，只有 1 个连锁群含有 6 个基因，4 个连锁群含有 3 个基因，5 个连锁群含有 2 个基因，另外 2 个连锁群是依据与上述连锁群表现独立遗传的 2 个基因确定的，因此它们只含有 1 个基因。尽管这一连锁群方案当初很不完善，但是对于水稻遗传研究的价值还是很大的，为水稻连锁群的最终确立奠定了非常重要的基础。1963 年，Nagao 和 Takahashi 重新调整了水稻 12 个连锁群的方案，这一方案主要是依据粳稻品种遗传研究结果建立起来的（Nagao and Takahashi，1963；Takahashi，1964）。三年以后，印度的 Misro 等（1966）以籼稻品种为研究对象也建立了 12 个连锁群的方案。在以上两个方案中，连锁群的编号都以罗马数字为序，12 个连锁群分别命名为第 I、II、III、…、XII连锁群。每个连锁群涉及的性状和包含的基因数目均比早期方案有了很大改进。但是两个方案之间也存在不少分歧。

除了连锁群内两基因座之间的遗传距离常有不同以外，基因间的排列顺序也有不少差异，并且在两个方案之间有 3 个连锁群缺乏能够相互印证的遗传学证据（Kinoshita et al.，1975）。产生这些分歧的原因主要有两个方面：一是在很多情况下，被研究的性状并不表现典型的孟德尔遗传方式，导致杂交后代中性状分离的结果十分复杂，给分析结果带来了严重干扰；二是当时对连锁基因的分析结果缺乏水稻细胞学方面研究的支持，由于当时对水稻染色体还无法一一鉴别，因此标记基因与染色体之间的对应关系，以及它们所在染色体的位置都无法准确确定。为了系统解决这些问题，在水稻连锁群研究中，充分利用染色体相关研究证据的支持，显得十分重要。从 20 世纪 70 年代开始，经过 Iwata、Omura 和 Kinoshita 等的努力，以水稻初级三体和相互易位系等细胞遗传材料为工具，通过对水稻各连锁群标志基因与染色体关系进行深入分析，重新建立了上述方案中 3 个不明确的连锁群。至 20 世纪 80 年代初，与单倍体水稻染色体数相符的 12 个连锁群才被重新建立起来（Iwata and Omura，1975，1976a，1976b；Kinoshita，1986）。但其中有些连锁群与染色体之间的对应关系尚有疑问。1990 年，在菲律宾国际水稻研究所召开的第二届国际水稻遗传学与细胞遗传学讨论会上，经过国际水稻研究所和日本、中国、印度、美国等国科学家的共同努力，才正式建立并公布了水稻 12 个连锁群与染色体的对应关系。从此水稻连锁遗传的研究进入了快速发展的阶段。截至 1995 年，各连锁群上含有基因数量的总和达 185 个，它们在连锁群上的位置及其调控的性状可见图 5-1。

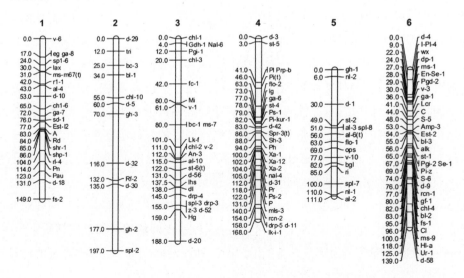

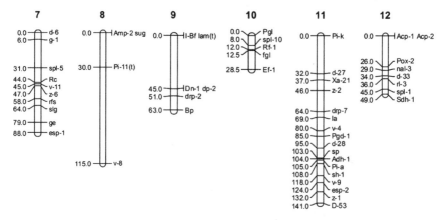

图 5-1　水稻标志基因连锁群图谱

根据 Kinoshita（1995）整理

## 第三节　水稻染色体与连锁群间的对应关系

20 世纪 50 年代以后，随着水稻遗传研究的发展，由于相互易位系（reciprocal translocation line）和初级三体（primary trisomic）等遗传材料相继被发现，因而有条件在水稻细胞学研究中开始对水稻各染色体的形态特征开展研究。当时在水稻细胞学研究中所采用的染色剂和制片技术也都有了长足的发展，因此利用上述细胞遗传研究材料，对水稻核型和染色体鉴别研究也慢慢发展起来。这方面的研究既可以进行目标基因的染色体定位，加速连锁群研究的发展，又可借助杂交试验，通过不同连锁群的标志基因系，研究连锁群与水稻染色体之间的对应关系。相关研究成果对水稻品种的遗传改良有着重要的指导意义，因而受到水稻科学家的广泛关注。

### 一、水稻染色体的鉴别

要确定连锁群与染色体之间的对应关系，首先要对水稻染色体组内各染色体特征有清晰的了解，这就需要对水稻染色体进行详细的核型（karyotype）分析。

20 世纪 60 年代以前，对于水稻染色体的核型分析都是采用根尖细胞有丝分裂前中期染色体进行的。对水稻各染色体区分的依据主要包括它们的长度、臂比、随体的有无等。Kurata 和 Omura（1978）以粳稻品种日本晴根尖细胞为材料，获得了较为清晰的有丝分裂前中期染色体图像。以不同染色体的长度为依据，从最长到最短，分别将 12 个染色体命名为 K1、K2、K3、…、K12。但是，由于水稻染色体比较短小，染色较深，着丝粒（centromere）的位置常常不能准确分辨，因此不同染色体臂比值的测定十分困难，导致不同研究者所得研究结果之间很难相互印证，给不同染色体的准确识别带来了很大难度。20世纪60年代以后，由于水稻花粉母细胞减数分裂粗线期染色体制片技术的改进，以粗线期染色体进行核型分析的技术逐步得到完善。Shastry等（1960）依据粗线期染色体的特征分析，获得了水稻12个染色体的核型数据和相应的命名方案。此后，Hu（1960）、Sen（1963）、Misra等（1967），以及Hu（1968）等都对水稻粗线期染色体的核型分别做了详细研究。但是，由于粗线期是减数分裂前期Ⅰ的一个阶段，不同染色体的形态均处于动态变化之中，并且在利用粗线期染色体进行核型分析过程中，所采用的染色体制片技术也因人而异，因此，如果将不同研究者得到的粗线期核型数据进行比较，发现它们之间仍然存在许多差异。在同一时期，Nishimura（1961）以易位系为材料，也对水稻染色体进行了分析和命名。1968年，我国台湾的胡兆华育成了覆盖水稻12条染色体的初级三体（Hu，1968）。利用这些初级三体材料，不仅可以进行基因所在染色体上的定位，也为建立连锁群与染色体之间的对应关系提供了直接证据。

## 二、染色体与连锁群的遗传学关系

核基因位于染色体上，水稻单倍体细胞内有12条染色体，因此遗传上应有12个连锁群，每一条染色体都有一个与之相对应的连锁群。为了研究连锁群与染色体之间的对应关系，当时最常用的方法是借助初级三体或易位系等染色体变异材料。而成功确立染色体与连锁群关系的关键还在于：一是被选定的标志性状能够表现简单的孟德尔遗传方式；二是用于遗传分析的三体或易位系中，它们所涉及变异的染色体能够覆盖水稻全套染色体。

当用易位系进行基因定位研究时，依据易位系与二倍体植株杂交后代分离群体中不同单株的育性表现与标志性状之间是否存在连锁关系进行判断。易位纯合体与二倍体植株杂交所得的杂种 $F_1$，遗传上称为易位杂合体。在易位杂合体中，两条相互易位的染色体与两条相应的正常染色体会在减数分裂粗线期发生同源配对，形成四价体（图5-2）。在配子形成中，四价染色体分离方式的不同会造成配子育性的差异。当后期Ⅰ发生相间式分离时，形成的配子在染色体组成上是完整的，因而可表现正常的育性；而当发生相邻式分离时，形成的配子会因染色体出现部分缺失和重复而失去遗传平衡，最终引起配子败育。因此在杂种 $F_2$ 分离群体中，当研究的标志基因位于易位染色体上时，由该标志基因控制的形态性状就可能与半不育性相连锁。当标志基因与易位染色体无关时，则不会出现上述性状与半不育表型相连锁的现象。

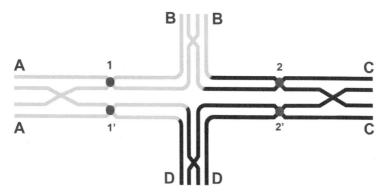

图 5-2　易位杂合体同源染色体配对模式图

　　AB 和 CD 表示两对产生易位的染色体。1 和 1′分别表示正常和易位染色体上的着丝粒。2 和 2′表示另一对正常和易位染色体上的着丝粒。相间式分离可产生 ABCD 或 ADBC 这种染色体结构平衡的配子.相邻式分离可产生 ABBC 或 ADDC，在染色体组成上出现重复和缺失，造成配子不育。以上两种分离可随机发生，从而导致易位杂合体的半不育现象。

　　当以三体作为遗传工具材料进行遗传研究时，三体与二倍体植株杂交的 $F_1$ 代，由于三体额外染色体的存在，部分杂种 $F_1$ 代植株仍然是三体。其中，在三体 $F_1$ 代的自交后代中，和目标性状（或标志性状）相关的基因与三体额外染色体无关时，它会表现简单的孟德尔式分离（出现 3∶1 或 1∶3 的分离比）。当相关基因位于三体额外染色体上时，其分离比例会发生明显而有规律的偏离。

### 三、利用三体研究染色体与连锁群关系的方法

　　利用成套初级三体，可以比较准确地研究连锁群与染色体之间的对应关系。三体植株与普通二倍体相比，由于增加了一条染色体，在形态上与二倍体植株有明显差异。当被测性状的相关基因位于三体额外染色体上时，杂种后代中的性状分离比例会出现明显的非孟德尔式分离。

　　这方面研究的成功，一是要能准确鉴别出分离群体中的三体植株，二是要在

不同连锁群上选择适当的标志性状。对于这些标志性状，不仅要求遗传方式简单，而且在杂交后代中能够表现孟德尔式的分离。以下分别介绍利用三体进行隐性基因或显性基因定位的情况。

### 1. 隐性标志性状基因的染色体定位

当标志性状由隐性基因控制时，对应三体应表现显性性状，遗传上受显性基因控制。相关基因分别以 a 和 A 表示，此时被测二倍体的基因型为 aa，对应三体的基因型为 AAA，三体杂种 $F_1$ 代的基因型为 AAa。这种杂种在减数分裂过程中染色体随机分离时，产生的配子有 $n+1$ 和 $n$ 两种，其基因型和出现的比例为 1AA：2Aa：2A：1a。研究表明，在上述配子中，$n+1$ 的雄配子是基本不育的，而 $n+1$ 的雌配子部分可育。实际参与受精的雄配子基因型比例应为 2A：1a。由正常二倍体与三体杂交的后代中，既有三体杂种，也有二倍体杂种。若三体植株与二倍体植株有明显形态差异，可选择杂种 $F_1$ 代的三体植株进行自交，其 $F_2$ 代将产生不同形式的分离比。其中的三体植株，表现显性性状与隐性性状个体的比例为 9：0；而其中二倍体植株，显性性状与隐性性状个体的比例为 8：1（表 5-2）。而且，这一比例不受 $n+1$ 雌配子传递率的影响。$n+1$ 雌配子传递率是指 $n+1$ 雌配子能够完成受精，形成子一代个体的百分率。据测定，水稻初级三体 $n+1$ 雌配子传递率一般为 30%—35%。若三体植株与二倍体植株没有明显形态差异，则需要用细胞学方法鉴定出杂种 $F_1$ 代中的三体植株，再将这些三体植株进行自交，合并统计 $F_2$ 代不同性状单株的分离比例，理论上应为 17：1（$n+1$ 雌配子传递率为 50% 时）或 12.5：1（$n+1$ 雌配子传递率为 33% 时）。

表 5-2　三体后代染色体随机分离模式

| ♂ ＼ ♀ | $n+1$ 雌配子传递率为 50% | | | | $n+1$ 雌配子传递率为 33% | | | |
|---|---|---|---|---|---|---|---|---|
| | 1AA | 2Aa | 2A | 1a | 1AA | 2Aa | 4A | 2a |
| 2A | 2AAA | 4AAa | 4AA | 2Aa | 2AAA | 4AAa | 8AA | 4Aa |
| 1a | 1AAa | 2Aaa | 2Aa | 1aa | 1AAa | 2Aaa | 4Aa | 2aa |
| 分类小计 | 9A_：0aaa | | 8A_：1aa | | 9A_：0aaa | | 16A_：2aa=8A_：1aa | |
| 总计 | 17（A_+A_）：1aa | | | | 12.5（A_A+A_）：1aa | | | |

注：三体基因型为 Aaa 时，$F_2$ 代植株按染色体随机分离的比例

### 2. 显性标志性状基因的染色体定位

标志性状为显性性状时，被测二倍体的基因型为 AA，对应三体的基因型为

aaa。杂种 F₁ 代不同植株中，三体植株的基因型为 Aaa。当杂种后代呈现染色体随机分离时，三体 F₁ 代植株形成配子的种类和比例为 2Aa∶1aa∶1A∶2a。在可区分三体植株与二倍体植株的情况下，选择 F₁ 代为三体的植株进行自交，其 F₂ 代将产生不同形式的分离比（表 5-3）。其中的三体植株，显性性状与隐性性状个体比例为 7∶2；而二倍体植株，显性性状与隐性性状个体比例为 5∶4。这一比例也不受 $n+1$ 雌配子传递率的影响。如果将三体和二倍体植株结合起来统计，则表现显、隐性个体的分离比例将会因 $n+1$ 雌配子传递率的不同而不同（表 5-3）。当 $n+1$ 雌配子传递率为 50% 时，显、隐性个体的分离比应为 2∶1；当 $n+1$ 雌配子传递率为 33% 时，显、隐性个体的分离比应为 1.7∶1。

表 5-3　三体后代染色单体随机分离模式

| ♂ \ ♀ | $n+1$ 雌配子传递率为 50% | | | | $n+1$ 雌配子传递率为 33% | | | |
|---|---|---|---|---|---|---|---|---|
| | 2Aa | 1aa | 1A | 2a | 2Aa | 1aa | 2A | 4a |
| 1A | 2AAa | 1Aaa | 1AA | 2Aa | 2AAa | 1Aaa | 2AA | 4Aa |
| 2a | 4Aaa | 2aaa | 2Aa | 4aa | 4Aaa | 2aaa | 4Aa | 8aa |
| 分类小计 | 7A_∶2aaa | | 5A_∶4aa | | 7A_∶2aaa | | 10A_∶8aa∶5A_∶4aa | |
| 总计 | 12（A_+A_）∶6（aaa+aa）∶<br>2（A_+A_）∶1（aaa+aa） | | | | 17（A_+A_）∶10（aaa+aa）∶<br>1.7（A_+A_）∶1（aaa+aa） | | | |

注：三体基因型为 Aaa 时，F₂ 代植株按染色单体随机分离的比例

除了通过三体与二倍体杂交来测定目标基因所在的染色体以外，在可以准确区分杂交后代三体植株的情况下，也可以通过三体与具有标志性状的二倍体植株回交来确定目标基因所在的染色体。例如，当杂交 F₁ 代三体的基因型为 AAa 时，再与 aa 个体回交，后代中二倍体植株的分离比应该为 2Aa∶1aa。当标志基因不在三体额外染色体上时，则回交后代的分离比将是 1Aa∶1aa（表 5-4）。

表 5-4　水稻标志基因系与初级三体杂交和回交后代中的分离

| 三体种类 | 标志基因 | F₂ 或 BC | 后代 | | | | | | | |
|---|---|---|---|---|---|---|---|---|---|---|
| | | | 2n 个体 | | | 2n+1 个体 | | 总计 | | |
| | | | 正常型 | 突变型 | $\chi^2$（8∶1） | 正常型 | 突变型 | 正常型 | 突变型 | $\chi^2$（12.5∶1） |
| 三体 1 | eg | BC | 49 | 20 | 0.59a | 22 | 1 | 71 | 21 | 0.02 |
| 三体 2 | tri | F₂ | 109 | 13 | 0.03 | 58 | 0 | 167 | 13 | 0.01 |
| 三体 3 | ws | F₂ | 53 | 6 | 0.05 | 34 | 0 | 87 | 6 | 0.12 |
| 三体 4 | dl | BC | 57 | 19 | 2.37a | 23 | 1 | 80 | 20 | 0.29b |
| 三体 4 | chl | BC | 33 | 10 | 1.97a | 7 | 0 | 40 | 10 | 0.14b |
| 三体 5 | ghl | F₂ | 205 | 31 | 0.98 | 98 | 2 | 303 | 33 | 2.85 |

| 三体 | 标志 | $F_2$ 或 | 后代 | | | | | | | |
|---|---|---|---|---|---|---|---|---|---|---|
| 种类 | 基因 | BC | 2n 个体 | | | 2n+1 个体 | | 总计 | | |
| | | | 正常型 | 突变型 | $\chi^2$（8:1） | 正常型 | 突变型 | 正常型 | 突变型 | $\chi^2$（12.5:1） |
| 三体 5 | gl1 | $F_2$ | 84 | 8 | 0.54 | 54 | 0 | 138 | 8 | 0.79 |
| 三体 5 | nl1 | $F_2$ | 56 | 6 | 0.13 | 42 | 0 | 98 | 6 | 0.41 |
| 三体 6 | spl1 | $F_2$ | 91 | 11 | 0.01 | 87 | 0 | 178 | 11 | 0.69 |
| 三体 7 | g | $F_2$ | 131 | 11 | 1.63 | 69 | 0 | 200 | 11 | 1.48 |
| 三体 8 | v8 | $F_2$ | 84 | 12 | 0.20 | 31 | 0 | 115 | 12 | 0.77 |
| 三体 9 | dp2 | $F_2$ | 208 | 15 | 4.34 | 128 | 0 | 336 | 15 | 5.03 |
| 三体 9 | l-Bf | $F_2$ | 59 | 6 | 0.23 | 46 | 1 | 105 | 7 | 0.22 |
| 三体 10 | pgl | $F_2$ | | | | | | 363 | 19 | 3.30 |
| 三体 10 | fl | $F_2$ | | | | | | 165 | 15 | 0.22 |
| 三体 11 | la | $F_2$ | | | | | | 211 | 12 | 1.23 |
| 三体 11 | Z2 | $F_2$ | | | | | | 268 | 15 | 1.83 |
| 三体 12 | lg | $F_2$ | | | | | | 268 | 15 | 1.83 |

注：根据 Khush 等（1984）整理。BC 为回交 $F_1$ 代；正常型为显性性状的个体，突变型为隐性性状的个体；a：$\chi^2$（2:1），b：$\chi^2$（3.5:1）

总之，当目标性状相关基因与三体额外染色体无关时，无论是杂交后代还是回交后代，都将表现为简单的孟德尔式分离比例。

## 四、染色体与连锁群间关系的建立

自 20 世纪 60 年代后期，由于非整倍体研究的进展，加快了水稻连锁群与染色体关系的研究，特别是成套初级三体的育成和应用发挥了关键性的作用。

进行上述研究的具体步骤为：①在被测连锁群中，应选择能够代表本连锁群的标志性状。将具备这一性状的纯合个体作为父本，分别与不同初级三体植株进行杂交。标志性状尽可能选择隐性性状，成熟后收获各杂交组合的杂交 $F_1$ 代种子。②种植上述各杂交组合的 $F_1$ 代种子，根据植株田间生长表现，剔除可能存在的伪杂种，以及杂交种中的二倍体杂种，保留三体杂种。如果三体 $F_1$ 代表现不育，则可以用该 $F_1$ 代作为母本，与具有标志性状的被测单株回交，收获由三体杂种回交所得的种子。③种植来自三体杂种收获的 $F_2$ 代种子（或回交后代），将三体植株与二倍体植株区分开来。根据 $F_2$ 代植株（或回交后代）中标志性状的分离比例，确定标志基因所在染色体与被测连锁群的关系。

Khush 等（1984）以籼稻品种 IR36 育成的三体为工具材料，按照以上流程，进行连锁群与三体额外染色体对应关系的研究。其 $F_2$ 代的实际分离比与以上按理论推测的分离比很接近（表 5-4）。在此基础上，Khush 等进一步以籼稻品种 IR36 花粉母细胞减数分裂粗线期染色体长度的递减顺序，对水稻不同染色体进行编号。这一编号系统是以阿拉伯数字 1、2、3、…、12 为序的，相对应的连锁群也是以阿拉伯数字为序进行命名的。

同年，Iwata 和 Omura（1984）发表了利用以粳稻品种日本晴为遗传背景筛选出的初级三体所进行的连锁群检测结果。这些三体的命名是按有丝分裂前中期染色体长度递减顺序，并冠以英文字母 A、B、C、D、…、M、N、O 来代表的。

将以上两套染色体与连锁群关系进行比较，发现有 8 个染色体与对应的连锁群间的关系是一致的，另有 4 个染色体与对应的连锁群的关系无法统一。出现这种分歧的主要原因在于对水稻染色体鉴别的困难上。尽管水稻粗线期染色体要比有丝分裂前中期染色体长许多，并且含有着色深浅差异的染色粒，但要准确识别每一个染色体仍相当困难。而要将粗线期染色体按长度，与有丝分裂前中期染色体对应起来就更为困难了。为解决上述两种命名方案之间的矛盾，在 1985 年于菲律宾国际水稻研究所召开的水稻遗传学讨论会上，组织了部分专家对这一问题进行了专门研究。经讨论，与会专家确定以品种 IR36 粗线期染色体长度为序，邀请几位对水稻染色体和连锁群研究深入的科学家，对 IR36 各初级三体的染色体特征重新进行审核。这些科学家，包括我国的吴信淦和钟美珠，日本的 Iwata、Kinoshita、Kurata 和 Omura，印度的 Seetharaman 和国际水稻研究所的 Khush 等，经过几年的研究和讨论，逐渐达成了共识。于 1990 年 5 月，在国际水稻研究所召开的第二届国际水稻遗传学讨论会上，公布了对水稻染色体和连锁群的命名方案。在这一方案中，水稻各染色体与其相应的连锁群都维持以阿拉伯数字为序，最长的染色体为第 1 号染色体，对应的连锁群亦为第 1 连锁群，以此类推。该命名方案与更早时期其他科学家提出的命名方案之间的对应关系列于表 5-5。

水稻连锁群及其与染色体对应关系的研究，从 20 世纪 20 年代中期开始，到 80 年代中期完成，经历半个多世纪的时间。为完成这项研究，投入的人力、物力是非常可观的。同时，研究成果对于水稻科学的贡献也是十分巨大的。首先，它从遗传学和细胞学两个层面上揭示了二倍体水稻基因在上下代传递过程中与染色体之间的基本关系，阐明了哪些基因之间可以自由组合、哪些基因会受连锁

表 5-5　水稻染色体与连锁群的对应关系

| 染色体编号 | 三体 | | 核型 | | 易位系 | 连锁群 | |
|---|---|---|---|---|---|---|---|
| | Khush 和 Singh（1984） | Iwata 和 Omura（1984） | Kurata 等（1981） | Wu 等（1985） | Nishimura（1961） | Kinoshita（1986） | Misro 等（1966） |
| 1 | 1 | O | K1 | 1 | 3 | III | III |
| 2 | 2 | N | K2 | 3 | 8 | X | — |
| 3 | 4 | M | K3 | 2 | 5 | XI+XII | XI |
| 4 | 12 | E | K4 | 4 | 11 | II | II |
| 5 | 5 | L | K9 | 5 | 2 | VI+IX | VI,XII |
| 6 | 3 | B | K6 | 6 | 6 | I | I |
| 7 | 7 | F | K11 | 7（11） | 10 | IV | IV |
| 8 | 8 | D | K7 | 9 | 12 | sug | — |
| 9 | 9 | H | K10 | 5 | 1 | V+VII | IX |
| 10 | 10 | C | K12 | 10 | 7 | fgl | — |
| 11 | 11 | G | K8 | 11（7） | 9 | VIII | VIII |
| 12 | 6 | A | K5 | 12 | 4 | d-33 | — |

注：根据 Kurata 等（1997）整理

遗传的制约。对不同位点基因间的互作，以及同一位点不同等位基因的遗传效应，也尽可能做了深入的研究。其次，通过这项研究，大大推动了农作物不同性状遗传规律的研究，包括性状遗传的基因分析、重要基因的定位、简单性状和复杂性状的遗传特点研究等。经过各国科学家的努力，到 1995 年，已定位至各连锁群的基因数达到了 463 个，其中与水稻性状关系最密切的 185 个基因，确定了它们在染色体上的位置，它们与相邻基因的遗传距离也得以明确（表 5-6）。这些研究成果极大地丰富了对水稻性状遗传规律的认识，推动了水稻育种科学的发展。从 20 世纪 40 年代开始，亚洲主要产稻国家的水稻品种改良效率明显提高，尤其是 50 年代、60 年代和 70 年代，分别在粳稻株型、籼稻矮化和杂种优势利用方面取得了重大突破，这在相当程度上都与此有关。

表 5-6　水稻的连锁群和已定位的基因

| 基因 | 性状表现 | 基因座 |
|---|---|---|
| 第 1 连锁群 | | |
| v-6 | 淡绿叶-6（virescent-6） | 0 |
| eg | 额外颖（extra glume） | 17 |
| ga-8 | 配子体基因-8（gametophyte gene-8） | 17 |
| spl-6 | 斑点叶-6（spotted leaf-6） | 24 |

| 基因 | 性状表现 | 基因座 |
|------|---------|--------|
| *lax*（*lx*） | 散穗（lax panicle） | 30 |
| *ms-m67*（*t*） | 密阳 67 雄性不育（Miyang 67ms） | 31 |
| *rl-1* | 卷叶-1（rolled leaf-1） | 42 |
| *al-4* | 白化-4（albino-4） | 43 |
| *d-10*（*d-15*、*d-16*） | 多蘖矮秆（tillering dwarf） | 53 |
| *chl-6* | 黄绿叶-6（chlorina-6） | 65 |
| *ga-7* | 配子体基因-7（gametophyte gene-7） | 72 |
| *sd-1*（*d-47*） | 低脚乌尖矮秆（dee-geo-woo-gen dwarf） | 76 |
| *EstI-2* | 酯酶 I-2（esterase I-2） | 77 |
| *A* | 花青素活化基因（anthocyanin activator gene） | 83 |
| *Rd* | 红色果皮和种皮（red pericarp and seed coat） | 84 |
| *Shr-1* | 皱缩胚乳-1（shrunken endosperm-1） | 85 |
| *Shp-1* | 鞘叶穗-1（sheathed panicle-1） | 86 |
| *rl-4*（*rl-2*） | 卷叶-4（rolled leaf-4） | 104 |
| *Pn* | 紫色节（purple node） | 114 |
| *Pau* | 紫色叶耳（purple auricle） | 123 |
| *d-18*（*d-25*） | 矮秆（d-18h）或（d18k） | 131 |
| *fs-2* | 细条纹-2（stripe-2） | 149 |
| 第 2 连锁群 | | |
| *d-29*（*d-k-1*） | 最上节间短型矮秆（short uppermost internode dwarf） | 0 |
| *tri* | 三角稃（triangular hull） | 12 |
| *bc-3* | 脆秆-3（brittle culm-3） | 25 |
| *bl-1* | 褐色叶斑（brown leaf spot） | 34 |
| *chl-10* | 黄绿叶-10（chlorina-10） | 55 |
| *d-5* | 多蘖矮秆（bunketsu-waito tillering dwarf） | 60 |
| *gh-3* | 金色稃和节间-3（gold hull and internode-3） | 70 |
| *d-32*（*d-12*、*d-k-4*） | 九州矮秆-4（dwarf Kyushu-4） | 116 |
| *Rf-2* | 花粉不育恢复基因-2（pollen fertility restoration-2） | 132 |
| *d-30*（*d-w*） | 矮秆（waisei-shirasasa dwarf） | 135 |
| *gh-2* | 金色稃和节间-2（gold hull and internode-2） | 177 |
| *spl-2*（*bl-13*） | 斑点叶-2（spotted leaf-2） | 197 |
| 第 3 连锁群 | | |
| *chl-1* | 黄绿叶-1（chlorina-1） | 0 |
| *Gdh-1* | 谷氨酸脱氢酶-1（glutamate dehydrogenase-1） | 4 |
| *Nal-6* | 窄叶-6（narrow leaf-6） | 4 |
| *Pgi*（*Pgi-a*） | 磷酸葡糖异构酶（phosphoglucose isomerase-1） | 12 |

| 基因 | 性状表现 | 基因座 |
|------|----------|--------|
| *Chl-3* | 黄绿叶-3（chlorina-3） | 20 |
| *fc-1* | 细秆-1（fine culm-1） | 42 |
| *Mi* | 小粒（minute grain） | 60 |
| *v-1* | 淡绿叶-1（virescent-1） | 61 |
| *bc-1* | 脆秆-1（brittle culm-1） | 80 |
| *ms-7* | 雄性不育-7（male sterile-7） | 80 |
| *Lk-f* | 长粒（Fusayoshi long grain） | 101 |
| *chl-2* | 黄绿叶（chlorina-2） | 111 |
| *v-2* | 淡绿叶（virescent-2） | 111 |
| *An-3* | 有芒-3（Awn-3） | 112 |
| *Al-10* | 白化-10（albino-10） | 115 |
| *st-6*（*t*） | 条纹-6（stripe-6） | 122 |
| *d-56*（*d-k-7*） | 九州矮秆-7（dwarf Kyushu-7） | 131 |
| *lhs*（*lhs-2*、*op*） | 叶化稃不育（leafy hull sterile） | 137.5 |
| *dl*（*lop*） | 下垂叶（drooping leaf） | 138 |
| *drp-4* | 滴湿叶-4（dripping-wet leaf-4） | 145 |
| *spl-3*（*bl14*） | 斑点叶-3（spotted leaf-3） | 155 |
| *drp-3* | 滴湿叶-3（dripping-wet leaf-3） | 155 |
| *z-3* | 斑纹-3（zebra-3） | 155 |
| *d-52*（*d-k-2*） | 九州矮秆-2（dwarf Kyushu-2） | 155 |
| *Hg* | 毛稃（hairy glume） | 159 |
| *d-20* | 矮秆（hayayuki dwarf） | 188 |
| 第 4 连锁群 | | |
| *d-3* | 多蘖矮秆（bunketsu-waito tillering dwarf） | 0 |
| *st-5* | 条纹-5（stripe-5） | 3 |
| *pl* | 紫色叶（purple leaf） | 41 |
| *Prp-b*（*Pb*） | 紫果皮（purple pericarp） | 41 |
| *Pi*（*t*） | 抗稻瘟（*Pyricularia oryzae* resistance） | 46 |
| *Flo-2* | 粉质胚乳-2（floury endosperm-2） | 63 |
| *lg* | 无叶舌（liguleless） | 73 |
| *ga-6* | 配子体基因-6（gametophyte gene-6） | 77 |
| *st-4*（*ws-2*） | 条纹-4（stripe-4） | 78 |
| *Ps-1* | 紫柱头-1（purple stigma-1） | 79 |
| *Pi-kur-1* | 抗稻瘟病-kur-1（*Pyricularia oryzae* resistance-kur-1） | 82 |
| *d-42* | 无叶舌矮秆（liguleless dwarf） | 83 |
| *Spr-3*（*t*） | 散穗-3（spreading panicle-3） | 86 |

| 基因 | 性状表现 | 基因座 |
|------|---------|-------|
| *Sh-3* | 落粒-3（shattering-3） | 88 |
| *Ph=Bh-c*（*Po*） | 酚染色（phenol staining） | 94 |
| *Xa-1*（*xe*） | 抗白叶枯病-1（*Xanthomonas campestris* pv. *oryzae* resistance-1） | 100 |
| *Xa-12*（*Xa-kg*） | 抗白叶枯病-12（*Xanthomonas campestris* pv. *oryzae* resistance-12） | 102 |
| *Xa-2* | 抗白叶枯病-2（*Xanthomonas campestris* pv. *oryzae* resistance-2） | 104 |
| *Nal-4*（*nal*） | 窄叶-4（narrow leaf） | 105 |
| *d-31* | 台中-155 辐射矮秆（taichung-155 irradiated dwarf） | 112 |
| *Pr* | 紫色稃（purple hull） | 118 |
| *Ps-2* | 紫色柱头-2（purple stigma-2） | 122 |
| *P* | 稃尖有色（colored apiculus） | 131 |
| *mls-3* | 畸形小穗-3（malformed spikelet-3） | 140 |
| *rcn-2* | 少茎-2（reduced culm number-2） | 154 |
| *drp-5* | 滴湿叶-5（dripping-wet leaf-5） | 158 |
| *d-11*（*d-8*） | 农林 28 矮秆（norin-28 dwarf） | 158 |
| *lk-i-1* | 'IRAT13' 长粒（'IRAT13' long grain） | 168 |
| 第 5 连锁群 | | 0 |
| *gh-1* | 金色稃和节间（gold hull and internode） | |
| *nl-2* | 颈叶-2（neck leaf-2） | 6 |
| *d-1* | 大黑矮生（daikoku dwarf） | 30 |
| *st-2*（*gw*） | 条纹-2（stripe-2） | 49 |
| *al-3* | 白化-3（albino-3） | 51 |
| *spl-8*（*bl-8*） | 斑点叶-8（spotted leaf-8） | 51 |
| *al-6*（*t*） | 白化-6（albino-6） | 56 |
| *flo-1* | 粉质胚乳-1（floury endosperm-1） | 63 |
| *ops* | 开颖不育（open hull sterile） | 69 |
| *v-10* | 淡绿叶-10（virescent-10） | 77 |
| *bgl* | 亮绿叶（bright green leaf） | 82 |
| *ri* | 轮生枝梗（verticillate rachis） | 85 |
| *spl-7* | 斑点叶-7（spotted leaf-7） | 100 |
| *nl-1* | 颈叶-1（neck leaf-1） | 110 |
| *al-2* | 白化叶-2（albino-2） | 111 |
| 第 6 连锁群 | | |
| *d-4* | 多蘖矮秆（bunketsu-waito tillering dwarf） | 0 |
| *I-Pl-4* | 紫果皮抑制基因（Inhibitor for purple pericarp） | 9 |
| *wx* | 糯质胚乳（glutinous endosperm） | 22 |
| *dp-1* | 退化内稃-1（depressed palea-1） | 24 |

| 基因 | 性状表现 | 基因座 |
|---|---|---|
| ms-1 | 雄性不育-1（male sterile-1） | 27 |
| En-se-1（t） | 光周期敏感增强因子（enhancer for photoperiodic sensitivity） | 28 |
| Pgd-2 | 磷酸葡萄糖脱氢酶-2（phosphogluconate dehydrogenase-2） | 29 |
| v-3 | 淡绿叶-3（virescent-3） | 30 |
| ga-1 | 配子体基因-1（gametophyte gene-1） | 36 |
| Lcr | 低杂交能力（low crossability） | 41 |
| C | 花青素色素原（chromogen for anthocyanin） | 44 |
| S-5 | 杂种不育-5（hybrid sterility-5） | 48 |
| Amp-3（Amp-1） | 氨肽酶-3（aminopeptidase-3） | 53 |
| Est-2 | 酯酶-2（esterase-2） | 54 |
| bl-3 | 褐色叶斑-3（brown leaf spot-3） | 55 |
| alk | 碱消化（alkali degeneration） | 56 |
| st-1（ws） | 条纹-1（stripe-1） | 65 |
| Pgi-2（Pgi-b） | 磷酸葡萄糖异构酶-2（phosphoglucose isomerase-2） | 67 |
| Se-1（Lf、Lm、Rs） | 光周期敏感基因-1（photoperiodic sensitivity-1） | 67 |
| Pi-z（Pi-2） | 抗稻瘟-z（Pyricularia oryzae resistance-z） | 69 |
| S-6 | 杂种不育-6（hybrid sterility-6） | 74 |
| d-9 | 中国矮生（Chinese dwarf） | 76 |
| rcn-1 | 少分蘖-1（reduced culm number-1） | 77 |
| gf-1 | 金色沟纹颖-1（gold furrows of hull-1） | 80 |
| chl-4 | 黄绿叶-4（chlorina-4） | 82 |
| bl-2（bl-m） | 褐色叶斑-2（brown leaf spot-2） | 83 |
| fs-1（fs） | 细条斑-1（fine stripe-1） | 95 |
| Cl | 簇生小穗（clustered spikelet） | 96 |
| ms-9 | 雄性不育-9（male sterile-9） | 100 |
| Hl-a | 多毛叶（hairy leaf） | 118 |
| Ur-1（Ur） | 波形小穗梗-1（undulated rachis-1） | 125 |
| d-58 | 小粒矮秆（small grained dwarf） | 139 |
| 第7连锁群 | | |
| d-6 | 矮秆（ebisumochi or tankanshirasasa dwarf） | 0 |
| g-1 | 长不孕外稃-1（long sterile lemma-1） | 6 |
| spl-5（bl16） | 斑点叶-5（spotted leaf-5） | 31 |
| Rc | 褐色果皮和种皮（brown pericarp and seed coat） | 44 |
| v-11 | 淡绿叶-11（virescent-11） | 45 |
| z-6 | 斑纹-6（zebra-6） | 47 |
| rfs | 细条卷叶（rolled fine striped leaf） | 58 |

续表

| 基因 | 性状表现 | 基因座 |
|------|---------|--------|
| *slg* | 细长颖（slender glume/mutator） | 64 |
| *ge* | 巨大胚（giant embryo） | 79 |
| *esp-1*（*rsp-1*） | 胚乳贮藏蛋白-1（endosperm storage protein-1） | 88 |
| 第 8 连锁群 | | |
| *Amp-2* | 氨肽酶-2（aminopeptidase-2） | 0 |
| *Pi-11*（*t*）（*Pi-zh*） | 抗稻瘟病-11（*Pyricularia oryzae* resistance-11） | 30 |
| *Sug*（*su*） | 糖质胚乳（sugary endosperm） | 0 |
| *v-8* | 淡绿叶-8（virescent-8） | 115 |
| 第 9 连锁群 | | |
| *I-Bf* | 褐色沟纹抑制基因（inhibitor for brown furrows） | 0 |
| *Lam*（*t*） | 低直链淀粉胚乳（low amylose endosperm） | 0 |
| *Dn-1* | 密穗-1（dense panicle-1） | 45 |
| *dp-2* | 退化内稃-2（depressed palea-2） | 45 |
| *drp-2* | 滴湿叶-2（dripping-wet leaf-2） | 51 |
| *Bp* | 芦苇状穗（bulrush-like panicle） | 63 |
| 第 10 连锁群 | | |
| *Pgl* | 白绿叶（pale green leaf） | 0 |
| *spl-10* | 斑纹叶-10（spotted leaf-10） | 8 |
| *Rf-1* | 花粉不育恢复基因-1（pollen fertility restoration-1） | 12 |
| *Fgl*（*fl*） | 褪绿叶（faded green leaf） | 12.5 |
| *Ef-1*（=*Ef-2*） | 早熟-1（earliness-1） | 28.5 |
| 第 11 连锁群 | | |
| *Pi-k* | 抗稻瘟病-k（*Pyricularia oryzae* resistance-k） | 0 |
| *d-27*（*d-t*） | 多蘖矮秆（bunketsuto tillering dwarf） | 32 |
| *Xa-21* | 抗白叶枯病-21（*Xanthomonas campestris* pv. *oryzae* resistance-21） | 37 |
| *z-2* | 斑纹-2（zebra-2） | 46 |
| *drp-7* | 滴湿叶-7（dripping-wet leaf-7） | 64 |
| *la* | 懒生（lazy growth habit） | 69 |
| *v-4* | 淡绿色-4（virescent-4） | 80 |
| *Pgd-1* | 磷酸葡萄糖脱氢酶-1（phosphogluconate dehydrogenase-1） | 85 |
| *d-28*（*d-C*） | 大黑或长梗矮生（chokei long stemmed dwarf） | 95 |
| *sp* | 短穗（short panicle） | 103 |
| *Adh1* | 乙醇脱氢酶1（alcohol dehydrogenase 1） | 104 |
| *Pi-a* | 抗稻瘟病-a（*Pyricularia oryzae* resistance-a） | 105 |
| *Sh-1* | 易落粒-1（shattering-1） | 108 |
| *v-9* | 淡绿色-9（virescent-9） | 118 |

续表

| 基因 | 性状表现 | 基因座 |
|---|---|---|
| *esp-2*（*rsp-2*） | 胚乳贮藏蛋白-2（endosperm storage protein-2） | 124 |
| *z-1* | 斑纹-1（zebra-1） | 132 |
| *D-53*（*D-K-3*） | 九州矮秆-3（Dwarf Kyushu-3） | 141 |
| 第 12 连锁群 | | |
| *Acp-1* | 酸性磷酸酶-1（acid phosphatase-1） | 0 |
| *Acp-2* | 酸性磷酸酶-2（acid phosphatase-2） | 0 |
| *Pox-2* | 过氧化物酶-2（peroxidase-2） | 26 |
| *nal-3*（*nal-2*） | 窄叶-3（narrow leaf-3） | 29 |
| *d-33*（*d-B*） | 矮秆（bonsaito） | 34 |
| *rl-3*（*rl-1*） | 卷叶-3（rolled leaf-3） | 36 |
| *spl-1*（*bl-12*） | 斑点叶-1（spotted leaf-1） | 45 |
| *Sdh-1* | 莽草酸脱氢酶-1（shikimate dehydrogenase-1） | 49 |

注：根据 Kinoshita（1995）整理

## 五、遗传图谱和物理图谱

在连锁群图谱中，相邻基因之间的距离称为遗传距离，这是根据它们之间的交换频率确定的。这一数值的高低以及同一连锁群内不同基因之间的排列次序，需要通过遗传测验来确定。如前所述，由于可用于基因定位研究的形态性状标记或生理性状标记非常有限，在相当长一段时间内，水稻连锁群研究的进展非常缓慢。到 1995 年，虽然与染色体相关联的基因已发现 463 个，然而在染色体上确定位置的基因仅有 185 个（Kinoshita，1995）。

自 20 世纪 80 年代开始，随着分子生物学研究的发展，基于基因组序列变异的分子标记逐渐被开发和利用，如限制性片段长度多态性（restriction fragment length polymorphism，RFLP）标记、简单序列重复（simple sequence repeat，SSR，又称微卫星）标记、单核苷酸多态性（single nucleotide polymorphism，SNP）标记等，这些分子标记在遗传研究中呈现出许多独特的优点。首先，这些标记所代表的都是 DNA 序列水平的变异，在不同染色体上均有分布，它们反映出的遗传信息非常真实。其次，这些分子标记本身一般不会对性状表现产生影响。并且，分子标记在遗传上呈现共显性（codominance）的特点，更利于其在遗传研究中的应用。

McCouch 等（1988）依据分子标记的这些优点，将水稻品种 IR36 的核 DNA 经限制性内切核酸酶 *Pst* I 酶切以后，筛选长度 1—2kb 的片段，建立了一个核基因组文库。与此同时，他们以籼稻品种 IR34583 和爪哇稻 Bulu Dalam 为杂交亲本，构建了它们的杂种 $F_2$ 代分离群体。在此基础上，选择 *Pst* I 文库中有多态性的 135 个克隆作为分子标记定位到水稻不同连锁群上，构建了第一张以 RFLP 标记为基础的水稻分子标记连锁图谱。

由于分子标记的数量很多，并且可以与不同限制性内切核酸酶进行组合，加快了从 DNA 序列变异中揭示被测品种间遗传差异或多态性的研究，极大地增加了标记的数量，显著提高了基因染色体定位的效率。与 1988 年发表的第一张含有 135 个水稻分子标记连锁图谱相比，1993 年发表的水稻分子标记图谱中，标记数量已超过 500 个（Kishimoto et al.，1993）。1994 年，由 Tanksley 领导的研究小组又将分子标记数增加到 726 个（Causse et al.，1994），2000 年进一步增加到 2000 多个。高密度分子标记遗传图谱的成功构建，极大地推动了基因定位和基因组学研究的发展。21 世纪以来，对水稻控制重要性状基因的分析和定位研究，取得了突飞猛进的发展。到目前为止，控制水稻主要性状发育的基因大部分已经获得鉴定和功能研究，它们在控制性状发育过程中的分子调控网络也逐渐被解析，从而为利用水稻作为模式作物，进行全基因组分子设计育种奠定了坚实基础。

# 第六章 水稻的染色体

染色体是核基因组 DNA 的载体，对于物种遗传与进化有着十分重要的作用。水稻是重要的粮食作物，基因组较小，仅为 389Mb（International Rice Genome Sequencing Project，2005），是所有禾本科作物中基因组最小的类型。随着基因组学及分子生物学研究的深入，水稻已经成为单子叶植物分子生物学研究的模式生物。染色体的大小与基因组大小有着十分密切的关系，水稻染色体在禾本科作物中也属于最小的类型之一。

## 第一节 水稻染色体的形态

染色体是在细胞分裂过程中细胞核内容易被碱性染料着色而呈现一定形态的物质。染色体形态总是与细胞分裂过程中特定时期相联系的，是以动态、变化着的形式存在的。通常所指的染色体，是细胞分裂过程中某一特定时期在显微镜下看到的形象。对于高等植物水稻来讲，其细胞分裂主要有两种类型，即有丝分裂和减数分裂。

### 一、有丝分裂染色体

有丝分裂是真核生物普遍存在的细胞分裂方式。就水稻而言，有丝分裂几乎存在于所有组织和器官中。除了孢母细胞（包括胚囊母细胞及花粉母细胞）进行减数分裂之外，其他细胞（包括性细胞成熟过程中的细胞）在生长发育过程中所进行的分裂均是有丝分裂。尽管不同组织、器官中的细胞都进行有丝分裂，但根尖分生组织是进行细胞有丝分裂研究的最佳材料。

在分生组织中，细胞有丝分裂过程都是连续进行的。有丝分裂的周期性很强，从前一次分裂完成开始，到下一次分裂完成为止，称为一个细胞周期。一个细胞周期包括两个阶段：分裂间期和分裂期。这两个阶段所占的时间相差较大，分裂间期占细胞周期的90%—95%，分裂期占细胞周期的5%—10%，而有丝分裂涵盖的时期往往仅指分裂期。根据分裂期的染色体形态变化特征，一般将有丝分裂分成前期、中期、后期和末期 4 个时期（图 6-1）。

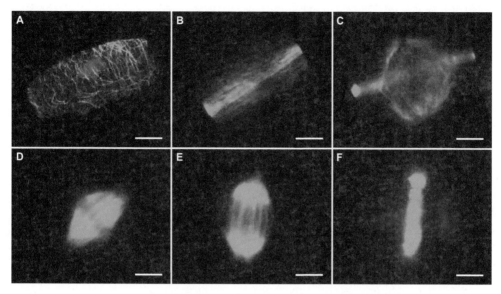

图 6-1　水稻根尖细胞有丝分裂不同时期染色体与纺锤丝的特征
A. 分裂间期；B. 早前期；C. 前期；D. 中期；E. 后期；F. 末期。
蓝色示 DAPI 染色的染色体；绿色示纺锤丝；标尺为 5μm

### 1. 间期

分裂间期分为 $G_1$ 期（DNA 合成前期）、S 期（DNA 合成期）、$G_2$ 期（DNA 合成后期）三个阶段，其中 $G_1$ 期与 $G_2$ 期进行 RNA（即核糖核酸）的复制与有关蛋白质的合成，S 期进行 DNA（即脱氧核糖核酸）的复制。在分裂间期，染色体以十分松散的染色质形式存在。染色质在分裂期通过高度螺旋化形成线状的染色体，所以染色质和染色体是同一物质在细胞分裂过程中不同时期的不同状态。另外，基因的表达与功能的实现均在间期进行，间期还为后续细胞分裂积蓄能量和贮备所需物质，是整个有丝分裂过程的重要基础环节。

### 2. 前期

自分裂期开始到核膜解体为止的时期称为分裂前期。间期细胞进入分裂前期时，细胞核体积增大，染色质不断凝缩，逐渐形成特定形态的染色体。由于染色体在间期已经复制，因此每条染色体均由两条染色单体组成，这两条并行的姊妹染色单体又由黏着蛋白相粘连。在由前期向中期发展过程中，核仁、核膜逐渐解体并消失在细胞质中，染色体形态也会变得更加清晰。在分裂前期，同一染色体的两个姊妹染色单体的着丝粒便各自分开，形成两个独立的功能单元，为分裂中期连接两极的纺锤丝做好了准备。

3. 中期

从各染色体受纺锤丝牵引排列在赤道板上，到染色单体向两极分开之前，这段时间称为中期。中期染色体高度凝缩，可以清晰显示栽培稻的体细胞有 24 条染色体。由于栽培稻染色体较小，分裂中期的染色体几乎凝缩成颗粒状，很难进行染色体长度、臂比等数据的准确测量。因此对于栽培稻而言，典型的中期并不适合进行以解析染色体形态特征为主要内容的核型分析。相反，长度较长、染色特征分化的前中期染色体更适合用于核型分析。

4. 后期

后期为姊妹染色单体分开并向两极移动的时期。分开的染色单体称为子染色体，子染色体在纺锤丝的牵引下向两极移动，到达两极后便逐渐解凝缩而失去原来的形态，预示后期的结束。染色单体的分开常从着丝粒处开始，然后两个染色单体的臂逐渐分开。子染色体向两极的移动是依靠纺锤丝的牵引来实现的。

5. 末期

从子染色体到达两极开始至两个子细胞形成称为末期，包括子核形成和细胞质分裂。子核形成类似于经历一个与前期相反的过程。到达两极的子染色体经过解螺旋而恢复成染色质形态，全部子染色体构成一个大的染色质块。随着子细胞核的重新组装，核仁在特定染色体上的核仁组织区（nucleolus organizer region，NOR）重新形成。核仁的形成与特定染色体上的核仁组织区的活动有关。同时在染色质块周围聚集核膜成分，最终融合成子核的核膜。亚洲栽培稻可分为籼稻和粳稻两个亚种，在籼稻中核仁组织区往往位于 9 号及 10 号染色体的短臂末端，而在粳稻中仅位于 9 号染色体的短臂末端。

水稻细胞质分裂是靠细胞板的形成来实现的。在分裂末期，纺锤丝最先在靠近分裂末期的两极区域解体，但中间区的纺锤丝仍有所保留。此时微管数量增加，并向周围扩展，形成桶状结构，称为成膜体。在成膜体形成的同时，来自内质网和高尔基体的一些小泡与颗粒成分被运输到赤道板区，参与细胞板的形成。细胞板逐渐扩展到原来的细胞壁，并将细胞质一分为二，细胞器随机进入两个子细胞中。细胞板由两层薄膜组成，两层薄膜之间积累有果胶质，发育成胞间层。两侧的薄膜积累纤维素，发育成子细胞的初生壁。

## 二、有丝分裂前中期染色体核型

核型（karyotype）一词最早由苏联学者 Levitsky 于 1924 年提出，用来描述细胞核的形态。细胞核中的染色体在不同分裂时期的形态特征相对稳定，对染色体形态特征的研究逐渐演变成核型分析的主要内容。对于一个物种而言，核型是指细胞分裂过程中所呈现的染色体数目、大小、臂比等特征的总体描述。而核型分析是在对染色体测量与分析的基础上，进一步加以分组、排列、配对等，从而在全基因组层面对被调查物种的染色体特征作出概括性描述。它是细胞遗传学最基本的研究内容之一，对于研究物种分类、物种起源与进化关系等均具有十分重要的意义。

在细胞遗传学发展早期，由于受显微镜和照相系统的限制，加上染色体制片技术落后，核型分析主要集中在对染色体形态方面的描述，包括染色体数目、长度、臂比及随体有无等。1921 年，Belling 创建了乙酸洋红压片法制作染色体的技术，这种技术很快发展成为细胞遗传学研究中最广泛采用的制片方法。随着细胞遗传学研究的发展，在 20 世纪 50 年代中期，哺乳动物染色体制片技术取得了一系列突破。Hsu 和 Pomerat（1953）利用体细胞培养和低渗处理技术，制作的染色体更加分散，不同染色体形态特征更加清晰。Ford 和 Hamerton（1956）利用秋水仙碱处理培养细胞，让细胞分裂停滞在中期，并促使细胞分裂同步化，增加了分裂中期细胞的比例，染色体也更加凝缩。此后，空气干燥法和火焰干燥法的运用，使得染色体更加分散，平铺在载玻片的表面，便于显微观察和照相（Rothfels and Siminovitch，1958；Scherz，1962）。Nowell（1960）利用植物凝集素（phytohemagglutinin，PHA）处理培养细胞，加快了细胞分裂，使得通过血液培养方法观察哺乳动物细胞染色体成为可能。但是，与动物细胞不同，植物细胞由于拥有坚固的细胞壁，这些在动物细胞染色体制片中发展起来的突破性技术，很难直接运用到植物染色体制片中。20 世纪 70 年代后期，随着植物原生质体分离技术的发展，破除细胞壁的难题终于解决了。Mouras 等（1978）利用烟草愈伤组织和李属植物根尖材料，探索出结合酶解、低渗、空气干燥等技术的染色体制片方法，使植物染色体制片技术得到质的改进与发展。

在核型分析标准化的问题上，Levan 等（1964）分别提出了一系列界定染色体形态和着丝粒位置的标准。李懋学和陈瑞阳（1985）对 Levan 建立的标准进行了修订，制定了中国植物核型分析的统一标准，该标准一直沿用至今。

水稻染色体核型的研究一直落后于小麦、玉米、大麦等作物。Kuwada（1910）首次确定了栽培稻的染色体数目 $2n=24$，而真正意义上的水稻核型研究始于 20 世纪 30 年代。Nandi（1936）首次描述了栽培稻体细胞的核型。但由于水稻染色体较小、细胞质较浓，因而对水稻体细胞染色体的制片与分析存在不少困难。在水稻核型研究发展过程中，不少细胞遗传学家进行了很多有益尝试，Yasui（1941）、Hu（1958）以及 Ishii 和 Mitsukuri（1960）等分别以水稻单倍体根尖为材料，研究了水稻前中期的核型。这一方法避免了在同一细胞分裂相中辨别两个同源染色体的麻烦，降低了对水稻单个染色体的识别难度，是水稻核型研究方面的一项进步。但是，从根本上解决水稻体细胞染色体制片难题的是酶解技术和火焰干燥法的引入。Kurata 和 Omura（1978）最先采用酶解和火焰干燥法，制备了水稻根尖染色体标本。利用这一方法可以获得清晰、分散的染色体图像。陈瑞阳等（1979）亦在前人的基础上，采取去壁、低渗、火焰干燥等措施，对染色体制片的流程进行了优化与改进，获得了非常理想的水稻根尖染色体制片。利用该技术，陈瑞阳等（1980）对粳稻品种红旗 8 号根尖染色体进行了核型分析，Wu 等（1985）则对籼稻品种 IR36 进行了核型分析。随着计算机和数字化技术的发展，染色体图像自动分析系统的应用为水稻前中期核型分析提供了新的手段。Fukui 等利用染色体图像自动分析系统，分析了水稻前中期染色体，不仅获得了较为可靠的染色体相对长度、臂比等核型分析的数据，还对不同染色体的特征进行了详细描述，从而使得水稻核型研究向前迈进了很大一步（Fukui et al.，1988；Fukui and Iijima，1991）。尽管如此，仍不能有效地解决因水稻体细胞染色体较小、不同染色体间长度差异不大等因素造成的对每一染色体鉴别上的困难。因此，在 20 世纪 90 年代以前，有关水稻核型中的染色体相对长度、着丝粒位置、随体染色体的数目等数据，不同研究者之间的分歧仍然非常普遍。

## 三、有丝分裂前中期染色体带型

核型分析主要依据染色体的数目和长度、着丝粒位置等。这种方法获得的染色体特征数据比较简单，依靠这些数据很难对染色体组中不同染色体准确区分和识别。经典核型分析在经历短暂流行之后，便遇到许多实际应用困难。20世纪60年代，一种新的染色体显带（chromosome banding）技术应运而生，使核型分析步入了带型分析阶段。

1968年，Caspersson等首先建立了染色体Q带（quinacrine band）制片技术，经荧光染料芥子奎吖因染色后，在蚕豆及小鼠中期染色体上显示出明暗相间的条带，在很大程度上提高了核型分析的精确度。借助Q带分析，可有效识别小鼠所有染色体，极大地推动了细胞遗传学研究中染色体识别技术的发展。与Q带不同的是，G带是将中期染色体经热、碱、盐、尿素、去污剂等处理，并结合胰蛋白酶消化和吉姆萨染色（Giemsa staining），这一系列处理所呈现的染色体条带更为清晰。该技术经多次改良，最终流程简单，带型清晰，染色体制片可以长期保存，已成为应用最广泛的显带技术之一。C带技术是利用酸、碱对染色体进行变性处理，再经Giemsa染色的染色体分带技术。C带多出现在染色体的着丝粒（centromere）或其他组成性异染色质（constitutive heterochromatin）区域，故被称为C带。

虽然带型分析技术在染色体较大的麦类作物染色体制片中得到了很好的发展和应用，但在水稻上一直没有得到广泛推广。我国科学家在水稻分带技术上进行了很多尝试。田自强和朱凤绥（1979）、陈瑞阳等（1980）用Giemsa染色，研究了水稻前中期染色体形态特征。后来姚青等（1990）、姚青和宋运淳（1993）、张福泉等（1999）又对水稻G带技术进行过改良。但由于水稻有丝分裂中期染色体很小，加之G带的稳定性和清晰度均未获得显著改进，在实际应用中很难对所有染色体进行区分和识别。

21世纪以来，随着计算机科学和测序技术的不断进步，包括分子生物学、基因组学、蛋白质组学在内的各个学科都得到了蓬勃的发展，生命科学研究全面进入分子生物学时代，核型分析也渐渐退出了细胞遗传学研究者的视野。但不可否认核型分析曾在一定时期对物种分类、遗传变异、系统演化等研究发挥了不可替代的作用。

## 四、减数分裂染色体

减数分裂（meiosis）是有性生殖生物配子形成过程中发生的一类特殊的细胞分裂方式。其主要特点是DNA复制一次，而细胞核连续分裂两次，结果产生染色体数目减半的子代细胞。1883年，比利时生物学家贝内登在对马蛔虫的研究中发现，该物种精子与卵细胞的染色体数目都只有体细胞染色体的一半，这是对减数分裂过程的首次发现。减数分裂不同于有丝分裂，有丝分裂发生在生物体整个生命周期中，而减数分裂只发生在孢母细胞形成配子的过程中。有丝分裂只进行一次染色体的分离，而减数分裂包含两次染色体分离过程。第一次分裂过程中发生同源染色体的分离，第二次分裂过程发生姊妹染色单体的分离。完整的减数分裂包括两次细胞分裂：减数第一次分裂（减数分裂Ⅰ）和减数第二次分裂（减数分裂Ⅱ）。

### 1. 减数分裂Ⅰ

#### （1）前期Ⅰ（prophase Ⅰ）

前期Ⅰ是减数分裂的重要时期，减数分裂的三大重要事件，包括同源染色体配对、联会和重组均在此时期发生，并最终形成交叉结。交叉结将同源染色体紧紧地黏在一起，为后期Ⅰ同源染色体的准确分离提供保证。减数分裂前期Ⅰ根据染色体的变化又可细分为细线期、偶线期、粗线期、双线期和终变期等 5 个时期（图 6-2）。

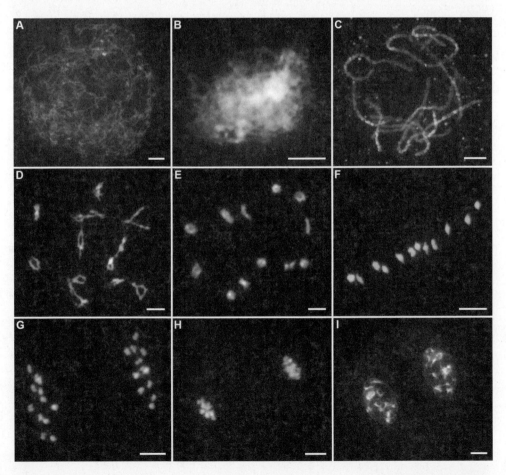

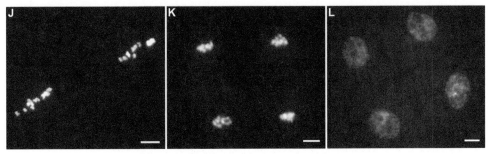

图 6-2　水稻花粉母细胞减数分裂不同时期染色体形态特征

A. 细线期；B. 偶线期；C. 粗线期；D. 双线期；E. 终变期；F. 中期Ⅰ；G. 后期Ⅰ；H. 末期Ⅰ；

I. 二分体；J. 中期Ⅱ；K. 末期Ⅱ；L. 四分体。染色体以 DAPI 染色；标尺为 5μm

细线期（leptotene）：该时期染色体相互交织在一起，也称为凝线期。染色体在细线期逐渐凝集变粗，在显微镜下形成形态可见的细线状结构。核仁及细胞核体积增大，每条染色体含有两条姊妹染色单体。姊妹染色单体之间开始吸收黏着蛋白，并组装成为染色体的轴向元件。DNA 的双链断裂形成于细线期，它是同源染色体配对与重组发生的必要条件。

偶线期（zygotene）：偶线期的特征之一是染色体逐渐丧失其原来的线状特征，聚集成一团，以椭球形黏附在内侧核膜上。很多物种在偶线期的过渡过程中，还会经历一个称为花束期的特定阶段。此时所有染色体末端均聚集在核膜内侧的某一区域，形成类似花束的形态。花束期对于促进染色体的同源末端搜寻、完成同源染色体的配对有着十分重要的作用。随着同源染色体末端配对的起始，进而由染色体末端向中央区域不断扩张，最终完成整条染色体的配对。伴随同源染色体的配对，联会复合体中央元件开始装配，在两条同源染色体之间形成联会复合体。

粗线期（pachytene）：同源染色体配对和联会已经完成，染色体进一步缩短变粗。联会复合体的形成，将同源染色体紧紧地黏在一起，因此粗线期是进行染色体特征分析与长度测量的最佳时期。由于水稻染色体较短、数目较少，其粗线期染色体尤其适合进行核型分析。

双线期（diplotene）：同源染色体进一步凝缩，联会复合体开始解体，并从染色体上脱落。此时同源染色体通过交叉结连接在一起，而交叉结以外的区域已经分开。伴随染色体的收缩，交叉结逐渐向二价体的末端移动，称为交叉结的端化现象。

终变期（diakinesis）：联会复合体完全解体，染色体进一步凝缩，呈现高度凝缩的状态。终变期是进行交叉结数目统计的最佳时期，只有一个交叉结的二价体往往呈现棒状，而有两个或两个以上交叉结的二价体则呈现环状。

（2）中期Ⅰ（metaphase Ⅰ）

此时染色体凝缩至最大值，纺锤体形成。每一染色体的两个姊妹染色单体着丝粒作为一个单元，在特定蛋白质的作用下与一侧纺锤丝连接，呈现特定的着丝粒与纺锤丝单极取向（monopolar）的连接方式，为后期Ⅰ同源染色体的分离创造了条件。二价体的两条同源染色体着丝粒因受到相反方向的纺锤丝牵引，整齐地排列在赤道板上。该时期也是进行染色体计数的最佳时期之一。

（3）后期Ⅰ（anaphase Ⅰ）

此时染色体臂上的黏着蛋白复合体被分离酶降解，而着丝粒处的黏着蛋白由于受到特殊蛋白质的保护，没有被降解。此时一个染色体的两个姊妹染色单体仍然是一个整体，在纺锤丝的牵引下移向细胞的一极。同源染色体间的交叉结在纺锤丝的作用下解体，同源染色体在后期Ⅰ分离，并均衡地分向细胞两极。

（4）末期Ⅰ（telophase Ⅰ）

此时染色体数目减半完成，每条染色体仍包含两条姊妹染色单体。到达细胞两极的染色体解聚成染色质状态，核膜重新形成，核仁也随之出现。细胞质随之分裂，形成二分体。

2. 减数分裂Ⅱ

水稻花粉母细胞减数分裂Ⅰ结束后随即进行减数第二次分裂，减数第二次分裂类似于有丝分裂。减数分裂Ⅱ可以分为前期Ⅱ、中期Ⅱ、后期Ⅱ和末期Ⅱ4个时期。前期Ⅱ，染色体从散乱状态变为聚集状态，核仁、核膜再次消失，微管开始形成。中期Ⅱ，两组染色体整齐地排列在赤道板上。后期Ⅱ，着丝粒处的黏着蛋白被降解，姊妹染色单体在纺锤丝的牵引下分向细胞两极。末期Ⅱ，核仁、核膜再次出现，细胞质分裂形成四分体。四分体最终分解为4个子细胞，每个子细胞仅含有体细胞染色体数目一半的染色体。

## 五、减数分裂粗线期染色体核型

由于水稻有丝分裂前中期染色体很小，不同染色体之间的差异亦小，因而各染色体特征不够明显，要准确识别各个染色体十分困难。因此，不同研究者报道的有丝分裂核型分析结果存在很大差异，相互之间难以统一。相对于有丝分裂前中期染色体，减数分裂粗线期染色体较长，大约为有丝分裂前中期染色体长度的

10 倍，利用它进行核型分析可有效克服水稻染色体小、相邻编号染色体之间长度差异不大的困难。Yao 等（1958）研究了栽培稻杂交种 $F_1$ 代植株花粉母细胞减数分裂染色体行为，获得了清晰的粗线期染色体图像。Shastry 等（1960）最先报道了水稻减数分裂粗线期染色体核型的分析结果。他们根据该时期染色体长度、臂比以及染色粒分布等特征，逐一鉴定出水稻 12 条染色体，并以染色体长度递减的顺序编码了水稻染色体。Wu（1967）利用在固定液和染色剂中添加 $Fe^{3+}$ 的"双媒染"法，获得了分散良好、染色粒分布特征明显的水稻粗线期染色体（图 6-3）。之后，Chen 等（1982）及 Chung（1987）利用该方法获得了比较可靠的水稻粗线期核型分析数据。Kurata 等（1981）将体细胞染色体制片中的火焰干燥法运用到粗线期染色体制片中，同样获得了良好的粗线期染色体图像，并且能分辨大部分染色体着丝粒的位置，有效地解决了粗线期染色体着丝粒识别的难题。此后，卢永根等（1990）亦对 3 个水稻野生种和一个栽培稻品种的粗线期核型进行了研究。程祝宽和顾铭洪（1994）利用上述"双媒染"法，对籼稻南特号、粳稻巴利拉及其杂种的粗线期的核型进行了分析，系统比较了籼、粳稻在粗线期染色体核型上的异同，并追踪分析了这些差异在其杂种 $F_1$ 代上的表现。

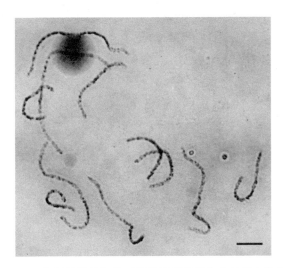

图 6-3　水稻花粉母细胞减数分裂粗线期染色体形态特征
染色体以乙酸洋红染色；标尺为 5μm

　　减数分裂粗线期染色体与有丝分裂前中期染色体相比，有着其独特的优势，具体体现在：①减数分裂粗线期的同源染色体已经配对和联会，避免了辨别同源染色体的麻烦；②粗线期染色体上着色深浅不一的染色粒分布特征，可作为识别特定染色体的重要标志。但是，利用粗线期染色体进行核型分析也存在一些缺点：①粗线期染色体长度过长，不易分散；②着丝粒的位置不够清晰；③不同染色体在粗线期的收缩速率存在差异，会给染色体长度测量带来一些偏差。但总体而言，利用水稻粗线期染色体进行核型分析，其结果的重复性有了明显提升，因而在20世纪70年代以后，这一改进得到了学术界的广泛采用。但不同研究者对粗线期核型分析结果仍存在一些分歧，这主要集中在不同品种随体染色体数目和染色体编号上。

关于随体染色体的数目及其在染色体组中的编号，多数研究者认为水稻有1—2对随体染色体，但是在不同染色体组中涉及的具体染色体编号差别很大。不同染色体组型的稻种之间随体染色体数目存在较大差异，其中AA染色体组有1—2对，BB染色体组有3对，CC染色体组有2对，BBCC染色体组有4对，CCDD染色体组有2对。在亚洲栽培稻中，籼稻一般有2对，根据长度顺序列为10号和12号染色体；粳稻只有1对随体染色体，长度上列为10号染色体（程祝宽等，1996）。他们还通过分析易位系杂合体RT9-12，结合粳稻品种日本晴粗线期核型数据，发现编号为9号和12号的两条染色体，在长度上可能为10号和11号染色体（程祝宽等，1999）。需要指出的是，这里对染色体的命名方法，是根据粗线期染色体长度递减顺序进行的，而与目前国际公认的染色体编号之间有一定偏差，它们之间的对应关系会在后续章节中详细说明。

## 第二节　染色体特异分子细胞学标记

在以染色体为对象的细胞遗传学研究中，需要对不同染色体进行区分，并加以追踪。因此，研究不同染色体的形态特征，并利用这些特征识别不同染色体，是细胞遗传研究的一项重要内容。对于水稻而言，仅仅依靠形态特征很难辨别出染色体组中的所有染色体。这主要是因为水稻有丝分裂中期染色体很小，长度只有1—3μm，并且不同染色体的大小十分接近，缺乏明显的识别标记。与有丝分裂细胞相比，减数分裂粗线期染色体收缩程度低，为细胞学分析提供了更多可识别的结构特征。同时，同源染色体的配对和联会，使得形成的二价体数目只有体细胞染色体数目的一半，避免了辨别同源染色体的麻烦。但是，在粗线期仍然有一些染色体，因具有类似的长度、臂比和异染色质分布特征等而很难被准确区分。例如，1号染色体与2号染色体、5号染色体与7号染色体、6号染色体与8号染色体、9 号染色体与 10 号染色体，以及 11 号染色体与 12 号染色体便是如此。因此，对于水稻的细胞遗传学研究而言，需要发展一种简单有效的方法，用于准确识别不同染色体。使用染色体臂特异分子细胞学标记，进行荧光原位杂交（fluorescence *in situ* hybridization，FISH）分析，是目前准确识别不同染色体的常用方法。

## 一、FISH 在水稻细胞遗传学研究中的应用

FISH 是根据核酸分子碱基互补配对原则，利用荧光标记的核酸探针与靶 DNA 进行杂交，通过检测荧光信号来确定特定 DNA 序列在染色体上的位置和含量的有效方法。FISH 作为细胞遗传学研究的常用技术，已被广泛应用于 DNA 序列的染色体定位、物理图谱构建、基因组结构与进化研究等诸多领域。在细胞遗传学研究中，FISH 也常常被应用于染色体组成分析、染色体结构及数目变异鉴定、远缘杂种及其后代染色体渗入片段鉴定等方面。

### 1. FISH 的靶 DNA 类型

FISH 的分辨率是指两个不同探针能够将染色体上的靶 DNA 检测出来的最小物理距离。靶 DNA 染色体凝缩程度越高，分辨率则越低，因此使用处于松弛状态的间期细胞核的染色质和拉伸的 DNA 纤丝（DNA fiber）进行杂交，可以得到较高的分辨率。而利用分裂过程中的染色体进行杂交，其分辨率则相对较低，但是可以获得探针 DNA 序列在染色体上的大概位置，以及它们与着丝粒或端粒间的排列关系。因此，FISH 技术是进行细胞遗传学研究的重要手段。为取得最佳的分析效果，在 FISH 杂交过程中应根据不同的研究目的，选择不同靶 DNA 所在的染色体类型。

（1）有丝分裂中期染色体

由于有丝分裂中期染色体制片技术流程比较简单、材料获取比较容易，因此有丝分裂中期染色体 DNA 是 FISH 杂交最常采用的靶 DNA 类型。但是，这一时期的染色体高度凝缩，其分辨率只能达到 1—3Mb 的水平。对于水稻这种基因组较小的物种，很难根据不同染色体特征分辨出单条染色体，因此很难通过有丝分裂中期染色体构建高分辨率的物理图谱。

（2）减数分裂粗线期染色体

这一时期的染色体凝缩程度比有丝分裂中期染色体低，其长度通常是相应中

期染色体的 10—20 倍，分辨率水平能够达到 70kb 左右。同时粗线期染色体具有较多可识别的形态特征，包括着丝粒位置、臂比、异染色质分布特点等。此外，粗线期花粉母细胞没有细胞壁，只有较薄的胼胝质壁，很容易获得分散良好的染色体。此时的同源染色体已经配对，因此杂交信号强度也增加了一倍。这些特点使得利用粗线期染色体进行 FISH 杂交的流程更加简单，结果也更为准确。

（3）间期细胞核

这一时期的染色质比分裂时期的染色体凝缩程度低得多，具有更高的分辨率，通常为 50kb 左右。在染色体制片时，很容易得到大量的间期细胞核，但由于此时的染色体还没有稳定的结构特征，应用范围反而非常有限。

（4）游离染色质丝

使用碱性溶胞剂对间期细胞核进行处理，能够释放出游离的染色质丝。由于这种游离的染色质丝已经失去了原有的细胞空间结构，其 DNA 凝缩程度会进一步降低。研究表明，每微米游离的染色质丝大约相当于 80kb 的 DNA 分子长度，其 FISH 分辨率接近 10kb，可用于分析 1Mb 范围内的 DNA 序列位置关系（Heng et al.，1997）。

（5）DNA 纤丝

尽管游离染色质丝已经失去了原有的细胞空间结构，但其染色质的基本结构核小体和组蛋白并没有遭到破坏，仍是 DNA 和蛋白质的复合大分子。而与之不同的是，采用 DNA 纤丝伸展法，先将提取的细胞核悬浮液涂抹在载玻片上，然后用碱性变性试剂将染色质结构破坏，使 DNA 分子与复合蛋白质分离，形成游离的 DNA 纤丝，其凝缩度比中期染色体低 900 倍左右。利用 DNA 纤丝进行 FISH 杂交，在 1Mb 的 DNA 范围内，其分辨率能达到 1—2kb（Parra and Windle，1993）。

2. FISH 的探针类型

探针是 FISH 杂交中用于对被检测 DNA 序列进行细胞学定位的一段特定核酸序列，大致分为以下几种类型。

（1）串联重复序列

由于串联重复序列拷贝数较多，在某一染色体上可达 kb 级甚至 Mb 级，因此利用串联重复序列作探针，很容易获得较强的杂交信号。目前所使用的这类探针有 45S rDNA、5S rDNA、knob DNA 序列、着丝粒序列和端粒序列等。在水稻中，已有不少重复 DNA 序列被定位到特定染色体上。例如，45S rDNA 已被定位到随体染色体的核仁组织区（nucleolus organizer region，NOR）（Fukui and Iijima，1991）。研究表明，籼稻品种中有 2 对染色体有 NOR，分别位于 9 号和 10 号染色体的短臂末端；粳稻品种中有 1 对染色体有 NOR，仅位于 9 号染色体的短臂末端。5S rDNA 位于 11 号染色体短臂近着丝粒区域（Fukui et al.，1994）。着丝粒串联重复序列 CentO（RCS2）被定位于水稻的着丝粒位置（Dong et al.，1998），并且不同染色体着丝粒 CentO 的含量有较大差别。在籼稻品种中籼 3037 中，CentO 含量最多的是 1 号染色体，约为 1898kb，而最少的是 8 号染色体，仅为 89kb。但是在粳稻品种日本晴中，CentO 含量最多的是 11 号染色体，约为 1896kb，而最少的是 8 号染色体，为 64kb。品种间着丝粒串联重复序列 CentO 的含量同样有较大差异（Cheng et al.，2002）。

（2）单拷贝或低拷贝的 DNA 序列

这类探针包括某个基因的 DNA 克隆、限制性片段长度多态性（restriction fragment length polymorphism，RFLP）标记，或者是某一 PCR 产物等。利用这类探针，在人类有丝分裂细胞中可以检测到位于中期染色体上小于 1kb 的探针信号。在对植物细胞进行 FISH 杂交过程中，由于植物细胞具有细胞壁，并且细胞质浓、染色体收缩程度高等特点，利用此类 DNA 序列为探针，存在特异杂交信号弱、非特异杂交信号强等缺陷，难以得到稳定、清晰的特异杂交信号。为克服这些缺陷，已发展出以单拷贝 DNA 序列筛选出的细菌人工染色体（bacterial artificial chromosome，BAC）库，借助阳性 BAC 克隆 DNA 作为探针进行 FISH 杂交的方法。

## 二、染色体臂特异分子细胞学标记的筛选

为准确鉴别水稻不同染色体，已经发展出两套能与水稻 24 条染色体臂进行特异杂交的 BAC 克隆作为水稻染色体臂特异的分子细胞学标记。

### 1. 分子标记筛选的 BAC 克隆

利用不同染色体臂上的 RFLP 标记筛选 BAC 文库，Cheng 等（2001a）将筛选获得的阳性克隆作探针进行 FISH 杂交，发展出了一整套水稻染色体臂特异的分子细胞学标记。

上述被选择的 RFLP 标记在水稻基因组中均为单拷贝序列，并且已经被定位到不同染色体臂上的多态性标记。利用这些 RFLP 标记进行克隆杂交，筛选获得

的阳性 BAC 克隆作探针，分别对水稻有丝分裂或减数分裂细胞进行 FISH 杂交，进一步筛选出能够产生特异杂交信号的 BAC 克隆。这些 BAC 克隆即可作为染色体臂特异分子细胞学标记，用于水稻染色体的识别。通过这种策略，共筛选出 24 个 BAC 克隆能与水稻不同染色体臂进行特异杂交，并区分出不同水稻染色体及染色体臂。经过检测，筛选获得的 24 个 BAC 克隆能够在不同染色体的两个臂上显示出明显的杂交信号，表明它们可作为染色体臂特异的分子细胞学标记，用于特定染色体或染色体臂的识别。

### 2. 富含基因序列的 BAC 克隆

基于分子标记筛选的 BAC 克隆在栽培稻染色体上能够显示出良好的杂交信号，但是在其他染色体组的野生稻中很难显示出较强的杂交信号。由于基因组中基因的分布并不均匀，它们倾向于聚集在一些重复序列含量较少的常染色质区域。在野生稻染色体上产生较强杂交信号的 BAC 克隆，其基因密度要比那些弱杂交信号的 BAC 克隆高出很多。因此，从 AA 基因组中筛选的含有较高基因密度的 BAC 克隆，它们与野生稻对应染色体区域会存在更高的同源性，能在野生稻中产生较强的 FISH 信号。依据这一策略，Tang 等（2007）在水稻全基因组序列测定完成的基础上，根据不同 BAC 克隆所含有的 DNA 序列特征，获得了一套 24 个富含基因序列的染色体臂特异 BAC 克隆（表 6-1），可更方便地用于水稻染色体臂的细胞学鉴定（图 6-4）。

表 6-1　水稻不同染色体臂特异细胞学标记的 BAC 克隆名称及其物理位置

| 染色体臂 | 克隆名称 | 物理位置（Mb） |
| --- | --- | --- |
| 1S | b0053C22 | 8.3 |
| 1L | a0052O12 | 40.4 |
| 2S | b0088N06 | 1.0 |
| 2L | b0076C19 | 30.6 |
| 3S | a0032G08 | 4.3 |
| 3L | a0096I06 | 34.7 |
| 4S | a0020P07 | 1.0 |
| 4L | a0015K02 | 33.1 |
| 5S | a0027N19 | 3.6 |
| 5L | a0013E06 | 25.7 |
| 6S | a0039H16 | 1.7 |
| 6L | a0008N15 | 29.2 |

续表

| 染色体臂 | 克隆名称 | 物理位置（Mb） |
|---|---|---|
| 7S | a0048B17 | 1.1 |
| 7L | a0016A05 | 29.1 |
| 8S | a0014D01 | 0.05 |
| 8L | a0012J05 | 27.6 |
| 9S | b0058F08 | 1.9 |
| 9L | a0065A15 | 18.2 |
| 10S | a0071K19 | 0.2 |
| 10L | a0095C07 | 22.0 |
| 11S | a0025K19 | 0.6 |
| 11L | a0022E16 | 27.4 |
| 12S | a0094F04 | 0.9 |
| 12L | b0085B24 | 22.0 |

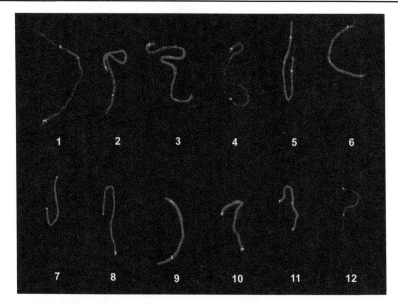

图 6-4  水稻染色体臂特异细胞学标记在减数分裂粗线期染色体上的定位
蓝色示 DAPI 染色的染色体，红色示着丝粒串联重复序列 CentO 的杂交信号，
绿色示染色体臂特异分子细胞学标记的杂交信号

对上述 24 个 BAC 克隆进行 FISH 检测，在水稻减数分裂粗线期染色体上都会显现明显的杂交信号。这些 BAC 克隆可按 FISH 信号的强弱程度分成两种类型：一类是位于着丝粒旁侧异染色质区的 BAC 克隆，在染色体上的 FISH 信号较弱；另一类是位于常染色质区的 BAC 克隆，拥有较强的杂交信号。这些 BAC 克隆在

BB（*O. punctata*）和 CC（*O. officinalis*）野生稻染色体上也有良好的杂交信号，并且杂交信号在染色体上的位置与栽培稻中的非常相似。因此，来自基因富集区的 BAC 克隆，作为特异性更强的染色体臂特异分子细胞学标记，对于细胞遗传学研究和稻属染色体识别具有更高的应用价值。

### 三、染色体臂特异分子细胞学标记的应用

#### 1. 水稻非整倍体的鉴定

染色体臂特异分子细胞学标记对于准确鉴定目标个体染色体的组成具有十分重要的价值。例如，在鉴定水稻 11 号染色体初级三体（$2n = 24+11S\cdot11L$）时，可利用 11 号染色体短臂特异 BAC 克隆（a0071H11）进行 FISH 杂交，从中检测出 3 条能被该标记识别的染色体，证实该水稻植株确实含有 3 条 11 号染色体。从该初级三体后代中进一步分离获得一新的非整倍体植株。该植株同样含有 25 条染色体，但其形态特征明显区别于原初级三体植株。利用 11 号染色体长臂和短臂特异的 BAC 克隆作探针，在有丝分裂中期细胞中，除检测到 1 个正常的 11 号染色体外，还检测到两个变异染色体，这两个变异染色体分别是来源于 11 号染色体短臂的等臂染色体和来源于该染色体长臂的端着丝粒染色体。因此，该非整倍体植株的染色体组成为 $2n = 23+11S\cdot11S+11L\cdot$（Cheng et al., 2001a）。

#### 2. 栽培稻核型的修订

染色体臂特异分子细胞学标记在水稻核型分析中可发挥重要作用。在减数分裂粗线期，大部分染色体着丝粒区域有染色深浅相间的染色钮，给准确识别每一个染色体的着丝粒带来了很大困难。实际上，在水稻中利用经典乙酸洋红染色法是很难鉴别出粗线期染色体着丝粒位置的。而着丝粒位置判断的错误可能是导致不同研究者之间核型分析结果有较大差异的主要原因。利用染色体臂特异分子细胞学标记，Cheng 等（2001a）对粳稻品种日本晴进行了更为准确的核型分析，根据现有水稻染色体命名系统，最长的为 1 号染色体，其绝对长度为 61.12μm，相对长度为 13.24%；最短的为 10 号染色体，其绝对长度为 24.74μm，相对长度为 5.36%。按照染色体长度由长到短进行排序，依次为 1、3、2、6、4、5、7、8、11、9、12 和 10 号染色体（其中 9 号染色体的长度不包括 NOR 区域）。由于 3 号和 6 号染色体的臂比均小于 1.0，说明目前命名的这两条染色体，长短臂的命名很

可能是颠倒的。

3. 染色体组对应关系的确定

将基因富集区的 BAC 克隆作为分子细胞学标记，可有效识别不同染色体，进而建立野生稻不同染色体组的核型。利用这种策略，Tang 等（2007）对 BB（*O. punctata*）和 CC（*O. officinalis*）染色体组野生稻粗线期核型进行了详细分析。在 BB 染色体组中同样有 12 对染色体，包括 5 对中间着丝粒染色体、5 对亚中间着丝粒染色体和 2 对亚端着丝粒染色体。其中，最长的为 1 号染色体，其绝对长度为 64.90μm，相对长度为 13.39%；最短的为 12 号染色体，其绝对长度为 27.08μm，相对长度为 5.58%。BB 染色体组的 4 号、9 号、10 号三条染色体为随体染色体，NOR 分别位于这些染色体的短臂末端。按照长度进行排序，依次为 1、3、2、4、6、5、7、8、9、11、10 和 12 号染色体（其中 4、9 和 10 号染色体长度不包括 NOR 区域）。相对而言，CC 染色体组的核型与 BB 染色体组非常相似，但绝对长度要比对应 BB 组染色体长。并且在 CC 染色体组中，NOR 仅定位于 4 号和 9 号染色体，这与 BB 染色体组有较大差别。

## 第三节 水稻染色体端粒

对于大多数真核生物来说，线性染色体在遗传上通常面临两个潜在的变异风险。一是 DNA 复制过程中，不能彻底完成 3′端的复制；二是线性末端必须得到保护，从而避免被作为 DNA 双链断裂（double-strand break，DSB）加以修复。为解决这些问题，真核生物在线性染色体末端进化出了一种称为"端粒"的特殊 DNA-蛋白质复合体。

对端粒的观察和研究可以追溯到 19 世纪 20 年代。遗传学家 Muller 通过 X 射线诱变果蝇，发现会引发 DNA 的双链断裂，从而引起染色体的重排。进一步观察发现，经重排的染色体，总含有原来的染色体末端。不具有这种自然末端的染色体，在细胞分裂过程中往往都会丢失（Muller，1938）。McClintock 是同时期另一位端粒研究的杰出贡献者。她利用获得的双着丝粒突变体材料分析了染色体末端的稳定性，发现当双着丝粒染色体因受纺锤丝牵引而移向两极时，会在两极之间形成"桥"，最终会引起染色体进一步断裂而形成新的末端。经过下一次有丝分裂 S 期 DNA 的复制，断裂的染色体末端重新融合，形成新的"桥"，并重新断裂，形成新的末端，如此周而复始，即所谓的断裂-融合-桥循环（McClintock，1941）。McClintock 发现这种循环在玉米胚乳细胞中能够持续地进行下去。但是，当断裂染色体通过配子传递到受精的胚中时，这种断裂染色体末端则趋于稳定，不再进入断裂-融合-桥循环。当时她认为断裂的染色体末端可能被"治愈"了，而现在人们已经了解，在该过程中实际是新的端粒重新合成了。染色体末端在胚和胚乳中不同的"愈合"方式，是端粒酶在不同组织中差异表达的结果（Kilian et al.，1998）。从 Muller 和 McClintock 对于果蝇和玉米端粒进行的早期研究开始，端粒分子生物学研究的进展已日新月异。尤其是在酵母、小鼠、人类、线虫、拟南芥等模式生物中取得了一系列重要发现，为最终揭示端粒及端粒酶作用的分子机制奠定了基础。

## 一、不同物种端粒 DNA 序列

在端粒序列研究方面，Blackburn 和 Gall 做了大量开创性工作。1978 年，他们用化学方法测定了四膜虫端粒序列，发现四膜虫的每个线性染色体末端大约由 50 个碱基的 TTGGGG 重复序列组成（Blackburn and Gall，1978）。这种富含 TG 重复序列的端粒在生物界相当普遍，但也有一些物种例外，如在芽殖酵母中为不常见的 $TG_{1-3}$ 重复序列（Shampay et al.，1983；McEachern and Blackburn，1994）。拟南芥是高等真核生物中第一个被测定端粒序列的模式植物，它的端粒重复序列被证明是 TTTAGGG（Richards and Ausubel，1988），称为拟南芥型端粒。大部分植物都具有 TTTAGGG 这种重复序列的端粒末端。唯一例外的是天门冬目的一个分支，其拥有与脊椎动物一样的端粒末端 TTAGGG（Fajkus et al.，1995）。另外，还有一些植物，如洋葱和茄科的一些物种，它们缺乏典型的端粒序列，这些物种中的端粒结构到目前为止尚未获得解析（Pich et al.，1996；Sykorova et al.，2003）。

虽然真核生物中端粒序列高度保守，但是在长度上，不同物种间却存在明显的差异。一般而言，基因组小的单细胞物种往往具有较短的端粒序列，而基因组较大的物种端粒序列较长。在植物中这种现象更为明显，单核藻类的端粒长约 0.5kb，而高等植物如烟草的端粒长度甚至超过了 100kb（Fajkus et al.，1995）。有些物种不同染色体的端粒长度变化很大，如玉米不同的自交系端粒长度从 2kb 到 20kb 不等（Burr et al.，1992）。

## 二、水稻端粒序列

Wu 和 Tanksley（1993）利用稀有酶对水稻基因组 DNA 进行酶切处理，经脉冲电泳分离，以拟南芥端粒序列 TTTAGGG 作探针进行 Southern 杂交，证实了水稻端粒序列为拟南芥型端粒序列。利用该序列进行荧光原位杂交，可以在水稻不同染色体末端显示非常特异的杂交信号（图 6-5）。Mizuno 等（2008b）详细分析了日本晴的 14 个染色体末端端粒重复序列的变化，发现端粒重复序列在不同染色体末端之间同样存在比较大的差别。表明这些端粒序列发生过碱基的替换、插入、缺失等不同变异类型，并呈现以下显著特点。

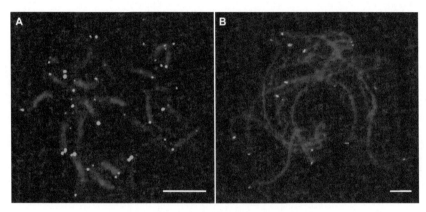

图 6-5　水稻端粒序列的荧光原位杂交检测

蓝色示 DAPI 染色的染色体；绿色示端粒探针 pAtT4 的杂交信号。A. 根尖细胞有丝分裂前中期染色体；B. 花粉母细胞减数分裂粗线期染色体。标尺为 5μm

1）在近端粒末端区的 30 个重复单元内，碱基的替换比其他区域相对集中，频率也较高；而碱基缺失、插入等变异则比较均匀、分散。

2）在端粒重复单元 TTTAGGG 中，第一位碱基 T 发生替换的类型比较丰富，T-A、T-C、T-G 等碱基替换均有发生。这些变异类型主要发生在 2L、3L、10S 等染色体臂末端。第二位的碱基 T 只有一种替换类型，即 T-A，形成 TATAGGG 的序列，常发生在 3L 和 7L 染色体臂末端。第三位的碱基 T 通常发生 T-C 或 T-G 的替换，形成 TTCAGGG 或 TTGAGGG 的序列，这类变异只存在于 3L 染色体臂末端。而第 4-7 位碱基没有检测到替换类型的发生。大部分碱基缺失变异主要发生在 TTT 上，由原来的 TTTAGGG 变为 TTAGGG，亦有小部分缺失变异发生在 GGG 上，由 TTTAGGG 变为 TTTAGG。

3）在变异端粒序列的分布上，由 TTTAGGG 替换成 ATTAGGG、CTTAGGG、GTTAGGG、TATAGGG、TTCAGGG、TTGAGGG 等，它们成簇出现在 2L、3L、7L 和 10S 染色体臂末端。而碱基插入或缺失类型的变异则较为均匀、分散，在所有染色体末端均有发生。另外，端粒序列的倒置变异只发生在特定染色体上，如 4L、7S、9S 等染色体臂末端。对不同染色体端粒碱基变异的研究表明，这些变异不是由随机突变累积而成的，很可能由单一突变发展形成。水稻端粒中这些碱基变异都是稳定遗传的，与它们相比，近末端序列较不稳定，可能是因为这些区域会发生端粒的快速删减（telomere rapid deletion，TRD），从而导致碱基序列的快速变异。

4）稻属不同物种端粒的长度也有很大差异。Mizuno 等（2006）用端粒探针对稻属不同基因组 DNA，包括 AA、BB、BBCC、CC、CCDD、GG、HHJJ 等，通过 Southern 杂交进行了检测，发现它们的端粒长度从 5kb 到 20kb 不等。同为亚洲栽培稻，粳稻日本晴的端粒序列相对较短，而籼稻 Kasalath 的端粒序列较长。他们还利用 fiber-FISH 技术，对日本晴 7 个不同染色体末端的端粒长度进行了研究，发现它们的长度变异也非常明显，变异范围在 5.1—10.8kb。可见，水稻端粒无论在长度上还是序列组成上，不同物种或品种间均存在很大差异。这些差异的形成很可能与端粒区的 DNA 合成、重组及端粒快速删减等过程相关，并且越靠近端粒末端，碱基的变异越频繁。

## 三、水稻亚端粒序列

亚端粒是指位于染色体核心基因区与端粒之间，与染色体末端相连的一段特殊区域，又称端粒相关序列（telomere-associated sequence，TAS）。在酵母、果蝇、人类等不同物种中，它的组成和序列均有很大差异，但是结构却比较类似。常见的亚端粒包括长同源序列结构（long homology block）、数目不等的串联重复序列、转座子、rDNA 阵列等。酿酒酵母是第一个完成全基因组序列测定的真核生物，其亚端粒区域由分散的串联重复序列、不同家族基因、转座子等组成（Louis，1995）。在基因组较小的拟南芥中，亚端粒区也包含少量简单重复序列（Kotani et al.，1999）。

亚端粒区域是真核生物基因组中最活跃的部分，其重复序列变化非常快速、频繁，在物种、细胞，甚至某个基因间，这种变化都经常发生。在人的染色体中，亚端粒区域大小为 8—300kb（Riethman et al.，2001；Der-Sarkissian et al.，2002）。而在番茄、马铃薯等植物中，该区域可达 1000kb 以上（Broun et al.，1992；Zhong et al.，1998）。这种重复序列的多变性，主要来自非同源染色体间亚端粒区同源序列介导的重组事件。Fan 等（2008）报道了水稻 3 号染色体短臂末端亚端粒区存在高频率基因重组和转座子插入事件，认为亚端粒区可能是新基因形成的"温床"。这一现象从某种意义上来说，在保证物种核心基因组稳定的前提下，可能会对物种的快速进化有重要作用。

Mizuno 等（2006）还分析了水稻染色体 1S、2S、2L、6L、7S、7L 和 8S 靠近端粒 500kb 区域内的组成，在去除假基因、转座子及非编码基因后，每条染色体末端预测的基因在 79—97 个。在分析的 598 个基因中，123 个基因编码已知蛋白，114 个基因编码功能未知蛋白，162 个基因编码假定蛋白，另外 199 个基因仅仅是预测基因。基因密度为 1 个/5.9kb，高于整个基因组中的基因分布密度（1 个/9.9kb）。在 598 个基因中，303 个基因序列与水稻全长 cDNA 数据相符，表明亚端粒区的基因有很高的转录活性。除基因序列以外，还有大量的逆转座重复序列，其平均密度为 5 个/100kb，平均长度为 1.2kb。在 500kb 区域内，有 6.9—53.1kb 的重复序列。

在植物染色体中，亚端粒区域通常包含一些物种特异的亚端粒重复序列。在研究的大麦、番茄、烟草等物种中，大部分染色体末端含有这些重复序列。在水稻中，已鉴定的亚端粒串联重复序列包括 Os48 和 TrsA。这两个序列可能是水稻亚端粒重复序列的不同重复单元，相互之间存在 90% 的同源性。

Os48 是栽培稻中第一个被分离出来的串联重复序列，定位于水稻亚端粒区域，每个重复单元长度为 355bp。Os48 在籼稻与粳稻染色体中的分布存在一定差异，并且在籼稻中的拷贝数目和位点数目要比在粳稻中的多得多。Wu 等（1991）利用同位素标记探针，与水稻品种 IR36 有丝分裂前中期染色体杂交，发现信号定位于 2、5、7、8、9、10、11 和 12 号染色体上。Nakayama（2005）对 16 个水稻品种 Os48 的定位结果表明，籼稻杂交信号有 4—7 个，粳稻只有 2—3 个。Cheng 等（2001b）进一步研究表明，Os48 在基因组中是高度甲基化的。在籼稻品种中籼 3037 粗线期染色体上，Os48 主要定位于 3L、5S、7L、8L、9L、10L、11L 和 12L 染色体臂上，除了 9L 以外，其他染色体上均定位在亚端粒区。而在粳稻品种武运粳 8 号中，Os48 主要分布于 5L 和 6S 两个染色体臂的亚端粒区。

TrsA（tandem repeat sequence A）是 AA 基因组水稻所特有的，重复单元同样

为 355bp 的串联重复序列（Ohtsubo et al.，1991）。在不同水稻品种间，TrsA 在染色体上的位置和数目差别较大。Ohmido 等（2000）利用 FISH 方法证明了在籼稻 IR8 及 IR36 有丝分裂染色体中有 6 对 TrsA 信号，而在粳稻日本晴中只有两对信号。在 AA 染色体组野生稻中，*O. rufipogon* 有 3 对信号；而在 *O. meridionalis* 中有 12 对信号，其中有 11 对位于亚端粒区域，1 对位于近着丝粒区（Uozu et al.，1997）。Mizuno 等（2008a）利用已公布的日本晴全基因组数据库，用 TrsA 序列进行比对，发现 TrsA 重复序列主要分布于 5L、6S、8L、9L 和 12L 上。无论是 Os48 还是 TrsA，不同品种间它们在染色体上分布的位置和数目都有差异，表明亚端粒区域在进化上具有高度活跃的特点。在不同研究者的报道中，TrsA 在同一品种日本晴中定位结果的差异，可能与染色体的识别技术有关。

## 四、端粒酶

1972 年，Watson 第一次提出了端粒末端的复制难题。由于 DNA 聚合酶需要一个短的核苷酸分子链作为引物，然后沿 5′→3′ 方向进行新链延伸。一旦复制完成，引物将被移去，从而在子代 DNA 链的 5′ 端留下一段不被复制的片段。如果这个问题得不到解决，细胞中的线性染色体将会一代代地变短，直到细胞死亡。之后，科学家提出了多种模型来解释这个问题，直到端粒酶在四膜虫体内被发现，端粒末端复制的问题才得以完美解释（Chan and Blackburn，2004）。

端粒酶是一种具有逆转录活性的酶，它能够将重复序列不断地添加到染色体端粒末端的核糖核蛋白上。其生物活性首次在四膜虫中得到验证（Greider and Blackburn，1985），并且相关研究逐步延伸到其他真核生物。端粒酶以染色体 3′ 端为引物，以其自身 RNA 为模板合成串联重复序列。一旦 RNA 模板被复制，新合成 DNA 的 3′ 端将易位，退回到 RNA 模板的起始合成位点，并启动下一轮 DNA 合成。

端粒酶有两个核心的元件：逆转录酶（telomerase reverse transcriptase，TERT）催化亚基和 RNA 模板亚基（telomerase RNA）。TERT 亚基从酵母到人类是高度保守的，都含有逆转录酶基序（Lingner et al.，1997）。在植物中，拟南芥的端粒酶催化亚基编码基因 *AtTERT* 最早被克隆，该基因编码一个 131kDa 的蛋白质，大小与脊椎动物同类蛋白接近（Oguchi et al.，1999）。

Heller-Uszynska 等（2002）通过同源比对方法，在水稻中鉴定出了与拟南芥 *AtTERT* 的同源基因。该基因由 11 个内含子和 12 个外显子组成，编码一个含 1261

个氨基酸的蛋白质。*OsTERT* 拥有 *TERT* 基因家族保守性的特征基序及端粒酶特有的序列。水稻 *OsTERT* 与拟南芥 *AtTERT* 基因同源性很高（Oguchi et al.，2004）。在人类中，*TERT* 基因被认为是控制端粒酶活性的开关，它在端粒酶较为活跃的组织中表达很高，在端粒酶不活跃的组织中则不表达（Counter et al.，1998；Nakayama et al.，1998）。在水稻中，*OsTERT* 基因的 mRNA 前体具有可变剪切方式。端粒酶在分生组织和离体培养细胞中活性较高，但是在叶片和根中活性较低。与人类 *TERT* 基因不同，水稻 *OsTERT* 基因的转录水平与端粒酶活性没有明显的关联性，其转录本无论是在端粒酶活跃区域还是不活跃区域均能稳定检测到，表明端粒酶活性不受 *OsTERT* 基因转录水平的调控（Heller-Uszynska et al.，2002）。水稻中 OsTERT 蛋白含有两个被预测的 Akt 激酶磷酸化位点。Akt 能够调控水稻的端粒酶活性，却不能调控拟南芥的端粒酶活性，暗示水稻与拟南芥端粒酶活性的调控方式可能存在一定差异（Oguchi et al.，2004）。

## 五、端粒的生物学功能

### 1. Rabl 构型

在许多生物中，间期细胞核中染色体的排列方式是规则有序的，着丝粒聚集排列在细胞核的一侧，而与核膜相连的端粒位于核的另一侧。这种染色体排列方式称为 Rabl 构型，这是由生物学家 Carl Rabl 于 1885 年首次在两栖动物蝾螈中发现的。Rabl 构型在许多生物中普遍存在，如在大麦、燕麦、豌豆、蚕豆等植物中均有报道，然而在玉米和高粱中却未见有 Rabl 构型（Schubert and Shaw，2011）。拟南芥染色体排列呈现为另一种称为莲座型（rosette-like）的特殊方式，其端粒围在核仁周围，而着丝粒则位于核仁的外围（Armstrong et al.，2001；Fransz et al.，2002）。早期人们认为物种是否具有 Rabl 构型可能与基因组的大小有关，但拥有较小基因组的酵母也有类似的 Rabl 构型（Jin et al.，2000），在动物中的情况则更为复杂。有趣的是，水稻中 Rabl 构型只在一些特定组织细胞中能够观察到。Prieto 等（2004）利用着丝粒和端粒重复序列作探针进行荧光原位杂交，发现在生长期的稻根木质部导管细胞中，着丝粒和端粒各自聚集在一起，并且位于细胞核相对的两极。该结果在栽培稻及斑点野生稻中都得到了验证。

从发现 Rabl 构型距今已有一百多年的时间，但是人们对于 Rabl 构型存在意义和功能的了解还很不深入。已有研究表明，基因在核内的位置会影响它们的表达，推测 Rabl 构型可能与基因的表达直接相关。另一种可能的解释是，Rabl 构型会使核内染色体不需要进行复杂的重排，有利于染色体更快速地凝缩，以尽快完成细胞分裂（Cowan et al.，2001）。

2. 花束构型

在减数分裂前期 I 由细线期向偶线期转变的过程中，每条染色体的一个或两个端粒会与核膜相结合，并聚集于核膜内侧一个很小的区域，形成类似花束的结构，称为染色体的花束构型，出现这一构型的时期称为花束期。对于染色体这种构型的描述，可以追溯到 19 世纪末人们对减数分裂过程中染色体的观察（Scherthan，2001）。花束构型在减数分裂过程中相当保守，从单细胞酵母到高等动植物中均有发现。所不同的是，在植物中端粒沿核内膜移动，并聚集在微管较为稀少的区域（Cowan et al.，2002）。而在其他生物中，端粒主要集中在微管组织中心（Scherthan，2007）。研究表明，花束构型的形成需要端粒重复序列的参与。典型的例子就是裂殖酵母和小鼠，在它们的环状染色体突变体中，没有端粒重复序列的环状染色体是不能附着到细胞膜上的（Naito et al.，1998；Voet et al.，2003）。相关研究还发现，不同物种中花束构型的形成并非千篇一律，如线虫染色体的花束构型只是每条染色体的一个端粒参与（Goldstein and Slaton，1982）。通常情况下，花束构型只在细线期至偶线期这一阶段出现。然而拟南芥端粒在间期细胞核中就有一个明显的聚集过程，进入细线期后便逐渐分散，而偶线期又有一个短暂的、类似"花束"结构的形成过程（Armstrong et al.，2001；Varas et al.，2015）。

虽然花束构型的发现距今已有一个多世纪，但同 Rabl 构型一样，其确切的生物学功能仍不是很清楚。鉴于花束构型的形成主要发生在同源染色体联会之前，比较普遍的观点认为它的形成有助于同源染色体配对和联会。这种结构将染色体末端集中在一个小的区域，并将染色体调整到一致的方向，更加方便染色体的同源搜索。在酵母一些花束构型形成缺陷的突变体中，同源染色体配对和联会均出现延迟的现象（Trelles-Sticken et al.，2005）。然而也有一些研究表明，这一观点在有些物种中还值得商榷。例如，在粪壳菌 *Sordaria macrospora* 中，同源染色体配对是先于花束期之前完成的，暗示同源搜索并不需要花束构型的形成（Storlazzi et al.，2003）。最新研究揭示了端粒花束构型的另一个重要生物学功能，在花束构型缺失的裂殖酵母中，不仅不能完成正常的纺锤体附着，着丝粒相关蛋白也不能正确定位到着丝粒区域，这说明端粒花束构型对于着丝粒的组装同样有着十分重要的意义（Klutstein et al.，2015）。

在水稻中，端粒在细线期附着到细胞核内膜上，在偶线期早期端粒聚集在一起，花束构型最终形成。对已有的水稻减数分裂相关突变体研究表明，花束构型与减数分裂过程有着密切的关系。第一，在 Osam1 等减数分裂早期事件的突变体中，减数分裂会停滞在细线期，而不能进一步进入偶线期，因此花束构型在此类突变体中也是不能形成的（Che et al.，2011）。第二，花束构型的形成不依赖于DSB 的产生，在水稻 OsSPO11-1 RNAi 植株中，以及一系列 DSB 形成缺陷的突变体，如 crc1、p31$^{comet}$、OsmtopVIB 等植株中，其花粉母细胞减数分裂端粒花束构型的形成均未受到明显影响（Yu et al.，2010；Miao et al.，2013；Ji et al.，2016；Xue et al.，2016）。第三，花束构型的形成不依赖于同源重组事件的发生及联会复合体的形成。在水稻单倍体中，虽然不能发生同源重组，但是花束构型却能够正常形成（Gong et al.，2011b）。ZYGO1 是水稻克隆的第一个参与花束构型形成的基因（Zhang et al.，2017），它编码一个新的 F-box 蛋白，通过 F-box 结构域与 OSK1 互作，进一步组装成 SCF 复合体（Skp, Cullin, F-box containing complex）。在 zygo1 突变体中，端粒花束构型不能形成，偶线期染色体不能聚集，散布在整个细胞核中（图 6-6）。因而在整个减数分裂期，观察不到偶线期的出现，从而表现为一个没有偶线期的突变体。由 ZYGO1 控制的染色体形态建成，独立于 DSB 形成与修复等一系列重要事件，并且 ZYGO1 突变会影响 SAD1 在核膜上的极性定位。这些结果表明端粒花束构型形成的失败，会对随后的同源染色体配对、联会和交换产生很大影响。

### 3. 端粒异常时的生物学效应

细胞中端粒的正常功能对维持生物体基因组稳定和完整有至关重要的作用。如果端粒不能合成，重要的遗传信息将逐渐丢失。在进化上，端粒的功能失活将会导致染色体形成"末端-末端"连接，这将引起整个基因组的染色体重排，从而对物种的进化产生重大影响（Ijdo et al.，1991；Hartmann and Scherthan，2004；Mandáková et al.，2010）。体外培养的人成纤维细胞分裂至细胞群体 50—60 倍时，将进入复制性衰老（replicative senescence）的状态。此时细胞虽然活着，但丧失了继续进行分裂的能力。因为成纤维细胞中缺少端粒酶，所以在细胞增殖过程中一直伴随有端粒的缩短，直至细胞死亡（Harley et al.，1990；Bodnar et al.，1998）。

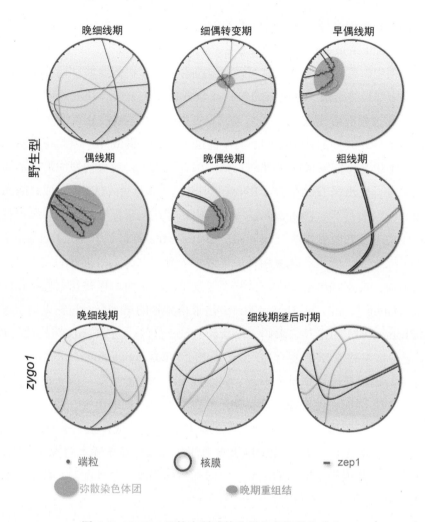

图 6-6  ZYGO1 调控水稻减数分裂花束构型的形成

在野生型中，偶线期染色体在核仁一侧聚集成团。端粒集中在一起，形成特有的花束构型，进而介导同源染色体的配对和交换，并在配对的同源染色体间形成联会复合体。而在 zygo1 突变体中，端粒不能聚集，染色体亦不聚集成团，导致同源搜寻缺陷，并影响同源染色体配对、交换和联会

在植物中，因为端粒或端粒酶的功能异常往往不会导致植物直接死亡，所以相应的异常表型要比动物中缓和得多。在拟南芥中，*Attert* 突变体在经历了 6 个有性世代后会出现明显异常（Riha et al.，2001）。当端粒长度从 2—4kb 缩短到 1kb 以下时，便会发生末端-末端融合，进入断裂-融合-桥循环（Siroky et al.，2003；Heacock et al.，2004），并伴随植株生长发育的诸多缺陷，表现为矮秆、器官变形、育性降低等（Riha et al.，2001）。在水稻中，敲除 *RTBP1* 基因后，会引起染色体

端粒加长，使得营养生长与生殖生长均产生一定的缺陷。在减数分裂后期 I，可见染色体融合和后期桥等现象。当然，这些异常表型可能不是因为变长的端粒，而是因为染色体末端缺少了端粒的保护（Hong et al.，2007）。

环状染色体是完全意义上的缺少端粒的染色体。Yang 等（2016）对含有环状染色体变异的水稻植株花粉母细胞减数分裂过程进行了详细观察。该环状染色体由来自水稻 4 号染色体、包含着丝粒及部分长臂的片段组成。研究表明，在粗线期花粉母细胞中，正常的 12 对染色体可以发生完全配对，形成 12 个二价体。而细胞中的环状染色体尽管来自 4 号染色体，却不能与 4 号染色体发生任何程度的配对。由此可见，DNA 序列的相似性不足以构成同源染色体配对和联会的充分条件，而在这一过程中端粒对于同源染色体的配对和联会却发挥了至关重要的作用。

## 第四节　水稻染色体着丝粒

着丝粒是真核生物染色体的重要组成元件，在细胞有丝分裂和减数分裂过程中，通过介导动粒的组装使染色体与纺锤丝有序连接，从而保证染色体正常的极性运动与准确分离。因此着丝粒对于维持物种世代之间染色体的稳定起着十分重要的作用。

### 一、着丝粒的定义

着丝粒在不同研究领域和研究阶段有着不同的定义。早在 1880 年，Walther Flemming 在细胞学上将脊椎动物的着丝粒定义为染色体的主缢痕（primary constriction）（Paweletz，2001）。而在经典遗传学研究中，着丝粒又被定义成同源重组频率极度降低的染色体区域。随着生命科学的发展，对于着丝粒的定义又有了新的内涵。在基因组中，如果一段 DNA 序列能够与动粒发生相互作用，则该 DNA 序列就是功能着丝粒的一部分（Jiang et al.，2003）。最新分子生物学研究将染色体上能够与着丝粒特异组蛋白 CENH3（centromeric histone H3）结合的区域定义为功能性着丝粒。

根据着丝粒上连接微管数目的不同，可以将着丝粒分为点着丝粒、区域型着丝粒和弥散型着丝粒三种（Ekwall，2007）。芽殖酵母的着丝粒仅仅包含一个着丝粒核小体（Furuyama and Biggins，2007），每条染色体仅含有一个小的动粒结构与一条微管相连接，该着丝粒属于点着丝粒。而裂殖酵母及高等动植物等绝大部分真核生物，它们的着丝粒覆盖了几千至几百万碱基对的 DNA 区域，通常包含一个较大的、与微管束相连的动粒结构，这些着丝粒属于区域型着丝粒。而线虫的整条染色体上存在着多个弥散分布的点着丝粒，每个动粒均能与微管相连接，该类型着丝粒属于弥散型着丝粒（Maddox et al.，2004；Steiner and Henikoff，2014）。

## 二、着丝粒 DNA 序列

在不同物种之间，着丝粒 DNA 序列在长短和组成成分上存在很大差别（Jiang et al.，2003）。芽殖酵母着丝粒 DNA 仅为 125bp，是目前发现的最简单的着丝粒类型（Clarke，1998）。该 DNA 序列包含三个组分：CDE（centromere DNA element）Ⅰ、CDE Ⅱ 和 CDEⅢ。而裂殖酵母着丝粒 DNA 要大得多，包含核心组分、侧翼组分及近着丝粒重复单元三部分组分，长度为 4—7kb。相比较而言，多细胞真核生物着丝粒要比单细胞生物复杂得多，它们的着丝粒往往由高度重复序列组成（Furuyama and Biggins，2007）。很多植物着丝粒由卫星 DNA（satellite DNA）序列组成，并且与人类的 α-卫星 DNA 相似，以串联重复形式排布在染色体上。

除了串联重复序列，着丝粒区域还包含大量转座子，统称为着丝粒逆转座子（centromeric retrotransposon，CR）。pSau3A9 是在植物中鉴定出的首例着丝粒相关序列（Jiang et al.，1996），它虽然来自高粱，却在亲缘关系较远的植物中非常保守。Aragón-Alcaide 等（1996）亦在短柄草（*Brachypodium sylvaticum*）中克隆到了 CCS1（cereal centromeric sequence 1），其是谷类作物中非常保守的着丝粒序列。这两个序列都属于 Ty3/*gypsy* 类逆转座子，它们与其他一些逆转座子在进化过程中快速变异不同，着丝粒逆转座子在禾本科植物中普遍存在，是高度保守的转座元件（Jiang et al.，2003）。着丝粒区的逆转座子往往与串联重复序列相间排列，如玉米的逆转座元件 CRM（centromeric retrotransposon of maize）和串联重复序列 CentC 在染色体上间隔分布，聚集形成长的阵列，并且 CRM 要比 CentC 更容易与着丝粒特异组蛋白 CENH3 抗体发生免疫共沉淀，说明 CRM 是玉米着丝粒的主要功能元件（Zhong et al.，2002）。

## 三、水稻着丝粒 DNA

Dong 等（1998）以禾本科植物特异 DNA 序列 pSau3A9 为探针，通过筛选水稻 BAC 文库，对获得的阳性 BAC 克隆进行亚克隆和序列测定，分离出 7 类不同的着丝粒特异重复序列。序列分析表明，这 7 类重复序列大部分属于 Ty3/*gypsy* 类型的逆转座子（Miller et al.，1998a，1998b；Presting et al.，1998；Langdon et al.，2000）。

### 1. CentO 串联重复序列

在 Dong 等（1998）分离的 7 类不同的着丝粒特异重复序列中，RCS2 属于唯一的串联重复序列，后来又被命名为 CentO（图 6-7）（Cheng et al.，2002）。Cheng 等（2002）利用粗线期染色体 FISH 和 fiber-FISH 技术，测算了籼稻品种中籼 3037 和粳稻品种日本晴 12 条染色体着丝粒区域 CentO 的分布情况。在这两个品种之间，CentO 的总含量并不同，日本晴约为 7Mb，而中籼 3037 仅为 5Mb 左右。而同一品种的不同染色体上，CentO 含量的差异亦很明显。例如，在日本晴中，8 号和 11 号染色体分别为 64kb 和 1640kb。在不同品种的对应染色体上，个别染色体的 CentO 含量亦会有很大差异。以 6 号染色体为例，日本晴和中籼 3037 中的 CentO 含量分别为 820kb 和 160kb，暗示着丝粒在亚种或品种间的分化也是非常明显的。

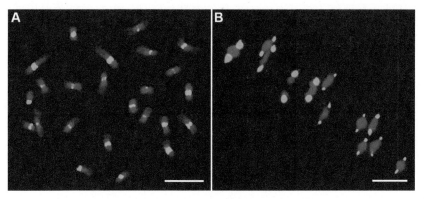

图 6-7 水稻着丝粒序列的荧光原位杂交检测
蓝色示 DAPI 染色的染色体；绿色示着丝粒特异串联重复序列 CentO 的杂交信号。
A. 根尖细胞有丝分裂前中期染色体；B. 花粉母细胞减数分裂中期 I 染色体。标尺为 5μm

栽培稻着丝粒串联重复序列 CentO 有 155bp 和 164bp 两个不同亚族，前者是较为常见的重复单元，后者则是在前者基础上插入 9bp 的结果。每个亚族又可能存在单碱基的替换、插入、缺失等变异类型。在粳稻中，6 号染色体 CentO 的含量是对应籼稻的 4 倍。这种品种间着丝粒 DNA 序列重复次数的变异现象在玉米自交系中也同样存在。CentO 是亚洲栽培稻最主要的功能着丝粒的 DNA 序列，

Yan 等（2008）利用 CENH3 的抗体进行免疫沉淀，并对沉淀 DNA 进行序列测定，共获得 325 298 条可读 DNA 序列片段，其中约 35%的序列为 CentO 重复序列。虽然 CentO 广泛存在于栽培稻及不同染色体组的野生稻中，但是借助免疫共沉淀的方法，研究人员发现在根茎野生稻（*O. rhizomatis*）（CC 染色体组）和短药野生稻（*O. brachyantha*）（FF 染色体组）中不存在 CentO，取而代之的是 126bp 的 CentO-C1、366bp 的 CentO-C2 和 154bp 的 CentO-F。其中，CentO-C1 与栽培稻的 CentO、玉米的 CentC 和珍珠稷的着丝粒重复单元存在 80bp 的同源区域，说明禾本科着丝粒重复单元在进化过程中产生了多种变异类型（Lee et al.，2005）。Bao 等（2006）通过筛选药用野生稻（*O. officinalis*）BAC 库，发现在药用野生稻中存在与 CentO-C1 相似的着丝粒序列，并且 126bp 的 CentO-C1 重复序列广泛分布在除 2 号和 7 号染色体之外的所有染色体上。除了 CentO-C1 和 CentO-C2 外，在 *O. officinalis* 中还存在少量 CentO 卫星重复序列，该序列主要分布在 7 号染色体上。而 2 号染色体着丝粒比较特殊，不含有任何上述重复 DNA 序列。在 *O. officinalis* 中，TrsC（tandem repeat sequence C）仅存在于亚端粒区域，而在与 *O. officinalis* 亲缘关系非常近的 *O. rhizomatis* 中，TrsC 却同时存在于 3 号、4 号、10 号和 11 号染色体着丝粒区域，以及多个染色体的亚端粒区域，表明亲缘关系相近的物种之间，着丝粒区域的进化速率也是非常快的。

在稻属的 6 个二倍体物种中，除了 CC 和 FF 染色体组物种拥有其特有的着丝粒特异串联重复序列，AA、BB 和 EE 染色体组物种均拥有类似的串联重复序列 CentO，但是它们的重复单元之间可能会有一些序列的变化。例如，在 BB 染色体组稻种 *O. punctata* 中，相比于栽培稻 155bp 的 CentO，有 10bp（TTTATAGGCA）插入的 165bp CentO，是该物种着丝粒最主要的串联重复单元。有趣的是，GG 染色体组物种是稻属所有物种中唯一不含有着丝粒串联重复序列的物种（Wu et al.，2018），它的着丝粒主要由一些逆转座元件组成。也正是因为缺少串联重复序列，其减数分裂粗线期的染色体着丝粒才会呈现极其明显的凹陷区域，不同染色体的着丝粒非常容易识别（图 6-8）。这种现象在稻属其他物种中从未观察到，该稻种是唯一可以不借助 FISH 手段而能准确识别不同粗线期染色体着丝粒的稻种。

2. 着丝粒特异逆转座序列

水稻着丝粒逆转座序列称为 CRR（centromeric retrotransposon of rice）。CRR 在着丝粒区域高度富集，并且与 CentO 相间存在（图 6-9）。不同染色体上 CRR 的

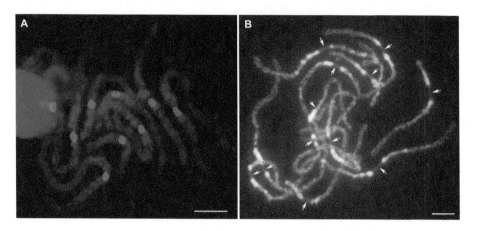

图 6-8　GG 染色体组野生稻 *O. granulata* 粗线期染色体

A. *O. granulata* 粗线期染色体的 CENH3 免疫荧光检测，蓝色示 DAPI 染色的染色体；红色示着丝粒组蛋白 CENH3
免疫信号。B. DAPI 染色的 *O. granulata* 粗线期染色体，箭头示每一染色体着丝粒区域。标尺为 5μm

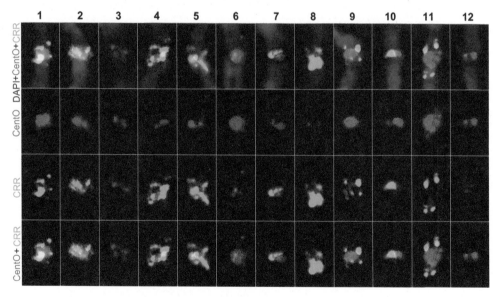

图 6-9　水稻不同染色体着丝粒重复序列的组成

蓝色示 DAPI 染色的染色体，红色示着丝粒串联重复序列 CentO 的杂交信号，
绿色示着丝粒逆转座序列 CRR 的杂交信号

分布并非完全一致。在个别染色体上，CRR 主要分布在 CentO 的两侧，而且两侧
的数量差异较大（Cheng et al.，2002）。Nagaki 等（2005）通过分析水稻 1、4、
8 和 10 号染色体着丝粒转座子序列，将其归纳成 4 种类型，包括两类自主型
（CRR1、CRR2）和两类非自主型[noaCRR1（nonautonomous CRR1）、noaCRR2

（nonautonomous CRR2）]转座子。自主型 CRR1/CRR2 转座子包含逆转座所需的全部蛋白，而非自主型的 noaCRR1 和 noaCRR2 只包含 gag 或 gag-pro 结构域，没有可读框。两者的共同点是 CRR 和 noaCRR 在 DNA 复制与转座酶识别区域的序列具有高度相似性。noaCRR1 虽然不具有自主转座的能力，但是在水稻近着丝粒之外的区域，却能频繁地观察到 noaCRR1 的杂交信号，说明 noaCRR1 可借助其他自主型逆转座元件进行转座。在水稻籼、粳亚种间，着丝粒逆转座序列差异较大，它们之间拥有 123 个相同的 LTR 转座子，各自还分别拥有 99 个和 76 个籼、粳特异 LTR 转座子。而在稻属不同染色体组之间，除 FF 染色体组外，其他染色体组中均存在同源性较高的 CRR。FF 染色体组野生稻含有其特异的 *Fretro3* 逆转座子，它与 CRR 的同源性很低，表明 *Fretro3* 已取代 CRR，成为 FF 染色体组着丝粒的主要成分（Gao et al.，2009）。值得一提的是，在缺乏着丝粒特异串联重复序列的 GG 染色体组物种中，着丝粒序列主要由 *gypsy* 型逆转座子组成，属于稻属不同染色体组的 CRR，与玉米 CRM 有很高的同源性（Wu et al.，2018）。

## 四、着丝粒的生物学功能

随着着丝粒特异组蛋白及动粒蛋白的相继发现，人们对着丝粒功能的了解也逐步深入，目前已经明确着丝粒的生物学功能主要包括以下几个方面。

### 1. 作为姊妹染色单体的黏附点

在细胞分裂 S 期，着丝粒将复制的染色体黏合在一起。在有丝分裂中期向后期发展的过程中，着丝粒区域的黏着蛋白（cohesin）被降解，使得姊妹染色单体分离。在减数分裂从中期 I 向后期 I 的发展进程中，着丝粒处的黏着蛋白不被降解，将姊妹染色单体结合在一起，直到后期 II 时着丝粒区域的黏着蛋白才被降解，完成姊妹染色单体的分离。高等真核生物中普遍存在一类 Shugosin 家族蛋白，它的 N 端与蛋白磷酸酶 2A（protein phosphatase 2A，PP2A）相互作用，可抑制着丝粒区域黏着蛋白的磷酸化，从而避免其被提前降解。在水稻 *Ossgo1* 突变体中，从减数分裂细线期至中期 I 的过程中，染色体形态与野生型差异不大。但由于缺少 OsSGO1 蛋白的保护，着丝粒处的黏着蛋白在中期 I 就提前被降解了，导致姊妹染色单体在后期 I 出现提早分离的现象（Wang et al.，2011b）。

2. 作为动粒的组装中心

动粒（kinetochore）是附着在着丝粒上，与纺锤丝相连的结构，它是由着丝粒染色质和相关蛋白组成的蛋白复合结构。纺锤体微管通过动粒与染色体相连，借助动力蛋白介导染色体在细胞内运动。在分裂中期它们聚集在赤道板上，而在后期向细胞两极移动。

有关动粒蛋白的认识最初起始于对人类疾病的研究。Earnshaw 和 Rothfield 于 1985 年首次在人类血清中获得了 CENP-A、CENP-B 和 CENP-C 三种动粒蛋白（Earnshaw and Rothfield，1985）。此后动粒蛋白在许多物种中相继被发现，已经报道的动粒蛋白多达 100 多种（McAinsh et al.，2003；Cheeseman and Desai，2008）。在扫描电镜下，动粒可分为内层动粒和外层动粒，内层动粒负责与着丝粒发生相互作用，而外层动粒负责与微管的连接和运动。

内层动粒蛋白主要包括 CENP-A、CENP-B、CENP-C 等几类。CENP-A 是着丝粒核小体组蛋白 H3 的变异体，该蛋白在脊椎动物、植物和芽殖酵母的着丝粒区域普遍存在。CENP-A 对于真核生物着丝粒组装和功能实现发挥了关键作用，它是功能着丝粒形成的基础和识别标志。该蛋白缺失将导致染色体异常分离，并使得动粒蛋白复合体的其余组分不能正常组装。将 CENP-A 移位到非着丝粒区域时，会导致新着丝粒的产生。Nagaki 等（2004）利用水稻 CENH3 抗体进行免疫沉淀，并对沉淀 DNA 进行测序，完成了水稻 8 号染色体着丝粒区域的序列测定与分析。在水稻中，CENH3 结合区域与染色体的大小并没有相关性，从 12 号染色体的 390kb 到 3 号染色体的 1210kb 不等。

外层动粒蛋白主要是感受动粒和微管连接的一类蛋白，包括 KNL1 复合体、Mis12 复合体及 Ndc80 复合体等。其中，KNL1 复合体负责感受动粒和微管的相互作用。Mis12 复合体本身没有微管结合活性，它包含 Nsl1/Mis14、Nnf1、Dsn1/Mis13 和 Mis12/Mtw1 四个组分，主要负责 KNL1 复合体蛋白的聚集，为 KNL1 复合体的形成提供平台。它通过与 CENP-C 相互作用，介导外层动粒蛋白与内层动粒蛋白的联系。在植物中，Mis12 的同源蛋白最早是在拟南芥和大豆中被发现的（Goshima et al.，2003）。拟南芥 Mis12 是一种组成型着丝粒蛋白，定位在着丝粒处。它的同源蛋白在水稻、小麦和葡萄中已经被鉴定出来（Sato et al.，2005）。Ndc80 复合体由 Ndc80/Hec1、Nuf2、Spc24 和 Spc25 共同组成，其中 Ndc80-Nuf2 和 Spc24-Spc25 各自形成二聚体，包含一个球状头部和一个螺线状尾巴，组合成哑铃状结构。该复合体是内层动粒和外层动粒的桥梁蛋白。Ndc80 和 Nuf2 在进化上非常保守，并且在人类、芽殖酵母和非洲爪蟾等物种中被证明是染色体分离的必需因子。在水稻、玉米和拟南芥等高等植物中同样存在 Ndc80 的同源蛋白。

### 3. 参与细胞周期调节

在有丝分裂中期，染色体和纺锤体微管如果没有发生连接，或者连接出现了非正常的两极取向（bipolar）方式，细胞将发出阻止从中期转变为后期的信号，直至着丝粒调整为受准确的纺锤丝牵引，这种机制对于保证有丝分裂后期染色体的准确分离起到了关键作用，被称作纺锤体组装检查点（spindle assembly checkpoint，SAC）。SAC 由一系列高度保守的蛋白质介导，包括 Mad1（mitotic arrest-deficient protein）、Mad2、Bub1（budding uninhibited by benzimidazole 1）、Bub3、Mad3/BubR1 和 Mps1（monopolar spindle 1）。这些蛋白质协同作用，共同调节细胞分裂过程中染色体行为的同步性。在水稻有丝分裂过程中，还没有关于纺锤体组装检查点的相关报道。BRK1 是酵母 Bub1 在水稻中的同源蛋白，在 *brk1* 突变体中，减数分裂中期 I 着丝粒和微管的错误连接方式不能被修正，使得该时期同源染色体着丝粒间的拉力降低，引起纺锤体形态异常，并最终导致后期 I 同源染色体分离的不同步（Wang et al.，2012b）。

### 4. 编码乘客蛋白

内层动粒蛋白 INCENP 的发现，引发了研究者对乘客蛋白（passenger protein）的广泛兴趣。该蛋白在有丝分裂中期定位在着丝粒内侧，随后转移到纺锤体中心区域和赤道板上。研究表明，染色体在赤道板上的均衡排布对于后期纺锤体的稳定非常重要。推测乘客蛋白在细胞分裂过程中，通过从一个位置转移到另一个位置，起着调节有丝分裂过程中一系列重要事件的作用（Ruchaud et al.，2007）。

## 五、着丝粒的表观遗传调控

### 1. DNA 甲基化修饰

着丝粒的组装和功能实现不仅取决于其 DNA 序列，还取决于一系列表观遗传调控。这种观点已被普遍接受，并获得了越来越多的证据支持。首先，当染色体上引入新的外源着丝粒重复序列时，并不导致新着丝粒的形成。例如，在白色念珠菌（*Candida albicans*）中，将着丝粒序列转移到染色体的其他位置时，并不会导致功能性着丝粒的产生。其次，新着丝粒的形成也并不一定需要着丝粒的特异序列。例如，在裂殖酵母中，去除细胞内源着丝粒，将会在染色体其他位置形成新着丝粒（Ishii et al.，2008）。在大麦中，借助 FISH 实验，发现在新着丝粒处并没有典型的着丝粒序列（Nasuda et al.，2005）。当多个着丝粒共同存在于一条染色体上时，有功能的着丝粒往往只有一个。例如，在裂殖酵母和玉米的双着丝粒突变体中，该双着丝粒染色体上只有一个着丝粒有活性，另一个着丝粒往往被表观修饰，成为失活状态的着丝粒（Han et al.，2006，2009a；Gao et al.，2011；Sato et al.，2012）。类似的现象在水稻中也有报道，Gong 等（2013）鉴定到一个来源于三体后代的双着丝粒突变体材料，荧光免疫检测表明，在该双着丝粒染色体中，只有一个着丝粒有 CENH3 的荧光信号，而失活的着丝粒则没有 CENH3 荧光信号。在粗线期染色体或者高度伸展的 DNA fiber 上，使用 5-甲基胞嘧啶（5-methylcytosine，5mC）抗体进行免疫荧光检测，可以判定着丝粒 DNA 的甲基化水平。Yan 等（2010）利用此方法对水稻着丝粒处的甲基化水平进行了检测，发现 11 号染色体着丝粒 CENH3 结合区存在较低水平的甲基化修饰，而 4、5 和 8 号染色体着丝粒的 CENH3 结合区要比其侧翼的 H3 结构域有着更高水平的 DNA 甲基化，表明水稻中的着丝粒普遍存在着 DNA 甲基化修饰现象。

2. 组蛋白修饰

组蛋白修饰是另一类着丝粒表观修饰方式。在人类和果蝇中发现，CENH3 区域呈现一个与常染色质和异染色质均不同的组蛋白修饰类型，很多 CENH3 核小体被包含有 H3K4me2 修饰的核小体隔开。在人类人工染色体上，H3K4me2 表现为一类独特的、与人类着丝粒相关的组蛋白修饰。如果去除 H3K4me2，将导致着丝粒的失活。在水稻中，Wu 等（2011）采用 DNA 芯片分析技术，对水稻着丝粒的组蛋白修饰进行了系统研究，发现水稻 4、5、7 和 8 号染色体着丝粒核心区域包含多个与 CENH3 相结合的亚结构域，每个与 CENH3 相结合的亚结构域两侧为仅含 H3 的亚结构域。利用染色质免疫共沉淀-芯片（chromatin immunoprecipitation-chip，ChIP-chip）技术，对 H3K4me2、H3K4me3、H3K36me3 和 H3K4K9ac 四个组蛋白修饰抗体的 ChIP DNA 进行分析，发现在 H3 亚结构域内，有转录活性的 DNA 序列均存在这 4 种组蛋白修饰，而相应的 CENH3 亚结构域内则没有这些组蛋白修饰。暗示通过这些组蛋白修饰设定了一个"边界",防止 CENH3 定位在 H3 亚结构域内。

另一种着丝粒的表观调控方式是在玉米中报道的。在玉米中,借助 CENH3 抗体的免疫共沉淀,以及着丝粒相关表达序列分析,发现来源于 CentC 和 CRM 的 40—200bp 的正义及反义转录本均与 CENH3 紧密结合,从而提供了 RNA 参与着丝粒功能调控的有力证据(Topp et al.,2004)。

### 六、新着丝粒的形成

染色体上除了已有的着丝粒以外,其他非着丝粒区域也可以产生新着丝粒(neocentromere),而新形成的着丝粒通常不含有典型的卫星 DNA 序列。在人类细胞系中,新着丝粒的形成发生于内源着丝粒的消失,并且伴随着对 DNA 片段强烈的选择性继承(Hall et al.,2004)。Voullaire 等于 1993 年在人类细胞中首先发现了第一个新着丝粒,该着丝粒位于 10 号染色体的长臂上(Voullaire et al.,1993)。目前,人类中已经有超过 100 个新着丝粒被相继报道(Marshall et al.,2008;Burrack and Berman,2012)。

通过比较人类和两个狐猴的 X 染色体发现,在这 3 条 X 染色体上,FISH 探针所代表的基因标记顺序一致,但是这三条染色体上着丝粒的位置却有很大差别,说明这些物种中发生了着丝粒位移(centromere repositioning)事件。着丝粒位移是指在进化过程中,原先的非着丝粒区域被激活形成新着丝粒,这种着丝粒在进化过程中在染色体位置上的移动,称为着丝粒位移。此过程中着丝粒位置发生迁移不是由于其本身的转座,而是在它们的进化过程中,可能发生了非着丝粒区域的激活,或者是在捕获了其他染色体着丝粒的基础上形成的(Ventura et al.,2001)。新产生的着丝粒也被称为进化上的新着丝粒(evolutionary new centromere,ENC)。植物中也有着丝粒位移事件的报道,在利用同一组 Fosmid 克隆进行荧光原位杂交时,发现黄瓜 7 号染色体和甜瓜 2 号染色体的杂交信号顺序完全一致,但是这两条染色体的着丝粒却定位在不同的位置(Han et al.,2009b)。Chen 等(2013)通过对亚洲栽培稻与短药野生稻的基因组序列进行共线性分析,发现亚洲栽培稻在进化过程中也存在着丝粒位移的现象。

### 七、着丝粒的进化

新着丝粒和成熟着丝粒在 DNA 组成上有显著的差异。在对人类染色体着丝粒的研究中发现，其最明显的特征是绝大多数新着丝粒处的 DNA 序列不含有卫星序列，而大部分动物和植物的成熟着丝粒都含有卫星序列（Hasson et al.，2011）。对水稻 8 号染色体着丝粒的研究表明，该着丝粒 CENH3 结合域涵盖 750kb 范围（Nagaki et al.，2004），然而这个区域中仅包含 65kb 的着丝粒串联重复序列 CentO（Yan et al.，2008）。该染色体着丝粒区域的大部分序列与其他位置序列并没有区别。这一区域共含有 14 个基因，其中至少 4 个为具有转录活性的功能基因，说明水稻 8 号染色体着丝粒介于新着丝粒和成熟着丝粒之间，是一种进化中的着丝粒（Nagaki et al.，2004）。当然，该着丝粒 DNA 结构也可被理解为部分 CentO 序列被删除的结果，由此可能导致 CENH3 结合区域向外部延伸。Gong 等（2009）报道了一例在水稻 8 号染色体着丝粒部分缺失的变异，这种缺失导致 CENH3 结合区域的减少而不是外延，并且导致着丝粒功能的不稳定。

与常染色质区域一样，着丝粒在进化过程中也会发生插入、缺失、倒位及序列扩增等结构变异。通过对不同生态型拟南芥的序列分析，发现其线粒体基因组被整合到 2 号染色体着丝粒上的现象（Stupar et al.，2001）。此外，在拟南芥中还发现大量 5S rDNA 序列被插入到 3 号染色体着丝粒区域（Fransz et al.，1998）。与水稻和拟南芥不同的是，在马铃薯 12 个着丝粒中，有 5 个着丝粒（Cen4、Cen6、Cen10、Cen11 和 Cen12）仅包含单拷贝和低拷贝 DNA 序列，它们与人类的新着丝粒极为相似（Gong et al.，2012）。6 个着丝粒（Cen1、Cen2、Cen3、Cen5、Cen7 和 Cen8）仅包含一种类型的着丝粒特异串联重复序列，重复序列单元从 182bp 到 5390bp 不等，被组装成 910—4000kb 的阵列，并且可能占据了这 6 个着丝粒的功能性区域。另外 1 个着丝粒（Cen9）包含两种不同类型的着丝粒特异串联重复序列，重复序列单元分别为 1180bp 和 5390bp。它们中有 4 个重复单元由逆转座子扩增而来，并且在与马铃薯近缘的茄科物种中不存在，表明马铃薯着丝粒的进化可能与重复序列的扩增有关。在拟南芥 4 号染色体着丝粒中，曾发现富含基因的常染色质区域移入了异染色质区域（Fransz et al.，2000）。此外，Du 等（2017）通过对籼稻品种蜀恢 498 与粳稻品种日本晴的序列进行对比分析，发现在这两个基因组中存在大量结构变异（structural variation，SV），最为显著的变异发生在 6 号染色体 12.7—18.5Mb 区域（包含整个着丝粒），两个基因组之间发生了染色体倒位事件。表明染色体倒位可能是促进水稻着丝粒进化的重要动力之一。

# 第七章　水稻的整倍体

整倍体是指体细胞染色体数为该物种染色体基数整数倍的生物体。在自然界中，稻属的整倍体有二倍体和四倍体之分。而人工选育的整倍体水稻还包括三倍体、四倍体、六倍体和八倍体等。另外，仅含有配子染色体数目的单倍体也属于整倍体的范畴。

## 第一节　单　倍　体

具有某物种配子染色体数目的生物体称为单倍体（haploid）。普通栽培稻作为二倍体（diploid）生物，它的体细胞中含有 24 条染色体，其单倍体只有 12 条染色体，含一个染色体组。在自然条件下，单倍体水稻不能进行正常有性繁殖，因而无法通过有性生殖方式稳定繁殖和保存。

### 一、单倍体产生途径

水稻单倍体最早由 Morinaga 和 Fukushima 于 1931 年报道。他们从粳稻品种 Dekiyama 与 Bunketuto 的杂种 $F_1$ 代中发现一株单倍体（Morinaga and Fukushima, 1931）。1934 年，他们又报道了单倍体植株减数分裂过程中染色体行为的观察结果（Morinaga and Fukushima, 1934）。此外，Nakamura（1933）、Ramiah 等（1933b, 1934）、Kawakami（1943）、Yasui（1941）、Hsieh 和 Chang（1954）、Govindaswamy 和 Henderson（1965），以及 Hu（1957, 1958, 1959）等均发现过栽培稻的单倍体。除了亚洲栽培稻，Hu（1960）在非洲栽培稻（*O. glaberrima*）中也发现过单倍体植株。

根据水稻单倍体的不同来源，其产生途径可大致分为以下几种。

#### 1. 自然发生

自然群体中有一定频率的单倍体产生。Morinaga 和 Fukushima（1934）在自然种植的水稻群体中发现过 2 株单倍体，推测单倍体自发产生的频率为 0.0023%。

在自发产生的单倍体中，有一部分是从双胚苗中鉴定出的。据 Ramiah 等（1933b）报道，在一个印度栽培品种中，有 0.1%的种子会出现双胚苗，并在其中一个双胚苗中发现了单倍体。此外，Hu（1960）在非洲栽培稻（*O. glaberrima*）中发现的单倍体也是来自多胚苗。Kawakami（1943）在 583 780 个植株的群体内发现了 108 株双胚苗，对其中 92 株双胚苗进行细胞学检查，发现有 1 株为二倍体与单倍体构成的双胚苗。吴先军和周开达（2003）发现水稻多胚品系 9003 有 6%左右的频率产生多胚苗，且多胚苗中有单倍体和多倍体的出现，推测由助细胞发育为胚可能是多胚苗中单倍体产生的主要途径。而姚家琳等（1997）也观察到在未受精胚囊内由卵细胞孤雌生殖发育为单倍性胚的现象。

### 2. 杂种及其后代中产生

许多单倍体是从杂种后代中发现的，特别是远缘杂交后代或者亲缘关系较远的品种间杂交后代，比较容易出现单倍体植株。远缘种间杂交时，正常的受精过程受阻，但在花粉的刺激下，由胚囊卵细胞或其他单倍性组织发育形成单倍性胚，是单倍体形成的主要途径。最早由 Morinaga 和 Fukushima（1931）发现的单倍体就是从两个粳稻品种间杂交产生的杂种 $F_1$ 代获得的，他们得到了 13 粒种子，其中一粒种子发育成单倍体植株。后来，他们又从其他品种间杂交后代中发现了单倍体（Morinaga and Fukushima，1934）。无论是自交后代中出现的单倍体，还是杂种后代中出现的单倍体，其出现频率一般均较低，但不同材料间差别较大。

### 3. 理化因素诱发

Ichijima（1934）报道利用 X 射线、紫外线和变温处理，在处理当代和后代植株中筛选出了单倍体。Nagamatsu（1965）曾报道日本长崎在第二次世界大战期间，受原子弹爆炸辐照过的水稻植株，后代中有单倍体的出现。

### 4. 花药和未授粉子房培养

Niizeki 和 Oono（1968）报道通过水稻花药培养获得了单倍体植株。周嫦和杨弘远（1980）通过未授粉的子房培养，也获得了水稻单倍体植株。由于花药中的花粉或胚囊中的卵细胞都是单倍性细胞，利用它们作为外植体，快速诱发单倍体是行之有效的途径。相对而言，花药的取材和培养远比子房容易，其已经成为诱发单倍体水稻植株最为有效的途径。

在花药培养过程中，无论是愈伤组织诱导还是绿苗分化都是很复杂的理论与实践问题。在众多影响培养效率的因素中，基因型是影响水稻花药培养能否成功的首要因素。不同基因型的品种在相同培养基上的培养力（愈伤组织诱导率×绿苗分化率）有很大差异。为研究培养力的遗传调控机制，不同研究者对水稻花药培养愈伤组织诱导率和绿苗分化率等进行了遗传研究。Miah 等（1985）通过对 2 个粳稻品种和 2 个籼稻品种及其杂种 $F_1$ 的花药培养效率进行研究，发现愈伤组织诱导率是由单基因控制的隐性性状。Yan 等（1996）的研究表明，愈伤组织诱导率主要受加性效应影响，绿苗分化率主要受母本效应影响，而总体培养力则受加性效应和母本效应的共同影响。何平等（1998）的研究表明，花药培养力是由多基因控制的数量性状，其加性效应尤为显著。Yamagishi 等（1998）将影响花药愈伤组织诱导率的基因定位于 1 号染色体上，而控制绿苗与白苗分化比例的基因定位于 10 号染色体上。不同研究者在水稻花药培养愈伤组织诱导率和绿苗分化率遗传方面得出的不同结论，可能与所用的品种和培养方法有关。综合不同研究者的研究结果，水稻花药培养力的高低受品种基因型的影响很大。总体而言，粳稻品种的培养力要显著高于籼稻品种，籼稻的愈伤组织诱导率一般只有 1%—2%，甚至有些材料还很难诱导出愈伤组织。因此，如果能将提高愈伤组织诱导率和绿苗分化率的 QTL 聚合在一起，筛选出愈伤组织诱导率和绿苗分化率普遍提高的材料，将对提高花药培养力具有十分重要的作用。

培养基成分，包括培养基基本组分、有机添加物、激素配比和碳源成分等也是影响水稻花药培养力的重要因素。MS 培养基中营养物质丰富，无机盐含量较高，并且硝酸根离子、钾离子和铵离子的含量均比其他培养基高，可以满足不同营养和代谢的需求（Murashige and Skoog, 1962）。在培养基基本组分中，朱至清等（1975）在 MS 培养基的基础上，发展出了适合粳稻材料的 N6 培养基，N6 培养基后来被广泛应用于禾谷类作物体细胞培养、原生质体培养和转基因研究。N6 培养基成分较简单，$KNO_3$ 含量提高，不含钼、铜和钴盐。相同时期发展的培养基中，还包括凌定厚等（1978）研制的适合籼稻的 H5 培养基，陈英等（1978）研制的适合籼粳杂交种的 SK3 培养基，梅传生等（1988）研制的 M8 培养基等。这几种培养基的共同特点是提高了硝态氮与氨态氮的比例，并且 $Fe^{2+}$ 的含量较高。激素配比也起到了十分关键的作用，在诱导培养基中添加 2mg/L 2,4-D（2,4-二氯苯氧乙酸），并配合其他激素的利用；而在分化培养基中添加 2mg/L 6-BA（6-苄基腺嘌呤）或 KT（6-糠氨基嘌呤）等，显著提高了培养力。诱导培养基中蔗糖的浓度较其他培养基高，一般达到 60g/L。花粉发育时期也是影响水稻花药培养力的重要因素。花粉发育处于单核靠边期的花药具有较高的培养力。另外，培养前对花药进行低温预处理也可显著提高培养力，通常将适期的幼穗置于 4—10℃冰箱中，保湿处理 7—12 天（Genovesi and Magill，1979；周雄韬和程庆莲，1981；陈英等，1991；关世武，2005）。

### 5. 单倍体基因的诱导

随着现代分子生物学的发展，人们对基因功能的认识为单倍体诱导提供了多种途径。在玉米育种中，通过被改良系与单倍体诱导系杂交获得单倍体是最重要且有效的单倍体诱导方法之一。其中，尤其以 Stock6 单倍体诱导系的利用最为广泛。利用 Stock6 作为父本，对其他自交系进行授粉时可以获得 2%左右的母本基因型单倍体（Coe，1959）。Kelliher 等（2017）完成了 Stock6 单倍体诱导基因 *MATRILINEAL*（*MATL*）的克隆与功能验证。Li 等（2017）认为配子体中染色体片段化可能是单倍体形成的诱因。水稻中也存在一个高度保守的 *OsMATL* 基因，Yao 等（2018）通过基因编辑手段定点突变 *OsMATL* 基因，成功诱导了水稻单倍体的产生。说明通过定点突变 *OsMATL* 基因，可能是有效诱发水稻单倍体的又一重要途径。

## 二、单倍体的特征

单倍体由于体细胞内只有一组染色体，它的性状表现与普通二倍体水稻有许多差异，既表现在形态性状方面，也表现在生理性状方面。

### 1. 形态特征

水稻单倍体植株与二倍体植株相比，一般株型明显变矮，器官变小，株高通常只有二倍体的一半左右，生长势弱，但分蘖较多，小穗一般无芒（图 7-1）。由于水稻单倍体只有一个染色体组，因而雌、雄配子均高度不育。

### 2. 染色体行为

在栽培稻单倍体（$n=x=12$）体细胞中，虽然每个染色体都成单存在，但在有丝分裂过程中并不存在同源染色体的配对与分离等过程，因此有丝分裂能够正常进行，植株也能完成生长与发育。

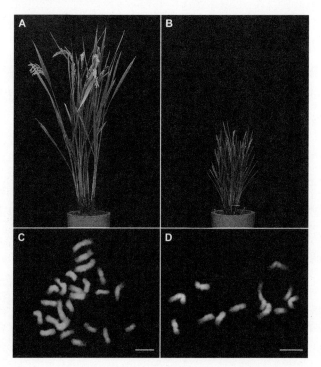

图 7-1　水稻二倍体和单倍体植株与染色体
A. 二倍体植株；B. 单倍体植株；C. 二倍体根尖染色体；D. 单倍体根尖染色体；标尺为 5μm

　　同源染色体配对与重组，是确保减数分裂过程中染色体均等分离的重要条件。水稻单倍体中每个染色体缺少相应的同源染色体，因此在减数分裂过程中很少有染色体重组的发生。在中期 I 细胞中，一般只能观察到 12 个单价体（Nakamura，1933），但有时也可出现 1—2 个二价体结构，偶尔还会出现个别三价体（Morinaga and Fukushima，1934；Jones and Longley，1941）。据 Morinaga 和 Fukushima（1934）对单倍体水稻减数分裂过程的观察，在被检查的 135 个中期 I 细胞中，98 个细胞全部呈现单价体，其余细胞中可以观察到 2—4 个二价体，推测大部分二价体可能是由于染色体的偶然靠近。单倍体在后期 I 有许多不正常的表现，包括不均等分离、三极纺锤体形成和不同步的第二次分裂等。据 Hu（1960）对非洲栽培稻单倍体减数分裂的观察，每个细胞中二价体和三价体的出现频数平均分别为 0.378 个和 0.044 个。在 403 个花粉母细胞中，66% 的细胞呈现 12 个单价体（12 I），23% 的细胞为 10 I +1 II，5% 的细胞为 8 I +2 II，1% 的细胞为 6 I +3 II，3% 细胞为 9 I +1III，1% 的细胞为 7 I +1 II +1III，另外，有少数几个细胞出现其他类型的染色体联会特征。Gong 等（2011b）在单倍体的花粉母细胞中检测了联会复合体侧向元件 REC8、PAIR2 和中央元件 ZEP1，发现在减数分裂前期Ⅰ，大部分染色体以单价体形态存在，但也有少数染色体发生部分联会，联会复合体中央元件 ZEP1 可以定位到部分染色体片段上。染色体联会的方式包括单个染色体的折叠、两个非同源染色体间联会，以及三个和多个染色体间联会等。在异源染色体联会中，以 9 号与 10 号染色体、11 号和 12 号染色体间发生联会的频率较高，但染色体片段的交换只在同源性较高的 11 号和 12 号染色体之间形成。

### 3. 育性表现

由于单倍体在减数分裂过程中染色体无法正常配对，后期Ⅰ单价体会随机移向细胞两极。就某一子细胞而言，很难有机会获得染色体组的全部 12 条染色体。理论上，二分体子细胞获得全部单价体的概率为 $2\times(1/2)^{12}$，即大约每 2048 个细胞中有一个细胞可获得完整的染色体组，这是单倍体表现高度不育的主要原因。Morinaga 和 Fukushima（1934）利用无性繁殖方法先获得单倍体水稻的无性系，再让单倍体开放授粉，从 13 800 个稻穗中发现有 37 个稻穗结了 41 粒种子，结实率为 0.0022%。如果将这些单倍体小穗去雄，再辅以人工授粉，结实率可增加到 1.06%。不过，由此所得的种子多数为二倍体，说明只有具有完整染色体组的卵细胞才具有正常育性，并且这些种子均来自异交结实。

### 4. 单倍体的稳定性

单倍体由于只有一组染色体，其花粉和胚囊都是不育的，因此很难通过有性生殖方式进行繁殖，只能借助无性生殖方式进行繁殖和保存。在无性繁殖情况下，有加倍成二倍体的倾向。Oono（1975）对花药培养来源的单倍体进行无性繁殖，发现有 25% 的植株变成了二倍体。说明单倍体具有自发加倍成二倍体的倾向，但对其作用机制还缺乏深入研究。

### 5. 花药培养过程中的自发加倍现象

由花药培养诱导产生的愈伤组织，主要是由花粉细胞增殖形成的。花粉作为雄配子体，它所携带的无论是精细胞还是营养细胞都是单倍性的。从理论上分析，由花药培养愈伤组织分化产生的再生苗也应该是单倍性的。但实际上，这些再生苗多数是二倍性的。它们生长发育正常，可以正常开花结实。也就是说，在花药培养过程中，单倍性花粉细胞已在增殖和分化过程的不同阶段自动完成了染色体的加倍过程。这是花药培养中出现的自发加倍现象，也可视为培养细胞在培养过程中发生了遗传修复。

水稻花药培养再生植株中二倍体的比例，会因培养方法的不同而不同，也会因培养品种的不同而不同。杨宪民等（1978）报道，水稻花药培养获得的花粉植株中二倍体植株的比例为 30%—85%。自然加倍百分率产生如此大变异的原因，一方面与供体品种有关，另一方面与培养基中 2,4-D 的浓度有关（肖国樱，1992）。据 Oono（1975）研究，小孢子在含有 2,4-D 的培养基上诱导产生的愈伤组织中，有 34.5% 的细胞为单倍体，42.5% 的细胞为二倍体；而在含有 NAA 的培养基上诱导的愈伤组织中，有 31.1% 的细胞为单倍体，25.9% 的细胞为二倍体，说明培养细胞在愈伤组织阶段就可能已经完成了染色体加倍的过程。

## 三、单倍体在育种研究中的应用

单倍体在自然情况下是很少发生的，由于它只有一个染色体组，它的遗传特点自然会引起科学家的关注。另外，如果将单倍体加倍成二倍体，其每一个基因座上的基因都将是纯合的。因此，如果能将杂种后代的单倍体变成纯合的二倍体，将在很大程度上提高育种效率、加快育种进程。因此，如何批量获得杂种后代的单倍体植株，在农作物育种界成为广泛关注的重要科学问题。当然，获得单倍体后，如何高效和快速获得其二倍体也是需要研究的课题。

### 1. 单倍体染色体加倍方法

花药培养产生的花粉植株，尽管已有相当一部分通过染色体加倍形成了二倍体，但是仍然有不少植株是单倍体。无论是从遗传研究出发，还是从育种应用出发，这些植株一般都需要加倍成二倍体，才有可能恢复正常育性，用于相应的研究工作。因此，它们需要经过染色体人工加倍的过程。

由单倍体植株经染色体加倍形成的二倍体，一般称为双单倍体（double haploid，DH）。染色体人工加倍的方法主要有以下几种。

（1）秋水仙碱处理

秋水仙碱处理是一种行之有效的诱导水稻单倍体加倍的方法，也是目前主要的染色体加倍方法。常用秋水仙碱溶液处理水稻分生组织。为此，需将单倍体植株的基部切开，然后将其浸泡在 0.01%—0.4% 的秋水仙碱溶液中，或将秋水仙碱溶液直接注射到基部分生组织中，也有将浸有秋水仙碱溶液的棉球覆盖于基部分生组织的外围进行处理的。杨长登等（1998）用 500mg/L 秋水仙碱溶液振荡处理籼稻单倍体绿芽 48h，其二倍化率达 60%—75%。

（2）离体组织培养

在单倍体花药或幼穗培养过程中，所获得的再生苗有不少是染色体已经发生加倍的二倍体。因此，组织培养也可被视为促进单倍体染色体加倍的有效途径之一。杨长登等（1998）用 500mg/L 秋水仙碱溶液处理单倍体愈伤组织，可将二倍化率提高到 96%—100%。不过，愈伤组织经过处理以后，绿苗分化率明显下降，导致二倍体的得苗率比不处理的对照更低。

### 2. 双单倍体在遗传研究中的应用

众所周知，在花粉母细胞发育为花粉的过程中，要进行一次特殊的细胞分裂，即减数分裂。在基因型杂合的情况下，杂种植株在减数分裂过程中同源染色体会发生分离和重组，使得形成的花粉表现出明显的遗传多样性（胚囊中雌配子也是如此）。这是导致杂种后代出现遗传分离的根本原因。单倍体加倍后得到的双单倍体由于是由同一组染色体加倍形成的，理论上它的每一个基因座都是纯合的。因此由同一杂种构建的双单倍体群体，实际上是一纯合基因型个体的分离群体。双单倍体群体常常被称为永久性分离群体。它们的种子可以有性繁殖而保持原有的基因型，用于不同类型的重复试验，包括目标基因的遗传分析、分子标记遗传图谱构建等，并表现出比 $F_2$、$F_3$ 和 $BC_n$ 等暂时性分离群体明显的优势，加之双单倍体群体中不含杂合基因型，可以排除可能存在的显性或超显性效应的影响。双单倍体群体是一个非常理想的遗传群体，已成功用于多个复杂性状的 QTL 定位与分析。

### 3. 双单倍体在育种上的应用

杂交育种是农作物新品种改良的主要手段，在广泛收集和筛选优良亲本的基础上，通过有性杂交，将优良基因进行重组和叠加，形成综合性状超越供体亲本的新类型。一般而言，一个新品种的育成需要 10 年甚至更长的时间。相对而言，将两个品种杂交所得杂种 $F_1$ 的花药通过体外培养，形成双单倍体群体，既实现了亲本基因间的遗传重组，又可快速实现后代植株遗传物质的纯合与稳定。利用这一技术，结合有效的鉴定手段，不仅可以有效提高育种效率，还能降低育种研究的成本。

从 20 世纪 70 年代开始，我国不少实验室进行过花培育种研究，也育成了一些花培水稻品种（李梅芳等，1986；黄大年和王慧中，1999；葛胜娟，2013）。早在 1975 年，中国科学院植物研究所、黑龙江省农业科学院与松花江地区农业科学研究所等单位协作，育成了粳型花培品种单丰 1 号。同年，中国科学院遗传研究所与天津市农业科学研究所合作，育成了花育 1 号和花育 2 号。此外，中国农业科学院选育的中花系列粳稻品种，黑龙江省农业科学院育成的龙粳系列品种，天津市农作物研究所选育的花育系列品种等，都是通过这种方法育成的（李梅芳等，1986；黄大年和王慧中，1999；姜健等，2001；富昊伟和李友发，2005；李春勇等，2014；吴丹等，2015）。这些品种的成功选育，说明在合理选择亲本的基础上，通过对杂种花药离体培养，从获得的双单倍体株系中直接选择优良纯合个体培育新品种的技术途径是可行的。

但是花培育种过程中，新品种的选育效率并非理论推测的那样高，其原因是多方面的。首先，不同品种花药培养的效率存在很大差异，特别是在我国南方地区广泛栽培的籼稻品种，不少基因型的培养效率很低。其次，花培育种中的培养对象一般都是两个或两个以上品种杂交的后代，对它们在花药培养中的培养效率更加难以预测。最后，由于杂种花粉本质上是分离的群体，每一个花粉的基因型都与其他花粉不同，它们在同一培养基上的培养反应也很可能不同，无法保证所有基因型的花粉都有可能通过花药培养成苗。也就是说，在花药培养中可能存在某些基因型被优先选择或淘汰的问题。这一系列因素均在很大程度上影响了花药培养新品种的培育效率。尽管通过花药培养产生双单倍体株系可以有效缩短杂种后代遗传稳定的年限，但它并不能完全替代常规的杂交育种。最好是将常规育种手段与花药培养技术结合，如在杂种早代选择中获得综合性状优良的个体，再将这些个体通过花药培养迅速转化为基因型纯合的类型，则可加速新品种选育的进程。

## 第二节　三　倍　体

三倍体（triploid）是指体细胞内具有三个染色体组的个体。水稻三倍体的染色体数为 $2n=3x=36$。如果三倍体内三组染色体是相同的，则称为同源三倍体（autotriploid）。而由不同染色体组参与形成的三倍体，称为异源三倍体（allotriploid）。

## 一、同源三倍体

### 1. 产生途径

水稻是二倍体植物，在水稻自然群体中偶尔会有三倍体出现。产生三倍体的途径有多种，主要包括以下几种。

（1）自发产生

三倍体自发产生的频率很低。最早由 Nakamori（1932）报道的栽培稻三倍体是从一个种间杂种的第 8 代中发现的，这是一种自然产生的三倍体。此后，Ramiah 等（1933a）、Morinaga 和 Fukushima（1935）均报道在自然群体中发现有三倍体植株。自然三倍体产生的确切原因并不清楚，可能的原因之一是在减数分裂过程中产生了未减数配子，并由这些配子参与受精形成三倍体。从已有的报道分析，自然三倍体的出现常常与多胚苗现象有关。Morinaga 和 Fukushima 发现的三倍体都是在有多胚苗的群体中出现的。据吴先军和周开达（2003）报道，水稻多胚品系 9003 具有 6%左右的多胚频率，并从多胚苗中发现了三倍体植株。三倍体自然发生的频率很低，据 Watanabe 等（1969）估计，每公顷中可能出现的三倍体仅为 23 株。由于它们发生的频率很低，一般也很难被发现。

（2）人工合成

Morinaga 和 Kuriyama（1952，1959）以栽培稻四倍体为母本与二倍体杂交，获得三倍体的成功率为 1.09%。Ishiki（1986）用非洲栽培稻（*O. glaberrima*）二倍体与四倍体做正反交试验，在以四倍体为母本的杂交组合中获得了三倍体，其产生频率为 0.05%。黄群策（1998）采用同样的方法也得到了三倍体植株。

（3）理化处理

Ichijima（1934）通过射线和变温处理水稻种子，从其后代中获得了三倍体植株。程祝宽等（1996）以秋水仙碱处理籼稻 3037 幼苗，从这些幼苗长成的穗上发现有明显增大的籽粒，种植后鉴定出了三倍体植株。

（4）胚乳或花药培养

Toyoyuki 和 Sachihiko（1969）通过花药培养，曾获得一株水稻三倍体植株。凌定厚等（1981）在花药培养的再生苗中，发现了 2 株三倍体植株。舒理慧（1983）利用授粉后 6—8 天的胚乳培养，也获得了三倍体植株。这些研究表明，通过胚乳或花药培养是获得三倍体的有效途径之一。

### 2. 形态特征

普通栽培稻的三倍体（染色体组构成为 AAA），因其染色体数目较二倍体多，表现出多倍体的许多特征，如植株变高，分蘖一般较少，茎秆粗壮，叶片宽大，籽粒稍大，并伴有粗硬的长芒。三倍体水稻一般高度不育，成熟期穗型较散（图 7-2）。据 Toyoyuki 和 Sachihiko（1969）对不同倍性水稻的表型分析，三倍体植株一般比单倍体、二倍体、四倍体等更为高大，但不同品种来源的三倍体的形态可能会有差异。

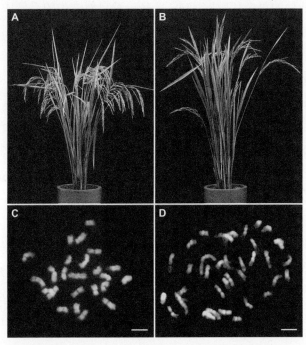

图 7-2　水稻二倍体和同源三倍体植株与染色体
A. 二倍体植株；B. 同源三倍体植株；C. 二倍体根尖染色体；D. 同源三倍体根尖染色体；标尺为 5μm

### 3. 减数分裂过程中的染色体行为

三倍体植株减数分裂过程中染色体的行为取决于其染色体组的构成。同源三倍体每个同源组都有三份，因此，理论上同源的三条染色体可以联会成三价体。如果是这样，那么水稻同源三倍体就可以形成 12 个三价体。但实际上，三价体的数目会有一定的变化。Ramiah 等（1933a）、Morinaga 和 Fukushima（1935）都曾报道过这一情况。据 Watanabe 等（1969）统计，三倍体水稻的平均联会形式为

11.11Ⅲ+0.89Ⅱ+0.89Ⅰ，也就是说同源三倍体在联会中还是以形成三价体为主。后期Ⅰ三价体将发生 2/1 不均等分离，其中两个染色体走向细胞的一极，一个染色体走向细胞的另一极。不同的同源组如均发生 2/1 不均等分离，则到达某一极的染色体是该同源群中的一条或两条，从而导致该极染色体组成的不均衡，形成染色体数目为非整倍性的配子，最终表现为配子败育。

4. 育性表现

同源三倍体由于在减数分裂后期Ⅰ同源染色体分离的不均衡，一般表现为高度不育。但是，三倍体也并非完全不育。Nakamori（1932）报道的三倍体植株结实率为 4.2%。Sen（1965）报道三倍体植株有 3.4% 的小穗育性。也就是说，同源三倍体水稻一般会有少量颖花受精结实。

将同源三倍体与二倍体杂交，结实率一般比自交时高，但提高的程度因品种而异，高的可达 13.5%（Watanabe et al.，1969），低的仅 1% 左右（程祝宽等，1996）。另据黄群策（1998）研究，当不同品种来源的同源三倍体授以正常的二倍体花粉时，结实率为 5.79%—7.71%。这一数值高于自交时的结实率，说明水稻雌配子对额外染色体有较高的忍耐力。

5. 后代染色体数目的变异

三倍体由于每一个同源组有三条染色体，通过减数分裂形成的四分体中，每个子细胞所含染色体数一般会多于 12 条。理论上，由这些细胞发育形成的雌雄配子所携带的染色体数最少的会有 12 条，为正常单倍性配子；最多的可能有 24 条，为二倍性配子；而其他可能在 12—24 条，带有至少一条以上的额外染色体。一般带有额外染色体的雄配子受精能力会明显降低或不具备活力，但具有额外染色体的部分雌配子仍能受精结实，即雌配子对染色体数目变异的忍耐程度要强于雄配子。因此，三倍体后代个体染色体数除 $2n=24$ 的正常类型以外，还可出现各种非整倍体变异，包括三体、四体和双三体等。在这些非整倍体中，三体是一类在遗传研究中很有价值的工具材料。有关如何从三倍体后代中选择三体的问题将在第八章中论及，这里不再赘述。三倍体后代植株染色体数为 24—30，其中又以染色体数为 25 和 26 的个体出现频率最高。从不同研究者报道的数据分析，一般雌配子可忍耐的额外染色体数目为 6 个左右，最多可达 11 个（表 7-1）。

表 7-1　水稻同源三倍体后代染色体数的变异

| 研究者 | 体细胞染色体数 | | | | | | | 总数 |
|---|---|---|---|---|---|---|---|---|
| | 24 | 25 | 26 | 27 | 28 | 29 | ≥30 | |
| Ramanujam（1937） | 6 | 9 | 8 | 9 | 11 | 4 | 3 | 50 |
| | 12.0 | 18.0 | 16.0 | 18.0 | 22.0 | 8.0 | 6.0 | 100 |
| Katayama（1963） | | 3 | 6 | 8 | 1 | 2 | 1 | 21 |
| | | 14.3 | 28.5 | 38.1 | 4.8 | 9.5 | 4.8 | 100 |
| Hu（1968） | 20 | 42 | 61 | 14 | 1 | 0 | 1 | 139 |
| | 14.4 | 30.2 | 43.9 | 10.1 | 0.7 | 0 | 0.7 | 100 |
| Watanabe 等（1969） | 6 | 35 | 31 | 12 | 2 | 1 | | 87 |
| | 6.9 | 40.2 | 35.6 | 13.8 | 2.3 | 1.1 | | 100 |
| Khush 等（1984） | 2 | 20 | 25 | 14 | 8 | 3 | | 72 |
| | 2.8 | 27.8 | 34.7 | 19.4 | 11.1 | 4.2 | | 100 |
| 程祝宽等（1996） | 57 | 302 | 704（≥26） | | | | | 1063 |
| | 5.4 | 28.4 | 66.2 | | | | | 100 |

注：表中每格第 1 行数字为后代植株个体数，第 2 行数字为百分率

## 二、异源三倍体

　　稻属不同物种有不同的染色体组，异源三倍体水稻的染色体是由来自稻属不同染色体组的三套染色体构成的，一般以四倍体与二倍体杂交，或以二倍体种间杂种染色体加倍后，再与亲本之一回交获得。例如，以二倍体的普通栽培稻（AA）与四倍体种如小粒野生稻（*O. minuta*，BBCC）或阔叶野生稻（*O. latifolia*，CCDD）杂交，可分别获得染色体组为 ABC 和 ACD 的异源三倍体。

　　将染色体组构成不同的水稻杂交，由于染色体组不同，杂交成功率很低，主要是不同染色体组的水稻花粉不能在母本柱头上萌发而正常受精所致，还可能是因为受精后不能形成正常的胚乳，使得胚发育所需养分不足，最终导致幼胚死亡。如果在受精以后 9—14 天，将杂种幼胚在胚乳退化之前剥离，并接种到人工培养基上，即通过胚拯救（embryo rescue）技术有可能提高种间杂交的成功率。

### 1. ABC 染色体组三倍体

　　小粒野生稻（*O. minuta*）是四倍体物种，其染色体组构成为 BBCC。普通

栽培稻（染色体组为 AA）与小粒野生稻杂交，可得到染色体组构成为 ABC 的异源三倍体。早在 20 世纪 40 年代，Morinaga（1940）就对这种杂种进行过细胞学研究，发现它在减数分裂前期 I 染色体不能正常联会，大部分为单价体（36 I），偶尔也可见 1—2 个二价体。Katayama（1966a）曾观察到 ABC 三倍体减数分裂粗线期有染色体交叉的形成，中期 I 最多可以观察到 10—11 个 II。Mariam 等（1996）也对这种三倍体杂种减数分裂过程中染色体的联会方式进行过统计，其平均的联会结构为 29.31（16—36）I +3.32（0—10）II +0.016（0—1）III +0.002（0—1）IV。裔传灯等（2007）亦对 ABC 三倍体减数分裂中期 I 染色体的配对行为进行了研究，发现该杂种的染色体很少发生配对，绝大部分染色体以单价体形式存在。

### 2. ACD 染色体组三倍体

原产于南美洲的阔叶野生稻（*O. latifolia*）是四倍体物种，它的染色体组构成为 CCDD。将该野生稻与栽培稻杂交，可得到染色体组构成为 ACD 的异源三倍体。从 20 世纪 40 年代开始，就有多人通过上述途径获得过这种三倍体，并对其进行了细胞学研究（Katayama，1966a，1967；杨金水等，1983；凌定厚等，1984；舒理慧等，1990；裔传灯等，2008）。这种异源三倍体也是完全不育的，但其植株生长旺盛、穗型松散、花药瘦长、小穗有长芒、极易落粒（图 7-3）。

除了阔叶野生稻的染色体组为 CCDD，高秆野生稻（*O. alta*）的染色体组也为 CCDD，因而将高秆野生稻与栽培稻杂交，也可获得染色体组构成为 ACD 的异源三倍体。祝剑峰等（2008）报道，来自栽培稻和高秆野生稻的 ACD 异源三倍体同样是完全不育的，其花粉败育彻底，雌性细胞也完全不育。

Morinaga 和 Kuriyama（1959）对栽培稻与阔叶野生稻杂交所得 ACD 杂种细胞学的研究表明，在减数分裂前期 I，杂种染色体均不能正常联会，处于单价体状态。Katayama（1966a，1967）曾观察到 ACD 三倍体减数分裂粗线期有染色体交叉的形成，中期 I 最多可以观察到 10-11 个二价体（平均为 1—6 个二价体）。但据凌定厚等（1984）观察，栽培稻与阔叶野生稻的 ACD 杂种在减数分裂时染色体不发生配对，呈现 36 个单价体。舒理慧等（1990）和裔传灯等（2008）的研究结果也与之相似。由于减数分裂过程中染色体配对异常，ACD 异源三倍体均表现为完全不育。

图 7-3 栽培稻与阔叶野生稻杂种 F₁ 植株及染色体鉴定

A. 植株形态，左：栽培稻，右：阔叶野生稻，中：它们的杂种 F₁；B—D. 杂种 F₁ 染色体鉴定，B. DAPI 染色的根尖染色体，C. FITC 标记的阔叶野生稻基因组 DNA 杂交信号，D. 染色体与杂交信号叠加图。标尺为 5μm

### 3. AAC 染色体组三倍体

Ramanujam（1937）将栽培稻与药用野生稻（*O. officinalis*，染色体组为 CC）杂交，并将杂种 $F_1$ 与栽培稻回交，获得了带有药用野生稻染色体组的三倍体（AAC）。该三倍体高度不育，花粉母细胞减数分裂中期 I 可出现 0—12 个二价体，平均为 7 个左右。

颜辉煌等（1997a）将栽培稻与紧穗野生稻（*O. eichingeri*，染色体组为 CC）杂交获得杂种 $F_1$，杂种 $F_1$ 再与栽培稻回交后获得了 AAC 三倍体。这种三倍体杂种植株生长旺盛、分蘖力强。减数分裂中期 I 联会构型为（12.02—12.18）I +（11.67—11.89）II +（0.04—0.19）III。

### 4. AHJ 染色体组三倍体

Yi 等（2017）报道，将栽培稻（染色体组 AA）与马来野生稻（*O. ridleyi*，染色体组为 HHJJ）杂交获得了杂种 $F_1$（图 7-4）。杂种植株生长旺盛，分蘖力强，穗部性状和茎秆类似于野生稻，小穗具长芒，柱头外露。由于这种杂种减数分裂过程中染色体分离的不平衡，同样高度不育。

从上面介绍的几种异源三倍体水稻可以看出，由于异源三倍体的不同染色体组之间缺乏良好的同源性，在减数分裂过程中染色体不能正常配对，因此形成的子细胞内不仅染色体组不完整，染色体数目也不稳定，遗传上丧失了平衡性，因而雌雄配子都不能正常发育，这是造成这些三倍体水稻不育的根本原因。

## 三、异源三倍体的利用

异源三倍体一般都是通过染色体组不同的稻种杂交获得的，其中亲本之一常常是四倍体物种。根据染色体组不同的物种之间杂交的难易程度和所得三倍体杂种在减数分裂过程中染色体的配对表现，可以探知不同染色体组来源的染色体在亲缘上的相互联系。一般来说，染色体组间亲缘关系愈远，获得杂种的难度愈大。在通过各种辅助技术（如胚拯救等）获得杂种以后，杂种染色体在减数分裂时的联会表现，有助于了解不同染色体组间的相互关系。裔传灯等（2008）以 FISH 技术对栽培稻与阔叶野生稻三倍体（ACD）的研究表明，虽然 A、C 和 D 三个染色体组之间的分化明显，但 ACD 杂种在减数分裂过程中有时也会出现不同染色体组之间染色体联会，并形成二价体（II）和三价体（III）的情况。在不同

图 7-4  栽培稻与马来野生稻杂种 $F_1$ 植株及染色体鉴定

A. 植株形态，左：栽培稻，右：马来野生稻，中：它们的杂种 $F_1$；B—D. 杂种 $F_1$ 染色体鉴定，B. DAPI 染色的根尖染色体，C. 罗丹明标记的马来野生稻基因组 DNA 杂交信号，D. 染色体与杂交信号叠加图。标尺为 5μm

染色体组之间染色体的联会中，又以 C 和 D 组之间染色体的联会比例较高，表明 C 和 D 染色体组之间的亲缘关系可能比较近。Hou 等（2018）利用 Oligo FISH 技术，对 AAC 三倍体中 A 和 C 染色体组来源的 9 号染色体的 FISH 杂交结果表明，A 染色体组来源的 9 号染色体与 C 染色体组来源的 9 号染色体，均可以被基于栽培稻日本晴序列的 9 号染色体 Oligo 探针识别，说明二者存在序列的同源性。但它们的杂交信号强度有所不同，在 C 染色体组来源的 9 号染色体上的信号弱于栽培稻的 9 号染色体，说明二者存在明显的 DNA 序列分化。

在育种上，虽然已知的几种异源三倍体都是不育的，但是这并不代表它们没有利用价值。研究表明，在稻属不同染色体组的野生稻中蕴藏着许多栽培稻不具备的重要基因，如对褐飞虱等病虫的抗性基因（颜辉煌等，1997b；He et al.，2003；Huang et al.，2001；Tan et al.，2004）。将这些抗性基因转移到栽培稻之中最有效的途径便是将这些带有抗性基因的异源三倍体与栽培稻杂交，培育异源染色体添加系。再将这些添加系与普通栽培稻品种杂交，实现稻种不同基因组间的基因转移与应用。为实现这一目标，国际水稻研究所培育了系列栽培稻与药用野生稻杂种间的染色体添加系。Huang 等（2001）利用这一技术路线，从药用野生稻染色体添加系的后代中，选育出了抗褐飞虱的栽培稻新品系，实现了外源抗虫基因的转移和利用。紧穗野生稻也是褐飞虱的重要抗性基因资源，颜辉煌等（1997a）将栽培稻与其杂交，在其后代中获得了 AAC 三倍体，并进一步与原栽培稻亲本回交，在其后代中获得了 C 组染色体部分片段的导入系，有效实现了抗虫基因的种间转移和利用。

# 第三节 四 倍 体

体细胞内具有 4 个染色体组的个体（$2n=4x=48$）称为四倍体（tetraploid）。如果这四组染色体来自同一染色体组，则这一生物体称为同源四倍体；如果四组染色体来自不同染色体组，则称为异源四倍体。在稻属中，自然界中存在的四倍体野生稻都是异源四倍体。

## 一、同源四倍体的产生途径

栽培稻同源四倍体（autotetraploid）的染色体组构成为 $2n=4x=48$（AAAA），可以自发突变产生。据 Nakamori（1932）报道，在水稻品种 Wase-Sinriki No. 23

与 Ky6-Asahi 的杂种 $F_1$ 代中发现了四倍体植株。此后，Morinaga 与 Fukushima（1937）在常规种植水稻群体中也发现过四倍体。但是，四倍体水稻自然发生的频率很低，一般都是通过人工诱导获得，主要途径大概有以下几种。

### 1. 化学药剂处理

早在 1937 年，Morinaga 与 Fukushima 曾在水合三氯乙醛处理的水稻后代中发现过四倍体（Morinaga and Fukushima，1937）。而自秋水仙碱可诱发产生多倍体的效应被发现以后，这一方法在亚洲栽培稻、非洲栽培稻、普通野生稻、药用野生稻等稻种上诱导四倍体均已获得成功。采用秋水仙碱处理时，可用 0.01%—0.4%的秋水仙碱溶液处理植株的生长点或种子，加倍效率可达 5%—7%（Tang and Loo，1940；Beachell and Jones，1945；黄慧君等，1995）。在诱导四倍体的同时，往往会有嵌合体的出现。从倍性嵌合体植株上获得的四倍体种子，其后代仍然是四倍体。

### 2. 组织培养产生

在组织培养过程中，经愈伤组织诱导再生的植株也会有四倍体的产生。凌定厚等（1987）对籼稻品种 IR36 和 IR54 的幼穗进行培养，获得了 319 株再生苗，其中有 10 株为四倍体植株，占 3.1%，它们都是同源四倍体。Nishi 和 Mitsuoka（1969）、陈英等（1974）和褚启人等（1985）也都报道过在花药培养再生植株中获得了四倍体。说明组织培养是获得四倍体水稻的有效途径。如果将组织培养与秋水仙碱处理相结合，也就是在组织培养过程中，用一定浓度的秋水仙碱溶液处理愈伤组织，再将处理后的愈伤组织用于分化培养，可以获得较多的四倍体（黄慧君等，1995）。

## 二、同源四倍体的特征

### 1. 形态特征

由于染色体倍性发生了变化，同源四倍体水稻与其二倍体相比，其形态特征也会相应地发生变化（图 7-5）。与二倍体相比，它们的籽粒变大，穗粒数有所减少，常常有芒，茎秆较粗，叶色稍深，叶片较厚，株高与二倍体相仿或稍矮，分蘖力较差，结实率降低（Nakamori，1932；Morinaga and Fukushima，1937）。

图 7-5　水稻二倍体和同源四倍体植株与染色体

A. 二倍体植株；B. 同源四倍体植株；C. 二倍体根尖染色体；D. 同源四倍体根尖染色体；标尺为 5μm

### 2. 减数分裂过程中的染色体行为

同源四倍体由于每一个同源组有 4 个成员，在减数分裂过程中染色体的配对或联会情况较复杂。理论上同源四倍体每一染色体有 4 个组分，这些同源的染色体既可以联会成 1 个四价体（Ⅳ），也可以形成 2 个二价体（Ⅱ），或者形成其他类型的联会结构。据 Ichijima（1934）报道，在同源四倍体中期Ⅰ细胞中一般可观察到 5—6 个四价体和 10—12 个二价体。Morinaga 和 Fukushima（1937）观察到四倍体在减数分裂中期Ⅰ有 8—9 个四价体（平均 8.66 个，变幅为 4—12 个）和6—8 个二价体，极少数情况下可以观察到 1 个八价体和一些单价体。如果在前期Ⅰ出现单价体，则在后期Ⅰ就会出现落后染色体。其他学者观察到的联会情况也与之类似（Mashima，1952；Reddi and Seetharami Reddi，1977；Cua，1952）。Oka（1954b）发现同源四倍体水稻减数分裂过程中四价体的出现频率会因品种的不同而不同，从而可能导致不同品种的同源四倍体表现出不同的结实率。

### 3. 育性表现

与二倍体水稻相比，同源四倍体的育性显得不够稳定，与育性相关的一些性状的表现会出现较多的变异。归纳起来，主要有以下几个方面。

(1) 花药内成熟花粉数量减少

根据黄群策等（1999）的研究，与相应的二倍体水稻相比，IR36等不同来源的同源四倍体花药内，正常花粉数仅为正常二倍体的 15.69%—29.98%，而败育花粉较多。代西梅等（2006）报道，紫粳来源的同源四倍体成熟花粉中，正常花粉只占 45.5%，另外 54.5%在发育过程中败育。也就是说，四倍体的可育花粉百分率仅为普通品种的一半或更低。

(2) 胚囊发育异常

林如和黄群策（1999）对同源四倍体雌配子体的观察表明，在紫血稻来源的四倍体中，正常蓼型胚囊的频率仅为 45%，而相应的二倍体中则高达 94%。退化胚囊的主要表现之一是反足细胞形态结构异常。黄春梅等（1999）观察到，在水稻品种 Apiv 来源的四倍体成熟胚囊中有双卵卵器、三卵卵器，无助细胞。在不同季节，以上多卵频率也会出现明显差异。张华华等（2003）发现，在水稻品种 L202来源的四倍体成熟胚囊中存在无卵器的现象（占 38.75%），在广陆矮 4 号来源的四倍体成熟胚囊中也有无卵器的现象（占 6.06%）。郭海滨等（2006）在研究Asdor05-01 的四倍体雌配子体时，发现不少胚囊的珠孔端卵器发育异常或出现卵器退化的现象，比例为 15.42%。表明同源四倍体雌配子体也存在发育异常，并由此导致不育的产生。

(3) 胚乳发育异常

胚乳发育异常主要表现在发育进度上，一般胚乳发育延迟后，胚会因得不到及时且充足的营养而发育畸形或退化。据王兰等（2004）报道，同源四倍体水稻与其二倍体原种相比，两者正常发育的子房在糊粉层和胚乳淀粉积累等方面的变化过程基本一致，但在发育进度上同源四倍体水稻比二倍体原种慢 1—2 天。以水稻广陆矮 4 号和 L202 同源四倍体为材料，以相应二倍体品种为对照的研究发现：①同源四倍体品种中约 2/3 的子房极核在融合过程中存在不同步现象；②同源四倍体胚乳游离核增长速度较快，不同个体间胚囊内游离核增长速度不一致；③同源四倍体水稻不同子房间胚乳细胞化过程存在不一致性；④同源四倍体水稻有些子房会出现胚乳早期发育受阻现象，其中多数表现为极核未融合或虽然融合但不分裂，有些胚囊中会出现胚乳游离核发育滞后和珠心组织吞噬胚囊现象。以上异常现象都会影响胚乳和胚的正常发育。

由于以上原因，水稻同源四倍体的育性普遍比二倍体低，一般只有 25%左右（Nakamori，1933；Morinaga and Fukushima，1937；黄群策等，1999）。当然，在不同品种的同源四倍体之间，育性也存在较大的差异。最为明显的是，籼粳亚种的不同品种间杂交时，杂种结实率一般都低，但其四倍体的结实性均较好。如果从中进一步选择，可以获得结实率更高的单株。这些植株减数分裂过程中四价体的出现频率也较一般同源四倍体低，二价体出现频率则有所提高。这在一定程度上说明，在籼粳两亚种的染色体之间可能已经发生了某些分化，有利于籼粳杂种四倍体在减数分裂过程中同源染色体的正常联会。Cua（1950，1952）发现，水稻品种间杂交时，在二倍体水平上的杂种结实率往往与四倍体水平上的杂种结实率相反。严育瑞和鲍文奎（1960）报道，通过单株选择的方法，从籼粳同源四倍体的杂交后代中，不仅可以筛选出结实率明显提高的单株，而且得到了结实率可以达到 80%以上的品系，小区产量可以达到正常水稻品种的水平。籼稻和粳稻的染色体组相同，为何籼粳杂种同源四倍体的育性显著提高，还有待进一步深入研究。

## 三、同源四倍体在育种上的研究价值

多倍体的利用是提高产量的重要途径，这在许多植物上都得到了证实。目前大面积种植的棉花、马铃薯和小麦等农作物都是异源多倍体，它们的产量比二倍体有明显提高。水稻是二倍体物种，能否将水稻培育成多倍体来提高它的产量，一直是育种家广泛关注的科学问题。

### 1. 普通同源四倍体

普通同源四倍体是指由一般水稻品种通过染色体加倍形成的同源四倍体。为了探索通过多倍体途径提高水稻产量的可能性，鲍文奎等从 20 世纪 50 年代开始做了大量的研究。如同前面所介绍的那样，同源四倍体水稻与普通二倍体品种相比，粒型明显增大，千粒重常达 40g 以上，而植株的高度增长并不明显，这些特点均符合育种目标的期望（鲍文奎和严育瑞，1959；鲍文奎等，1985）。但是，同源四倍体水稻几乎无一例外都存在育性偏低的问题。不仅如此，同源四倍体水稻在粒型增大的同时，每穗颖花数一般都有所减少，籽粒的饱满度有所降低。这些负面的因素不但抵消了同源四倍体水稻的有利因素，而且超过了同源四倍体可能带来的正面效应（Jones and Longley，1941；Mashima，1942；Beachell and Jones，1945；宋文昌和张玉华，1992）。当然，同源四倍体水稻的结实率在不同品种之间也有较大的差异。通过基因型的筛选，有可能获得育性较高的品种（品系），但要达到二倍体的水平难度很大（李亚娟等，2007；刘玉花等，2007）。与二倍体水稻相比，同源四倍体最突出的优点是粒型明显增大，但是在普通二倍体水稻品种资源中，并不缺乏粒型较大的品种。综合以上几方面的因素，同源四倍体水稻几乎不存在可以被采纳的明显优点。因此，尽管不少科学家在这方面花了不少时间和精力，但一直没有培育出可被生产接受的品种或品系。

当然，水稻同源四倍体无法在生产上应用，可能也有其他多方面的原因。首先，在生产上已被应用的多倍体，凡是以收获种子为目标的作物无一例外都是异源多倍体。因为异源多倍体在减数分裂过程中同源染色体可以正常配对，形成的配子由于染色体数目稳定，保证了正常的育性。在这种情况下，由多倍性带来的优势才有可能在种子产量上表现出来。与其不同的是，水稻同源四倍体在形成配子的过程中，孢母细胞在减数分裂过程中会形成数量不等的多价体，使得后期 I 同源染色体向两极分开时，不能保证其在子细胞中的均衡分配，形成染色体组成失衡的二分体，最终导致部分配子败育，这是同源四倍体育性降低的根本原因，也是难以克服的遗传缺陷。其次，水稻同源四倍体除了粒型有所增大以外，其他性状并不会比二倍体有更加优良的表现。最后，从水稻基因组序列分析，推测水稻很可能是一种古多倍体。在栽培稻的系统进化中，已经出现过染色体添加或加倍的过程，在此基础上进一步使染色体加倍，并不能带来更多的遗传效应优势。

在水稻同源四倍体杂种优势利用方面，鲍文奎和严育瑞（1959）曾报道，同源四倍体水稻的杂种较其亲本在穗粒数和千粒重方面表现出杂种优势。杂种分蘖力强，植株生长旺盛，营养品质也较亲本有所改良。谭协和（1979）同样报道，水稻同源四倍体杂种较其亲本在穗粒数、千粒重等方面表现出较强的优势。涂升斌等（2003）实现了同源四倍体的三系配套，并筛选获得了穗粒数和千粒重显著增加的杂交稻新组合，但在生产上推广应用的杂交组合还未见报道。

### 2. 籼粳同源四倍体

籼稻和粳稻是亚洲栽培稻的不同亚种，拥有 AA 染色体组。因此，籼粳亚种间的四倍体杂种同样是同源四倍体。不少研究表明，虽然籼粳二倍体杂种 $F_1$ 育性不高，但其四倍体杂种的育性较其二倍体杂种要高（Cua，1952；鲍文奎等，1985；Hu et al.，2009）。严育瑞和鲍文奎（1960）在籼粳四倍体杂种后代中逐代选择，获得了育性较为正常的四倍体品系。Oka（1955）同样发现籼粳亚种间四倍体杂种的育性有所提高。但是，对于籼粳四倍体杂种育性提高的原因，目前还没有获得直接的遗传学证据。Cua（1952）认为这与籼粳稻之间染色体水平上的分化有关，但 Oka（1955）认为这种育性的提高与四价体出现频率的高低并无直接联系。针对同源四倍体水稻应用中存在的技术瓶颈，蔡得田等（2001）提出了提高籼粳同源四倍体育性的多种建议，但尚不能从根本上克服同源四倍体后代由遗传因素所带来的缺陷。

另外，籼稻与粳稻杂种所表现的显著杂种优势，在四倍体水平上也会有同样的表现。如何有效利用这种杂种优势，仍然是一个重要的科学问题。在水稻杂种优势利用过程中，必然会遇到育性障碍的难题，二倍体杂种如此，四倍体杂种也是一样。从 20 世纪 80 年代开始，籼粳稻间广亲和性的研究与应用，在一定程度上解决了基因水平所导致的育性障碍，对于克服二倍体籼粳杂种的育性障碍发挥了重要作用。籼粳四倍体杂种的育性障碍既有基因层面的因素，又有染色体层面的因素，要彻底解决这些难题变得更加困难。但是，由于籼粳杂种所表现的强大杂种优势，开展这方面研究的价值还是显而易见的。要解决这些问题，需要综合运用遗传学、细胞学、分子生物学、基因组学等多学科手段。只有这样，才有可能对育性障碍和杂种优势形成的分子机制进行深入解析，逐一解决这两方面存在的技术难题，最终为水稻生产作出贡献。

## 第四节 水稻的其他整倍体

在已报道的水稻倍性材料研究中，除了上述三倍体和四倍体，还有一些倍性更高的多倍体，如六倍体和八倍体。

### 一、六倍体

Watanabe 和 Ono（1967）曾报道将澳洲野生稻与小粒野生稻杂交，并对其杂种 $F_1$ 植株进行染色体加倍获得了 *O. minuta-O. australiensis* 六倍体（hexaploid）野生稻，其染色体组构成为 BBCCEE。在日本平塚（Hiratsuka）自然条件下，该六倍体不能正常抽穗。但在短日照条件下，抽穗期较三倍体种延迟 10 天左右。小粒野生稻具有植株矮小、茎秆纤细、穗粒数少、籽粒极小等特点，而澳洲野生稻与小粒野生稻的三倍体杂种（BCE）更像小粒野生稻。加倍后的六倍体具有较粗的茎秆、宽大的叶片和较大的颖花；颖壳上有 2 个长芒，一个着生于外稃，一个着生于内稃；柱头和花粉均较三倍体大，很少结实；株高和穗粒数与三倍体无明显区别。在减数分裂终变期，该六倍体有81%的花粉母细胞配对成36II，12%的花粉母细胞呈现35II+2 I，而单个花粉母细胞中单价体最多可达 8 个（平均为 0.57 个）。而在中期 I，仅有 56%的花粉母细胞配对成36II，24%呈现35II+2 I，单个花粉母细胞中单价体最多可达 14 个（平均为 1.76 个）。尽管该异源六倍体（BBCCEE）水稻在减数分裂过程中表现出较正常的染色体行为，但其花粉育性只有22.8%，结实率只有14.4%。

以八倍体（octoploid）的 *O. latifolia*（CCCCDDDD）或八倍体的 *O. minuta*（BBBBCCCC）为亲本，将其与四倍体栽培稻杂交，结合胚拯救，Watanabe（1968）、Watanabe 等（1969）分别获得了 AACCDD 和 AABBCC 两种异源六倍体水稻。这些异源六倍体都由两个亲本的染色体组复合而成。它们在日本平塚的自然条件下很少抽穗，尤其是 AABBCC 异源六倍体，偶尔见有抽出的穗子，但其形态异常，小花干瘪。这两种异源六倍体在短日照条件下均可以抽穗，但 AABBCC 的抽穗能力不如 AACCDD。尽管这些异源六倍体水稻营养生长旺盛，却由于不能发育形成正常的花粉，因而完全不育。但是，其子房、柱头等发育正常，胚囊也有部分育性。研究发现，由栽培稻 A 染色体组与野生稻其他染色体组合成的多倍体，在倍性较低的情况下都是不育的，这可能是自然界不存在由 A 染色体组参与多倍体种形成的主要原因之一。

祝剑峰等（2008）将栽培稻品种 Dts137 与高秆野生稻 *O. alta* 杂交，获得染色体组构成为 ACD 的三倍体杂种后，再将其加倍成 AACCDD 六倍体。该六倍体自交完全不育，花粉母细胞在减数分裂细线期即出现异常，推测其不育性与不同基因组间的不亲和性有关。为克服 AACCDD 的不育性，并检测胚囊的育性表现，进一步以栽培稻品种 PmeS 为父本，与该六倍体杂交，通过胚拯救成功获得了 $BC_1F_1$ 回交植株，其染色体数目为 $2n=4x=48$，染色体组成为 AACD，说明雌配子对于倍性增加的耐受性要高于雄配子。

## 二、八倍体

Watanabe 和 Ono（1965，1966）以秋水仙碱处理小粒野生稻（*O. minuta*）和

阔叶野生稻（*O. latifolia*）的种间杂种，获得了它们的八倍体杂种。其中，来源于小粒野生稻的八倍体（BBBBCCCC）植株叶片呈深绿色，结实率很低，小穗、气孔和花粉粒有所增大，发育延缓，很少自交结实。在花粉母细胞减数分裂过程中，同源染色体联会以二价体和四价体为主，伴随少量的三价体和单价体，中期 I 的平均联会方式为 0.30 I +32.60 II +0.06III+7.26IV。来源于阔叶野生稻的八倍体（CCCCDDDD）花药发育也有延迟表现，在短日照条件下抽穗期较其四倍体延迟5 天左右。各部分器官均有所增大，茎秆粗壮，叶片肥厚，叶耳、叶舌变大，籽粒变长，并伴有长芒，但穗粒数减少，自交结实率为 33% 左右。染色体联会方式有多种，在减数分裂中期 I 四价体数目为 0—10 个（平均为 4.11 个），大部分为二价体，最多可以形成 40 个二价体（平均为 39.19 个），很少见三价体，单价体频率相对较高，最多可达 8 个，中期 I 平均联会方式为 1.06 I +39.19 II +0.04III+4.11IV。由于八倍体水稻无论是在育性方面还是在形态性状方面，与二倍体相比均未表现出任何可利用的优势，相关研究很少有后续报道。

# 第八章　水稻的非整倍体

染色体是基因的主要载体。在自然界，每个真核生物的细胞核内都有数目恒定的染色体。生物体在繁殖过程中，细胞核内的所有基因，借助染色体在上下代之间规律性地稳定传递，确保物种的遗传稳定。当染色体的数目发生改变时，遗传信息也会随之改变，从而带来生物体性状的改变。非整倍性变异是染色体数目变异的主要类型之一。它是指生物体的染色体数目，在原来 $2n$ 的基础上，增加或减少一个以至几个染色体或染色体臂的现象。出现这种现象的生物体称为非整倍体（aneuploid）。

非整倍体可分为两大类型：染色体数目减少的亚倍体（hypoploid）和染色体数目增加的超倍体（hyperploid）。根据减少或添加染色体数目和特征的不同，亚倍体可进一步分为单体（monosomic）、双单体（dimonosomic）、缺体（nullisomic）等，超倍体可分为三体（trisomic）、双三体（ditrisomic）、四体（tetrasomic）等。亚倍体主要存在于异源多倍体物种中，小麦是典型拥有完整亚倍体材料的作物，已获得的亚倍体材料，包括覆盖 21 条染色体的全套单体和缺体，以及覆盖 42 个染色体臂的全套单端体（Sears，1952）。超倍体在二倍体物种和多倍体物种中都可能出现。栽培稻是二倍体物种，二倍体生物对染色体增加的忍受能力，要大于对染色体丢失的忍受能力。因此，在水稻中，研究较多的是体细胞染色体数目多于 24 的超倍体，只有少数研究涉及染色体数目减少的亚倍体。

## 第一节　单　　体

在不同类型亚倍体变异中，单体是常见类型之一，它是指体细胞染色体数比正常个体少了一条的变异。Seshu 和 Venkataswamy（1958）从籼、粳杂交的第 5 代群体中发现了一株单体，其体细胞染色体数为 $2n=23$。Nayar（1973）也曾得到过一株水稻单体，在减数分裂同源染色体配对过程中，可形成 11 个二价体和 1 个单价体，后期 Ⅰ 染色体多数分离方式为 12∶11，即一半细胞具有 12 条染色体，另一半细胞具有 11 个染色体。Wang 等（1988）以辐射花粉给正常二倍体授粉，从后代中曾得到 5 种单体，这些单体生长势弱，自交不结实，授以正常花粉虽然能获得少量有性后代，但它们均为正常二倍体植株。Multani 等（1992）亦以类似方法获得过 3 株水稻单体，但因其完全不育而相继丢失。龚志云等（2008b）在籼稻品种中籼 3037 非整倍体试管苗无性繁殖过程中发现一种 8 号染色体的单体。在已有的报道中，水稻单体普遍生长势弱，高度不育，即使获得少量的种子，能发育成植株的也全为正常二倍体，水稻单体基本上不能通过有性繁殖的方式保存，只能通过无性繁殖的方式保存。说明尽管在孢子体水平上，水稻有单体存在，但在配子体水平上，只有包含水稻染色体组全部染色体的配子才具有正常受精能力。

单端体（telomonosomic）是缺失染色体某一个臂的非整倍体。理论上，由染色体臂缺失造成的影响，要比缺失一整条染色体的单体小得多，单端体一般出现在其他非整倍体的有性繁殖后代中。于恒秀等（2005）从中籼 3037 初级三体及其他非整倍体自交后代中，选择形态性状明显变异但体细胞染色体数目仍为 $2n=24$ 的个体，进一步对这些变异株进行染色体分析，鉴定出 1 号染色体短臂、4 号染色体长臂和 11 号染色体长臂的单端体。这些单端体都表现出植株矮小、结实率极低的形态特征。除了这三种单端体以外，其他类型的单端体尚未获得鉴定。说明仅仅丢失一个染色体臂，也足以使水稻丧失传代和生存能力。

# 第二节　三　体

三体是水稻非整倍体中最常见的变异类型，它是在二倍体基础上增加一条染色体的变异。根据三体额外染色体的不同，三体又可进一步分为：初级三体（primary trisomic）、次级三体（secondary trisomic）、端三体（telotrisomic）和三级三体（tertiary trisomic）等，它们在连锁群构建、基因定位以及确定染色体与连锁群对应关系等研究中发挥过重要作用。

## 一、初级三体

### 1. 初级三体的来源

在水稻三体中，研究得最多的是初级三体，它是在正常 $2n$ 染色体的基础上，增加了一条全长染色体，形成体细胞染色体组成为 $2n+1$ 的植株。水稻染色体组有12 条染色体，因此，成套水稻初级三体有 12 种，增加 1 号染色体的为三体 1，增加 2 号染色体的为三体 2，以此类推。从初级三体的来源分析，其形成途径主要有以下几种。

（1）自然发生

正常二倍体生物的后代能够自发产生初级三体。Blakeslee（1921）从曼陀罗中发现的初级三体，就是来自正常二倍体的后代。其原因是孢母细胞在减数分裂时发生了某条染色体的不分离或不配对，从而形成 n+1 型配子，当该配子与正常 n 型配子受精结合时，形成 2n+1 的三体后代。虽然 Blakeslee 从正常曼陀罗的自发突变后代中筛选到全套初级三体，但这种自发产生频率是极低的，而且在不同物种中存在差异。在水稻中，自发产生的染色体倍性变异以三倍体居多。三倍体一般是低育性的，由其自交或与二倍体杂交，从其后代中有可能分离出三体植株。但是，由于自发产生初级三体的概率非常低，因此想获得成套初级三体，一般需要通过其他途径。

（2）从同源三倍体后代中筛选

在减数分裂过程中，同源三倍体由于染色体的不均衡分离会形成 n 型和 n+1 型配子，因此从同源三倍体后代中最容易筛选出初级三体植株。通过同源三倍体自交或与同品种二倍体回交，从其后代中筛选初级三体，是获得初级三体的有效途径。在水稻中，同源三倍体既可以通过自发产生，也可以经过人工加倍获得。最早的水稻三体就是从同源三倍体后代中获得的（Ramanujam，1937）。后来由 Hu（1968）、Iwata（1969）、Khush 等（1984）、Misra 等（1986）、张廷璧等（1987）和程祝宽等（1996）报道的成套初级三体，都是从三倍体后代中筛选获得的。虽然可以从三倍体后代中获得三体材料，但要获得覆盖水稻染色体组的成套初级三体是很困难的。一方面是由于水稻同源三倍体一般育性都偏低，其后代群体不会很大，要从中筛选成套初级三体就比较难。另一方面，成套三体的获得，除了从形态性状区分不同的三体类型以外，还必须通过细胞学鉴定，才能确定每种三体添加染色体的类型。20 世纪 80 年代以前，对水稻染色体的鉴定技术还没有完全成熟。因此，在这以前所报道的成套初级三体，一般都是根据形态特征进行区分的，这就不可避免地产生了鉴定和命名的错误。以 Iwata 和 Khush 等分别从水稻品种日本晴和 IR36 筛选出的两套初级三体为例，其细胞学鉴定结果都是在 1984 年报道的。而 1990 年，他们又对原有的命名错误进行了纠正。

在选育成套初级三体的过程中，是从三倍体的自交后代中筛选，还是从三倍体与同品种二倍体回交后代中筛选，主要取决于不同水稻品种三倍体的结实率。

如果自交有一定的结实率，可以直接从其自交后代中筛选。如果三倍体不育程度较高，则宜在与同品种二倍体回交后代中加以筛选。一般情况下，后一种方法筛选成功的概率比前者高。对于不同类型的初级三体而言，添加的染色体越长，后代中出现的频率一般越低。程祝宽等（1996）利用水稻品种中籼 3037 三倍体与同品种二倍体植株回交，对回交后代进行筛选获得 1—12 号染色体初级三体，其出现频率如表 8-1 所示。不同类型的三体出现频率与添加染色体的长度之间存在一定的负相关性。

表 8-1　同源三倍体后代中不同三体的选育结果

| 三体 | 三体株数 | 所占比例 |
| --- | --- | --- |
| 三体 1 | 10 | 3.31 |
| 三体 2 | 13 | 4.30 |
| 三体 3 | 13 | 4.30 |
| 三体 4 | 21 | 6.95 |
| 三体 5 | 20 | 6.62 |
| 三体 6 | 26 | 8.61 |
| 三体 7 | 33 | 10.93 |
| 三体 8 | 28 | 9.27 |
| 三体 9 | 36 | 11.92 |
| 三体 10 | 27 | 8.94 |
| 三体 11 | 40 | 13.25 |
| 三体 12 | 35 | 11.59 |
| 总数 | 302 | 100 |

注：根据程祝宽等（1996）整理

（3）从部分联会消失突变体后代中筛选

联会消失突变体，有完全联会消失和部分联会消失两种类型。前者是绝大部分染色体在减数分裂终变期均发生联会消失，导致形成的配子中染色体数目严重失衡，无法产生后代，因而很难用于三体的选育。后者则是染色体组中，个别染色体发生了联会消失，形成增加一条染色体的 $n+1$ 型配子，它们与正常 $n$ 型配子受精结合，产生初级三体。Katayama（1966b）利用部分联会消失突变体，筛选出 8 种三体植株，Kitada（1983）亦从部分联会消失突变的水稻后代中获得了三体植株。另外，Yasui 等（1989）以正常品种 Kinmaze 的花粉，给同品种联会消失突变体授粉，获得了226株三体植株，并筛选出一套完整的水稻初级三体。

（4）从辐射和组织培养诱导变异中筛选

通过X射线、γ射线、EMS（ethyl methanesulfonate）等辐射处理，不仅是诱导基因突变的重要方法，而且高剂量的辐射处理，还会导致植株产生染色体变异。其中，染色体数目变异就是主要的变异类型之一。Nagamatsu（1955）、Nishimura（1957）、Iwata（1969）、Tateno（1978）均报道，第二次世界大战后，在日本经原子弹爆炸辐射的水稻后代中发现有三体变异植株。

此外，从水稻花药培养产生的变异中筛选，也是获得三体的途径之一。褚启人等（1985）从209个水稻花培植株中筛选出19个水稻初级三体植株。与普通二倍体品种相比，同源四倍体花药培养更易出现染色体数目变异。因为同源四倍体所形成的配子中出现染色体数目异常的概率比二倍体高，而$2n+1$型的配子相对于其他染色体数目变异类型的配子活力更强，所以获得初级三体的概率更高。秦瑞珍等（1992）利用水稻不同品种同源四倍体的花药培养曾获得过多种初级三体。

### 2. 初级三体的形态特征

与正常二倍体相比，初级三体增加了一条染色体。由于该染色体上携带基因的剂量增加了一倍，改变了原有正常个体基因剂量间的平衡关系，因此对植株的性状产生了明显影响，导致初级三体的许多性状不同于正常二倍体。同时由于不同初级三体所携带额外染色体的不同，不同初级三体之间在形态上产生了一定差异。其中，有些特征可作为鉴别不同初级三体的形态学标志。例如，IR36背景的三体1（1号染色体的初级三体）和三体8，在3—4叶的苗期就可以被区分出来（Khush et al.，1984）。其中三体1的幼苗，叶片狭窄，叶色淡绿。三体8的幼苗，叶片狭窄、内卷，呈深绿色。但三体4、三体10和三体11在苗期很难区分，它们的生长速度和形态特征与正常植株基本一致。然而在成熟期，三体4和三体10很容易与正常株区分开来。其中三体4植株高大，一般情况下，比正常二倍体高出20%，并且株型松散。三体10的茎秆较细，并且籽粒十分细长。Khush等（1984）对IR36背景的成套初级三体形态特征总结如下。

初级三体1（草状）：生长缓慢，植株偏矮，株型呈草状，结实率低；叶片狭窄，叶色淡绿；开花迟，籽粒细长，呈三角状，闭颖不好，导致籽粒部分裸露。

初级三体 2（矮小）：株高和分蘖数均只有正常个体的 75% 左右；叶片短、深绿色、基部扭曲，叶舌短小；穗短，颖壳大、闭合不好；花药短，高度不育。

初级三体 3（不育）：植株最矮，分蘖少；叶片厚短、深绿色、中脉突出；穗不能完全抽出，颖壳短小，闭颖受精，高度不育。

初级三体 4（高大）：植株比其他三体和正常二倍体高；叶片淡绿色且下垂，叶舌长；结实率高，顶部籽粒有短芒。

初级三体 5（扭曲叶）：植株矮小；叶片短而扭曲，表面有细绒毛，叶舌短；穗短，着粒密度高，育性较高。

初级三体 6（有芒）：株型偏矮，生长缓慢，分蘖增多；叶片厚、深绿色、半卷，叶舌长；开花早，颖壳短小，育性较低；籽粒有长芒。

初级三体 7（窄叶）：叶片窄、深绿色、半卷，叶舌短；分蘖少，穗不完全抽出，穗型松散，部分可育；少数籽粒有短芒。

初级三体 8（卷叶）：叶片窄而卷、深绿色，叶舌短；穗短；籽粒粗短，部分可育。

初级三体 9（粗壮）：茎秆粗壮，株型略散；叶片厚、深绿色、稍内卷；籽粒最大。

初级三体 10（小粒）：叶片直立，叶耳多毛；籽粒细长，育性正常。

初级三体 11（拟正常）：在形态上与正常二倍体很难区分，开花略迟，育性正常。

初级三体 12（顶小穗退化）：分蘖多，叶色较浅；顶部小穗退化严重；籽粒细长，育性高。

程祝宽等（1996）以中籼 3037 为背景，筛选出了成套初级三体材料，并且根据所增加的额外染色体在减数分裂粗线期的长度递减顺序，分别命名为三体 1、三体 2、…、三体 12。它们的形态特征分别列于表 8-2 和图 8-1。从表 8-2 中可以看出，由于不同初级三体所增加的额外染色体不同，它们在植株形态、叶片形态、穗部形态等方面都表现出一定差异。这些形态上的差异，可作为识别不同初级三体的重要标志。例如，初级三体 1 为草状，初级三体 2 为革质叶、极低育，初级三体 3 为长护颖，初级三体 4 为高大植株，初级三体 5 为扭曲叶片，初级三体 6 为有芒，初级三体 7 为窄叶，初级三体 8 为卷叶，初级三体 9 为拟正常、稍低育，初级三体 10 为大粒，初级三体 11 为顶小穗退化，初级三体 12 为小粒。根据这些形态特征可以比较容易区分 12 种初级三体。如果将程祝宽等

（1996）育成的以中籼 3037 为遗传背景的初级三体与 Khush 等（1984）育成的以 IR36 为遗传背景的初级三体相比较，可以发现在不同品种之间，同一初级三体的主要形态特征总体上是基本相似的，故习惯上常以各初级三体最显著的特征来冠名。例如，初级三体 1 由于在分蘖期叶色较淡，叶片柔软、披散，犹如草苑一样，故取名为草状三体。初级三体 2 植株较为矮小，故取名为矮生三体等。但也有一些差异较大的，最明显的是 11 号染色体的初级三体，IR36 的三体为拟正常，与普通二倍体植株相似，难以区分。而中籼 3037 的初级三体 11 与普通二倍体不同，表现为顶小穗退化。其原因可能是上述初级三体命名时，水稻染色体的命名在国际上还没有取得统一。需要指出的是，目前水稻染色体命名顺序并非严格的染色体长度递减顺序，这可以从目前公布的水稻全基因组数据中获得印证（Du et al.，2017）。实际上水稻染色体的长度与其拥有 DNA 序列的物理长度密切相关。

表 8-2　中籼 3037 初级三体的主要性状表现

| 初级三体类型 | 生长习性 | 叶片特征 | 穗部特征 |
| --- | --- | --- | --- |
| 1 | 草状，株型散，分蘖多 | 细长、色淡 | 籽粒末端弯钩状，穗粒数少，结实率低，为 17.3% |
| 2 | 茎粗，株型矮小紧凑 | 叶色较深，叶厚呈革质，有明显中脉，剑叶短而宽 | 着粒密，结实率仅为 1.6%，授粉也难结实，开花时花药及柱头很少露出 |
| 3 | 株型矮小紧凑，分蘖少 | 叶短色深，叶稍内卷 | 长护颖，护颖长度约为正常株的 2 倍；有多子房、多柱头和多胚现象，着粒密，粒短，自交结实率低，为 8.3%，但授粉结实率高 |
| 4 | 植株高大，株型较散，分蘖少 | 叶色稍淡，叶舌长 | 顶小穗有芒 |
| 5 | 植株较矮 | 叶基部扭曲，叶舌短，剑叶短而宽 | 穗短，籽粒短圆 |
| 6 | 株型矮散 | 叶片色深、稍内卷，叶舌较长，剑叶长而宽 | 籽粒顶部有芒 |
| 7 | 植株偏矮 | 叶片狭窄内卷，叶色深，基部稍扭曲 | 籽粒细长，顶部籽粒有短芒 |
| 8 | 植株偏矮 | 叶片色深、卷曲 | 籽粒短圆 |
| 9 | 株高正常 | 叶片正常 | 抽穗稍迟，结实率稍低，为 57.6% |
| 10 | 茎秆粗，分蘖少 | 叶片宽大、色深、稍内卷 | 籽粒宽大，千粒重高，大穗 |
| 11 | 分蘖多 | 抽穗期叶色很淡 | 顶小穗退化 |
| 12 | 植株稍矮，茎秆稍细，分蘖多 | 叶片正常 | 籽粒细小 |

注：染色体编号是按染色体长度递减顺序进行的

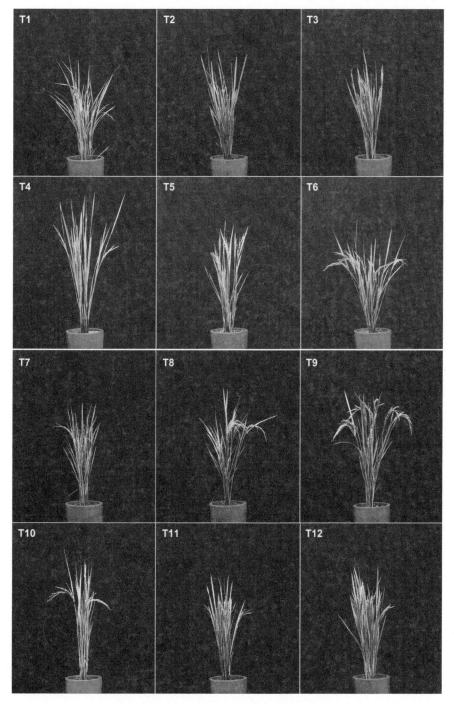

图 8-1　中籼 3037 初级三体植株形态特征

T1—T12 分别表示初级三体 1 至初级三体 12

　　除了 Khush 等（1984）和程祝宽等（1996）育成的成套初级三体以外，还有多位水稻遗传学家育成过成套的水稻初级三体，如 Hu（1968）、Iwata（1969）、张廷璧等（1987）和 Misra 等（1986）。由于当时对水稻染色体的编号尚未统一，在不同研究者之间，同一编号三体所含有的额外染色体并不完全一致。因此，彼此之间的研究结果很难相互印证。

　　3. 初级三体的细胞学特征

　　初级三体由于在原有染色体组基础上增加了一条完整的正常染色体，因此每一条与三体相关的染色体都有 3 条同源染色体。在减数分裂过程中，同源染色体的配对与联会，一般只发生在 2 条同源染色体（片段）之间。因此初级三体中，3 条同源染色体联会时，在任何同源区域内都只能有 2 条染色体参与联会，而将第 3 条染色体排斥在外（图 8-2）。3 条同源染色体一般有 2 种联会形式：一是 3 条同源染色体都参与联会，形成三价体（III），二是 3 条同源染色体中的 2 条联会形成二价体（II），另外一条不参与联会，以单价体（I）形式存在。也就是说，水稻的初级三体在减数分裂过程中，可以形成 11 个二价体和 1 个三价体（11 II+1III），也可能形成 12 个二价体和 1 个单价体（12 II+1 I）。一般情况下，以前者较为常见。三价体在粗线期的联会方式可以表现为链状，成三价体链，或为辐射状，并且后者较为普遍（Misra et al.，1986）。程祝宽等（1996）对以中籼 3037 为背景的一套初级三体材料进行分析，也发现了类似的现象。说明水稻的初级三体在减数分裂时，3 条同源染色体的配对方式以三价体为主，也时常能观察到单价体的存在。但由于联会只能发生在 2 条染色体片段之间，三价体一般情况下都是局部联会，形成的联会复合体较为松弛，常常会提前解离。

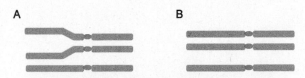

图 8-2　初级三体中 3 条同源染色体的配对方式
A. 配对成 1 个三价体；B. 配对成 1 个二价体和 1 个单价体

　　4. 初级三体额外染色体的传递

　　初级三体染色体在减数分裂中的联会行为，会直接影响额外染色体在初级三体繁殖过程中的传递率。第一种情况，当 3 条染色体联会成三价体时，在后期 I

呈现 2/1 式分离，即 2 条染色体移向细胞一极，另一条染色体移向细胞另一极，分别形成 $n+1$ 型和 $n$ 型配子，理论上两种配子各占 50%。第二种情况，当 3 条染色体联会成一个二价体和一个单价体时，单价体可以在后期 I 随机地移向细胞某一极，或者消失在细胞质中，不能进入二分体中；而二价体中的 2 条染色体呈现 1/1 式分离，导致形成的 $n+1$ 型配子明显少于 $n$ 型配子。假设这两种情况随机发生，则初级三体植株产生的 $n+1$ 型配子将明显少于 $n$ 型配子。因此，在三体自交后代中，多数为正常二倍体，少数为三体。另外，增加了额外染色体的 $n+1$ 型配子的生活力在雌、雄配子间是不同的。$n+1$ 型雄配子一般育性很低，而 $n+1$ 型雌配子有相当一部分是可育的。在初级三体有性繁殖过程中，不同额外染色体通过雌（雄）配子的传递率，可通过父（母）本三体与普通二倍体的测交试验进行估计。根据 Khush 等（1984）的研究，在以 IR36 为背景的初级三体材料中，当以初级三体为母本时，不同三体额外染色体通过雌配子的传递率为 15.5%—43.9%；当以初级三体为父本时，不同三体额外染色体通过雄配子的传递率为 0—21.4%（表 8-3），说明三体的额外染色体主要通过雌配子向后代传递。在通过雌配子传递的过程中，三体 4、三体 6、三体 11 和三体 12 中额外染色体传递给后代的频率比其他染色体要更高一些，即使传递率最低的三体 1 和三体 3，其传递率也分别达到 15.5% 和 17.8%。而在通过雄配子传递的过程中，以 11 种三体（除三体 3 以外）作为父本与正常二倍体母本杂交的后代统计分析表明，7 种三体可通过父本传递它们的

表 8-3　水稻初级三体额外染色体雌雄配子的传递率（**Khush et al.，1984**）

| 三体种类 | IR36 三体测定后代 | | | | | | | |
|---|---|---|---|---|---|---|---|---|
| | $(2n+1)×2n$ | | | | $2n×(2n+1)$ | | | |
| | 观察总数 | $2n$ | $2n+1$ | $(2n+1)\%$ | 观察总数 | $2n$ | $2n+1$ | $(2n+1)\%$ |
| 三体 1 | 194 | 164 | 30 | 15.5 | 162 | 162 | 0 | 0.0 |
| 三体 2 | 361 | 247 | 114 | 31.6 | 20 | 20 | 0 | 0.0 |
| 三体 3 | 2414 | 1499 | 915 | 37.9 | 20 | 20 | 0 | 0.0 |
| 三体 4 | 326 | 268 | 58 | 17.8 | 0 | 0 | 0 | 0.0 |
| 三体 5 | 2067 | 1392 | 675 | 32.7 | 197 | 195 | 2 | 1.0 |
| 三体 6 | 1868 | 1176 | 692 | 37.0 | 209 | 198 | 11 | 5.3 |
| 三体 7 | 1404 | 967 | 437 | 31.1 | 113 | 113 | 0 | 0.0 |
| 三体 8 | 1755 | 1307 | 448 | 25.5 | 192 | 168 | 24 | 12.5 |
| 三体 9 | 1199 | 773 | 426 | 35.5 | 168 | 132 | 36 | 21.4 |
| 三体 10 | 1932 | 1402 | 530 | 27.4 | 209 | 206 | 3 | 1.4 |
| 三体 11 | 199 | 120 | 79 | 39.7 | 192 | 187 | 5 | 2.6 |
| 三体 12 | 1521 | 853 | 668 | 43.9 | 196 | 195 | 1 | 0.5 |

额外染色体，其中三体 8 和三体 9 通过父本传递率最高，分别为 14.3% 和 27.3%。而在三体 1、三体 2、三体 3、三体 4 和三体 7 中都未发现额外染色体通过雄配子传递的现象。说明额外染色体越长，形成的 n+1 型雄配子竞争力越弱，越难通过父本传递给后代。由于 n+1 型配子在雄配子中传递率很低，在三体自交后代中，也很少出现由 n+1 型雄配子与 n+1 型雌配子受精形成的四体（2n+2）类型。

### 5. 初级三体额外染色体上基因的分离

由于初级三体中添加的染色体有 3 条同源染色体，因此位于其上的每个基因座位有 3 个等位基因，可以组成 4 种基因型。以 A/a 这一对等位基因为例，如果 A/a 位于三体添加的染色体上，则可以组成 AAA、AAa、Aaa 与 aaa 四种类型，其中杂合的有两种类型。根据 A 基因的出现数目分别命名为三式、复式、单式和零式，而位于其他正常染色体基因座位上的只有 2 个等位基因，可形成 3 种基因型（AA、Aa、aa），只有一种杂合基因型。因此在杂合基因型的初级三体后代中，会出现两种不同的基因分离比例：第一种是正常未添加染色体的 Aa 杂合基因型所形成的经典的 3∶1 分离，符合孟德尔分离规律；第二种是添加染色体的 AAa 或 Aaa 杂合基因型所形成的分离比例，它们不符合孟德尔分离规律。

影响三体基因分离的因素主要是三体额外染色体的联会方式、分离方式，以及被研究基因距离着丝粒的远近。当所研究的基因位于额外染色体上，且距离着丝粒较近时，表现出染色体随机分离；当其距离着丝粒较远时，则表现为染色单体随机分离。不管以何种方式分离，由三体添加染色体上基因控制的性状所产生的分离比例，均会与普通二倍体中的性状分离有明显差异。根据这一特点，三体在早期的遗传研究中，一直被作为重要的遗传工具材料，用于研究染色体与连锁群之间的关系，以及目标基因的染色体定位。

## 二、端三体

端三体是仅添加某一染色体臂的三体，可用于基因在染色体臂上的定位，以及着丝粒在染色体上位置的研究（Khush，1973）。

### 1. 端三体的来源

端三体可在初级三体的有性繁殖后代中出现。在初级三体中，额外染色体在许多孢母细胞中都以一个单价体的形式出现，如果该单价体在着丝粒区域发生错误分裂，形成两条只带有一条染色体臂的端着丝粒染色体，带有这种端着丝粒染色体的配子与正常配子受精，便能形成端三体。除此以外，在同源三倍体和某些联会消失突变体后代中也会出现端三体。对端三体命名一般采用 Khush（1973）对马铃薯三体的命名方法。例如，1 号染色体短臂端三体以 $2n+\cdot 1S$ 表示，长臂的端三体以 $2n+\cdot 1L$ 表示。端三体由于额外染色体可与其同源染色体臂进行联会，并在相应的臂上形成三价体，因此根据形成三价体臂的特征，可鉴定出该端三体为长臂的端三体还是短臂的端三体。Ikeda 等（1993）以辐射花粉给初级三体授粉，获得了一种与水稻 4 号染色体有关的端三体。Yasui 和 Iwata（1992）从日本晴初级三体的后代中筛选出了一种与 7 号染色体有关的端三体。Singh 等（1996）从 IR36 的初级三体后代中筛选出了 7 种端三体，包括 $2n+\cdot 1S$、$2n+\cdot 2L$、$2n+\cdot 3L$、$2n+\cdot 5L$、$2n+\cdot 8S$、$2n+\cdot 9S$ 及 $2n+\cdot 10S$。Cheng 等（2001c）以中籼 3037 成套初级三体为材料，经过大量选择，并结合形态学、细胞学及 FISH 技术鉴定，获得了覆盖水稻 24 个染色体臂的全套端三体（图 8-3）。

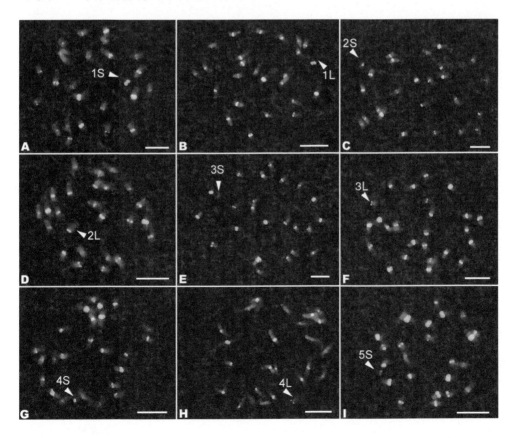

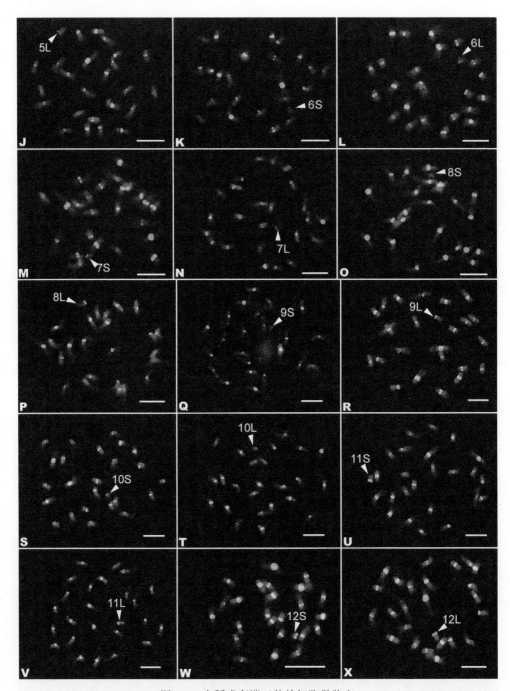

图 8-3　水稻成套端三体的细胞学鉴定

A—X. 用水稻着丝粒探针杂交的第 1—12 号染色体短臂和长臂不同端三体的根尖染色体。

绿色代表着丝粒信号，红色为 DAPI 染色的染色体。箭头示额外染色体，标尺为 5μm

### 2. 端三体的形态特征

不同端三体在形态上具有其自身的特征，它们在形态上的表现一般介于正常二倍体与对应额外染色体的初级三体之间。总的来讲，额外染色体愈短，端三体在形态上愈接近正常二倍体，需要通过细胞学鉴定加以区分；额外染色体愈长，在形态上愈接近对应的初级三体。在一定程度上各个端三体均比对应的初级三体长得健壮。从结实率来看，一般额外染色体愈短，端三体的结实率愈高；额外染色体愈长，结实率愈低，而且端三体均比对应初级三体结实率高。以中籼 3037 为背景的成套端三体的形态特征如表 8-4 所示。与 Singh 等（1996）从 IR36 初级三体后代中筛选出的 7 种端三体相比，从中籼 3037 初级三体后代中筛选的对应端三体大部分在形态上十分相似，但在 $2n+\cdot1S$ 及 $2n+\cdot10S$ 这两个端三体上稍有差别。

表 8-4　以中籼 3037 为背景的成套端三体的形态特征

| 三体类型 | 形态 | 结实率（%） |
|---|---|---|
| $2n+\cdot1S$ | 叶片比三体 1 稍宽，开花较晚 | 67.6 |
| $2n+\cdot1L$ | 植株比三体 1 稍高，叶色淡绿，剑叶短，籽粒小，顶部籽粒弯钩状 | 37.7 |
| $2n+\cdot2S$ | 比二倍体稍矮，叶片较宽，开花迟 | 32.2 |
| $2n+\cdot2L$ | 植株较高，内稃退化，长护颖 | 13.4 |
| $2n+\cdot3S$ | 较二倍体稍矮，茎秆较细，叶片短，叶色深绿，籽粒较细 | 41.9 |
| $2n+\cdot3L$ | 株型紧凑，叶片较宽，叶色深绿，大粒，顶小穗退化 | 52.8 |
| $2n+\cdot4S$ | 类似正常二倍体 | 88.7 |
| $2n+\cdot4L$ | 类似三体 4 | 48.6 |
| $2n+\cdot5S$ | 类似正常二倍体，开花稍迟 | 78.6 |
| $2n+\cdot5L$ | 叶片薄而外翻，叶色淡，开花略早，籽粒较短，顶小穗有短芒 | 66.2 |
| $2n+\cdot6S$ | 叶色深，叶片窄且内卷，籽粒有长芒 | 66.4 |
| $2n+\cdot6L$ | 较正常二倍体稍矮，叶色深，叶片短而宽，籽粒有短芒 | 70.3 |
| $2n+\cdot7S$ | 类似正常二倍体，但叶片稍短，籽粒也稍短 | 76.5 |
| $2n+\cdot7L$ | 类似三体 7，但结实率稍高 | 48.5 |
| $2n+\cdot8S$ | 类似三体 8，叶片较三体 8 稍宽，结实率正常 | 78.8 |
| $2n+\cdot8L$ | 生长旺盛，分蘖少，顶小穗退化 | 72.6 |
| $2n+\cdot9S$ | 类似正常二倍体 | 83.3 |
| $2n+\cdot9L$ | 类似三体 9 | 73.4 |
| $2n+\cdot10S$ | 类似正常二倍体 | 87.6 |
| $2n+\cdot10L$ | 类似三体 10 | 63.4 |
| $2n+\cdot11S$ | 植株形态正常，顶部小穗略弯勾 | 68.7 |
| $2n+\cdot11L$ | 分蘖少；剑叶长，抽穗期颖壳金黄色 | 56.4 |
| $2n+\cdot12S$ | 叶片长而内卷，顶小穗退化 | 65.3 |
| $2n+\cdot12L$ | 叶色淡绿，开花迟，顶小穗退化 | 64.1 |

### 3. 端三体额外色体的传递

据研究，在以 IR36 为背景的端三体后代中，端着丝粒染色体通过母本的传递率为 28.6%（$2n+\cdot2L$）至 47.5%（$2n+\cdot9S$）（Khush，2010），比相应初级三体额外染色体的传递率高。此外，短臂端着丝粒染色体的传递率比长臂端着丝粒染色体的传递率更高。在 $2n+\cdot8S$ 和 $2n+\cdot9S$ 的后代中，分别约有 12% 和 20% 的植株有两个额外的端着丝粒染色体，说明这两条端着丝粒染色体也可以通过父本传递。相应的端着丝粒染色体通过父本的传递率分别为 26% 和 32%。研究表明，在端三体中由于添加的染色体是一条具有功能性着丝粒的染色体臂，长度要短于相应的染色体，所以形成的 $n+1$ 型雄配子要比初级三体中形成的 $n+1$ 型雄配子生活力高，其中部分配子可以与正常 $n$ 型配子竞争，参与受精，形成端四体。

### 4. 端三体额外染色体上基因的分离

在端三体中，添加的染色体臂有三个同源染色体臂，位于其上的每个基因座位会有 3 个等位基因。因此，与额外染色体有关的基因可以组成 4 种基因型。以 A/a 这一对等位基因为例，其可以组成 AAA、AAa、Aaa 和 aaa 四种类型。但端三体后代中基因分离现象与初级三体不同。在初级三体中由于增加的是一条正常的染色体，因此三条同源染色体相互之间可以替代，产生特定的三体传递比例。对于端三体而言，如果在减数分裂后期 I 染色体分离时端着丝粒染色体单独走向某一极，那么通过减数分裂形成的包含单个端着丝粒的孢子是很难存活的。以杂合基因型 AAa 为例，假设发生染色体随机分离，则在初级三体中形成 1AA：2Aa：2A：1a 的配子类型（图 8-4A），$n$ 型配子不管是 A 还是 a 均能正常参与受精（由此产生的分离比例见第五章）。而在端三体中，由于端着丝粒染色体是不完整的，带有端着丝粒染色体的 $n$ 型配子是不育的。以 AAa 基因型为例，这一基因型的端三体有两种可能：一种情况是 a 在端着丝粒染色体上（图 8-4B），形成的 $n$ 型配子只有携带 A 基因的是可育的，自交后代中二倍体只有 AA 一种基因型；另一种情况是 A 在端着丝粒染色体上（图 8-4C），形成的 $n$ 型配子只有携有 a 基因的才能正常参与受精，自交后代中二倍体只有 aa 一种基因型。但不管以何种方式分配和分离，由端三体染色体上基因控制的性状所产生的分离比都会与普通二倍体的性状分离比产生明显的差异。利用这一特点，端三体既可用于染色体与连锁群之间的对应关系研究，也可用于目标基因的染色体定位研究，并且可以将目标基因定位到特定的染色体臂上。Singh 等（1996）通过对端三体后代的研究，分析了属于 6 个连锁群 25 个基因的分离，这些基因被准确定位到相应的额外染色体臂上。

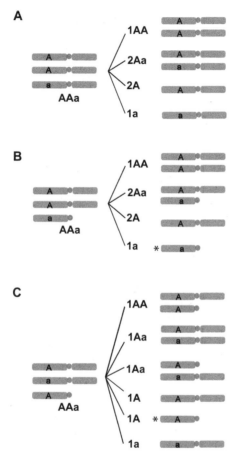

图 8-4　AAa 基因型初级三体和端三体中形成的配子类型
*示不育配子

## 三、次级三体

次级三体是指在正常二倍体的基础上，添加了一条等臂染色体的个体。次级三体一般来源于相应初级三体的后代。三级三体是指在正常染色体组基础上添加了一条易位染色体，主要来源于易位杂合体的后代。

### 1. 次级三体的来源

在初级三体中，额外染色体会以单价体的形式出现在减数分裂过程中。如果单价体在分离过程中在着丝粒区域发生错分裂，单价体就有可能形成两条等臂染色体。当具有额外等臂染色体的 $n+1$ 型配子和正常的 $n$ 型配子结合时，就可以产生次级三体。但由于着丝粒发生错分裂的频率很低，因而次级三体的选育有很大难度。虽然从同源三倍体后代及联会消失突变体后代中均有可能筛选出次级三体，但目前有报道的次级三体均是从初级三体的后代中筛选获得的。一方面，由于初级三体的自交结实率较高，可以获得较大的有性后代群体，使得次级三体比较容易被发现。另一方面，不同类型初级三体增加的是不同的额外染色体，从不同初级三体后代中，就可能有针对性地筛选到不同次级三体，最终获得覆盖不同染色体臂的全套次级三体。

次级三体由于额外染色体为一条等臂染色体，因此在减数分裂过程中该染色体既可以自身联会，也可以与对应的两个同源染色体臂进行联会，形成"Y"形三价体。通过粗线期染色体分析，Singh 等（1996）从 IR36 初级三体后代中筛选出了 15 种次级三体。这些次级三体所涉及的染色体臂分别为 1S、1L、2S、2L、4S、5S、6S、6L、7S、7L、8L、9L、11S、11L 和 12S。这些次级三体中所添加的等臂染色体在粗线期发生自身联会的频率为 29.7%—81.4%，其中，频率最低的为 $2n+1L\cdot 1L$，最高的为 $2n+4S\cdot 4S$。在这 15 种添加的等臂染色体中，1L 是最长的，而 4S 是最短的，说明染色体臂越长，等臂染色体发生自联的概率越低。程祝宽等（1999）从中籼 3037 成套初级三体的后代中筛选出了 14 种次级三体（图 8-5），所涉及的染色体臂分别为 4S、5S、6S、6L、7S、7L、8S、8L、9S、10S、11S、11L、12S 和 12L。并且，他们从中籼 3037 次级三体后代中还筛选到一种次级四体（图 8-6），所涉及的染色体臂为 10S（Cheng et al.，1997）。

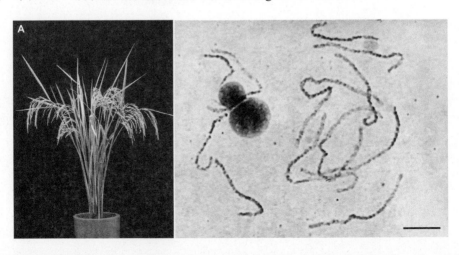

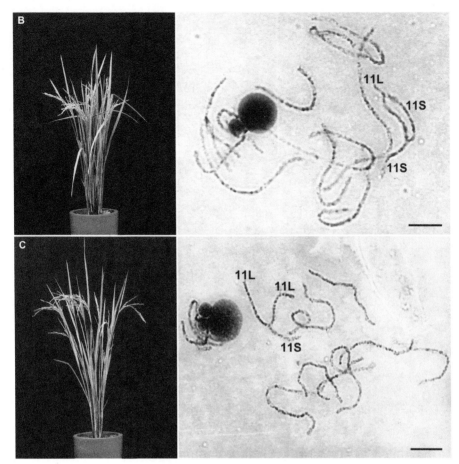

图 8-5 水稻 11 号染色体短臂及长臂次级三体的细胞学鉴定

A. 水稻二倍体植株及粗线期染色体；B. 11 号染色体短臂次级三体植株及粗线期染色体；C. 11 号染色体长臂次级三体植株及粗线期染色体。11S 和 11L 分别代表 11 号染色体短臂和长臂。标尺为 5μm

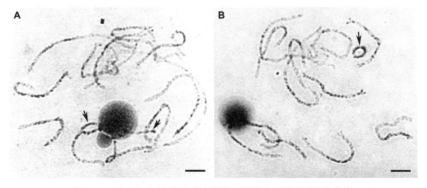

图 8-6 水稻 10 号染色体短臂次级四体的粗线期染色体

A. 联会成 11Ⅱ+1Ⅲ+1Ⅰ；B. 联会成 13Ⅱ。箭头示额外染色体。标尺为 5μm

## 2. 次级三体的形态特征

大多数次级三体在形态特征上类似于它们对应的初级三体。初级三体的某些特征在次级三体中会更加明显，而另一些特征也可能会丢失。某些次级三体与初级三体完全不同，如 IR36 背景的 4 号染色体短臂的次级三体（$2n+4S·4S$），在形态上与正常二倍体类似，与其短臂的端三体也非常相似，它们之间只能通过染色体鉴定来加以区分。这可能与 4 号染色体短臂很短，并且异染色质化程度较深，含有的功能基因数目较少有关。

从总体上说，与相应的初级三体相比，次级三体植株普遍较矮，结实率较低。IR36 背景的次级三体 $2n+1L·1L$，自交和回交均不结实。次级三体 $2n+2S·2S$ 和 $2n+2L·2L$，也自交不结实。次级三体 $2n+7L·7L$，每穗可有 10—15 个结实小穗；而 $2n+7S·7S$，结实率较高。次级三体 $2n+8L·8L$，比初级三体 8 生长旺盛，但也表现出结实率较低的现象（Singh et al.，1996）。从以上次级三体与相应初级三体的对比可以看出，同一基因座基因剂量的过度增加，对其自身的正常生长和发育可能都是不利的。

## 3. 次级三体等臂染色体的传递

在 IR36 背景的次级三体中，等臂染色体的传递率因次级三体的不同而不同，并且带有较长等臂染色体的配子，比带有较短等臂染色体的配子生活力低，主要通过母本传递。例如，添加染色体臂较长的次级三体 $2n+1L·1L$ 和 $2n+7L·7L$ 的传递率均为 0，添加染色体臂为中等长度的次级三体 $2n+1S·1S$ 的传递率为 8.1%，而添加染色体臂最短的次级三体 $2n+4S·4S$ 的传递率达 47.3%。等臂染色体通过父本传递仅仅发生在 $2n+4S·4S$ 的后代中，并且出现了添加两个额外 $4S·4S$ 等臂染色体的类型。总体来说，二倍体水稻对染色体臂添加的忍耐力是有限的。另外，初级三体也可出现在次级三体的后代中，传递比例从 $2n+1S·1S$ 后代中的 1.4%到 $2n+8L·8L$ 后代中的 20.7%不等。研究表明，初级三体的发生率与次级三体减数分裂终变期形成环状三价体的频率有关（Khush and Rick，1969）。

## 4. 次级三体等臂染色体上基因的分离

在次级三体中，与添加的染色体臂有关的同源染色体臂有 4 条，位于其上的每个基因座位有 4 个等位基因，在杂合情况下可以组成 5 种基因型。以 A/a 这一对等位基因为例，其可以组成 AAAA、AAAa、AAaa、Aaaa 和 aaaa 等 5 种类型，其中杂合的有 3 种基因型。根据 A 基因的数目可以命名为四式、三式、复式、单式和零式。次级三体后代中基因分离现象与端三体相似。但对于二倍体水稻而言，由于等臂染色体是不完整的，因此带有等臂染色体的 $n$ 型配子是不育的。以杂合基因型 AAaa 为例，假设发生染色体随机分离，对于所形成的 $n$ 型配子则有两种可能：一种情况是 a 基因在等臂染色体上（图 8-7A），形成的 $n$ 型配子只有携带 A 基因的可育（携带 aa 基因等臂染色体的配子不育），自交后代中二倍体只有 AA 一种基因型；另一种情况是 A 基因在等臂染色体上（图 8-7B），形成的 $n$ 型配子中，只有携带 a 基因的能正常参与受精，自交后代中二倍体只有 aa 一种基因型。如果待测基因不在所添加的额外染色体臂上，则自交后代中表现为正常的分离比例。因此，通过后代中正常二倍体植株的性状分离，可以准确判断待测基因是否位于添加的染色体臂上。Singh 等（1996）利用 6 个次级三体，对位于 6 个连锁群上的 19 个基因进行了遗传分离分析，并最终将这些基因准确定位到相应的染色体臂上。

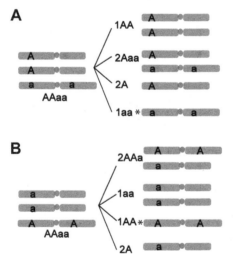

图 8-7 AAaa 基因型次级三体形成的配子类型

*示不育配子

## 四、三级三体

三级三体添加的是一条易位染色体。由于染色体易位可发生在非同源染色体之间，并且易位点可在染色体上的任何位置，因此出现的三级三体可能会有多种类型。根据易位染色体性质的不同，可将三级三体大致分为两大类：一类是易位点不在着丝粒上，另一类是易位点恰好在相互易位染色体的着丝粒上。这两类三级三体的产生途径亦有差别。易位点不在着丝粒上的三级三体一般是通过辐射诱变或化学诱变获得的。在这种情况下，由辐射诱变或化学诱变先获得的一般是相互易位系，以后再与初级三体杂交，从其后代中有可能获得添加了易位染色体的三级三体（Nonomura et al.，1994）。易位点在着丝粒上的三级三体一般可以在同源三倍体或其他非整倍体的后代中筛选获得，尤其在双三体的后代中更易筛选出这类三级三体变异。程祝宽（1999）曾从中籼 3037 不同双三体后代中筛选到了多种易位点在着丝粒上的三级三体变异材料。Chung 和 Wu（1988）也从 IR36 初级三体后代中鉴定出了三级三体变异的发生。正是由于这样，初级三体的后代可以产生三级三体变异；而三级三体的后代中，又可分离出与易位染色体有关的两种不同类型的初级三体。这也是通过有性繁殖保存初级三体过程中，额外染色体可能发生变异的原因之一。

Nonomura 等（1994）从 23 个初级三体/相互易位系//二倍体的三交后代中，根据形态特征和育性表现，筛选到 25 种三级三体。不同相互易位系参与的杂交后代中，出现三级三体的频率不同，为 1.1%—24.5%。其中 2 个三交组合后代中出现了 2 种三级三体。大部分三级三体与它们相关的初级三体有类似的特征，但结实率较低（表 8-5）。例如，三级三体 TT1B（5-9）的特征是下垂及反卷的叶片，结实率为 51.3%。而相应初级三体 5 的特征为短穗，反卷叶片和小粒，结实率为 70%；初级三体 9 表现为深绿色叶片、大粒，结实率为 83%。TT17B（3-12b）的特征类似于初级三体 3，植株较矮，叶色深，但其育性比初级三体 3 高。但也有相反的情况，如 TT17A（3-12a）不同于其中的任何一个初级三体。大部分三级三体有较强的生活力，结实率在 10% 以上。

表 8-5　三级三体的形态特征

| 三级三体 | 杂交组合 | 三级三体的数目 | 三级三体的频率（%） | 种子繁殖力（%） | 特征 |
|---|---|---|---|---|---|
| TT1A（5-9） | T5 / RT1 // Nip | 28 | 23.7 | 24.6 | 叶片直立，叶色深绿，短穗 |
| TT1B（5-9） | T5 / RT1 // Nip | 12 | 10.2 | 51.3 | 叶片下垂、反卷 |
| TT2（1-9 a） | NT9 / RT2 // Nip | 8 | 15.1 | 40.0 | 叶片直立，叶色深绿 |
| TT3（1-9 b） | NT9 / RT3 // Nip | 5 | 19.2 | 36.1 | 叶片下垂，窄粒 |
| TT4（9-12 a） | T12 / RT4 // Nip | 12 | 20.7 | 52.9 | 茎粗，籽粒呈柠檬状 |
| TT6（7-9） | NT9 / RT6 // Nip | 6 | 9.8 | 77.1 | 穗直立，着粒密 |
| TT7（4-9） | NT9 / RT7 // Nip | 5 | 5.7 | 6.2 | 叶片展开，籽粒大 |
| TT8（1-12 a） | T12 / RT8 // Nip | 26 | 24.5 | 44.5 | 叶片窄，叶色淡绿，籽粒长而窄 |

| 三级三体 | 杂交组合 | 三级三体的数目 | 三级三体的频率（%） | 种子繁殖力（%） | 特征 |
|---|---|---|---|---|---|
| TT15（1-4 c） | NT4 / RT15 // Nip | 6 | 14.0 | 16.6 | 叶片展开，叶色深绿，粒细 |
| TT16（1-8 a） | NT8 / RT16 // Nip | 19 | 19.2 | 7.8 | 短茎，叶片深绿，直立穗 |
| TT17A（3-12 a） | NT12 / RT17 // Nip | 30 | 9.4 | 26.2 | 叶片深绿，粒细 |
| TT17B（3-12 b） | NT12 / RT17 // Nip | 13 | 4.1 | 1.3 | 叶片深绿，短茎，不育 |
| TT25（2-7） | NT2 / RT25 // Nip | 2 | 66.7 | 51.2 | 分蘖少，籽粒褐色，直立密穗 |
| TT70（1-5 d） | NT5 / RT70 // Nip | 5 | 9.3 | 2.9 | 叶片反转，短穗 |
| TT102（3-12） | NT12 / RT102 // Nip | 10 | 13.9 | 75.7 | 分蘖少，粒细，穗型松散 |
| TT104（1-10） | NT10 / RT104 // Nip | 7 | 10.6 | 27.4 | 叶片窄，叶色淡绿，籽粒细小 |
| TT111（1-9） | NT9 / RT111 // Nip | 20 | 11.7 | 34.2 | 叶片下垂，叶色淡绿，籽粒大 |
| TT114（4-9） | NT4 / RT114 // Nip | 16 | 12.7 | 11.8 | 籽粒细长 |
| TT117（3-4） | NT4 / RT117 // Nip | 11 | 13.8 | 39.3 | 叶片展开，剑叶宽 |
| TT118（3-12） | NT12 / RT118 // Nip | 1 | 1.1 | 58.8 | 细粒，穗型松散 |
| TT120（1-4） | NT4 / RT120 // Nip | 11 | 13.4 | 28.2 | 叶片下垂，叶色淡绿，籽粒细长 |
| TT122（3-9） | NT9 / RT122 // Nip | 8 | 5.8 | 0.5 | 叶片直立，籽粒大 |
| TT127（9-12） | NT9 / RT127 // Nip | 14 | 23.7 | 61.2 | 叶片下垂，叶色淡绿 |
| TT130（1-9） | NT9 / RT130 // Nip | 6 | 7.3 | 18.5 | 叶片细长、下垂 |
| TT147（9-10） | NT10 / RT147 // Nip | 1 | 7.7 | 47.0 | 叶片直立，籽粒褐色，直立密穗 |

注：根据 Nonomura 等（1994）整理

TT（tertiary trisomic），三级三体；RT（reciprocal translocation），相互易位系；NT 和 T 均为初级三体，NT 的背景为日本晴，T 的背景为其他品种

TT1A（5-9），额外染色体携带 5 号染色体的着丝粒；TT1B（5-9），额外染色体携带 9 号染色体的着丝粒；而 TT17A 与 TT17B 中的 A 与 B 是为了方便区分而标记的编号；其余类同

a、b、c、d 表示通过杂交获得的相互易位系中父本材料来源不同

括号内的数字表示染色体的互换数目

"/" 表示杂交一次，"//" 表示杂交两次，如 TT1A（5-9）是由 T5 和 RT1 杂交后，再与 Nip 杂交获得的

## 五、水稻三体在遗传研究中的应用

### 1. 连锁群与染色体之间对应关系的确定

不同性状存在遗传连锁现象的发现，不仅证明了染色体是基因的载体，而且为水稻品种改良研究提供了许多重要的信息。栽培稻的染色体组是由 12 条染色体组成的，相应的也有 12 个连锁群。但是，每一个连锁群与哪条染色体有关，这在 20 世纪 90 年代以前一直是有争议的问题。这一问题的解决，不仅对遗传研究非常重要，对水稻品种改良也有着十分重要的意义。另外，从 20 世纪 90 年代开始，

随着分子生物学技术的发展，各种分子标记层出不穷。而由这些分子标记建立的连锁群，不仅密度获得大幅度增加，而且广泛用于基因的遗传分析、染色体定位和克隆研究。在确定连锁群与染色体或染色体臂间对应关系的研究中，水稻非整倍体，包括初级三体、端三体、次级三体等均发挥了重要作用。

### 2. 连锁群着丝粒位置及长短臂方向的确定

20 世纪 90 年代以前的水稻连锁图，如 McCouch 等（1988）发表的第一张水稻 RFLP 标记图谱，以及 Causse 等（1994）发表的包含 1300 多个标记的水稻连锁图谱，这些连锁图上均缺乏着丝粒的位置和长短臂的方向。也就是说，在这些图谱中，尽管已经明确基因或分子标记所在的染色体，但它们在哪个染色体臂上是不确定的。产生这一问题的原因是，缺乏可以对着丝粒位置进行研究的遗传材料。而水稻不同三体（包括初级三体、端三体、次级三体等）和其他细胞学变异材料的育成，为解决以上问题提供了可能。

利用非整倍体进行着丝粒定位研究，是通过染色体上 DNA 剂量效应实现的。初级三体、次级三体等非整倍体，由于有额外染色体或染色体臂的存在，造成了这些染色体或染色体臂的 DNA 剂量，与其他成对的同源染色体之间有差异，而这种差异很容易通过分子生物学技术进行检测。在具体操作上，一般先将以上三体与普通二倍体品种进行杂交，然后从其后代中选择三体植株，并利用不同分子标记进行 Southern 杂交。通过位于不同染色体上的分子标记是否表现出剂量效应进行分析。以初级三体为例，从三体与二倍体杂交后代中筛选出同一类型的三体植株，其含有的 3 条同源染色体中必有 2 条染色体来自母本，一条来自父本；其他正常成对的同源染色体父本和母本来源的则各有一条。因此，当以分子标记进行 Southern 杂交时，如果该分子标记位于三体染色体上，则杂交条带就会在三体杂种与二倍体杂种之间表现出明显的差异。由三体杂种产生的杂交条带明显比二倍体杂种要深，即产生了剂量效应。因为在三体杂种中，相应的同源染色体有 3 条，而在二倍体杂种中，该同源染色体只有 2 条。如果分子标记不在三体的额外染色体上，则在三体杂种与二倍体杂种之间不会出现杂交条带深浅上的差异。如果被测的分子标记在两亲本之间表现出多态性，并且位于三体的额外染色体上，则可在上述三体杂种的杂交条带中，表现出来自三体亲本的条带深于二倍体亲本的条带。这是因为在杂种三体中，来自三体亲本的有 2 条染色体，而来自二倍体亲本的只有一条染色体。

以端三体进行 Southern 杂交试验时，更可以从分子标记杂交是否表现出剂量效应，来判断被测分子标记与染色体臂之间的关系。次级三体所携带的额外染色体为等臂染色体，如果被检测的分子标记位于该染色体臂上，则产生的剂量效应会更加显著。当然，开展这方面研究时，必须借助众多分子标记进行系统检测，才能完成连锁群上着丝粒的准确定位。另外，被用于杂交的非整倍体是否配套，或者不同非整倍体能否相互补充，对于完成不同连锁群着丝粒的定位也非常关键。因为只有覆盖不同染色体臂的成套材料，才能用于探明每一连锁群上着丝粒的精确位置。

利用以上原理，Singh 等（1996）以覆盖 12 条染色体长短臂的 15 个次级三体和 7 个端三体为材料，通过与不同标志基因系杂交后代的遗传分析，明确了水稻连锁群上着丝粒的位置和长短臂的方向。并进一步利用上述非整倍体与粳稻品种杂交，通过分析后代不同类型个体 RFLP 分子标记表现出的剂量效应，明确了水稻 RFLP 标记 12 个连锁群中相应着丝粒的位置和长短臂的方向。具体试验方法如图 8-8 所示。

在这一研究中，首先 IR36 来源的次级三体或初级三体，与正常二倍体粳稻品种 Ma Hae 杂交，获得 $F_1$ 代，从这些 $F_1$ 代植株中，筛选出次级三体、初级三体和二倍体材料。利用 IR36 和 Ma Hae 两品种间表现出多态性的 RFLP 标记，进行 Southern 杂交试验。如果所选择 RFLP 标记在次级三体的额外染色体臂上，那么在次级三体、初级三体和二倍体之间，杂交条带的深浅会出现明显差异（图 8-5A），从而表现出剂量效应。如果所选择标记不在次级三体的额外染色体臂上，但在同一染色体的另一臂上，那么在次级三体、初级三体和二倍体之间，仅初级三体会出现剂量效应，而在次级三体和二倍体之间不表现剂量效应（图 8-5B）。通过这种定位方式，大约有 170 个 RFLP 标记被定位到特定染色体臂上，并且将着丝粒定位到染色体上两个最为邻近的分子标记之间，从而完成了水稻不同连锁群着丝粒的定位和长短臂方向的确定。

Harushima 等（1998）同样利用上述 IR36 来源的次级三体和端三体，对水稻另一个分子标记连锁图谱中的着丝粒进行了定位。此外，Cheng 等（1997）以水稻品种 3037 的等臂四体为材料，将水稻 10 号染色体的着丝粒更为精确地定位到两个分子标记 G1058 和 G1125 之间，并确定了该染色体长短臂的方向。这些工作的顺利完成，增进了人们对水稻染色体与连锁群对应关系的认识，为进一步开展水稻基因组研究奠定了坚实的遗传学和细胞学基础。

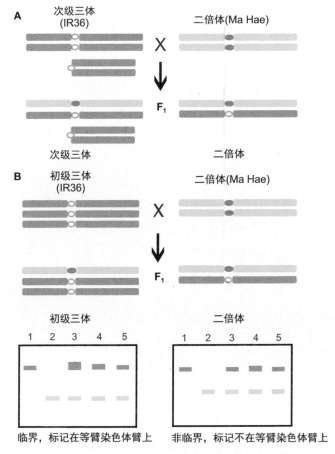

图 8-8　利用次级三体和初级三体进行 RFLP 标记定位模式图

### 3. 基因的染色体定位

在分子标记连锁图谱建立以前，非整倍体也常被应用于基因定位研究。一般以携带某一待定位基因的突变体材料与不同三体杂交（三体作母本），从杂交后代中调查目标性状的分离比例是否偏离经典遗传学的分离比例，便可推测被定位基因所在的染色体。Shinjyo（1975）最早用三体分析方法，定位了水稻雄性不育恢复基因所在的染色体。其后又有多位研究者利用三体分析方法，将控制不同性状的基因定位到相应的染色体上（Iwata et al.，1984a，1984b；Iwata，1986；Khush et al.，1984；Librojo and Khush，1986；Matsuo et al.，1986；Siddiq et al.，1986；Sur and Khush，1984；Yano et al.，1988；Yoshimura et al.，1982）。

初级三体不仅可以有效用于质量性状基因的染色体定位，还可用于数量性状基因的染色体定位。通过初级三体杂交后代中目标性状平均值的比较，可以推测控制该数量性状的基因可能分布的染色体。此外，初级三体还可用于 DNA 分子标记的染色体定位，以及染色体易位系的鉴定。但是，利用初级三体分析，只能将目标基因定位于某条染色体上，不能确定该基因所在的染色体位置。并且在利用初级三体进行的定位研究中，由于杂交后代群体较大，群体内各植株的抽穗期不可能一致，给数量性状相关基因的染色体定位带来了一定困难。因此，随着分子标记技术的发展，以及基因组研究的深入，利用这些非整倍体进行基因定位研究的方法已经逐渐退出历史舞台。但不可否认，在早期的遗传研究中，尤其是在确定染色体与连锁群的对应关系研究中，水稻非整倍体曾发挥了不可替代的作用。

# 第三节 水稻异源单体附加系

## 一、异源单体附加系的选育

稻属含有两个栽培种和 23 个近缘野生种。由于这些野生种中蕴藏着许多栽培稻不具备的重要基因，包括抗病、抗虫、耐冷、耐旱、耐不良土壤环境等，是品种遗传改良十分重要的基因库（Xiao et al.，1996）。不少野生稻种与栽培稻无法杂交，即使通过辅助手段获得了杂种，杂种也表现为高度不育，很难通过常规方法加以利用。为了充分利用野生稻中的这些有利基因，首先需要培育栽培稻与不同染色体组野生稻的单体附加系（monosomic alien addition line，MAAL），从而将野生稻的某一条染色体添加到栽培稻基因组内，育成染色体数目类似于三体的外源非整倍体，并将其进一步与栽培稻回交，以期在外源染色体与栽培稻染色体之间，通过染色体片段的交换实现外源基因向栽培稻的定向转移。

Shin 和 Katayama（1979）以栽培稻的同源四倍体（$2n=48=AAAA$）与药用野生稻杂交，得到种间三倍体杂种（$2n=36=AAC$），再进一步与栽培稻的普通二倍体回交，获得了一组栽培稻与药用野生稻的单条染色体添加系。它们分别在栽培稻 A 组染色体的基础上，添加了药用野生稻 C 组染色体中的一条。根据各个添加系在减数分裂过程中染色体的联会特点，在药用野生稻的 12 个染色体中，有 6 个染色体与普通栽培稻染色体间存在部分同源关系。Jena 和 Khush（1989）以普通栽培稻的两个二倍体为母本，分别与抗褐飞虱的药用野生稻杂交，通过胚拯救的方法获得了它们的种间杂种，并以栽培稻为轮回亲本，进一步回交，获得了栽培稻与药用野生稻的异源三倍体（$2n=36=AAC$）。继续与栽培稻回交，结合胚拯救技术，在回交后代中获得了 12 种异源单体附加系。它们的减数分裂中期 I 染色体形成 $12II+1I$，检测不到三价体的形成。推测药用野生稻染色体与栽培稻染色体之间很少发生同源染色体配对与交换。采用同样的方法，Yasui 和 Iwata（1991）筛选出了带有斑点野生稻染色体的全套单体附加系。Multani 等（1994）利用类似方法，获得了 8 个栽培稻与澳洲野生稻染色体的单体附加系和 11 个栽培稻与阔叶野生稻染色体的单体附加系。Yan 等（1999）获得了一整套紧穗野生稻染色体的单体附加系。另外，Brar 和 Khush（2002）鉴定出了 3 个异源四倍体野生种的单体附加系。综上所述，已经建立的栽培稻与不同野生稻染色体的单体附加系如表 8-6 所示，这些外缘染色体涵盖 B、C、E、F、G、BC、CD 等不同染色体组。这些异源单体附加系的获得，为野生稻有利基因资源的高效利用奠定了坚实基础。通过这一方法，Huang 等（2001）成功地将抗褐飞虱基因 *Bph14* 和 *Bph15*，从药用野生稻转移到了栽培稻。

表 8-6　已经鉴定的栽培稻与不同野生稻染色体的单体附加系

| 供体物种 | 基因组类型 | 产生 MAAL 的数目 | MAAL 中的额外染色体 | 参考文献 | 种子来源 |
|---|---|---|---|---|---|
| *O. officinalis* | CC | 12 | 所有染色体 | Jena and Khush，1989 | PBGB、IRRI |
| *O. punctata* | BB | 12 | 所有染色体 | Yasui and Iwata，1991 | NBRP |
| *O. australiensis* | EE | 8 | 1、4、5、7、9、10、11、12 | Multani et al.，1994 | PBGB、IRRI |
| *O. brachyantha* | FF | 7 | 4、6、7、9、10、11、12 | Brar and Khush，2002 | PBGB、IRRI |
| *O. granulata* | GG | 6 | 4、5、7、8、9、10 | Brar and Khush，2002 | PBGB、IRRI |
| *O. minuta* | BBCC | 8 | 4、5、6、7、8、9、10、11、12 | Brar and Khush，2002 | PBGB、IRRI |
| *O. latifolia* | CCDD | 11 | 1、2、4、5、6、7、8、9、10、11、12 | Multani et al.，2003 | PBGB、IRRI |

注：根据 Khush（2010）整理。PBGB（Plant Breeding, Genetics, and Biotechnology Division）；IRRI（International Rice Research Institute）；NBRP（National BioResource Project）

## 二、异源单体附加系的形态特征

异源单体附加系由于增添了一条外源染色体，其性状表现会受到很大的影响。Jena 和 Khush（1989）对药用野生稻全套单体附加系的形态特征进行详细观察与分析，发现它们与栽培稻的初级三体有相似之处（表 8-2）。例如，MAAL1（1 号染色体的异源单体附加系，下同）和 MAAL8 在苗期的表现，前者叶窄、浅绿色、下垂，后者叶窄、深绿色、卷曲。MAAL6 具有长芒小穗。这些性状都与相应的初级三体非常类似。同时，单体附加系也会经常带有供体野生稻的一些特征。例如，MAAL7 和 MAAL11 遗传了药用野生稻红色果皮性状，MAAL4 遗传了药用野生稻的褐色外壳。另外，从染色体行为来看，MAAL 的染色体配对方式都是形成 12Ⅱ+1Ⅰ，添加的异源染色体一般都形成单价体。但在 MAAL3 的部分花粉母细胞中发现极少量的 11Ⅱ+1Ⅲ，说明在少数情况下，3 条部分同源染色体也可以发生部分联会，形成三价体。同时，添加的异源染色体可以通过父本传递，但是不同来源的异源单体附加系在父本中的传递率是不同的。其中，MAAL4、MAAL10 和 MAAL12 中的额外染色体具有较高的传递率，而 MAAL1、MAAL3 和 MAAL5 中的额外染色体传递率很低。

# 第四节　非整倍体后代的变异

## 一、有性繁殖后代的变异

非整倍体在减数分裂过程中同源染色体会出现非正常配对，导致有性繁殖后代产生新的变异。Cheng 等（2001c）从水稻中籼 3037 初级三体后代中获得的成套端三体等非整倍体材料，就是从这些变异中筛选的。于恒秀等（1999）在中籼 3037 初级三体 9 和初级三体 11 的后代中分别发现了相应染色体的四体材料。并且，在 1 号染色体短臂、4 号染色体长臂及 11 号染色体长臂端三体的后代中分别筛选到了相应的单端体变异材料（Yu et al.，2005）。龚志云等（2008a）也在 9 号染色体短臂端三体的后代中发现了一个端四体。这些现象说明，在水稻非整倍体的有性繁殖过程中，不仅存在额外染色体传递频率高低的问题，还可从其有性繁殖后代中筛选获得新的染色体变异类型。

## 二、无性繁殖后代的变异

由于非整倍体在有性繁殖过程中很难稳定遗传，一般都通过组织培养手段进行无性繁殖和保存。但是，在连续多年无性繁殖过程中也会产生新的染色体变异，即体细胞变异。龚志云等（2008b）在中籼 3037 1 号染色体短臂端三体试管苗的无性繁殖群体中发现了一种 8 号染色体的单体。另外，Gong 等（2013）通过对 114 份不同类型的水稻非整倍体无性繁殖后代的调查，共发现有 26 份无性系表现出不同的性状分离。细胞学检测表明，在这 26 份无性系变异中，有 12 份变异材料发生了新的染色体变异。通过对这些变异材料有丝分裂过程中染色体行为的观察，发现部分细胞在有丝分裂中期会发生染色体不分离或分离滞后的现象，并在分裂后期出现染色体桥及染色体断裂。说明以上变异的出现，可能是有丝分裂过程中染色体偶然发生异常分离行为造成的。但在大多数情况下，非整倍体材料可以通过无性繁殖来永久保存。

# 第九章　水稻减数分裂的遗传调控

减数分裂是真核生物有性生殖过程中发生的核心事件，对有性生殖有着极其重要的意义。一方面，减数分裂产生染色体数目减半的配子，雌雄配子受精结合，维系了亲代与子代之间染色体数目的恒定。另一方面，减数分裂过程中同源染色体非姊妹染色单体间的交义互换，以及非同源染色体间的自由组合，使得遗传物质在双亲之间充分交流，增加了杂交后代的遗传多样性，亦为自然或人工选择提供了丰富的基础材料。

减数分裂（meiosis）与有丝分裂（mitosis）明显不同。在有丝分裂过程中，染色体复制一次，细胞分裂一次，子细胞、母细胞之间染色体数目保持恒定。而在减数分裂过程中，染色体复制一次，细胞连续分裂两次，最终形成染色体数目减半的配子，这两次分裂又称为减数分裂 I（meiosis I）和减数分裂 II（meiosis II）。减数分裂 I 时，进行同源染色体间的分离，使得子细胞、母细胞之间染色体数目减少一半；减数分裂 II 时，进行姊妹染色单体间的分离，子细胞、母细胞之间染色体数目并不发生变化。依据染色体行为、染色体凝缩程度和染色体的分离与否，可将整个减数分裂过程分为前期 I、中期 I、后期 I、末期 I，以及前期 II、中期 II、后期 II 和末期 II。

染色体的正确分离是产生功能配子的前提。减数分裂 I 时，同源染色体之间形成的交义结，使得一对同源染色体能够作为一个整体（二价体），在中期 I 排列在赤道板上；后期 I 逐渐分开，并被纺锤体拉向细胞的两极。减数分裂 II 时，由于染色体臂上的黏着蛋白已经降解，姊妹染色单体间的连接仅依靠着丝粒处保留的黏着蛋白复合体；黏着蛋白的降解，使得姊妹染色单体在后期 II 相互分离。对于以上细胞学过程，以往的论著大多侧重于对染色体形态或行为进行描述。本章重点介绍在水稻减数分裂过程中一些重要生物学事件的遗传调控，其中涉及减数分裂的起始，DNA 双链断裂和修复，同源染色体配对、联会、重组和分离等过程。

减数分裂前期 I 持续时间最长，占整个减数分裂过程的 85%—95%，减数分裂特异的三个重要生物学事件均在该时期发生，包括同源染色体配对、联会和重组。根据染色体的变化特征，又可将前期 I 细分成 5 个时期：细线期（leptotene）、偶线期（zygotene）、粗线期（pachytene）、双线期（diplotene）和终变期（diakinesis）。细线期，在显微镜下可见细丝状染色体的形成。该时期黏着蛋白复合体包裹着姊妹染色单体，分布在整个染色体轴上，是染色体的轴向蛋白之一。在细线期向偶线期转变的过程中，同源染色体间相互识别并逐渐靠拢，称为同源染色体配对。配对的分子生物学机制尚不十分清楚。研究表明，端粒花束构型（telomere bouquet）的形成，在同源染色体配对过程中发挥了重要作用。偶线期，染色体进一步凝缩，并在配对的同源染色体区段间组装联会复合体（synaptonemal complex，SC）。其中，染色体的轴向元件成为联会复合体的侧向元件（axial element，AE），两个侧向元件间的横丝蛋白成为联会复合体的中央元件（central element，CE）。同源染色体联会完成于粗线期，此时在显微镜下可见双股的粗线期染色体。伴随同源染色体配对与联会复合体组装，非姊妹染色单体间的重组也得以完成。双线期，联会复合体逐步解体，同源染色体间形成的交叉结（crossover，CO）得以显现。终变期，染色体进一步凝缩成棒状或环状的二价体。一般认为，棒状二价体只有一个交叉结，而环状二价体通常有两个或两个以上的交叉结。

## 第一节　水稻减数分裂研究的优势

对植物减数分裂调控分子机制的研究，起始于 20 世纪末对百合花粉母细胞减数分裂转录本的分析。由于百合具有巨大的花器官，并且减数分裂持续时间较长，Kobayashi 等（1993）创建了百合减数分裂组织特异的 cDNA 文库。而作为双子叶模式植物的拟南芥，尽管其花器官较小，但由于其具备完整的基因组信息，同样是植物减数分裂研究的理想材料。与植物相比，在动物中进行减数分裂分子机制研究存在很多限制。一些与 DNA 双链断裂（double strand break，DSB）形成与修复相关的基因突变后往往会导致胚胎死亡，影响对减数分裂调控分子机制研究的深入。即使有不发生致死的减数分裂相关突变体，也会因特定细胞分裂检验点的存在，而使得大部分突变体的孢母细胞停滞在减数分裂粗线期，很难研究相关基因突变对粗线期过后其他一系列减数分裂相关事件的影响。与动物不同的是，植物中相关基因突变后，植株的营养生长基本不受影响，仅在减数分裂过程中存在一定缺陷，并且绝大部分突变体能够完成减数分裂全过程，形成不具备正常功能的配子。这一优势在动物减数分裂相关研究中是无法比拟的。

水稻是重要的粮食作物，同时也是单子叶植物分子生物学研究的模式生物。其基因组只有389Mb，是粮食作物中最小的，加之其具有成熟的遗传转化体系、相对完善的基因组信息及适中的染色体大小和数目，水稻逐渐成为减数分裂研究的理想材料。

*DMC1* 是水稻中第一个被研究的减数分裂基因（Ding et al.，2001）。随后Nonomura 等（2004a）通过筛选水稻 *Tos17* 插入突变体库，克隆了 *PAIR1* 基因，并对其在减数分裂过程中的生物学功能进行了深入研究。2010 年，Tang 等采用激光显微切割技术分离了水稻花粉母细胞，并结合基因芯片技术，详细研究了水稻花粉母细胞中特异表达的基因，分析了这些基因可能参与的代谢途径。此后，对水稻减数分裂基因功能的研究逐渐增多。到目前为止，在水稻中已克隆出40 多个参与减数分裂起始，以及同源染色体配对、联会、重组和分离等关键事件的功能基因，并对其中一些基因的功能进行了深入解析（表9-1）。

表 9-1　水稻减数分裂相关基因生物学特性与功能

| 基因名称 | 基因号 | 蛋白质特征 | 突变体表型 | 参考文献 |
|---|---|---|---|---|
| 减数分裂起始与染色体形态建成 | | | | |
| *SPL* | Os05G42240 | N 端包含 SPL 结构域，C 端包含 EAR 结构域 | 孢母细胞不能进入减数分裂，无雌、雄配子形成 | Ren et al.，2018 |
| *MIL1* | Os07G05630 | 植物特有的 CC 类谷氧还蛋白 | 花粉母细胞不进入减数分裂，雌配子发育正常 | Hong et al.，2012 |
| *AM1* | Os03G44760 | 与玉米 AM1 同源，含有一个螺旋-螺旋（coiled-coiled）结构域 | 孢母细胞停滞在细线期，不发生同源染色体配对和联会 | Che et al.，2011 |
| *MEL1* | Os03G58600 | Argonaute 家族成员 | 染色体凝缩停止在前期 I 早期，同源染色体配对和联会受到影响 | Nonomura et al.，2007 |
| *MEL2* | Os12G38460 | 含有 RNA 识别基序 | 孢母细胞停滞在细线期，不发生同源染色体配对和联会 | Nonomura et al.，2011；Miyazaki et al.，2015 |
| *ZYGO1* | Os01g11990 | F-box 成员 | 无花束期，同源染色体配对、联会和重组均有缺陷 | Zhang et al.，2017 |
| 姊妹染色单体黏着 | | | | |
| *REC8* | Os05G50410 | 与酵母 Rec8 同源，α-kleisin 蛋白 | 非同源染色体间有粘连，中期 I 姊妹染色单体着丝粒为双极取向，后期 I 有染色体碎片 | Zhang et al.，2006；Shao et al.，2011 |

续表

| 基因名称 | 基因号 | 蛋白质特征 | 突变体表型 | 参考文献 |
|---|---|---|---|---|
| DSB 形成 | | | | |
| PAIR1 | Os03G01590 | 未知功能蛋白，拟南芥 PRD3 与之同源 | 无 DSB，同源染色体不配对，单价体 | Nonomura et al.，2004a |
| SPO11-1 | Os03G54091 | 与酵母 Spo11 同源，DNA 拓扑异构酶 VIA 亚基 | 无 DSB，同源染色体不配对，形成单价体 | Yu et al.，2010 |
| SDS | Os03G12414 | 植物减数分裂特异细胞周期蛋白 | 无 DSB，同源染色体不配对，形成单价体 | Chang et al.，2009；Wu et al.，2015 |
| MTOPVIB | Os06G49450 | 与 DNA 拓扑异构酶VIB 亚基结构类似 | 无 DSB，同源染色体不配对，形成单价体 | Xue et al.，2016；Fu et al.，2016 |
| DSB 末端加工 | | | | |
| COM1 | Os06G41050 | 与酵母 Com1/Sae2 同源 | 有 DSB，同源染色体配对、联会和重组均受严重影响，非同源染色体间相互粘连 | Ji et al.，2012 |
| MRE11 | Os04G54340 | 与 RAD50 和 NBS1 形成 MRN 复合体 | 有 DSB，同源染色体配对、联会和重组均受严重影响，非同源染色体间相互粘连 | Ji et al.，2013 |
| DSB 修复 | | | | |
| RAD51C | Os01G39630 | RAD51 家族成员 | 有 DSB，同源染色体配对、联会和重组均受严重影响，姊妹染色单体修复缺陷，后期 I 有大量染色体碎片 | Kou et al.，2012；Tang et al.，2014 |
| RAD51D | Os09G01680 | RAD51 家族成员 | 有 DSB 形成，同源染色体配对、联会和重组均受严重影响，姊妹染色单体修复缺陷，后期 I 有大量染色体碎片 | Byun and Kim，2014 |
| DMC1 | Os11G04954 Os12G04980 | RAD51 家族成员，水稻有两个拷贝，相互功能冗余 | 同源染色体部分配对，形成单价体 | Deng and Wang，2007；Wang et al.，2016 |
| RAD51 | Os11G40150 Os12G31370 | RAD51 家族成员，水稻有两个拷贝，相互功能冗余 | | Morozumi et al.，2013 |
| MOF | Os04G39080 | F-box 成员 | 花粉母细胞中 DSB 修复异常，雌配子发育正常 | He et al.，2016 |
| HUS1 | Os04g44620 | 酵母 9-1-1 复合体成员 Hus1 的同源蛋白 | 有 DSB，同源染色体配对和联会正常，非同源染色体间粘连，后期 I 有大量染色体碎片 | Che et al.，2014 |
| RAD1 | Os06G04190 | 酵母 9-1-1 复合体成员 Rad1 的同源蛋白 | 有 DSB，同源染色体配对和联会正常，非同源染色体间粘连，后期 I 有大量染色体碎片 | Hu et al.，2016 |
| RAD17 | Os03G13850 | 酵母 Rad17 的同源蛋白 | 有 DSB，同源染色体配对和联会正常，非同源染色体间粘连，后期 I 有大量染色体碎片 | Hu et al.，2018 |

续表

| 基因名称 | 基因号 | 蛋白质特征 | 突变体表型 | 参考文献 |
|---|---|---|---|---|
| DSB 修复 | | | | |
| MEICA1 | Os03G05040 | 含有未知功能结构域 DUF4487 | 有 DSB，同源染色体配对和联会正常，非同源染色体间粘连，后期 I 有大量染色体碎片 | Hu et al.，2017 |
| 联会复合体 | | | | |
| PAIR2 | Os09G32930 | 与酵母 Hop1 同源，轴向元件结合蛋白 | 同源染色体不配对，形成单价体 | Nonomura et al.，2004b；2006 |
| PAIR3 | Os10G26560 | 轴向元件，与酵母 Red1 功能类似，具有螺旋-螺旋结构域 | 无 DSB，同源染色体不配对，形成单价体 | Yuan et al.，2009；Wang et al.，2011a |
| CRC1 | Os04G40290 | 与酵母 Pch2 同源，具有 AAA-ATPase 结构域 | 无 DSB，同源染色体不配对，形成单价体 | Miao et al.，2013 |
| P31$^{comet}$ | Os05G16250 | 与人类 P31$^{comet}$ 同源，MAD2 结合蛋白 | 无 DSB，同源染色体不配对，形成单价体 | Ji et al.，2016 |
| ZEP1 | Os04G37960 | 与酵母 Zip1 同源，横丝蛋白 | 同源染色体配对正常，无联会复合体中央元件，交叉结增加 | Wang et al.，2010 |
| 交叉结形成 | | | | |
| HEI10 | Os02G13810 | 与酵母 Zip3 同源，含有 RING-finger 结构域 | 交叉结显著减少，呈随机分布 | Wang et al.，2012a |
| MER3 | Os02G40450 | 与酵母 Mer3 同源，含有 DNA 解旋酶 | 交叉结显著减少，呈随机分布 | Wang et al.，2009 |
| MSH4 | Os07G30240 | 与酵母 Msh4 同源，细菌 MutS 类错配修复蛋白 | 交叉结显著减少，呈随机分布 | Zhang et al.，2015 |
| MSH5 | Os05G41880 | 与酵母 Msh5 同源，细菌 MutS 类错配修复蛋白 | 交叉结显著减少，呈随机分布 | Luo et al.，2013 |
| ZIP4 | Os01G66690 | 与酵母 Zip4 同源，含有 TPR（tetratrico peptide repeat）结构域 | 交叉结显著减少，呈随机分布 | Shen et al.，2012 |
| RPA1A | Os02G53680 | 与酵母 Rpa1 同源，单链结合蛋白 | 有染色体碎片 | Chang et al.，2009 |
| RPA1C | Os05G02040 | 与酵母 Rpa1 同源，单链结合蛋白 | 交叉结显著减少，呈随机分布 | Li et al.，2013 |
| RPA2C | Os06G47830 | 与酵母 Rpa2 同源，单链结合蛋白 | 交叉结显著减少，呈随机分布 | Li et al.，2013 |
| MUS81 | Os08G02380 | 与酵母 Mus81 同源 | | Mimida et al.，2007 |
| GEN1 | Os09G35000 | DNA 解旋酶，属于 RAD2/XPG 核酸酶家族成员 | 联会复合体组装正常，交叉结减少 | Wang et al.，2017 |
| PSS1 | Os08G02380 | 驱动蛋白，N 端含驱动马达结构域 | 半不育，有少量单价体 | Zhou et al.，2011 |
| 染色体分离 | | | | |
| BRK1 | Os07G32480 | 酵母 Bub1 同源蛋白 | 姊妹染色单体提前分离，纺锤体组装有缺陷 | Wang et al.，2012b |
| SGO1 | Os02G55570 | 酵母 Sgo1 同源蛋白 | 姊妹染色单体提前分离 | Wang et al.，2011b |

# 第二节 减数分裂起始的遗传调控

对于有性生殖物种而言，最关键的发育转折点是生殖细胞由有丝分裂向减数分裂的转变，即减数分裂的起始。因此，有性生殖的顺利完成，首先取决于孢母细胞能否完成减数分裂的启动。

不同物种中，调控减数分裂起始的分子机制不同。同为单细胞真核生物的芽殖酵母和裂殖酵母，减数分裂起始分子机制的差异也很大。当芽殖酵母在缺乏葡萄糖，并且是非发酵性碳源培养基上生长时，减数分裂起始因子 IME1（initiator of meiosis 1）的表达会被诱导。IME1 作为减数分裂的特异转录因子，可以激活下游 300 多个减数分裂基因的表达，包括蛋白激酶基因 *IME2*，以及细胞周期依赖的激酶基因 *Cdc28*，从而完成减数分裂的启动（Benjamin et al.，2003；Dirick et al.，1998）。而对于裂殖酵母，在培养基缺乏氮源并且处于应急状态下时，转录因子 Ste11 表达会被诱导，启动减数分裂（Honigberg and Purnapatre，2003；Yamamoto，1996）。在哺乳动物小鼠中，减数分裂的起始受视黄酸的诱导。视黄酸通过激活 *Stra8* 基因的表达，来调控生殖细胞减数分裂的起始（Baltus et al.，2006）。对酵母和小鼠生殖细胞减数分裂启动时间的研究表明，在细胞分裂周期的 S 期或者更早，生殖细胞是继续进行有丝分裂还是启动减数分裂，它们的命运已经被决定（Koubova et al.，2006；Baltus et al.，2006）。

在植物中，一些参与减数分裂起始的基因已经被报道。在玉米中，孢母细胞由有丝分裂向减数分裂的转换受 *AM1* 调控。*AM1* 是植物特有的基因，其同源基因在植物以外的物种中还未鉴定到。在 *am1* 的强等位突变体中，大孢子母细胞和花粉母细胞均不能进入减数分裂，而是持续进行有丝分裂（Pawlowski et al.，2009；Golubovskaya et al.，1993）。而在 *am1* 的弱等位突变体中，花粉母细胞能启动减数分裂，但是细胞分裂停滞在前期 I。在拟南芥中，*AM1* 的同源基因为 *SWIT1/DYAD*（*SWI1*）。在 *swi1* 突变体中，大孢子母细胞的分裂方式转变成有丝分裂模式（Agashe et al.，2002；Mercier et al.，2003），表明 *SWI1* 与玉米 *AM1* 有类似的生物学功能。

在水稻中，已经证实有两个基因参与减数分裂起始，分别是 *SPL* 和 *MIL1*。SPL 是一种转录抑制因子，参与了雌、雄孢母细胞减数分裂起始的调控（Ren et al.，2018）。该蛋白具有保守的 SPL 结构域，该结构域保守氨基酸的缺失或突变会导致蛋白质功能的丧失。在 *spl* 突变体花药中观察不到花粉母细胞特异胼胝质的积累，造孢细胞核中染色体形态及着丝粒 CENH3 的组装均维系在有丝分裂状态。花粉母细胞特异基因 *MEL1* 的表达仅维持在造孢细胞水平；同时，减数分裂起始基因 *MIL1*，以及在减数分裂早期发挥功能的基因 *AM1* 和 *MEL2* 均下调表达。表明 *SPL* 基因突变，使得造孢细胞无法分化为正常的花粉母细胞，从而调控减数分裂的起始过程。*MIL1* 是水稻中另一个调控减数分裂起始的基因。在 *mil1* 突变体中，大孢子母细胞形成正常，并能启动和完成减数分裂，形成功能正常的雌配子。但是，花粉母细胞不能形成，造孢细胞持续进行有丝分裂，最终导致花药中没有任何花粉的形成，说明 *MIL1* 参与花粉母细胞减数分裂的起始（Hong et al.，2012）。*MIL1* 编码一个植物特有的 CC 类型的谷氧还蛋白，并且与 TGA 转录因子存在相互作用，表明氧化还原状态可能在花粉母细胞减数分裂起始过程中扮演重要角色。

　　减数分裂特异染色体的形态建成，对于整个细胞分裂的顺利完成有着十分重要的作用。LEPTO1 是一个参与水稻减数分裂细线期染色体形态建成的 B 类响应调节因子（Zhao et al.，2018）。*lepto1* 突变体的花粉母细胞染色体停滞在前细线期状态，不能被进一步组装进入典型的细线期染色体状态，并且花粉母细胞中没有 DSB 的形成，也没有减数分裂特异蛋白的组装，观察不到胼胝质的积累，最终表现为无花粉型花药的产生。LEPTO1 蛋白的 N 端具有保守的 DDK 和 MYB 结构域，C 端具有转录激活活性，通过调控相关基因的表达，进而调节减数分裂细线期染色体的形态建成。

　　水稻 *AM1* 是拟南芥 *SWI1* 及玉米 *AM1* 的同源基因，其编码的蛋白 AM1 含有一个螺旋-螺旋（coiled-coiled）结构域（Che et al.，2011）。在水稻 *am1* 突变体中，花粉母细胞停滞在细线期（图 9-1）。AM1 以点状信号出现在细线期的花粉母细胞染色体上，说明其在减数分裂早期发挥作用。MEL1 属于 AGO（Argonaute）类成员蛋白，仅在水稻生殖发育过程中发挥作用（Komiya et al.，2014；Nonomura et al.，2007；Liu and Nonomura，2016）。AGO 家族成员通过 RNA 介导的基因沉默，参与植物生长发育过程的调控。在 *mel1* 突变体的花粉母细胞减数分裂过程中，染色体不能正常凝缩，停滞在细线期或粗线期，并伴随有异常的染色体形态。其着丝粒区域的组蛋白 H3 二甲基化水平并没有降低，但是位于核仁组织区附近的组蛋白修饰明显异常。表明 MEL1 可能通过 RNA 介导的基因沉默调控减数分裂染色体的表观修饰，进而影响减数分裂的正常进行。由于 *MEL1* 仅在花粉母细胞及其前体细胞中特异表达，可作为花粉母细胞的特征基因，用于减数分裂起始等的相关研究。MEL2 是富含脯氨酸的 RNA 识别元件，该元件与 DAZAP1 部分同源（Miyazaki et al.，2015；Nonomura et al.，2011）。在人类中，富含脯氨酸的 RNA 识别元件蛋白 DAZAP1 参与了生殖细胞发育和减数分裂进程的调控。通过对含有偶联标签蛋白 T7 转基因植株的花粉母细胞进行免疫荧光染色实验，发现 MEL2 定位在间期细胞核周围。在 mel2 突变体的花粉母细胞中，染色体均停滞在细线期，表现出类似于 lepto1 及 am1 突变体的细胞学表型。说明这几个蛋白质对于水稻减数分裂特异染色体形态建成，尤其是细线期染色体的形态建成是至关重要的。

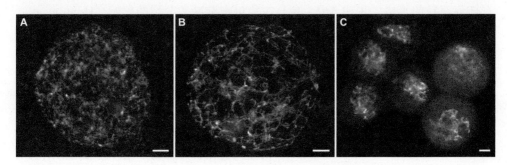

图 9-1　水稻 am1 突变体减数分裂染色体形态

A. 早细线期；B. 细线期；C. 停滞的花粉母细胞。标尺为 5μm

## 第三节　黏着蛋白组装的遗传调控

生殖细胞一旦启动减数分裂，在显微镜下便可以观察到所处的减数分裂相关进程。前期 I 是减数分裂经历最长的时期，该过程中染色体不断收缩变粗。染色体的凝缩程度是区分前期 I 各个阶段的重要依据。染色体经历前期 I 的凝缩，对于中期 I 其在赤道板上的排列，以及后期 I 同源染色体的分离都是必需的。减数分裂过程中染色体的凝缩由黏着蛋白复合体和凝缩蛋白复合体共同调控。

黏着蛋白（cohesin）是一种多亚基的蛋白复合物，在细胞分裂周期的 S 期出现。DNA 复制完成后，姊妹染色单体均通过黏着蛋白结合在一起。黏着蛋白在不同物种中非常保守，它由 4 个核心亚基构成，包括两个能形成异源二聚体的染色体结构维持蛋白 SMC（structural maintenance of chromosome）1 和 SMC3 亚基，驱动蛋白 SCC1 亚基（在人类中被称为 RAD21），以及 SCC3 亚基（在人类中包括 SA1 和 SA2）。在有丝分裂和减数分裂之间，黏着蛋白复合体既有共同组分，又存在特异组分。其中，SCC3 是两种细胞分裂的共同组分；而 SCC1 是有丝分裂的特异组分，REC8 是减数分裂的特异组分。

黏着蛋白复合体在染色体形态建成和姊妹染色单体粘连过程中发挥着重要作用。在拟南芥中含有两个保守的黏着蛋白 SMC1 和 SMC3。在它们的突变体 *smc1*（*titan8*）和 *smc3*（*titan7*）中，均表现出胚和胚乳发育停滞的现象，表明它们在有丝分裂过程中发挥重要作用（Liu et al.，2002）。拟南芥 SMC3 主要定位在分裂间期至分裂后期的染色质上，并能与纺锤体共定位（Lam et al.，2005）。在番茄中，SMC1 和 SMC3 的定位模式与拟南芥中的相似（Yuan et al.，2011）。

拟南芥的 *SCC3* 是一个单拷贝基因，其编码的蛋白质与酵母 SCC3 的序列相似性为 40%。在拟南芥中，SCC3 在整个有丝分裂细胞周期均能检测到，并在减数分裂后期 I 之前的孢母细胞中定位于染色体轴上。其功能缺失型突变体会导致胚胎死亡，而弱等位突变体则表现为矮小和不育，说明其同时影响了有丝分裂及减数分裂的正常进行（Chelysheva et al.，2005）。

拟南芥中含有 SCC1 的 4 个直系同源蛋白，分别是 SYN1/DIF1、SYN2/AtRAD21.1、SYN3/AtRAD21.2 和 SYN4/AtRAD21.3。其中 SYN1 被认为是 REC8 的同源蛋白，参与拟南芥减数分裂染色单体黏着蛋白复合体的组装。*syn1* 突变体营养生长正常，但是在减数分裂过程中，孢母细胞染色体的凝缩、同源染色体配对和联会均发生异常（Bai et al.，1999；Cai et al.，2003）。而 SYN3/AtRAD21.2 仅参与大孢子母细胞的发生过程（Jiang et al.，2007）。另外，SYN2/AtRAD21.1 及 SYN4/AtRAD21.3 可能作为有丝分裂黏着蛋白组分，前者仅在种子吸胀期间 DSB 的修复过程中发挥作用，后者可能参与所有有丝分裂细胞中 DSB 的修复过程（da Costa-Nunes et al.，2006）。

水稻中 SCC1 同源蛋白的编码基因有：*OsRAD21-1*、*OsRAD21-2*、*OsRAD21-3*、和 *OsRAD21-4*。研究表明，*OsRAD21-2* 主要在分裂旺盛的组织中表达，调节细胞分裂与生长（Gong et al.，2011a）。*OsRAD21-3* 仅在花粉发育过程中发挥作用，影响花粉有丝分裂过程中染色体的分离（Tao et al.，2007）。*OsRAD21-4* 是 *REC8* 的直系同源基因，参与水稻减数分裂过程中染色单体黏着和同源染色体配对。它定位在减数分裂细线期至中期 I 的染色体上。在水稻 *rec8* 突变体中，由于缺少黏着蛋白，在第一次减数分裂时，姊妹染色单体着丝粒便由单极取向转变为双极取向，最终导致姊妹染色单体的提前分离（Shao et al.，2011；Zhang et al.，2006）。染色体轴向元件 PAIR2、联会复合体中央元件 ZEP1 及重组相关蛋白 MER3 等重要蛋白的定位都受到严重影响，导致同源染色体配对、联会、重组和分离均不能正常进行。

凝缩蛋白（condensin）是一个大的蛋白复合体，在染色体凝缩及分离过程中发挥核心作用。凝缩蛋白复合体含有两个不同类型的亚基（图 9-2）：凝缩蛋白 I（condensin I）和凝缩蛋白 II（condensin II）。它们都是由 SMC2-SMC4 组成的异源二聚物，两者的区别在于它们拥有不同的非-SMC 调节亚基。其中凝缩蛋白 I 的调节亚基包含一个 kleisin 亚基 CAP-H 和一对 HEAT 亚基 CAP-D2 与 CAP-G；而凝缩蛋白 II 的调节亚基则包含一个 kleisin 亚基 CAP-H2 和一对 HEAT 亚基 CAP-D3 与 CAP-G2。

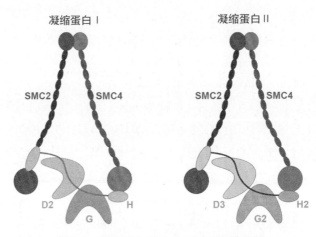

图 9-2　凝缩蛋白复合体亚基结构模式图

拟南芥 *SMC2* 的同源基因 *AtCAP-E* 有两个拷贝，分别为 *AtCAP-E1* 和 *AtCAP-E2*，它们的双突变体胚胎停滞在球形期或更早（Siddiqui et al.，2003）。拟南芥 *SMC4* 的同源基因为 *AtCAP-C*，它的突变体也是胚胎致死的（Siddiqui et al.，2006）。RNAi 研究表明，拟南芥 *SMC4* 及凝缩蛋白 I 组分 *AtCAP-D2* 的表达下调，会影响减数分裂过程中染色体的凝缩，并且中期 I 染色体及着丝粒均受到严重拉伸。而凝缩蛋白 II 组分突变体 *Atcap-d3* 的减数分裂中期 I 染色体会发生相互粘连，但是着丝粒表现正常的形态（Smith et al.，2014）。然而，水稻中还没有关于凝缩蛋白复合体的研究报道。

## 第四节　DNA 双链断裂形成与修复的遗传调控

减数分裂过程中发生的 DNA 双链断裂（double strand break，DSB），是在一系列酶及蛋白质复合体的作用下主动产生的。它与有丝分裂过程中，由于受到电离辐射、化学诱变等环境因素的作用而形成的 DNA 随机损伤有质的不同。减数分裂过程中产生的 DSB，是导致同源染色体配对、联会、重组和分离等重要事件发生的源泉与动力，这些事件的正确发生都是与 DSB 的程序化修复密不可分的。

## 一、DSB 的产生

在减数分裂过程中，DSB 由 SPO11 蛋白切割双链 DNA 产生。SPO11 蛋白在物种中非常保守，它是古细菌 II 型 DNA 拓扑异构酶催化亚基 TopVIA 的同源蛋白。该 DNA 拓扑异构酶包含 TopVIA 和 TopVIB 两个亚基，以 A2B2 异源四聚体的形式发挥作用，能够在 ATP 存在的条件下，切割 DNA 双链。在酵母中，DSB 的形成除了需要 Spo11 蛋白的作用外，还需其他 9 个蛋白（Mei4、Mer2、Rec102、Rec104、Rec114、Ski8、Mre11、Rad50、Xrs2）的参与（Keeney，2001）。与酵母中只含有一个 *Spo11* 基因不同，绝大部分植物都含有多个 *SPO11* 同源基因。拟南芥基因组中有 3 个 *SPO11* 同源基因，其中 *SPO11-1* 和 *SPO11-2* 参与减数分裂过程中 DSB 的形成。并且 SPO11-1 和 SPO11-2 可以与含有 TopVIB 结构域的 MTOPVIB 形成异源多聚体，共同介导 DSB 的形成。此外，拟南芥的 *PRD1*、*PRD2*、*PRD3* 和 *DFO* 等也参与 DSB 的形成（De Muyt et al.，2009；Zhang et al.，2012）。这些基因的突变体与 *spo11* 突变体表现出类似的表型，同源染色体不发生配对，联会复合体不能正常形成，终变期和中期 I 均为单价体等。通过对 *PRD1*、*PRD2*、*PRD3* 和 *DFO* 序列的同源搜索发现，这些基因在植物以外的物种中找不到对应的同源基因，表明它们是植物特有的、参与 DSB 形成的基因。

水稻中有 5 个 *SPO11* 同源基因，其中 *SPO11-1* 和 *SPO11-2* 参与减数分裂过程中 DSB 的产生（Yu et al.，2010；An et al.，2011）。在 *spo11* 突变体中，尽管端粒的花束构型可以被观察到，但同源染色体配对和联会都不能正常进行，因而在终变期及中期 I 有大量单价体的存在。在水稻中已克隆了拟南芥 *MTOPVIB* 的同源基因（Xue et al.，2016；Fu et al.，2016）。在水稻 *mtopVIB* 突变体中，γH2AX 和 DMC1 均不能定位在染色体上；而且在 *rad51* 和 *hus1* 突变体中 DSB 修复缺陷的表型均可以被 *mtopVIB* 抑制，表明 *MTOPVIB* 参与水稻减数分裂过程中 DSB 的形成。免疫荧光染色实验表明，从细线期到粗线期，MTOPVIB 蛋白以点状信号定位于染色体上，粗线期后信号消失。MTOPVIB 蛋白可以与 SPO11-1 和 SPO11-2

蛋白相互作用，暗示水稻中 DSB 的产生也与古细菌类似，依赖于 TOPVIA/TOPVIB 异源复合体的参与。水稻 *PAIR1* 基因是拟南芥 *PRD3* 的同源基因，在 *pair1* 突变体中，同源染色体不发生配对，后期 I 和末期 I 时同源染色体不均等分离，最终导致雌、雄配子的败育（Nonomura et al.，2004a）。

水稻联会复合体中央元件 CRC1 和 P31$^{comet}$，以及减数分裂特异细胞周期蛋白 SDS，也被证明参与减数分裂过程中 DSB 的形成（Ji et al.，2016；Miao et al.，2013；Wu et al.，2015）。在 *crc1*、*p31$^{comet}$* 和 *sds* 突变体中，同源染色体不能发生配对，终变期和中期 I 形成 24 个单价体，并且检测不到可特异指示 DSB 形成的 γH2AX 免疫荧光信号。

水稻联会复合体中央元件 CRC1（Miao et al.，2013），是一个序列保守的 AAA-ATPase 家族蛋白，其同源基因广泛存在于真菌、动物和植物中。CRC1 能够与横丝元件 ZEP1 共定位于联会复合体的中央区域，而且两者的定位相互依赖。CRC1 能够与 ZEP1 的 N 端互作，共同形成联会复合体的中央组分。CRC1 除了参与联会复合体的形成，还是诱导 DSB 形成的作用因子。在 *crc1* 突变体中，DNA 的双链断裂不能形成，进而导致同源染色体重组不能发生。

P31$^{comet}$ 是人类有丝分裂过程中的细胞周期调控蛋白。水稻 P31$^{comet}$ 与横丝蛋白 ZEP1 共定位于联会复合体中央，并且能够与 CRC1 相互作用，参与联会复合体的组装。*P31$^{comet}$* 基因突变，会导致同源染色体不发生配对、联会和重组，所有染色体均以单价体形式存在。并且在 *p31$^{comet}$ rad51c* 和 *p31$^{comet}$ com1* 双突变体中，观察不到染色体碎片的产生，表明 P31$^{comet}$ 也是一个参与 DSB 形成的作用因子（Ji et al.，2016）。

SDS 是一个减数分裂特异的细胞周期调控蛋白（Wu et al.，2015）。在水稻 *sds* 突变体减数分裂过程中，同源染色体配对和联会异常，检测不到可特异指示 DSB 形成的 H2AX 信号，同源重组相关蛋白的定位异常，并且在 *sds rad51c* 双突变体中观察不到染色体碎片的产生，说明 SDS 参与了水稻减数分裂过程中 DSB 的形成。

## 二、DSB 加工和修复

Spo11 蛋白切割 DNA 双链产生 DSB 后，Spo11 蛋白本身仍然结合在 DSB 的 5′端，然后在单链核酸内切酶 Com1/Sae2 及 MRN/X（Mre11、Rad50、Nbs1/Xrs2）

复合体的作用下从 5′端移除。在芽殖酵母 *com1/sae2* 和 *rad50* 突变体中，均表现为 DSB 形成正常，但 Spo11 蛋白仍结合在 5′端，不能被移除（Manfrini et al.，2010；Usui et al.，1998）。在植物中，由于缺乏可用的 SPO11 抗体，对 SPO11 从 DNA 断裂末端移除的过程很难进行详细的细胞学观察。在拟南芥的 *com1/sae*、*mre11* 和 *rad50* 突变体中，同源染色体不能正常配对和联会，终变期和中期 I 明显可见不同染色体相互粘连，形成多价体；并在后期 I 和末期 I 时，形成大量染色体碎片，这些碎片可以被 *spo11-1* 抑制，暗示碎片的形成可能与 DSB 加工和修复有关。此外，拟南芥和玉米中的 *PHS1* 基因被认为与酵母 *Rec114* 同源，PHS1 蛋白调控 RAD50 向细胞核中的转运，从而行使 DSB 加工和修复的功能。

在水稻 *com1* 突变体及 *MRE11^{RNAi}* 植株中，同源染色体配对、联会复合体组装及同源重组均受到严重抑制。中期 I 所有染色体形成类似多价体的结构，后期 I 和末期 I 形成大量染色体碎片，滞留在赤道板附近（Ji et al.，2012，2013）。染色体免疫荧光染色实验表明，在水稻 *com1* 及 *MRE11^{RNAi}* 植株中，γH2AX 抗体信号定位正常，暗示 *com1* 突变体中 DSB 可以正常形成，但是，联会复合体中央元件 ZEP1、重组相关蛋白 MER3 均不能正常定位，COM1 和 MRE11 以点状信号从细线期开始出现在染色体上，至晚粗线期从染色体上消失，并且，MRE11 的染色体定位不依赖于 COM1。在水稻 *pair2* 和 *pair3* 突变体中，均检测不到 COM1 和 MRE11 抗体的信号。

随着 Spo11 的移除，DNA 单链核酸内切酶会继续切割 5′端，产生 3′ ssDNA（single strand DNA）。随后 RecA 的同源蛋白 Rad51 和 Dmc1 会结合到 ssDNA 上，启动同源搜索和单链入侵。Rad51 能同时促进姊妹染色单体和非姊妹染色单体之间的链交换，而 Dmc1 仅促进非姊妹染色单体之间的单链入侵。在拟南芥 *rad51* 突变体减数分裂过程中，同源染色体不发生配对，后期 I 有染色体碎片产生，且后期 I 的碎片表型能够被 *spo11-1* 抑制，使得在 *spo11-1 rad51* 双突变体中观察不到碎片的产生。拟南芥 *DMC1* 基因突变会导致同源染色体不联会，染色体均以单价体形式存在，但观察不到碎片的产生，表明突变体中的 DSB 可能通过其他途径得到了修复（Couteau et al.，1999）。对拟南芥 RAD51 和 DMC1 进行免疫荧光染色研究发现，RAD51 和 DMC1 最初均以点状信号出现在细线期，偶线期增至最多，约有 250 个信号点，粗线期迅速减少至 50 个左右。Kurzbauer 等（2012）发现，RAD51 和 DMC1 分别定位在 DSB 的两端，暗示这两种蛋白在 DSB 修复过程中承担着不同的生物学功能。

水稻 *DMC1* 有两个拷贝，即 *DMC1A* 和 *DMC1B*，且功能冗余（Deng and Wang，2007；Wang et al.，2016）。在水稻 *DMC1* 功能缺失突变体（*dmc1a dmc1b*）中，同源染色体配对基本正常，但联会存在显著缺陷，表明水稻中同源染色体配对不依赖 *DMC1*，这与以往报道的 *DMC1* 促进同源染色体配对的功能明显不同，说明水稻 *DMC1* 的功能发生了分化。染色体免疫荧光染色研究表明，DMC1 首先以点状信号出现在细线期染色体上，直至晚粗线期消失。在 *dmc1a dmc1b* 突变体中，γH2AX、PAIR3、MRE11、COM1 和 RAD51C 均定位正常，而在水稻 *pair2*、*pair3*、*com1* 和 *rad51c* 突变体中，DMC1 信号均不能正常定位。

在真核生物中，*RAD51* 家族除了 *RAD51* 和 *DMC1*，还包括 5 个旁系同源基因，它们分别是 *RAD51B*、*RAD51C*、*RAD51D*、*XRCC2* 和 *XRCC3*。这些基因的功能在不同物种中存在分化，但大部分都参与 DSB 的修复过程（Ma，2006）。在拟南芥 *rad51c* 和 *xrcc3* 突变体中，减数分裂缺陷的表型与在 *rad51* 突变体中的类似，即有染色体缠绕及碎片的产生。而拟南芥 *rad51b*、*rad51d* 和 *xrcc2* 的单突变体植株能够正常结实，并且在有丝分裂和减数分裂过程中均观察不到异常的表型。但突变体对 DNA 损伤诱导剂处理敏感，暗示这些基因也参与了 DNA 损伤修复的途径。

在水稻中，*rad51c*、*rad51d* 及 *xrcc3* 突变体在营养生长时期与野生型没有明显区别，但植株的雌、雄配子均败育（Tang et al.，2014；Zhang et al.，2015；Byun and Kim，2014；Kou et al.，2012）。细胞学观察发现，在这些突变体中，同源染色体配对及联会均存在明显缺陷。水稻 *rad51c* 突变体在减数分裂中期 I 时能观察到大量染色体碎片，而在 *rad51c crc1* 双突变体中观察不到碎片的产生，表明 *rad51c* 的突变表型能够被 *crc1* 抑制，说明 RAD51C 参与了减数分裂过程中 DSB 的修复。免疫荧光染色分析表明，RAD51C 在染色体上的定位从细线期开始，粗线期早期逐渐从染色体上消失。RAD51C 在染色体上的定位依赖于 REC8、PAIR2 和 PAIR3。水稻 *xrcc3* 突变体在减数分裂中期 I 时，非同源染色体之间出现大量染色体粘连，导致后期 I 形成许多染色体桥和碎片，并且 γH2AX 抗体信号定位正常，表明 *XRCC3* 基因突变不影响 DSB 的形成。而负责 DSB 末端加工的 COM1 蛋白不能在染色体上准确定位，说明 *xrcc3* 突变体中 DSB 末端加工受到了影响。此外，一些参与同源染色体重组的元件，如 MER3、ZIP4、MSH5、HEI10 等也不能准确定位于染色体上，影响了同源重组的正常进行。水稻 *RAD51D* 的功能与拟南芥中的明显不同，在水稻 *rad51d* 突变体的减数分裂过程中，能观察到染色体碎片的产生（Byun and Kim，2014）。此外，*RAD51D* 对水稻端粒的长度有负调控作用。

　　除 RAD51 家族以外，RPA、BRCA2、MND1-HOP2 等蛋白也被证实在不同物种中参与了 DSB 的修复过程（Seeliger et al.，2012；Uanschou et al.，2013）。单链 DNA 结合复制蛋白 RPA（ssDNA-binding replication protein A），作为 DNA 代谢过程中的结合蛋白，参与了 DNA 的复制、修复和重组过程。RPA 复合体由 3 个亚基构成：RPA1、RPA2 和 RPA3。植物中有多个 RPA 亚基的同源基因，拟南芥中有 5 个 *RPA1*、2 个 *RPA2* 和 2 个 *RPA3*，水稻中有 3 个 *RPA1*、3 个 *RPA2* 和 1 个 *RPA3*。植物中存在多个拷贝的 RPA 蛋白，暗示不同 RPA 蛋白可能存在功能冗余或者产生了功能的分化。例如，拟南芥 *RPA1* 共有 5 个拷贝，分别为 *RPA1a*、*RPA1b*、*RPA1c*、*RPA1d* 和 *RPA1e*。其中 *RPA1a*、*RPA1c* 和 *RPA1e* 对 DNA 损伤试剂敏感，而只有 *rpa1a* 突变体具有Ⅰ类交叉结显著减少的减数分裂缺陷表型，而且在 *rpa1a rpa1c* 双突变体中，能够观察到染色体碎片的产生，暗示 RPA1c 在减数分裂 DSB 修复过程中，与 RPA1a 的部分功能存在冗余现象（Osman et al.，2011）。

　　水稻中目前已经有关于 RPA1a、RPA1c 和 RPA2c 功能研究的报道（Chang et al.，2009；Li et al.，2013）。*rpa1a* 突变体在减数分裂过程中，可以观察到染色体碎片的产生，而且还表现出对紫外线辐射和 DNA 损伤试剂处理敏感的特点，说明 RPA1a 在 DNA 损伤修复过程中发挥了重要作用。而在 *rpa1c* 和 *rpa2c* 突变体中，减数分裂终变期及中期Ⅰ细胞的交叉结均显著减少，导致在后期Ⅰ时同源染色体不能正确分离。RPA1C 和 RPA2C 蛋白均以点状信号出现在细线期染色体上，粗线期时逐渐从染色体上消失，并且 RPA1C 和 RPA2C 表现出共定位的特征。

　　在水稻中还鉴定到一个减数分裂特异的 *MOF* 基因，但它的突变不影响大孢子母细胞减数分裂过程（He et al.，2016）。在 *mof* 突变体中，γH2AX 始终存在，表明 DSB 没有被修复，而且 COM1 及 RAD51C 蛋白均不能定位在染色体上，暗示 *MOF* 基因对于花粉母细胞减数分裂过程中 DSB 的加工和修复是必不可少的。

## 第五节　同源染色体配对与联会的遗传调控

　　配对是指同源染色体之间通过相互识别、相互靠近，形成二价体的过程。虽然对于同源染色体配对的过程已经有比较详细的研究，但是对于配对分子机制的认识还非常初步。研究表明，偶线期的染色体会蜷缩成一团，让所有染色体端粒聚集在核膜内侧，形成特定的端粒花束构型，这对于同源染色体配对有至关重要的作用。近年来，在酵母和哺乳动物中相继分离了一些参与偶线期端粒花束形成的重要因子，但这些因子在不同物种间很不保守。

含有 SUN 结构域或者 KASH 结构域在内的多蛋白复合体，介导了端粒与核膜的连接和聚集。在酵母中，定位在细胞核内膜的 SUN 蛋白与定位在核膜外层的跨膜蛋白 KASH 直接相互作用，SUN-KASH 蛋白复合体共同介导了染色体末端与细胞核外细胞骨架的物理联系，为同源染色体在细胞核内的空间运动提供了动力（Tapley and Starr，2013），这种运动可以促进同源染色体相互识别，从而促进配对的发生。

在电子显微镜下可以观察到，减数分裂粗线期配对的同源染色体之间形成了类似梯子状的蛋白结构，即联会复合体（synaptonemal complex，SC）。联会复合体的组装起始于晚细线期和早偶线期。沿着一条染色体的姊妹染色单体形成轴向元件（axial element，AE），伴随着同源搜索的进行，轴向元件开始被横向纤维蛋白紧密联系起来。联会复合体是由两个侧向元件（lateral element，LE）蛋白和由横向纤维（transverse filament，TF）蛋白组成的中央元件（central element，CE）共同形成的三维复合体结构。联会复合体的组装和解除是一个复杂的生物学过程。在不同物种中，联会起始的条件并不十分一致。在酵母和小鼠中，DSB 的形成是配对和联会的前提条件；而在果蝇和线虫中，则不存在这种依赖关系（Cahoon and Hawley，2016）。出芽酵母的侧向元件 Red1 能够被类似于泛素化修饰的 SUMO E3 连接酶 Zip3 SUMO 化。SUMO 化的 Red1 和 Zip1 相互作用，并招募其他联会起始蛋白，如 Zip2、Zip4 和 Spo16，促进联会复合体的组装（Eichinger and Jentsch，2010）。小鼠的侧向元件 SYCP3 也可以被 SUMO 化，说明侧向元件的 SUMO 化和联会复合体组装之间有着非常密切的关系（Fraune et al.，2012）。在酵母中，Zip1 的 N 端能够激活 Ecm11 被 Siz1 和 Siz2（SUMO E3 连接酶）SUMO 化，SUMO 化的 Ecm11 将招募更多的 Zip1，从而促进联会复合体的延伸，并且，Zip1 可以通过正反馈方式，招募更多的 Ecm11 到其 N 端，进而促进更多 Zip1 的组装。

在水稻中，HOP2 作为一个保守的减数分裂相关蛋白，能够与水稻联会复合体中央元件 ZEP1 相互作用。HOP2 定位在减数分裂过程中染色体的 loop 上，与联会复合体轴向元件 PAIR3 和中央元件 ZEP1 均有较好的共定位。在 hop2 突变体中，同源染色体配对和联会均出现一定的异常现象，并且交叉结的形成亦受到影响。表明 HOP2 可能参与了水稻联会复合体组装与稳定的过程（Shi et al.，2019）。

## 一、联会复合体侧向元件

染色体的轴向元件对于染色体的凝缩、同源染色体的配对和重组、中央元件的组装等都有十分重要的作用。轴向元件在联会复合体组装之后，被称为侧向元件。水稻 PAIR3 及其在拟南芥中的同源蛋白 ASY3 是目前植物中鉴定到的仅有的轴向元件组分。此外，一些轴向元件相关蛋白也相继在水稻中被鉴定，包括 PAIR2 和 REC8，REC8 是减数分裂特异的黏着蛋白亚基。

水稻 PAIR2 与拟南芥 ASY1，均为酵母 Hop1 的同源蛋白，含有保守的 HORMA 结构域（Nonomura et al.，2006，2004b）。在 *pair2* 突变体中，同源染色体联会不能正常进行。PAIR2 蛋白在细线期以线状信号定位在染色体轴上，偶线期至粗线期，当联会复合体开始在同源染色体之间组装之后，PAIR2 即从染色体轴上解离下来。PAIR3 蛋白含有螺旋-螺旋结构域，它对于同源染色体的配对、重组及联会复合体中央元件的组装都是必需的（Yuan et al.，2009；Wang et al.，2011a）。PAIR3 以线状信号定位在前期 I 染色体轴上，并且与 REC8 蛋白共定位。在 *rec8* 突变体中，PAIR3 不能正常定位；而在 *pair3* 突变体中，PAIR2 不能正常定位。这些结果表明 PAIR2 的定位依赖于 PAIR3，而 PAIR3 的正常定位依赖于黏着蛋白 REC8。

## 二、联会复合体中央元件

横丝蛋白作为联会复合体的中央元件，它在不同物种中的序列同源性较低，但其组装成的蛋白质高级结构十分相似。横丝蛋白的中央区域都是由螺旋-螺旋结构域组成的杆状结构，其左右两侧分别与一个球状结构域（globular domain）相邻。横丝蛋白的高级结构形似哑铃，在其 C 端具有 S/TPXX 结构域，该结构域可以和 DNA 相结合。在不同物种中已被报道的横丝蛋白包括：出芽酵母的 Zip1、小鼠的 Sycp1、果蝇的 C（3）G、线虫的 SYP-1 和 SYP-2，以及拟南芥的 ZYP1（MacQueen et al.，2002；Page and Hawley，2001；de Vries et al.，2005；Higgins et al.，2005）。拟南芥 ZYP1 是植物中第一个被发现的编码横丝蛋白的基因。拟南芥基因组中有 2 个 ZYP1 基因，分别为 *ZYP1a* 和 *ZYP1b*，且功能冗余。利用 RNAi 技术同时干扰这两个基因，RNAi 植株表现为联会复合体不能形成，非同源染色体之间相互粘连，中期 I 可以观察到多价体的存在。

　　水稻横丝蛋白 ZEP1 与酵母 Zip1 同源（Wang et al.，2010）。在水稻 *Tos17* 插入突变体 *zep1* 中，粗线期同源染色体出现明显分开的双股状态，表明同源染色体配对正常，但配对的同源染色体之间不能形成联会复合体（图 9-3）。在终变期和中期 I 细胞中可清晰地观察到 12 个二价体，且交叉结数量比野生型明显增多，是野生型的 1.8 倍左右（Wang et al.，2015）。而在酵母 *zip1* 突变体中，除联会复合体不能正常形成外，交叉结也减少了近 80%，这与水稻明显不同。水稻 ZEP1 功能异常还会影响染色体轴相关蛋白 PAIR2 及重组蛋白 MER3 从染色体上移除的过程，两者的消失都显著延迟。此外，在水稻小孢子发育早期的细胞核分裂过程中，ZEP1 又重新定位到染色体上，说明 ZEP1 在小孢子细胞核分裂过程中发挥着一定的作用。

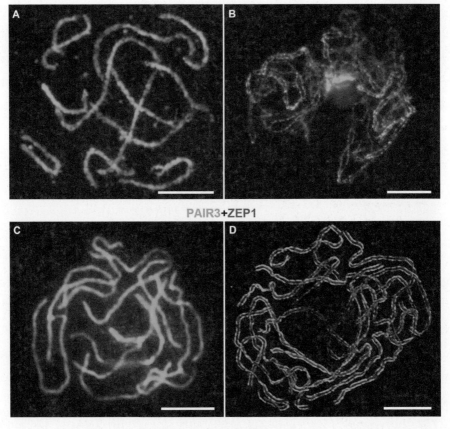

图 9-3　水稻减数分裂联会复合体

A. DAPI 染色的野生型粗线期染色体；B. DAPI 染色的 *zep1* 突变体粗线期染色体；C、D. 侧向元件 PAIR3（绿色）和横丝蛋白 ZEP1（蓝色）抗体染色的粗线期染色体，C 为普通荧光显微镜拍摄，D 为超分辨显微镜拍摄。标尺为 5μm

除了横丝蛋白，联会复合体的中央元件还包含其他一些蛋白，如小鼠中的 SYCE1、SYCE2、SYCE3、TEX12，以及果蝇的 Corona 蛋白等。这些蛋白也都定位于联会复合体的中央区域，并且对横丝蛋白在联会复合体上的组装起着重要作用。然而经过序列同源比对，在植物中并未发现这些蛋白的同源蛋白。在水稻中，CRC1 和 P31$^{comet}$ 是新鉴定出来的水稻联会复合体中央元件（Ji et al.，2016；Miao et al.，2013）。CRC1、P31$^{comet}$ 和横丝蛋白 ZEP1 均定位于联会复合体中央区域，而且 CRC1、P31$^{comet}$ 及 ZEP1 的定位相互依赖。CRC1 分别与 P31$^{comet}$ 和 ZEP1 存在相互作用，其中 CRC1 与 ZEP1 的互作在 ZEP1 的 N 端区域。P31$^{comet}$ 与 ZEP1 之间不存在直接相互作用，暗示 P31$^{comet}$ 很可能是通过 CRC1 来行使联会复合体组装功能的。在 *p31$^{comet}$* 和 *zep1* 突变体中，REC8、PAIR2 和 PAIR3 等轴向元件相关蛋白均能定位到染色体上，而在 *crc1* 突变体中，PAIR2 不能定位到染色体上，进一步暗示 CRC1 与 P31$^{comet}$ 在联会复合体组装上存在功能差异。此外，在 *zep1* 突变体中 DSB 能够正常形成。然而，在 *crc1* 和 *p31$^{come}$* 突变体中均没有 DSB 的产生。表明 CRC1 与 P31$^{comet}$ 在联会复合体组装过程中的功能是有很大差别的。

# 第六节　同源染色体重组的遗传调控

在同源重组过程中，DSB 末端被从 5′ 向 3′ 方向剪切加工，产生带有 3′-OH 端的 DNA 单链，该 DNA 单链搜索并入侵至其同源染色体的另一条完整 DNA 双链分子中，形成异源双链替代环（displacement-loop，D-loop）结构。该异源双链 DNA，以入侵的单链 3′ 端为引物，进行 DNA 合成；并捕获另一条 DNA 链，形成一个"十"字形的双 Holliday 连接体（double-Holliday-junction，dHj）。dHj 可以进一步加工成交叉型重组（crossover，简称交叉），也可以修复成非交叉型重组（non-crossover，简称非交叉）。但是，绝大部分的 DSB 通过合成依赖的链退火（synthesis-dependent strand annealing，SDSA）途径，修复成非交叉型重组。本节重点介绍交叉形成与保障的分子机制。

## 一、交叉形成的分子机制

同源重组是遗传多样性产生的源泉，由其形成的交叉，在细胞学上表现为同源染色体之间形成的交叉结，使得同源染色体能够以二价体形式在中期 I 平衡地排列在赤道板上，从而保证后期 I 同源染色体的准确分离。

在减数分裂过程中，同源染色体间形成的交叉结数目受到严格的遗传调控。每对同源染色体间至少会有一个交叉结的产生。在大部分物种中，同源染色体间一个位置交叉结的形成，会抑制其相邻位置另一个交叉结的产生，最终导致交叉结在染色体上呈现非随机分布状态，这种现象称为交叉干涉现象。根据不同交叉之间有无干涉现象，又将其分为Ⅰ类交叉和Ⅱ类交叉。Ⅰ类交叉是指不同交叉之间存在干涉现象，即干涉敏感型交叉。Ⅱ类交叉是指不同交叉之间不存在干涉现象，又称为干涉不敏感型交叉。这两类交叉广泛存在于芽殖酵母、脊椎动物及植物中。在水稻中，Ⅰ类交叉约占交叉结总数的90%，目前已克隆出多个参与Ⅰ类交叉形成的关键基因。而参与Ⅱ类交叉形成的基因，在水稻中还尚无报道（Mimida et al.，2007）。

在芽殖酵母中，一类被称为 ZMM 复合体（Zip1、Zip2、Zip3、Zip4、Msh4、Msh5 和 Mer3）的蛋白参与了干涉敏感型交叉的形成（Börner et al.，2004）。研究发现，所有 ZMM 的单突变体和多突变体均具有相似的表型，表现为交叉结数目显著减少，并伴有大量单价体的出现。表明这些 ZMM 蛋白均在同一遗传网络中发挥作用。

部分酵母 ZMM 的同源蛋白在植物中已相继被鉴定出来。其中 MER3、MSH4 和 MSH5 蛋白与芽殖酵母的 ZMM 蛋白高度同源，并且功能相似。而 ZIP 类蛋白与芽殖酵母的 ZMM 蛋白序列相似性较低，不易用同源序列比对的方法进行比较鉴定。植物中类似的同源蛋白在不断被发现之中。例如，拟南芥联会复合体中央元件 ZYP1 和水稻联会复合体中央元件 ZEP1 被认为是酵母中 Zip1 的同源蛋白；拟南芥的 SHOC1 被认为是酵母中 Zip2 的同源蛋白；拟南芥和水稻的 HEI10 与酵母的 Zip3 同源；酵母 Zip4 的同源蛋白亦在拟南芥和水稻中被报道是交叉结形成所需的蛋白。除了酵母的同源蛋白，在拟南芥中发现的 PTD 也是一个植物特有的参与Ⅰ类交叉形成的蛋白（Macaisne et al.，2011）。

MER3 是水稻中第一个被报道的参与Ⅰ类交叉形成的 ZMM 类蛋白（Wang et al.，2009）。MER3 蛋白在酵母中已被证明是一种 ATP 依赖的 DNA 解旋酶，它能够从 $3' \rightarrow 5'$ 方向解旋多种类型的双螺旋 DNA。MER3 蛋白可发挥促进或者稳定单链入侵的作用。水稻 mer3 突变体中交叉结的数目显著减少，这些交叉结在染色体上表现为随机分布的特点。免疫荧光染色实验发现，MER3 以点状信号出现在前期Ⅰ，当 MER3 的信号刚刚出现时，它与 PAIR2 信号没有明显的共定位，但很快 MER3 会转移到轴向元件相关蛋白 PAIR2 信号的一端，暗示 MER3 可能是在前期

Ⅰ的早期转移到轴向元件上的。与 PAIR2 和 MER3 相互间定位的方式不同，MER3
刚出现时就定位于 REC8 的一端。在 mer3 突变体中，PAIR2 和 REC8 都能正常定
位到染色体上，表明这些蛋白质的定位和功能的发挥都不依赖于 MER3。但是，
在 pair2 突变体中观察不到 MER3 的信号，推测 PAIR2 的存在是 MER3 发挥正常
功能所必需的。

水稻 ZIP4 只含有介导蛋白质相互作用的 TPR（tetratrico peptide repeat）基序，
不含有其他已知的基序或结构域，是酵母 Zip4 的同源蛋白（Shen et al.，2012）。
在水稻 zip4 突变体中，交叉结数目也显著减少。免疫荧光染色实验表明，ZIP4 以
点状信号出现在前期Ⅰ，并且与 MER3 共定位。MER3 在染色体上的定位依赖于
ZIP4，而 ZIP4 的染色体定位不依赖于 MER3。在 zip4 mer3 双突变体中，交叉结
的数目显著低于 zip4 和 mer3 单突变体，推测 ZIP4 和 MER3 共同促进减数分裂交
叉结的形成，但它们各自对交叉结形成的贡献大小并不相同。另外，尽管 zep1 突
变体中交叉结的数目是野生型的 1.8 倍左右，但在 zep1 zep4 和 zep1 mer3 双突变
体中，交叉结的数目却显著低于 zip4 和 mer3 单突变体中的，说明 ZEP1 对交叉结
数目的调控是依赖于 ZIP4 和 MER3 的。

水稻 HEI10 被认为是酵母 Zip3 和线虫 ZHP-3 的同源基因（Wang et al.，2012a）。
HEI10 最早在人类中被研究，其编码一个含有环状结构域（RING domain）的蛋
白质。在水稻 hei10 突变体中，终变期和中期Ⅰ形成大量单价体。交叉频率显著
降低，只有野生型的 31%，这些交叉结在染色体上随机分布。HEI10 基因的突变，
不影响早期重组事件的发生和联会复合体的组装。HEI10 在减数分裂前期Ⅰ呈现明
显的动态变化特征。在细线期和偶线期，HEI10 以点状信号分布在染色体上，且与
MER3 共定位。随着联会复合体的组装，HEI10 以线状信号与横丝蛋白 ZEP1 共定
位，而且 HEI10 的线状信号依赖于 ZEP1 的组装。从晚粗线期至终变期，在染色
体上出现明亮清晰的 HEI10 信号点，这些信号点最终代表着交叉结的形成位点
（图 9-4）。HEI10 很可能通过对其他重组相关蛋白的修饰来促进Ⅰ类交叉的形成。

通过对芽殖酵母、小鼠、线虫及拟南芥的研究，发现 MSH4 和 MSH5 蛋白作
为减数分裂特异的一类错配修复蛋白 Mut-S 家族成员，参与同源重组的遗传调控。
MSH4 和 MSH5 可以形成异源二聚体，并在重组过程中发挥作用。由于纯化的人
类 MSH4/MSH5 蛋白异源二聚体，能够结合到"Y"形的 Holliday 连接体及其前
体上，推测该异源二聚体可能具有稳定的单链入侵能力。在水稻 msh4 或 msh5
单突变体，以及 msh4 msh5 双突变体中，联会复合体均可以正常形成，但交叉结

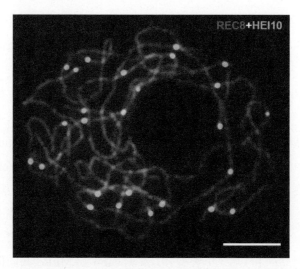

图 9-4　重组标记指示蛋白 HEI10 在水稻减数分裂粗线期染色体上的定位
红色示 REC8；绿色示 HEI10；标尺为 5μm

的数量显著减少，仅为野生型的 10%，这些交叉结在染色体上都表现为随机分布（Luo et al.，2013；Zhang et al.，2014）。MSH5 以点状信号分布在减数分裂前期 I 的染色体上。在 *mer3*、*zip4* 和 *hei10* 突变体中，MSH5 的信号定位正常；而在 *msh4* 或 *msh5* 突变体中，MER3、ZIP4 和 HEI10 的信号均不能正常定位。同时，*msh4* 和 *msh5* 突变体中交叉结的数量，均显著低于 *mer3*、*zip4* 及 *mer3 zip4* 突变体中交叉结的数量。MSH4 和 MSH5 蛋白之间存在直接的相互作用，暗示 MSH4 和 MSH5 可能通过形成异源复合体，来共同促进 Holliday 连接体的形成，以确保 I 类交叉的正常产生。在此过程中，MSH5 在 ZIP4、MER3 及 HEI10 的上游发挥作用。此外，MSH5 与 HEI10 蛋白也存在相互作用。除了 ZMM 蛋白，水稻类驱动蛋白 PSS1 和解旋酶 GEN1 也参与了交叉结的形成（Zhou et al.，2011；Wang et al.，2017）。

在水稻中还鉴定到一个新的调控重组交叉结形成的蛋白 HEIP1（HEI10 interaction protein 1）（Li et al.，2018）。在 *heip1* 突变体中，交叉结的数目显著减少，但其他重组相关蛋白的定位及联会复合体的形成均能正常发生。HEIP1 与重组标记蛋白 HEI10 之间存在相互作用，并在染色体上共定位，HEIP1 是一个新的重组标记蛋白。HEIP1 的染色体定位依赖于 HEI10，而 HEI10 的定位不依赖于 HEIP1。此外，HEIP1 与交叉结形成促进因子 MSH5 和 ZIP4 之间也存在相互作用。HEIP1 在染色体上的定位依赖于 ZIP4，但不依赖于其中几个重组元件，如 MSH4、MSH5、MER3 等。推测 HEIP1 很可能与其他 ZMM 蛋白一起共同调控水稻减数分裂过程中交叉结的形成。

## 二、同源重组保障机制

在减数分裂过程中，程序性 DSB 的产生是同源重组起始所必需的，它对后期 I 同源染色体的准确分离至关重要。DSB 的修复有多种途径，除同源重组外，还包括其他修复途径，如典型非同源末端连接（classical non-homologous end joining, C-NHEJ）修复途径等。C-NHEJ 修复途径不依赖于序列同源性，是以 KU70/80 复合体为核心，在多种核酸酶、连接酶及其他辅助因子的参与下，直接将断裂的 DNA 末端连接起来。尽管 C-NHEJ 修复途径会引起突变，但这种途径修复速度快、效率高，是高等动植物体细胞 DSB 修复的主要途径（Fell and Schild-Poulter，2015；Grundy et al.，2014）。然而在减数分裂过程中，细胞内同时存在大量 DSB，C-NHEJ 修复不仅会使基因发生突变，还可能导致大规模染色体重排，继而造成遗传物质的不均等分离。因此，在减数分裂过程中如何保障重组仅在等位的同源序列之间发生，避免在非等位的同源序列之间发生，以及如何避免 DSB 通过其他非精确途径进行修复，目前还不是很清楚。已有研究表明，Rad9-Rad1-Hus1（9-1-1）蛋白复合体，对于酵母和小鼠有丝分裂及减数分裂 DSB 修复过程中的同源重组保障有着十分重要的作用（Grundy et al.，2014；Shinohara et al.，2015）。在水稻中已克隆了 9-1-1 蛋白复合体 Rad1 和 Hus1 的同源蛋白，并证明 RAD1 和 HUS1 共同参与了水稻同源重组的保障机制（Che et al.，2014；Hu et al.，2016）。

水稻 hus1 突变体营养生长正常，但植株成熟时不能结实。其花粉母细胞减数分裂过程中同源染色体配对及联会基本正常，但在终变期至中期 I 可以观察到大量非同源染色体间的相互粘连，形成多价体。随着后期 I 多价体向两极分开，大量染色体桥和碎片形成。在 pair1 hus1 双突变体中，观察不到多价体和染色体碎片的存在，表明这种多价体的形成是依赖于 DSB 的。但是，在 hus1 mer3 和 hus1 zep1 双突变体中，仍然有多价体和染色体碎片的存在。表明 hus1 突变体中多价体的产生不依赖于同源重组所必需的 ZMM 家族成员。此外，在 hus1 突变体中，参与同源染色体配对、联会复合体组装及同源染色体重组的相关蛋白的染色体定位也都比较正常。

RAD1 是酵母 Rad1 在水稻中的同源蛋白。在水稻 rad1 突变体中，中期 I 可观察到大量染色体粘连，后期 I 产生很多染色体碎片。免疫荧光染色实验表明，可指示早期重组事件的 COM1、MRE11、DMC1 和 RAD51C 蛋白，在 *rad1* 突变体中的定位均与野生型无明显差异，但突变体中 ZIP4 和 HEI10 的信号数量明显减少。并且，在 *rad1 spo11-1* 双突变体中，观察不到染色体粘连和碎片的产生。表明 *rad1* 突变体中大量的异常染色体粘连和碎片的产生依赖于 DSB 的形成。此外，在 *rad1 ku70* 双突变体中，中期 I 异常染色体粘连显著减轻。说明这些异常染色体粘连和碎片主要是通过 C-NHEJ 修复途径产生的。RAD1 和 HUS1 及 RAD9 存在相互作用，暗示在水稻中，9-1-1 复合体介导的减数分裂同源染色体精确重组，主要是通过抑制 C-NHEJ 修复途径实现的。

RAD17 是负责将 9-1-1 复合体定位到 DSB 位点的蛋白质，并参与调节细胞分裂检验点和 DSB 修复的功能。在水稻 *rad17* 突变体中，减数分裂中期 I 有大量染色体粘连，后期 I 产生很多染色体碎片，从而表现出与 9-1-1 复合体相关蛋白突变体非常类似的表型（Hu et al.，2018）。并且 *rad1 rad17* 双突变体的表型，与它们的单突变体表型也非常类似，表明它们在同一途径中发挥作用。同时，在 *rad1 mer3*、*rad17 zip4* 和 *rad17 msh5* 双突变体中，同源染色体配对和联会均受到严重影响，说明 RAD17 与 ZMM 蛋白共同参与了减数分裂过程中同源重组的保障功能。

MEICA1（meiotic chromosome association 1）是在水稻中发现的一个新的减数分裂重组中间体蛋白（Hu et al.，2017），它是一个非常保守的真核生物蛋白质。*MEICA1* 基因突变导致染色体间的异常粘连和染色体碎片，这些异常粘连和染色体碎片依赖于 SPO11-2 及 DMC1，但与 KU70 介导的非同源末端连接修复途径无关。MEICA1 既能与 TOP3α 相互作用，又能与 MHS7 相互作用，三者共同参与抑制非同源重组的发生。另外，*MEICA1* 基因突变能够部分恢复 *msh5* 和 *hei10* 突变体中交叉结的数目，说明 MEICA1 除了参与抑制非同源重组，还具有调节重组频率的功能。MEICA1 在拟南芥中的同源蛋白 FLIP，亦被证明具有调控重组频率的功能（Fernandes et al.，2018）。

## 第七节　同源染色体分离的遗传调控

在减数分裂过程中，染色体复制一次而细胞连续分裂两次。在该过程中要发生两次染色体分离事件。第一次分离事件发生在同源染色体之间，第二次分离事件发生在姊妹染色单体之间。在第一次分离过程中，交叉结的存在为同源染色体提供了两极纺锤丝牵引力的平衡力，确保同源染色体在中期Ⅰ排列在赤道板上，以及后期Ⅰ的准确分离。在第二次分离过程中，姊妹染色单体着丝粒处的黏着蛋白提供了两极纺锤丝牵引的平衡力，确保了后期Ⅱ时姊妹染色单体的准确分离。后期Ⅰ时，染色体臂上的黏着蛋白被降解；后期Ⅱ时，着丝粒处的黏着蛋白被降解，由此可见，染色体间黏着蛋白的分步降解，对于同源染色体的准确分离至关重要。

　　除了黏着蛋白的分步降解，纺锤体的正确组装对于同源染色体的均衡分离也很重要。不同物种间，甚至同一物种的雌、雄配子发生过程中，纺锤体的组装过程均可能有质的差异。在小鼠、果蝇和爪蟾等模式动物中，人们对由中心体或染色体本身介导的纺锤体组装过程已经有很好的认识，但是对植物细胞分裂过程中纺锤体组装过程的认识还很缺乏，特别是对孢母细胞减数分裂过程中纺锤体组装和细胞极性形成的认识还相当有限。

　　Xue 等（2019）借助免疫荧光实验，系统研究了植物花粉母细胞减数分裂过程中纺锤体的组装过程（图9-5）。发现植物花粉母细胞纺锤体的组装属于染色体依赖的自主装配类型。微管从偶线期开始在细胞质中出现，随着分裂过程的进行，数量逐渐增多，遍布在整个细胞质中。在核膜即将解体之前，微管聚集在核膜上，形成一个非常亮的微管环。伴随核膜解体，微管进入细胞核内，聚集在染色体周围，并与染色体发生相互作用，形成早期的多极纺锤体。多极纺锤体进一步合并，

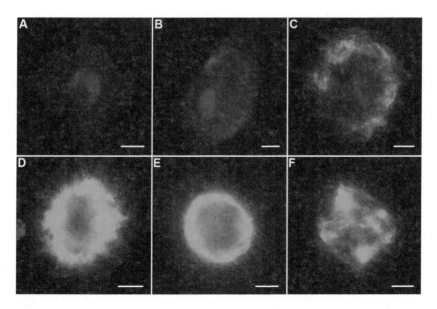

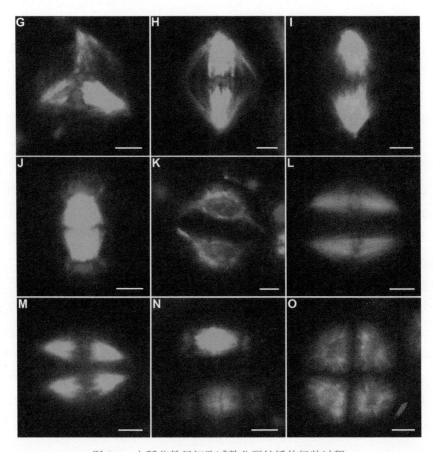

图 9-5  水稻花粉母细胞减数分裂纺锤体组装过程

A. 细线期；B. 偶线期；C. 粗线期；D、E. 早终变期；F. 终变期；G. 中期 I 早期；H. 中期 I；I. 后期 I；
J. 末期 I；K. 二分体时期；L. 中期 II；M. 后期 II；N. 末期 II；O. 四分体时期。标尺为 5μm

最终形成平衡的两极纺锤体。但是，在 DSB 形成因子 MTOPVIB 功能丧失的情况下，多极纺锤体不能转变为两极纺锤体。而在其他一系列不产生 DSB 的突变体中，两极纺锤体均可正常形成。说明在减数分裂过程中，纺锤体的正确组装并不依赖于 DSB 形成。而当同源重组不能发生，导致仅有单价体存在的孢母细胞中，部分单价体的着丝粒会改变其原来的单极取向，成为类似于有丝分裂的双极取向，这是两极纺锤体形成的重要保证。因此，MTOPVIB 通过改变姊妹染色单体着丝粒的粘连，参与减数分裂过程中纺锤体的组装。

在有丝分裂过程中，由类蛋白质激酶 1 (Polo-like kinase 1，PLK1) 介导的黏着蛋白复合体成员 Scc3 的磷酸化，是进入中期之前染色体臂之间黏着蛋白降解所必需的 (Clarke et al.，2005)。在后期 I，着丝粒处黏着蛋白复合体成员 Scc1 的降解是由分离酶介导的。在减数分裂过程中由于要进行连续的两次分裂，黏着蛋白降解的调控过程更为复杂（Yuan et al.，2011）。

高等真核生物中普遍存在着一类 Shugosin 家族蛋白，在果蝇中鉴定的第一个 Shugosin 蛋白是 Mei-S332。而酵母和哺乳动物中的 Sgo1、Sgo2，以及玉米中的 ZmSGO1 等都属于这类蛋白（Hamant et al.，2005）。Shugosin 家族蛋白有两个保守结构域：一个是 N 端的螺旋-螺旋结构域，它介导蛋白质间的相互作用；另一个是 C 端的碱性区域，参与染色体的定位。研究表明，Shugosin 蛋白 N 端与蛋白磷酸酶 2A（protein phosphatase 2A，PP2A）相互作用，以抑制着丝粒区域黏着蛋白的磷酸化，以避免其被提早降解（Xu et al.，2009）。在玉米的 sgo1 突变体花粉母细胞减数分裂过程中，从细线期至中期 I，染色体的行为与野生型没有明显差异，但后期 I 姊妹染色单体的着丝粒提前分离，最终导致染色体分离的异常发生。

在水稻 sgo1 突变体中，由于缺少 SGO1 蛋白的保护，姊妹染色单体的着丝粒在后期 I 会提早分离。而在中期 II，提早分开的姊妹染色单体不能获得来自两极纺锤丝的平衡牵引而规则地排列在赤道板上，导致后期 II 出现姊妹染色单体的不均等分离（Wang et al.，2011b）。免疫荧光染色实验发现，在花粉母细胞减数分裂过程中，SGO1 蛋白最初定位在间期细胞的核仁中。随着细胞分裂的启动，SGO1 会从核仁逐渐转移到染色体的着丝粒上，行使保护姊妹染色单体着丝粒处黏着蛋白的功能（图 9-6）。在后期 I，SGO1 从着丝粒处逐渐被降解。SGO1 在染色体上的定位依赖于 AM1，而不依赖于 REC8、PAIR2、MER3 及 ZEP1 等。

Shugosin 在染色体上的定位受到其他一系列蛋白质的调控。BRK1（Bub1-related kinase 1）是水稻中鉴定到的具有调控 SGO1 着丝粒定位功能的蛋白质。与 sgo1 突变体类似，在 brk1 突变体中，减数分裂后期 I 姊妹染色单体也提前分离（Wang et al.，2012b）。BRK1 是酵母 Bub1 的同源基因，对人类及酵母的研究发现，Bub1 是有丝分裂中期染色体在赤道板上平衡排列，以及随后准确分离所必需的。与 Bub1 相比，BRK1 中缺失了 Gle2 结合序列（Gle2 binding sequence，GLEBS）结构域，该结构域是酵母 Bub1 和 Bub3 相互作用所必需的（Bolanos-Garcia and Blundell，2011）。BRK1 具有 Bub1 中保守的 TPR（tetratrico peptide repeat）和激酶结构域，并且定位在动粒蛋白复合体的外层，从而介导纺锤体与着丝粒的连接。在 brk1 突变体花粉母细胞减数分裂中期 I，着丝粒与纺锤丝存在的错误连接方式不能被及时修正，导致同源染色体着丝粒间的拉力降低，引起纺锤体形态

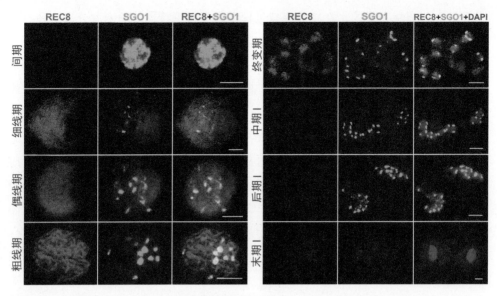

图 9-6　水稻减数分裂过程中着丝粒保护蛋白 SGO1 的染色体动态定位
红色示 REC8，绿色示 SGO1，蓝色示 DAPI。标尺为 5μm

异常，最终导致后期Ⅰ同源染色体分离的不同步。此外，在 *brk1* 突变体中，着丝粒区域组蛋白 H3 的第 10 位丝氨酸在终变期不能被磷酸化。组蛋白 H3 第 10 位丝氨酸是 Aurora B 激酶的保守底物，而 Aurora B 又直接参与纺锤丝和着丝粒错误连接的修正。推测 BRK1 通过调节 Aurora B 激酶的染色体定位，从而促进纺锤丝和着丝粒错误连接方式的修正。

# 第八节　展　　望

到目前为止，以水稻为模式植物，已克隆了 40 多个参与减数分裂起始，以及同源染色体配对、联会、重组、分离等关键事件的功能基因，初步构建了水稻减数分裂遗传调控的基因网络。与酵母、哺乳动物及拟南芥相比，参与水稻减数分裂的基因具有很强的保守性，但有些基因也会有明显的功能分化。例如，水稻联会复合体横丝蛋白基因 *ZEP1*，该基因突变可导致重组频率显著提高，这与其他物种有很大差别。另外，水稻 *SDS* 基因参与了 DSB 的形成，而在拟南芥中 *SDS* 基因并不参与 DSB 的形成，说明不同物种之间，减数分裂调控机制可能存在一定的差异。

尽管近年来对于水稻减数分裂的分子调控机制研究已取得了较大的进展，但与模式生物酵母相比，水稻减数分裂进程中诸多关键事件的遗传调控机制仍然不清楚。其中，在酵母中首先提出并逐步完善了同源重组分子模型，而在水稻中尚未完全建立起该模型。一方面是由于参与水稻同源重组的关键基因没有被充分的发掘和鉴定；另一方面是由于水稻进化过程中发生了基因组复制事件，使得一些减数分裂相关基因如 *DFO* 和 *RAD51* 等出现两个拷贝，这增加了相关基因功能缺失突变体的创制难度，短时间内难以研究清楚这些基因参与减数分裂调控的机制。此外，在水稻中至今还未找到能很好指示 DSB 形成数量的细胞学标记，这无疑也增加了对 DSB 如何最终决定交叉结形成的关键环节进行研究的难度。目前，在水稻中还没有关于减数分裂重组过程中 DSB 非交叉修复途径遗传调控的报道，对于众多 DSB 被选择加工并参与不同修复途径的分子机制等问题缺乏系统的研究。

对减数分裂调控机制研究的深入，使得可能通过基因工程手段实现对减数分裂过程的遗传调控，能更好地服务于育种实践。例如，通过增加重组频率，更容易打破遗传累赘，缩短育种周期，提高育种效率。随着基因编辑手段在减数分裂突变体创制中的应用，以及减数分裂相关蛋白生化功能研究的深入，结合超高分辨率显微技术、活体成像技术、单细胞测序技术等，对减数分裂调控机制的解析将愈加深入，相应的遗传工程应用也会更有成效。

# 参 考 文 献

鲍文奎, 秦瑞珍, 吴德瑜, 陈志勇, 宋文昌, 张玉华. 1985. 高产四倍体水稻无性系. 中国农业科学, (6): 64-66.

鲍文奎, 严育瑞. 1959. 水稻多倍体新品种选育的研究//中国农业科学院. 稻作科学论文选集. 北京: 农业出版社: 44-53.

蔡得田, 袁隆平, 卢兴桂. 2001. 二十一世纪水稻育种新战略Ⅱ. 利用远缘杂交和多倍体双重优势进行超级稻育种. 作物学报, 27: 110-116.

曹立荣, 魏鑫, 黄娟, 乔卫华, 张万霞, 杨庆文. 2013. 基于线粒体基因片段核苷酸多态性的亚洲栽培稻起源进化研究. 植物遗传资源学报, 14(1): 18-24.

陈报章. 1997. 中国栽培稻究竟起源于何时何地: 对河南贾湖遗址发现 8000 年前栽培稻遗存的思考. 农业考古, (1): 55-58.

陈报章, 王象坤. 1995. 水稻颖壳植硅石与稻种起源研究. 科学通报, 40(15): 1438.

陈瑞阳, 宋文芹, 李秀兰. 1979. 植物有丝分裂染色体标本制作的新方法. 植物学报, 21(3): 297-298.

陈瑞阳, 宋文芹, 李秀兰. 1980. 关于水稻染色体组型分析的研究. 遗传学报, 7(4): 361-366.

陈英, 李良材, 朱进, 王瑞丰, 李淑媛, 田文忠, 郑世文. 1974. 水稻花粉植株的诱导条件及其遗传学表现的研究. 中国科学, (1): 40-51.

陈英, 田文忠, 郑世文, 李良材. 1991. 影响籼稻花药培养诱导率的因素及基因型的作用研究. 遗传学报, 18(4): 358-365.

陈英, 左秋仙, 王瑞丰, 张桂华. 1978. 应用正交试验法筛选籼粳稻杂种花药培养基//《华药培养学术讨论会文集》编辑小组. 花药培养学术讨论会文集(1977). 北京: 科学出版社: 40-49.

程侃声. 1987. 关于西、南亚稻种类型的讨论//程侃声. 程侃声稻作论文选集. 昆明: 云南省农业科学院: 149-158.

程侃声. 1994. 亚洲栽培稻起源的活物考古. 农业考古, (1): 52-58.

程侃声, 才宏伟. 1993. 亚洲稻的起源与演化——活物的考古. 南京: 南京大学出版社.

程侃声, 黄乃威, 罗军, 卢义宣, 刘光荣, 王象坤. 1985. 云南稻种资源的综合研究与利用Ⅶ.关于西、南亚稻种类型的讨论. 北京农业大学学报, 11(3): 239-248.

程侃声, 周季维, 卢义宣, 罗军, 黄迺威, 刘光荣, 王象坤. 1984. 云南稻种资源的综合研究与利用Ⅱ. 亚洲栽培稻分类的再认识. 作物学报, 10(4): 271-280.

程祝宽, 顾铭洪. 1994. 籼、粳稻及其杂种粗线期的核型分析. 遗传学报, 21(5): 385-392.

程祝宽. 1999. 水稻非整倍体的选育、鉴定及其在基因组研究中的应用. 中国科学院遗传与发育生物学研究所博士学位论文.

程祝宽, 顾铭洪. 1996. 对水稻第 9 和第 12 染色体编号分歧的细胞学考证. 遗传, 18(5): 16-18.

程祝宽, 李欣, 于恒秀, 顾铭洪. 1996. 一套新的籼稻初级三体的选育和细胞学鉴定. 遗传学报, 23(5): 363-371.

程祝宽, 颜辉煌, 顾铭洪. 1999. 水稻染色体的长度顺序和编号问题. 遗传, 21(1): 46-49.

程祝宽, 于恒秀, 潘学彪, 李欣, 顾铭洪. 1997. 一种水稻端三体的细胞学研究. 扬州大学学报, 18(3): 43-45.

褚启人, 张承妹, 郑祖玲. 1985. 水稻四倍体花粉植株的花药培养及其再生植株的染色体变异. 植物学通报, 3(6): 40-43.

代西梅, 黄群策, 李国平, 秦广雍. 2006. 同源四倍体水稻花粉的发育特征. 中国水稻科学, 20(2): 165-170.

丁金龙. 2004. 长江下游新石器时代水稻田与稻作农业的起源. 东南文化, (2): 19-23.

丁颖. 1949. 中国稻作之起源. 中山大学农学院农艺专刊 7.

丁颖. 1957. 中国栽培稻种的起源及其演变. 农业学报, 8(3): 243-260.

丁颖. 1959. 中国栽培稻种的起源及其演变//中国农业科学院. 稻作科学论文选集. 北京: 农业出版社: 5-27.

丁颖. 1960. 中国农业科学与达尔文进化论和米丘林学说. 中国农业科学, (1): 26-28.

丁颖. 1961. 中国水稻栽培学. 北京: 农业出版社.

渡边忠世. 1982. 稻米之路. 尹绍亭等译. 昆明: 云南人民出版社.

富昊伟, 李友发. 2005. 水稻花培育种进展. 安徽农业科学, 33(4): 710-711.

葛胜娟. 2013. 水稻花药培养及其在遗传育种上的应用. 种子, 32(9): 47-50.

龚志云, 高清松, 于恒秀, 裔传灯, 顾铭洪. 2008a. 水稻端四体的分子细胞学鉴定及染色体行为分析. 中国水稻科学, 22(4): 335-339.

龚志云, 于恒秀, 苏艳, 裔传灯, 顾铭洪. 2008b. 水稻无性繁殖过程中第 8 号染色体单体的发现及其分子细胞学鉴定. 自然科学进展, 18(12): 1507-1512.

龚子同, 陈鸿昭, 袁大刚, 赵玉国, 吴运金, 张甘霖. 2007. 中国古水稻的时空分布及其启示意义. 科学通报, 52(5): 562-567.

顾铭洪. 1988. 水稻广亲和基因的遗传及其利用. 江苏农学院学报, 9(2): 19-26.

关世武. 2005. 提高寒地水稻花药培养效率的几个关键技术. 中国农学通报, 21(7): 38-39.

郭海滨, 刘向东, 卢永根, 冯九焕. 2006. 同源四倍体水稻成熟胚囊的结构及异常现象. 中国水稻科学, 20(3): 283-289.

郭亚龙. 2005. 稻族的分子系统学研究. 中国科学院植物研究所博士学位论文.

郭亚龙, 葛颂. 2006. 稻族的系统发育及其研究进展. 植物分类学报, 44(2): 211-230.

何平, 沈利爽, 陆朝福, 陈英, 朱立煌. 1998. 水稻花药培养力的遗传分析及基因定位. 遗传学报, 25(4): 337-344.

黄春梅, 黄群策, 李志真. 1999. 同源四倍体水稻雌雄配子体的多态性. 福建农林大学学报,

　　28(1): 18-21.

黄大年, 王慧中. 1999. 水稻的花药培养. 中国稻米, (2): 31-32.

黄慧君, 黄道强, 刘丽娴, 周汉钦, 林青山, 张俊英. 1995. 水稻体细胞同源四倍体的人工诱导及遗传特性研究. 广东农业科学, (1): 9-12.

黄群策. 1998. 同源三倍体水稻的结实特性研究. 湖南农业科学, (2): 14-15.

黄群策, 孙敬三, 白素兰. 1999. 同源四倍体水稻的生殖特性研究. 中国农业科学, 32(2): 14-17.

黄燕红, 孙传清, 王象坤. 1996. 中国普通野生稻自然群体叶绿体 DNA 籼粳分化研究//王象坤, 孙传清. 中国栽培稻起源与演化研究专集. 北京: 中国农业大学出版社: 166-170.

黄燕红, 王象坤. 1996. 中国普通野生稻(O. rufipogon Griff.)自然群体分化的同工酶研究//王象坤, 孙传清. 中国栽培稻起源与演化研究专集. 北京: 中国农业大学出版社: 157-165.

黄艳兰, 舒理慧, 祝莉莉, 廖兰杰, 何光存. 2000. 栽培稻×中国疣粒野生稻种间杂种的获得与分析. 武汉大学学报(自然科学版), 46(6): 739-744.

加里·克劳福德(Crawford G.W.), 沈辰. 2006. 东亚稻作起源研究的新进展. 陈洪波译. 南方文物, (2):92-97.

姜健, 金成海, 侯春香, 金信忍, 杨宝灵. 2001. 水稻花药培养研究与应用进展. 中国农学通报, 17(4): 49-52.

金性春. 1980. 漂移的大陆. 上海: 上海科学技术出版社.

李春勇, 王光建, 李洪胜. 2014. 花药培养技术在水稻育种中的应用. 农业科技通讯, (4): 160-162.

李道远. 1996. 中国普通野生稻形态分类学研究//王象坤, 孙传清. 中国栽培稻起源与演化研究专集. 北京: 中国农业大学出版社: 115-119.

李懋学, 陈瑞阳. 1985. 关于植物核型分析的标准化问题. 武汉植物学研究, 3(4): 297-302.

李梅芳, 饥不冲, 凌忠专, 李志坚. 1986. 花药培养在水稻聚合改良育种中的应用. 农业新技术, (2): 22-24

李秀兰, 林汝顺, 冯学琳, 祁仲夏, 宋文芹, 陈瑞阳. 2001. 中国部分丛生竹类染色体数目报道. 植物分类学报, 39(5): 433-442.

李秀兰, 刘松, 宋文芹, 陈瑞阳, 王云珠. 1999. 40 种散生竹的染色体数目. 植物分类学报, 37(6): 541-544.

李亚娟, 房三虎, 卢永根, 李金泉, 刘向东. 2007. 同源四倍体水稻结实率定向选择的遗传效应. 华南农业大学学报, 28(4): 30-33.

林如, 黄群策. 1999. 同源四倍体水稻紫血稻在受精前后的特异性研究. 中国农学通报, 15(5): 15-18.

凌定厚, 陈琬瑛, 陈梅芳, 马镇荣. 1984. 三基单倍体水稻胚性细胞团的诱导及植株分化的研究. 遗传学报, 11(1): 26-32.

凌定厚, 陈琬瑛, 陈梅芳, 马镇荣. 1987. 籼稻体细胞培养再生植株染色体变异的研究. 遗传学报, 14(4): 249-254.

凌定厚, 王学海, 陈梅芳. 1981. 起源于花药培养的水稻同源不联会三倍体的细胞遗传学研究.

遗传学报, 8(3): 262-268.

凌定厚, 羡蕴兰, 曾碧霞, 何兴兰, 庞芝章, 黄雪玉, 黄鸿枢, 黄秉聪. 1978. 介绍一种适于籼稻花药培养的培养基//《花药培养学术讨论会文集》编辑小组. 花药培养学术讨论会文集(1977). 北京: 科学出版社: 265.

刘玉花, 栾丽, 陈英, 龙文波, 涂升斌, 孔繁伦, 何涛. 2007. 同源四倍体水稻亲本材料的结实研究. 应用与环境生物学报, 13(5): 620-623.

柳子明. 1975. 中国栽培稻的起源及其发展. 遗传学报, 2(1): 23-30.

卢宝荣, 葛颂, 桑涛, 陈家宽, 洪德元. 2001. 稻属分类的现状及存在问题. 植物分类学报, 39(4): 373-388.

卢永根, 万常炤, 张桂权. 1990. 我国三个野生稻种粗线期核型的研究. 中国水稻科学, 4(3): 97-105.

吕厚远, 贾继伟, 王伟铭, 王永吉, 廖淦标. 2002. "植硅体"含义和禾本科植硅体的分类. 微体古生物学报, 19(4): 389-396.

梅传生, 张金渝, 吴光南. 1988. 籼稻花培绿苗率的提高. 江苏农业学报, 4(2): 45-48.

彭适凡. 1998. 江西史前考古的重大突破——谈万年仙人洞与吊桶环发掘的主要收获. 农业考古, (1): 389-392.

彭适凡, 周广明. 2004. 江西万年仙人洞与吊桶环遗址——旧石器时代向新石器时代过渡模式的个案研究. 农业考古, (3): 29-39.

秦瑞珍, 宋文昌, 郭秀平. 1992. 同源四倍体水稻花药培养在育种中的应用. 中国农业科学, 25(1): 6-13.

全国野生稻资源考察协作组. 1984. 我国野生稻资源的普查与考察. 中国农业科学, (6): 27-34.

舒理慧. 1983. 从水稻胚乳培养再生三倍体植株. 植物杂志, (1): 7.

舒理慧, 吴红雨, 张希宁. 1990. 稻属种间杂种(*O. sativa*×*O. latifolia*)再生植株的形态与染色体变化. 作物学报, 16(3): 259-266.

宋文昌, 张玉华. 1992. 水稻四倍化及其对农艺性状和营养成分的影响. 作物学报, 18(2): 137-144.

孙传清, 王象坤, 吉村淳, 岩田伸夫. 1996. 普通野生稻和亚洲栽培稻核基因组的遗传分化//王象坤, 孙传清. 中国栽培稻起源与演化研究专集. 北京: 中国农业大学出版社: 120-133.

孙传清, 王象坤, 吉村淳, 岩田伸夫. 1998. 普通野生稻和亚洲栽培稻线粒体DNA的RFLP分析. 遗传学报, 25(1): 40-45.

谭协和. 1979. 多倍体水稻三系选育初报. 遗传, 1(2): 1-4.

汤陵华, 张敏, 李民昌, 孙加祥. 1996. 高邮龙虬庄遗址的原始稻作. 作物学报, 22(5): 608-612.

汤圣祥, 闵绍楷, 佐藤洋一郎. 1996. 中国粳稻起源的探讨//王象坤, 孙传清. 中国栽培稻起源与演化研究专集. 北京: 中国农业大学出版社: 72-80.

田自强, 朱凤绥. 1979. 水稻(*Oryza sativa* L.)染色体的带型研究——1、水稻染色体 Giemsa 分带技术和带型初步分析. 湖南农学院学报, (4): 87-92.

涂升斌, 孔繁伦, 徐琼芳, 何涛. 2003. 水稻同源四倍体杂种优势利用技术新体系的研究. 中国科学院院刊, 18(6): 426-428.

王根富. 1998. 稻作农业与人口——从金坛三星村遗址出土的炭化稻谈起. 农业考古, (1): 263-264.

王兰, 刘向东, 卢永根, 冯九焕, 徐雪宾, 徐是雄. 2004. 同源四倍体水稻胚乳发育: 极核融合和胚乳细胞化. 中国水稻科学, 18(4): 281-289.

王象坤. 1996. 中国稻作起源研究中几个主要问题的研究新进展//王象坤, 孙传清. 中国栽培稻起源与演化研究专集. 北京: 中国农业大学出版社: 2-7.

王象坤, 陈一午, 程侃声, 卢义宣, 罗军, 黄遥威, 刘光荣. 1984. 云南稻种资源的综合研究与利用III. 云南的光壳稻. 北京农业大学学报, 10(4): 333-343.

王象坤, 孙传清, 才宏伟, 张居中. 1998. 中国稻作起源与演化. 科学通报, 43(22): 2354-2363.

王象坤, 张居中, 陈报章, 周海鹰. 1996. 中国稻作起源研究上的新发现//王象坤, 孙传清.中国栽培稻起源与演化研究专集. 北京: 中国农业大学出版社: 8-13.

吴丹, 姚栋萍, 李莺歌, 吴俊, 伍富根, 邓启云. 2015. 水稻花药培养技术及其育种应用的研究进展. 湖南农业科学, (2): 139-142.

吴光南, 仲肇康. 1957. 中国水稻品种对光照长度反应特性的研究 I.品种对光照长度的反应及其与原产地的关系. 华东农业科学通报, (8): 367-382.

吴万春. 1995. 稻属植物分类研究的进展. 华南农业大学学报, 16(4): 115-122.

吴先军, 周开达. 2003. 水稻多胚品系 9003 的胚胎发生. 四川大学学报(自然科学版), 40(5): 966-969.

向安强. 2005. 广东史前稻作农业的考古学研究. 农业考古, (1): 149-155.

肖国樱. 1992. 水稻花药培养研究综述. 杂交水稻, (2): 44-46.

肖晗, 应存山, 黄大年. 1996. 中国栽培稻及其近缘野生种叶绿体 DNA 的限制性片段长度多态性分析//王象坤, 孙传清. 中国栽培稻起源与演化研究专集. 北京: 中国农业大学出版社: 188-192.

郇秀佳, 李泉, 马志坤, 蒋乐平, 杨晓燕. 2014. 浙江浦江上山遗址水稻扇形植硅体所反映的水稻驯化过程. 第四纪研究, 34(1): 106-113.

严文明. 1982. 中国稻作农业的起源. 农业考古, (1): 19-31.

严文明. 1989. 再论中国稻作农业的起源. 农业考古, (2): 72-83.

严育瑞, 鲍文奎. 1960. 禾谷类作物的多倍体育种方法的研究( I ): 四倍体水稻. 农业科学, 11(1): 2.

颜辉煌, 熊振民, 闵绍楷, 胡慧英, 张志涛, 田淑兰, 傅强. 1997a. 栽培稻-紧穗野生稻双二倍体的产生及其细胞遗传学研究. 遗传学报, 24(1): 30-35.

颜辉煌, 熊振民, 闵绍楷, 胡慧英, 张志涛, 田淑兰, 汤圣祥. 1997b. 紧穗野生稻的褐飞虱抗性导入栽培稻的研究. 遗传学报, 24(5): 424-431.

杨金水, 邹高治, 葛扣麟, 叶鸣明. 1983. 异源三倍体水稻体细胞培养与染色体加倍研究初报. 上海农业科技, (1): 36

杨宪民, 韩光禧, 唐广文, 吴甲林. 1978. 杂交水稻花药培养利用的探讨//《花药培养学术讨论会文集》编辑小组. 花药培养学术讨论会文集（1977）. 北京: 科学出版社: 173-176.

杨长登, 吴连斌, 赵成章. 1998. 单倍体籼稻无性系微芽的离体调控. 中国水稻科学, 12(4): 219-222.

姚家琳, 蔡得田, 马平福, 祝虹. 1997. 水稻无孢子生殖的胚胎学研究. 中国水稻科学, 11(2): 113-117.

姚青, 宋运淳. 1993. 粳稻三体的染色体 G-显带鉴定. 遗传学报, 20(3): 229-234.

姚青, 宋运淳, 刘立华. 1990. 水稻染色体 G-带的研究. 遗传学报, 17(4): 301-307.

裔传灯, 梁国华, 龚志云, 于恒秀, 汤述翥, 严长杰, 顾铭洪. 2007. 稻属种间天然异交种的分子细胞学鉴定. 中国水稻科学, 21(3): 223-227.

裔传灯, 汤述翥, 周勇, 梁国华, 龚志云, 顾铭洪. 2008. 亚洲栽培稻与阔叶野生稻种间杂种的获得及其原位杂交分析. 科学通报, 53(17): 2047-2053.

游汝杰. 1980. 从语言地理学和历史语言学试论亚洲栽培稻的起源与传布. 中央民族学院学报, (3): 6-17.

游修龄. 1976. 对河姆渡遗址第四文化层出土稻谷和骨耜的几类看法. 文物, (8): 20-23.

游修龄. 1979. 从河姆渡遗址出土稻谷试论我国栽培稻的起源、分化与传播. 作物学报, 5(3): 1-10, 65.

游修龄. 1986. 太湖地区稻作起源及其传播和发展的问题. 中国农史, (1): 71-83.

游修龄. 1993. 稻作史论集. 北京: 中国农业科技出版社.

于恒秀, 程祝宽, 李欣, 顾铭洪. 1999. 两种水稻四体的分离和细胞学鉴定. 中国水稻科学, 13(4): 193-196.

于恒秀, 龚志云, 苏艳, 顾铭洪. 2005. 水稻单端体的获得及其分子细胞学鉴定. 科学通报, 50(17): 1869-1873.

俞履圻. 1984. 中国栽培稻种的起源. 作物品种资源, (3): 2-8.

俞履圻. 1991. 粳型稻种的起源及耐旱性与耐冷性// 2000 年稻作展望. 杭州: 浙江科学技术出版社: 262-274.

俞履圻, 林权. 1962. 中国栽培稻种亲缘的研究. 作物学报, 1(8): 233-258.

张福泉, 郑思乡, 齐绍武, 刘逊. 1999. 水稻染色体 G-带技术与应用. 湖南农业科学, (4): 8-9.

张光直. 2002. 古代中国考古学. 沈阳: 辽宁教育出版社.

张华华, 冯九焕, 卢永根, 杨秉耀, 刘向东. 2003. 利用激光扫描共聚焦显微镜观察同源四倍体水稻胚囊的形成与发育. 电子显微学报, 22(5): 380-384.

张居中, 王象坤, 崔宗钧, 许文会. 1996. 也论中国栽培稻的起源与东传. 农业考古, (1): 85-93.

张廷璧, 朱桓, 舒理慧, 王世昌, 李行润. 1987. 中国籼稻品种非整倍体的研究 I.植物形态学部分. 遗传学报, 14(4): 255-261.

张文绪. 1998. 中国古栽培稻的研究. 农业考古, (1): 50-61.

张文绪, 裴安平. 1997. 澧县梦溪八十垱出土稻谷的研究//王象坤, 孙传清. 中国栽培稻起源与演化研究专集. 北京: 中国农业大学出版社: 47-53.

张文绪, 裴安平, 毛同林. 2003. 湖南澧县彭头山遗址陶片中水稻稃壳双峰乳突印痕的研究. 作物学报, 29(2): 263-267.

张文绪, 汤陵华. 1996. 龙虬庄出土稻谷稃面双峰乳突研究. 农业考古, (1): 94-97.

张文绪, 王荔军, 张福锁, 陶大云, 胡凤益, 王运华. 2002. 稻属和假稻属植物外稃表面乳突结构的研究. 中国水稻科学, 16(3): 277-280.

中国农业科学院. 1986. 中国稻作学. 北京: 农业出版社.

中国水稻研究所. 1989. 中国水稻种植区划. 杭州: 浙江科学技术出版社.

周嫦, 杨弘远. 1980. 从水稻未授粉的幼嫩子房培养出单倍体小植株. 遗传学报, 7(3): 287-288.

周季维. 1981. 长江中下游出土古稻考察报告. 云南农业科技, (6): 1-6, 50.

周拾禄. 1948. 中国是稻之起源地. 中国水稻, 5(5): 53-54.

周雄韬, 程庆莲. 1981. 低温预处理对籼稻花粉植株诱导的效应. 福建农林大学学报, (3): 25-32.

朱立宏, 顾铭洪. 1979. 水稻落粒性的遗传. 遗传, 1(4): 17-19.

朱至清, 王敬驹, 孙敬三, 徐振, 朱之垠, 尹先初, 毕凤云. 1975. 通过氮源比较试验建立一种较好的水稻花药培养基. 中国科学, (5): 484-490.

祝剑峰, 刘幼琪, 王爱云, 宋兆建, 陈冬玲, 蔡得田. 2008. 异源六倍体水稻 AACCDD 和三倍体水稻 ACD 生殖特性的细胞胚胎学研究. 植物遗传资源学报, 9(3): 350-357.

庄杰云, 钱惠荣, 林鸿宣, 陆军, 程式华, 应存山, 罗利军, 朱旭东, 董凤高, 闵绍楷, 孙宗修, 郑康乐. 1995. 应用 RFLP 标记研究亚洲栽培稻的起源与分化. 中国水稻科学, 9(3): 135-140.

Agashe B., Prasad C.K., Siddiqi I. 2002. Identification and analysis of DYAD: a gene required for meiotic chromosome organisation and female meiotic progression in *Arabidopsis*. Development, 129: 3935-3943.

Aggarwal R.K., Brar D.S., Khush G.S. 1997. Two new genomes in the *Oryza* complex identified on the basis of molecular divergence analysis using total genomic DNA hybridization. Mol Gen Genet, 254: 1-12.

An X.J., Deng Z.Y., Wang T. 2011. OsSpo11-4, a rice homologue of the archaeal TopVIA protein, mediates double-strand DNA cleavage and interacts with OsTopVIB. PLoS One, 6: e20327.

Andrus J.R., Mohammed A.F. 1958. The economy of Pakistan. Oxford: Oxford University Press.

Aragón-Alcaide L., Miller T., Schwarzacher T., Reader S., Moore G. 1996. A cereal centromeric sequence. Chromosoma, 105: 261-268.

Armstrong S.J., Franklin F.C.H., Jones G.H. 2001. Nucleolus-associated telomere clustering and pairing precede meiotic chromosome synapsis in *Arabidopsis thaliana*. J Cell Sci, 114: 4207-4217.

Bai X., Peirson B.N., Dong F., Xue C., Makaroff C.A. 1999. Isolation and characterization of SYN1, a RAD21-like gene essential for meiosis in *Arabidopsis*. Plant Cell, 11: 417-430.

Baltus A.E., Menke D.B., Hu Y.C., Goodheart M.L., Carpenter A.E., de Rooij D.G., Page D.C. 2006. In germ cells of mouse embryonic ovaries, the decision to enter meiosis precedes premeiotic DNA replication. Nat Genet, 38: 1430-1434.

Bao W., Zhang W., Yang Q., Zhang Y., Han B., Gu M., Xue Y., Cheng Z. 2006. Diversity of centromeric repeats in two closely related wild rice species, *Oryza officinalis* and *Oryza rhizomatis*. Mol Genet Genomics, 275: 421-430.

Beachell H.M., Jones J.W. 1945. Tetraploids induced in rice by temperature and colchicine treatments. J Am Soc of Agron, 37: 165-175.

Belling J. 1921. On counting chromosomes in pollen-mother cells. Am Nat, 55: 573-574.

Benjamin K.R., Zhang C., Shokat K.M., Herskowitz I. 2003. Control of landmark events in meiosis by the CDK Cdc28 and the meiosis-specific kinase Ime2. Genes Dev, 17: 1524-1539.

Binford L.R. 1968. Post-pleistocene adaptations. *In*: Binford S.R., Binford L.R. New Perspectives in Archeology. Chicago: Aldine: 313-341.

Blackburn E.H., Gall J.G. 1978. A tandemly repeated sequence at the termini of the extrachromosomal ribosomal RNA genes in *Tetrahymena*. J Mol Biol, 120: 33-53.

Blakeslee A.F. 1921. The globe mutant in the jimson weed (*Datura stramonium*). Genetics, 6: 241-264.

Bodnar A.G., Ouellette M., Frolkis M., Holt S.E., Chiu C.P., Morin G.B., Harley C.B., Shay J.W., Lichtsteiner S., Wright W.E. 1998. Extension of life-span by introduction of telomerase into normal human cells. Science, 279: 349-352.

Bolanos-Garcia V.M., Blundell T.L. 2011. BUB1 and BUBR1: multifaceted kinases of the cell cycle. Trends Biochem Sci, 36: 141-150.

Börner G.V., Kleckner N., Hunter N. 2004. Crossover/noncrossover differentiation, synaptonemal complex formation, regulatory surveillance at the leptotene/zygotene transition of meiosis. Cell, 117: 29-45.

Bouharmont J. 1962. Observations on somatic and meiotic chromosomes of *Oryza* species. Cytologia, 27: 258-275.

Brar D.S., Khush G.S. 2002. Transferring genes from wild species to rice. *In*: Kang M.S. Quantitative Genetics, Genomics and Plant Breeding. New York and Oxford: CABI: 197-217.

Broun P., Ganal M.W., Tanksley S.D. 1992. Telomeric arrays display high levels of heritable polymorphism among closely related plant varieties. Proc Natl Acad Sci USA, 89: 1354-1357.

Burr B., Burr F.A., Matz E.C., Romero-Severson J. 1992. Pinning down loose ends: mapping telomeres and factors affecting their length. Plant Cell, 4: 953-960.

Burrack L.S., Berman J. 2012. Flexibility of centromere and kinetochore structures. Trends Genet, 28: 204-212.

Byun M.Y., Kim W.T. 2014. Suppression of OsRAD51D results in defects in reproductive development in rice (*Oryza sativa* L.). Plant J, 79: 256-269.

Cahoon C.K., Hawley R.S. 2016. Regulating the construction and demolition of the synaptonemal complex. Nat Struct Mol Biol, 23: 369-377.

Cai H., Wang X., Pang H. 1996. Isozyme studies on the *Hsien-keng* differentiation of the common wild rice (*Oryza rufipogon* Griff.) in China//王象坤, 孙传清. 中国栽培稻起源与演化研究专集. 北京: 中国农业大学出版社: 147-152.

Cai X., Dong F., Edelmann R.E., Makaroff C.A. 2003. The *Arabidopsis* SYN1 cohesin protein is required for sister chromatid arm cohesion and homologous chromosome pairing. J Cell Sci,

116: 2999-3007.

Cao Q.J., Lu B.R., Xia H., Rong J., Sala F., Spada A., Grassi F. 2006. Genetic diversity and origin of weedy rice (*Oryza sativa* f. *spontanea*) populations found in North-eastern China revealed by simple sequence repeat (SSR) markers. Annals of Botany, 98: 1241-1252.

Caspersson T., Farber S., Foley G.E., Kudynowski J., Modest E.J., Simonsson E., Wagh U., Zech L. 1968. Chemical differentiation along metaphase chromosomes. Exp Cell Res, 49: 219-222.

Causse M.A., Fulton T.M., Cho Y.G., Ahn S.N., Chunwongse J., Wu K., Xiao J., Yu Z., Ronald P.C., Harrington S.E., Second G., McCouch S.R., Tanksley S.D. 1994. Saturated molecular map of rice genome based on an interspecific backcross population. Genetics, 138: 1251-1274.

Chan S.R., Blackburn E.H. 2004. Telomeres and telomerase. Philos Trans R Soc Lond B Biol Sci, 359: 109-121.

Chang T.T. 1976. The origin, evolution, cultivation, dissemination, and diversification of Asian and African rices. Euphytica, 25: 425-441.

Chang T.T. 1985. Crop history and genetic conservation rice: a case study. Iowa State J Res, 59: 425-456.

Chang Y., Gong L., Yuan W., Li X., Chen G., Li X., Zhang Q., Wu C. 2009. Replication protein A (RPA1a) is required for meiotic and somatic DNA repair but is dispensable for DNA replication and homologous recombination in rice. Plant Physiol, 151: 2162-2173.

Chao L.F. 1928. The disturbing effect of the glutinous gene in rice on a Mendelian ratio. Genetics, 13: 191-225.

Chatterjee D. 1948. A modified key and enumeration of the species of *Oryza sativa* L. Indian J Agric Sci, 18: 185-192.

Che L., Tang D., Wang K., Wang M., Zhu K., Yu H., Gu M., Cheng Z. 2011. OsAM1 is required for leptotene-zygotene transition in rice. Cell Res, 21: 654-665.

Che L., Wang K., Tang D., Liu Q., Chen X., Li Y., Hu Q., Shen Y., Yu H., Gu M., Cheng Z. 2014. OsHUS1 facilitates accurate meiotic recombination in rice. PLoS Genet, 10: e1004405.

Cheeseman I.M., Desai A. 2008. Molecular architecture of the kinetochore-microtubule interface. Nat Rev Mol Cell Biol, 9: 33-46.

Chelysheva L., Diallo S., Vezon D., Gendrot G., Vrielynck N., Belcram K., Rocques N., Márquez-Lema A., Bhatt A.M., Horlow C., Mercier R., Mézard C., Grelon M. 2005. AtREC8 and AtSCC3 are essential to the monopolar orientation of the kinetochores during meiosis. J Cell Sci, 118: 4621-4632.

Chen J., Huang Q., Gao D., Wang J., Lang Y., Liu T., Li B., Bai Z., Goicoechea J.L., Liang C., Chen C., Zhang W., Sun S., Liao Y., Zhang X., Yang L., Song C., Wang M., Shi J., Liu G., Liu J., Zhou H., Zhou W., Yu Q., An N., Chen Y., Cai Q., Wang B., Liu B., Min J., Huang Y., Wu H., Li Z., Zhang Y., Yin Y., Song W., Jiang J., Jackson S.A., Wing R.A., Wang J., Chen M. 2013. Whole-genome sequencing of *Oryza brachyantha* reveals mechanisms underlying *Oryza* genome evolution. Nat Commun, 4: 1595.

Chen J., Lai H., Hwang Y., Chung M., Wu H. 1982. Identification of rice reciprocal translocation and the location of lazy gene. Bot Bull Acad Sin, 23: 71-87.

Cheng C., Motohashi R., Tsuchimoto S., Fukuta Y., Ohtsubo H., Ohtsubo E. 2003. Polyphyletic origin of cultivated rice: based on the interspersion pattern of SINEs. Mol Biol Evol, 20: 67-75.

Cheng K.S. 1985. A statistical evaluation of the classification of rice cultivars into hsien and keng subspecies. Rice Genetics Newsletter, 2: 46-48.

Cheng K.S., Huang N.W., Zhang Y.Z. 1989. A supplementary note on the sickle-shaped rice cultivars. Rice Genetics Newsletter, 6: 61-63.

Cheng Z., Buell C.R., Wing R.A., Gu M., Jiang J. 2001a. Toward a cytological characterization of the rice genome. Genome Res, 11: 2133-2141.

Cheng Z., Dong F., Langdon T., Ouyang S., Buell C.R., Gu M., Blattner F.R., Jiang J. 2002. Functional rice centromeres are marked by a satellite repeat and a centromere-specific retrotransposon. Plant Cell, 14: 1691-1704.

Cheng Z., Stupar R.M., Gu M., Jiang J. 2001b. A tandemly repeated DNA sequence is associated with both knob-like heterochromatin and a highly decondensed structure in the meiotic pachytene chromosomes of rice. Chromosoma, 110: 24-31.

Cheng Z., Yan H., Yu H., Tang S., Jiang J., Gu M., Zhu L. 2001c. Development and applications of a complete set of rice telotrisomics. Genetics, 157: 361-368.

Cheng Z., Yu H., Yan C., Zhu L., Gu M. 1997. Cytological identification of an isotetrasomic in rice and its application to centromere mapping. Cell Res, 7: 31-38.

Chern J.L., Katayama T. 1982. Genetic analysis and geographical distribution of acid phosphatase isozyme cultivated rice, *Oryza sativa* L. Jpn J Genet, 57: 143-153.

Chevalier A. 1932. Nouvelle contribution a l'étude systématique des *Oryza*. Rev Bot Appl Agric Trop, 12: 1014-1032.

Chung M. 1987. Karyotype analysis of IR36 and two trisomic lines of rice. Bot Bull Acad Sin, 28: 289-304.

Chung M., Wu H. 1988. Structural changes involving extra chromosome observed in IR36 Triplo series and their identification. Rice Genetics Newsletter, 5: 47-54.

CivánP., Craig H., Cox C.J., Brown T.A. 2015. Three geographically separate domestications of Asian rice. Nat Plants, 1: 15164.

Clarke A.S., Tang T.T., Ooi D.L., Orr-Weaver T.L. 2005. POLO kinase regulates the *Drosophila* centromere cohesion protein MEI-S332. Dev Cell, 8: 53-64.

Clarke L. 1998. Centromeres: proteins, protein complexes, and repeated domains at centromeres of simple eukaryotes. Curr Opin Genet Dev, 8: 212-218.

Clayton W.D. 1968. Studies on the Gramineae: XVII. West African wild rice. Kew Bulletin, 21: 485-488.

Clayton W.D. 1971. Studies in the Gramineae: XXVI. Kew Bulletin, 26: 111.

Coe E.H. 1959. A line of maize with high haploid frequency. Am Nat, 93: 381-382.

Counter C.M., Meyerson M., Eaton E.N., Ellisen L.W., Caddle S.D., Haber D.A., Weinberg R.A. 1998. Telomerase activity is restored in human cells by ectopic expression of hTERT (hEST2), the catalytic subunit of telomerase. Oncogene, 16: 1217-1222.

Couteau F., Belzile F., Horlow C., Grandjean O., Vezon D., Doutriaux M. 1999. Random chromosome segregation without meiotic arrest in both male and female meiocytes of a dmc1 mutant of *Arabidopsis*. Plant Cell, 11: 1623-1634.

Cowan C.R., Carlton P.M., Cande W.Z. 2001. The polar arrangement of telomeres in interphase and meiosis. Rabl organization and the bouquet. Plant Physiol, 125: 532-538.

Cowan C.R., Carlton P.M., Cande W.Z. 2002. Reorganization and polarization of the meiotic bouquet-stage cell can be uncoupled from telomere clustering. J Cell Sci, 115: 3757-3766.

Cua L.D. 1950. Artificial polyploidy in the Oryzeae, II. On the germination behavior of diploid and autotetraploid rice (Oryza sativa L.). Jpn J Genet, 25: 161-165.

Cua L.D. 1952. Artificial polyploidy in the Oryzeae. IV. A tetraploid hybrid from the cross "diploid× autotetraploid" in rice, Oryza sativa L. Cytologia, 17: 183-190.

da Costa-Nunes J.A., Bhatt A.M., O'Shea S., West C.E., Bray C.M., Grossniklaus U., Dickinson H.G. 2006. Characterization of the three Arabidopsis thaliana RAD21 cohesins reveals differential responses to ionizing radiation. J Exp Bot, 57: 971-983.

De Muyt A., Pereira L., Vezon D., Chelysheva L., Gendrot G., Chambon A., Lainé-Choinard S., Pelletier G., Mercier R., Nogué F., Grelon M. 2009. A high throughput genetic screen identifies new early meiotic recombination functions in Arabidopsis thaliana. PLoS Genet, 5: e1000654.

de Vries F.A., de Boer E., van den Bosch M., Baarends W.M., Ooms M., Yuan L., Liu J.G., van Zeeland A.A., Heyting C., Pastink A. 2005. Mouse Sycp1 functions in synaptonemal complex assembly, meiotic recombination, and XY body formation. Genes Dev, 19: 1376-1389.

Deng Z., Wang T. 2007. OsDMC1 is required for homologous pairing in Oryza sativa. Plant Mol Biol, 65: 31-42.

Der-Sarkissian H., Vergnaud G., Borde Y.M., Thomas G., Londoño-Vallejo J. 2002. Segmental polymorphisms in the proterminal regions of a subset of human chromosomes. Genome Res, 12: 1673-1678.

Ding Z., Wang T., Chong K., Bai S. 2001. Isolation and characterization of OsDMC1, the rice homologue of the yeast DMC1 gene essential for meiosis. Sex Plant Reprod, 13: 285-288.

Dirick L., Goetsch L., Ammerer G., Byers B. 1998. Regulation of meiotic S phase by Ime2 and a Clb5, 6-associated kinase in Saccharomyces cerevisiae. Science, 281: 1854-1857.

Dobzhansky T. 1937. Genetics and the Origin of Species. New York: Columbia University Press.

Dong F., Miller J.T., Jackson S.A., Wang G., Ronald P.C., Jiang J. 1998. Rice (Oryza sativa) centromeric regions consist of complex DNA. Proc Natl Acad Sci USA, 95: 8135-8140.

Du H., Yu Y., Ma Y., Gao Q., Cao Y., Chen Z., Ma B., Qi M., Li Y., Zhao X., Wang J., Liu K., Qin P., Yang X., Zhu L., Li S., Liang C. 2017. Sequencing and de novo assembly of a near complete indica rice genome. Nat Commun, 8: 15324.

Duistermaat H. 1987. A recision of Oryza (Gramineae) in Malesia and Australia. Blumea, 32: 157-193.

Earnshaw W.C., Rothfield N. 1985. Identification of a family of human centromere proteins using autoimmune sera from patients with scleroderma. Chromosoma, 91: 313-321.

Eichinger C.S., Jentsch S. 2010. Synaptonemal complex formation and meiotic checkpoint signaling are linked to the lateral element protein Red1. Proc Natl Acad Sci USA, 107: 11370-11375.

Ekwall K. 2007. Epigenetic control of centromere behavior. Annu Rev Genet, 41: 63-81.

Enomoto N. 1929. Mutation on the endosperm character in rice plant. Jpn J Genet, 5: 49-72.

Fajkus J., Kovařík A., Královics R., Bezděk M. 1995. Organization of telomeric and subtelomeric chromatin in the higher plant *Nicotiana tabacum*. Mol Gen Genet, 247: 633-638.

Fan C., Zhang Y., Yu Y., Rounsley S., Long M., Wing R.A. 2008. The subtelomere of *Oryza sativa* chromosome 3 short arm as a hot bed of new gene origination in rice. Mol Plant, 1: 839-850.

Fell V.L., Schild-Poulter C. 2015. The Ku heterodimer: function in DNA repair and beyond. Mutat Res-Rev Mutat, 763: 15-29.

Fernandes J.B., Duhamel M., Seguéla-Arnaud M., Froger N., Girard C., Choinard S., Solier V., De Winne N., De Jaeger G., Gevaert K., Andrey P., Grelon M., Guerois R., Kumar R., Mercier R. 2018. FIGL1 and its novel partner FLIP form a conserved complex that regulates homologous recombination. PLoS Genet, 14: e1007317.

Ford C.E., Hamerton J.L. 1956. A colchicine, hypotonic citrate, squash sequence for mammalian chromosomes. Stain Technology, 31: 247-251.

Fransz P., Armstrong S., Alonso-Blanco C., Fischer T.C., Torres-Ruiz R.A., Jones G. 1998. Cytogenetics for the model system *Arabidopsis thaliana*. Plant J, 13: 867-876.

Fransz P., de Jong J.H., Lysak M., Castiglione M.R., Schubert I. 2002. Interphase chromosomes in *Arabidopsis* are organized as well defined chromocenters from which euchromatin loops emanate. Proc Natl Acad Sci USA, 99: 14584-14589.

Fransz P.F., Armstrong S., de Jong J.H., Parnell L.D., van Drunen C., Dean C., Zabel P., Bisseling T., Jones G.H. 2000. Integrated cytogenetic map of chromosome arm 4S of *A. thaliana*: structural organization of heterochromatic knob and centromere region. Cell, 100: 367-376.

Fraune J., Schramm S., Alsheimer M., Benavente R. 2012. The mammalian synaptonemal complex: protein components, assembly and role in meiotic recombination. Exp Cell Res, 318: 1340-1346.

Fu M., Wang C., Xue F., Higgins J., Chen M., Zhang D., Liang W. 2016. The DNA topoisomerase VI-B subunit OsMTOPVIB is essential for meiotic recombination initiation in rice. Mol Plant, 9: 1539-1541.

Fujiwara H. 1993. Research into the history of rice cultivation using plant opal analysis. *In*: Pearsall D.M., Piperno D.R. Current research in phytolith analysis: Applications in archaeology and paleoecology. MASCA Research Papers in Science and Archaeology. The University Museum of Archaeology and Anthropology, University of Pennsylvania. Vol.10: 147-158.

Fukui K., Iijima K. 1991. Somatic chromosome map of rice by imaging methods. Theor Appl Genet, 81: 589-596.

Fukui K., Kakeda K., Iijima K., Ishiki K. 1988. Computer-aided identification of rice chromosomes. Rice Genetics Newsletter, 5: 31-34.

Fukui K., Ohmido N., Khush G.S. 1994. Variability in rDNA loci in the genus *Oryza* detected through fluorescence *in situ* hybridization. Theor Appl Genet, 87: 893-899.

Fuller D.Q. 2007. Contrasting patterns in crop domestication and domestication rates: recent archaeobotanical insights from the Old World. Annals of Botany, 100: 903-924.

Fuller D.Q., Harvey E., Qin L. 2007. Presumed domestication? Evidence for wild rice cultivation and domestication in the fifth millennium BC of the Lower Yangtze region. Antiquity, 81: 316-331.

Fuller D.Q., Sato Y.I. 2008. *Japonica* rice carried to, not from, Southeast Asia. Nat Genet, 40: 1264-1265.

Fuller D.Q., Sato Y.I., Castillo C., Qin L., Weisskopf A.R., Kingwell-Banham E.J., Song J.X., Ahn S.M., Etten J.V. 2010. Consilience of genetics and archaeobotany in the entangled history of rice. Archaeol Anthrop Sci, 2: 115-131.

Furuyama S., Biggins S. 2007. Centromere identity is specified by a single centromeric nucleosome in budding yeast. Proc Natl Acad Sci USA, 104: 14706-14711.

Gao D., Gill N., Kim H.R., Walling J.G., Zhang W., Fan C., Yu Y., Ma J., SanMiguel P., Jiang N., Cheng Z., Wing R.A., Jiang J., Jackson S.A. 2009. A lineage-specific centromere retrotransposon in *Oryza brachyantha*. Plant J, 60: 820-831.

Gao Z., Fu S., Dong Q., Han F., Birchler J.A. 2011. Inactivation of a centromere during the formation of a translocation in maize. Chromosome Res, 19: 755-761.

Ge S., Li A., Lu B., Zhang S., Hong D. 2002. A phylogeny of the rice tribe Oryzeae (Poaceae) based on matK sequence data. Am J Bot, 89: 1967-1972.

Ge S., Sang T., Lu B.R., Hong D.Y. 1999. Phylogeny of rice genomes with emphasis on origins of allotetraploid species. Proc Natl Acad Sci USA, 96: 14400-14405.

Ge S., Sang T., Lu B.R., Hong D.Y. 2001. Rapid and reliable identification of rice genomes by RFLP analysis of PCR-amplified Adh genes. Genome, 44: 1136-1142.

Genovesi A.D., Magill C.W. 1979. Improved rate of callus and green plant-production from rice anther culture following coldshock. Crop Sci, 19: 662-664.

Ghesquiere A. 1986. Evolution of *Oryza longistaminata*. *In*: Banta S.J. Rice Genetics Ⅰ. Manila: IRRI: 15-25.

Glaszmann J.C. 1987. Isozymes and classification of Asian rice varieties. Theor Appl Genet, 74: 21-30.

Goldstein P., Slaton D.E. 1982. The synaptonemal complexes of *Caenorhabditis elegans*. Chromosoma, 84: 585-597.

Golubovskaya I., Grebennikova Z.K., Avalkina N.A., Sheridan W.F. 1993. The role of the ameiotic1 gene in the initiation of meiosis and in subsequent meiotic events in maize. Genetics, 135: 1151-1166.

Gong C., Li T., Li Q., Yan L.F., Wang T. 2011a. Rice OsRAD21-2 is expressed in actively dividing tissues and its ectopic expression in yeast results in aberrant cell division and growth. J Integr Plant Biol, 53: 14-24.

Gong Y., Borromeo T., Lu B.R. 2000. A biosystematic study of the *Oryza meyeriana* complex (Poaceae). Plant Syst Evol, 224: 139-152.

Gong Z., Liu X., Tang D., Yu H., Yi C., Cheng Z., Gu M. 2011b. Non-homologous chromosome pairing and crossover formation in haploid rice meiosis. Chromosoma, 120: 47-60.

Gong Z., Wu Y., KoblížkováA., Torres G.A., Wang K., Iovene M., Neumann P., Zhang W., Novak P., Buell C.R., Macas J., Jiang J. 2012. Repeatless and repeat-based centromeres in potato: implications for centromere evolution. Plant Cell, 24: 3559-3574.

Gong Z., Xue C., Zhou Y., Zhang M.L., Liu X., Shi G., Yu H., Yi C., Ryom M., Gu M. 2013. Molecular cytological characterization of somatic variation in rice aneuploids. Plant Mol Biol Rep, 31: 1242-1248.

Gong Z., Yu H., Huang J., Yi C., Gu M. 2009. Unstable transmission of rice chromosomes without functional centromeric repeats in asexual propagation. Chromosome Res, 17: 863-872.

Gorman C.F. 1969. Hoabinhian: a pebble-tool complex with early plant associations in Southeast Asia. Science, 163: 671-673.

Goshima G., Kiyomitsu T., Yoda K., Yanagida M. 2003. Human centromere chromatin protein hMis12, essential for equal segregation, is independent of CENP-A loading pathway. J Cell Biol, 160: 25-39.

Govindaswamy S., Henderson M.T. 1965. Cytological studies in haploid rice (*Oryza sativa* L.). Oryza (Cuttak), 2: 11-23.

Greider C.W., Blackburn E.H. 1985. Identification of a specific telomere terminal transferase activity in Tetrahymena extracts. Cell, 43: 405-413.

Gross B.L., Zhao Z. 2014. Archaeological and genetic insights into the origins of domesticated rice. Proc Natl Acad Sci USA, 111: 6190-6197.

Grundy G.J., Moulding H.A., Caldecott K.W., Rulten S.L. 2014. One ring to bring them all—the role of Ku in mammalian non-homologous end joining. DNA Repair, 17: 30-38.

Gu X., Kianian S.F., Hareland G.A., Hoffer B.L., Foley M.E. 2005. Genetic analysis of adaptive syndromes interrelated with seed dormancy in weedy rice (*Oryza sativa*). Theor Appl Genet, 110: 1108-1118.

Gu X.Y., Chen Z.X., Foley M.E. 2003. Inheritance of seed dormancy in Weedy Rice. Crop Sci, 43: 835-843.

Hall A.E., Keith K.C., Hall S.E., Copenhaver G.P., Preuss D. 2004. The rapidly evolving field of plant centromeres. Curr Opin Plant Biol, 7: 108-114.

Hamant O., Golubovskaya I., Meeley R., Fiume E., Timofejeva L., Schleiffer A., Nasmyth K., Cande W.Z. 2005. A REC8-dependent plant Shugoshin is required for maintenance of centromeric cohesion during meiosis and has no mitotic functions. Curr Biol, 15: 948-954.

Han F., Gao Z., Birchler J.A. 2009a. Reactivation of an inactive centromere reveals epigenetic and structural components for centromere specification in maize. Plant Cell, 21: 1929-1939.

Han F., Lamb J.C., Birchler J.A. 2006. High frequency of centromere inactivation resulting in stable dicentric chromosomes of maize. Proc Natl Acad Sci USA, 103: 3238-3243.

Han Y., Zhang Z., Liu C., Liu J., Huang S., Jiang J., Jin W. 2009b. Centromere repositioning in cucurbit species: implication of the genomic impact from centromere activation and inactivation. Proc Natl Acad Sci USA, 106: 14937-14941.

Hancock J.F. 2003. Plant Evolution and the Origin of Crop Species. Oxford: Oxford University Press.

Harlan J.R. 1971. Agricultural origins: centers and noncenters. Science, 174: 468-474.

Harlan J.R. 1975. Crops and man. American Society of Agronomy. Madison, Wisconsin.

Harley C.B., Futcher A.B., Greider C.W. 1990. Telomeres shorten during ageing of human fibroblasts. Nature, 345: 458-460.

Hartmann N., Scherthan H. 2004. Characterization of ancestral chromosome fusion points in the Indian muntjac deer. Chromosoma, 112: 213-220.

Harushima Y., Yano M., Shomura A., Sato M., Shimano T., Kuboki Y., Yamamoto T., Lin S.Y., Antonio B.A., Parco A., Kajiya H., Huang N., Yamamoto K., Nagamura Y., Kurata N., Khush

G.S., Sasaki T. 1998. A high-density rice genetic linkage map with 2275 markers using a single F2 population. Genetics, 148: 479-494.

Hasson D., Alonso A., Cheung F., Tepperberg J.H., Papenhausen P.R., Engelen J.J.M., Warburton P.E. 2011. Formation of novel CENP-A domains on tandem repetitive DNA and across chromosome breakpoints on human chromosome 8q21 neocentromeres. Chromosoma, 120: 621-632.

He R.F., Wang Y., Shi Z., Ren X., Zhu L., Weng Q., He G.C. 2003. Construction of a genomic library of wild rice and Agrobacterium-mediated transformation of large insert DNA linked to BPH resistance locus. Gene, 321: 113-121.

He Y., Wang C., Higgins J.D., Yu J., Zong J., Lu P., Zhang D., Liang W. 2016. MEIOTIC F-BOX is essential for male meiotic DNA double-strand break repair in rice. Plant Cell, 28: 1879-1893.

Heacock M., Spangler E., Riha K., Puizina J., Shippen D.E. 2004. Molecular analysis of telomere fusions in *Arabidopsis*: multiple pathways for chromosome end-joining. EMBO J, 23: 2304-2313.

Heller-Uszynska K., Schnippenkoetter W., Kilian A. 2002. Cloning and characterization of rice (*Oryza sativa* L.) telomerase reverse transcriptase, which reveals complex splicing patterns. Plant J, 31: 75-86.

Henderson M.T. 1964. Cytogenetic studies at the Louisiana Agricultural Experiment Station of species relationships in *Oryza. In*: Chang T.T. Rice Genetics and Cytogenetics. Manila: Amsterdam Elsevier Publishing Company: 103-110.

Heng H.H., Spyropoulos B., Moens P.B. 1997. FISH technology in chromosome and genome research. BioEssays, 19: 75-84.

Higgins J.D., Sanchez-Moran E., Armstrong S.J., Jones G.H., Franklin F.C.H. 2005. The *Arabidopsis* synaptonemal complex protein ZYP1 is required for chromosome synapsis and normal fidelity of crossing over. Genes Dev, 19: 2488-2500.

Hirai A., Ishibashi T., Morikami A., Iwatsuki N., Shinozaki K., Sugiura M. 1985. Rice chloroplast DNA: a physical map and the location of the genes for the large subunit of ribulose 1,5-bisphosphate carboxylase and the 32 KD photosystem II reaction center protein. Theor Appl Genet, 70: 117-122.

Hiratsuka J., Shimada H., Whittier R., Ishibashi T., Sakamoto M., Mori M., Kondo C., Honji Y., Sun C., Meng B., Li Y., Kanno A., Nishizawa Y., Hirai A., Shinozaki K., Sugiura M. 1989. The complete sequence of the rice (*Oryza sativa*) chloroplast genome: Intermolecular recombination between distinct tRNA genes accounts for a major plastid DNA inversion during the evolution of the cereals. Mol Gen Genet, 217: 185-194.

Hong J.P., Byun M.Y., Koo D.H., An K., Bang J.W., Chung I.K., An G., Kim W.T. 2007. Suppression of RICE TELOMERE BINDING PROTEIN1 results in severe and gradual developmental defects accompanied by genome instability in rice. Plant Cell, 19: 1770-1781.

Hong L., Tang D., Zhu K., Wang K., Li M., Cheng Z. 2012. Somatic and reproductive cell development in rice anther is regulated by a putative glutaredoxin. Plant Cell, 24: 577-588.

Honigberg S.M., Purnapatre K. 2003. Signal pathway integration in the switch from the mitotic cell cycle to meiosis in yeast. J Cell Sci, 116: 2137-2147.

Hou L., Xu M., Zhang T., Xu Z., Wang W., Zhang J., Yu M., Ji W., Zhu C., Gong Z., Gu M., Jiang J., Yu H. 2018. Chromosome painting and its applications in cultivated and wild rice. BMC Plant Biol, 18: 110.

Hsieh S.C., Chang W.T. 1954. Studies on behavior of chromosomes and development of embryo-sac and pollen grains in haploid rice plant. Japan Agric Res Quart, 4: 1-9.

Hsu T., Pomerat C.M. 1953. Mammalian chromosomes *in vitro*. II. A method for spreading the chromosomes of cells in tissue culture. J Hered, 44: 23-30.

Hu C. 1957. Karyological studies of haploid rice plants. I. The chromosome association in meiosis. Jpn J Genet, 32: 28-36.

Hu C. 1958. Karyological studies in haploid rice. II. Analysis of karyotype and somatic pairing. Jpn J Genet, 33: 296-301.

Hu C. 1959. Karyological studies in haploid rice. III. Comparison between diploid purelines of rice obtained from a haploid plant and lines from foundation seed of the same variety. Jpn J Breeding, 9: 135-139.

Hu C. 1960. Karyological studies in haploid rice plants. IV. Chromosome morphology and intragenome pairing in haploid plants of *Oryza glaberrima* Steud. as compared with those of *O. sativa* L. Cytologia, 25: 437-449.

Hu C. 1968. Studies on the development of twelve types of trisomics in rice with reference to genetic study and breeding programme. J Agr Assoc China New Series, 63: 53-71.

Hu C., Zeng Y., Lu Y., Li J., Liu X. 2009. High embryo sac fertility and diversity of abnormal embryo sacs detected in autotetraploid *indica/japonica* hybrids in rice by whole-mount eosin B-staining confocal laser scanning microscopy. Plant Breeding, 128: 187-192.

Hu Q., Li Y., Wang H., Shen Y., Zhang C., Du G., Tang D., Cheng Z. 2017. Meiotic chromosome association 1 interacts with TOP3α and regulates meiotic recombination in rice. Plant Cell, 29: 1697-1708.

Hu Q., Tang D., Wang H., Shen Y., Chen X., Ji J., Du G., Li Y., Cheng Z. 2016. The endonuclease homolog OsRAD1 promotes accurate meiotic double-strand break repair by suppressing non-homologous end joining. Plant Physiol, 172: 1105-1116.

Hu Q., Zhang C., Xue Z., Ma L., Liu W., Shen Y., Ma B., Cheng Z. 2018. OsRAD17 is required for meiotic double-strand break repair and plays a redundant role with OsZIP4 in synaptonemal complex assembly. Front Plant Sci, 9: 1236.

Huang X., Kurata N., Wei X., Wang Z., Wang A., Zhao Q., Zhao Y., Liu K., Lu H., Li W., Guo Y., Lu Y., Zhou C., Fan D., Weng Q., Zhu C., Huang T., Zhang L., Wang Y., Feng L., Furuumi H., Kubo T., Miyabayashi T., Yuan X., Xu Q., Dong G., Zhan Q., Li C., Fujiyama A., Toyoda A., Lu T., Feng Q., Qian Q., Li J., Han B. 2012. A map of rice genome variation reveals the origin of cultivated rice. Nature, 490: 497-501.

Huang Z., He G., Shu L., Li X., Zhang Q. 2001 Identification and mapping of two brown planthopper resistance genes in rice. Theor Appl Genet, 102: 929-934.

Ichijima K. 1934. On the artificially induced mutations and polyploid plants of rice occurring in subsequent generations. Proc Jpn Acad, 10: 388-391.

Ijdo J.W., Baldini A., Ward D.C., Reeders S.T., Wells R.A. 1991. Origin of human chromosome 2: an ancestral telomere-telomere fusion. Proc Natl Acad Sci USA, 88: 9051-9055.

Ikeda K., Furuuini H., Yoshimura A., Yasui H., Iwata N. 1993. Production and identification of acrotrisomics in rice (*Oryza sativa* L.). Proc 7th Intern Congr SABRAO.

Ikehashi H. 1984. Varietal screening for compatibility types revealed in $F_1$ sterility of distant crosses of rice. Jpn J breeding, 34: 304-313.

Ikehashi H. 1986. Genetics of $F_1$ sterility in remote crosses of rice. *In*: Banta S.J. Rice Genetics I. Manila: IRRI: 119-130.

International Rice Genome Sequencing Project. 2005. The map-based sequence of the rice genome. Nature, 436: 793-800.

Ishige N. 1978. Genealogy of Japanese rice. *In*: Essays: The origin of Japanese rice. Tokyo: Daiwashobo: 176-218.

Ishiki K. 1986. Cytogenetical studies on African rice, *Oryza glaberrima* Steud. II. Autotriploid produced by crossing between autotetraploid and diploid. Jpn J Genet, 61: 107-118.

Ishii K., Mitsukuri Y. 1960. Chromosome studies on *Oryza*. I. somatic chromosomes of *Oryza sativa* L. Bull Res Coll Agric Vet Med Nihon Univ, 11: 44-53.

Ishii K., Ogiyama Y., Chikashige Y., Soejima S., Masuda F., Kakuma T., Hiraoka Y., Takahashi K. 2008. Heterochromatin integrity affects chromosome reorganization after centromere dysfunction. Science, 321: 1088-1091.

Iwata N. 1969. Cytogenetical studies on the progenies of rice plants exposed to atomic radiation in Nagasaki. Science Bulletin of the Faculty of Agriculture Kyushu University, 25: 1-53.

Iwata N. 1986. The relationship between cytologically identified chromosomes and linkage groups in rice. *In*: Banta S.J. Rice Genetics I. Manila: IRRI: 229-238.

Iwata N., Omura T. 1975. Studies on the trisomics in rice plants (*Oryza sativa* L.). III. Relationships between trisomics and genetic linkage groups. Jpn J Breeding, 25: 363-368.

Iwata N., Omura T. 1976a. Studies on the trisomics in rice plants (*Oryza sativa* L.). IV. On the possibility of association of three linkage groups with one chromosome. Jpn J Genet, 51: 135-137.

Iwata N., Omura T. 1976b. Linkage analyses using trisomics in rice (*Oryza sativa* L.).III. Jpn J Breeding, 26: 112-113.

Iwata N., Omura T. 1984. Studies on the trisomic in rice plants (*Oryza sativa* L.). VI. An accomphishment of a trisomic series in Japonica rice plants. Jpn J Genet, 59: 199-204.

Iwata N., Satoh H., Omura T. 1984a. Studies on the trisomics in rice plants (*Oryza sativa* L.).V. Relationship between the twelve chromosomes and the linkage groups. Jpn J Breeding, 34: 314-321.

Iwata N., Satoh H., Omura T. 1984b. Studies on the trisomics in rice plants (*Oryza sativa* L.).VII. Some marker genes located on chromosome 2 and their sequence on the linkage map. Journal of the Faculty of Agriculture Kyushu University, 29: 139-144.

Jena K.K., Khush G.S. 1989. Monosomic alien addition lines of rice: production, morphology, cytology, and breeding behavior. Genome, 32: 449-455.

Ji J., Tang D., Shen Y., Xue Z., Wang H., Shi W., Zhang C., Du G., Li Y., Cheng Z. 2016. P31$^{comet}$, a member of the synaptonemal complex, participates in meiotic DSB formation in rice. Proc Natl Acad Sci USA, 113: 10577-10582.

Ji J., Tang D., Wang K., Wang M., Che L., Li M., Cheng Z. 2012. The role of OsCOM1 in homologous chromosome synapsis and recombination in rice meiosis. Plant J, 72: 18-30.

Ji J., Tang D., Wang M., Li Y., Zhang L., Wang K., Li M., Cheng Z. 2013. MRE11 is required for homologous synapsis and DSB processing in rice meiosis. Chromosoma, 122: 363-376.

Jiang J., Birchler J.A., Parrott W.A., Dawe R.K. 2003. A molecular view of plant centromeres. Trends Plant Sci, 8: 570-575.

Jiang J., Nasuda S., Dong F., Scherrer C.W., Woo S.S., Wing R.A., Gill B.S., Ward D.C. 1996. A conserved repetitive DNA element located in the centromeres of cereal chromosomes. Proc Natl Acad Sci USA, 93: 14210-14213.

Jiang L., Xia M., Strittmatter L.I., Makaroff C.A. 2007. The *Arabidopsis* cohesin protein SYN3 localizes to the nucleolus and is essential for gametogenesis. Plant J, 50: 1020-1034.

Jin Q., Fuchs J., Loidl J. 2000. Centromere clustering is a major determinant of yeast interphase nuclear organization. J Cell Sci, 113: 1903-1912.

Jodon N.E. 1948. Summary of rice linkage data. Plant Ind Sta US Dept Agri, 112: 1-34.

Jodon N.E. 1964. Genetic segregation and linkage, importantphasesofrice research. *In*: Chang T.T. Rice Genetics and Cytogenetics. Manila: Amsterdam Elsevier Publishing Company: 193-204.

Jones J.W., Longley A.E. 1941. Sterility and aberrant chromosome numbers in Caloro and other varieties of rice. Japan Agric Res Quart, 62: 381-399.

Katayama T. 1963. Studies on the progenies of autotriploid and asynaptic rice plants. Jpn J Breeding, 13: 83-87.

Katayama T. 1966a. Cytogenetical studies on the genus *Oryza*. 2. Chromosome pairing in the interspecific hybrid with the ABC genomes. Jpn J Genet, 41: 309-316.

Katayama T. 1966b. Cytogenetical studies on the genus *Oryza*. 3. Chromosome pairing in the interspecific hybrid with the ACD genomes, Jpn J Genet, 41: 317-324.

Katayama T. 1966c. Relationship between seed-weight and somatic chromosome number in the progeny of partially asynaptic rice plants: The occurrence of trisomic and monosomic plants. Jpn J Breeding, 16: 10-14.

Katayama T. 1967. Cytogenetical studies on genus *Oryza*: F1 hybrids of the crosses BBCC×CC, BBCC×a diploid strain of *O. punctata* and CC×a diploid strain of *O. punctata*. Proc Jpn Acad, 43: 327-331.

Kato S., Maruyama Y. 1928. Serodiagnostic investigations on the affinities of different varieties of rice. Sci Bull Fac Agri Kyushu Imp Univ, 3: 16-29.

Kawakami J. 1943. Occurrence of twins and triplets, and the establishment of haploid and polyploidy in rice. Agr Hort, 18: 740.

Kawakami S.I., Ebana K., Nishikawa T., Sato Y., Vaughan D.A., Kadowaki K.I. 2007. Genetic variation in the chloroplast genomes suggest multiple domestication of cultivated Asian rice (*Oryza sativa* L.). Genome, 50: 180-187.

Keeney S. 2001. Mechanism and control of meiotic recombination initiation. Curr Top Dev Biol, 52: 1-53.

Kelliher T., Starr D., Richbourg L., Chintamanani S., Delzer B., Nuccio M.L., Green J., Chen Z., McCuiston J., Wang W., Liebler T., Bullock P., Martin B. 2017. MATRILINEAL, a sperm-specific phospholipase, triggers maize haploid induction. Nature, 542: 105-109.

Khush G.S. 1973. Cytogenetics of Aneuploids. New York and London: Academic Press.

Khush G.S. 1997. Origin, dispersal, cultivation and variation of rice. Plant Mol Biol, 35: 25-34.

Khush G.S. 2010. Trisomics and alien addition lines in rice. Breeding Sci, 60: 469-474.

Khush G.S., Rick C.M. 1969. Tomato secondary trisomics: Origin, identification, morphology, and use in cytogenetic analysis of the genome. Heredity, 24: 113-118.

Khush G.S., Singh R.J. 1984. Relationships between linkage groups and cytologically identifiable chromosomes of rice. B Mar Sci, 9: 117-152.

Khush G.S., Singh R.J., Sur S.C., Librojo A.L. 1984. Primary trisomics of rice: Origin, morphology, cytology and use in linkage mapping. Genetics, 107: 141-163.

Kilian A., Heller K., Kleinhofs A. 1998. Development patterns of telomerase activity in barley and maize. Plant Mol Biol, 37: 621-628.

Kinoshita T. 1986. Report of the committee on gene symbolization, nomenchature and linkage groups. Rice Genetics Newsletter, 3: 4-8.

Kinoshita T. 1995. Report of committee on gene symbolization, nomenclature and linkage groups. Rice Genetics Newsletter, 12: 9-153.

Kinoshita T., Takahashi M., Sato S. 1975. Linkage analyses through a reciprocal translocation method with special reference to the first linkage group. Genetical studies on rice plants. XIV. Memoirs Fac Agri Hokkaido Univ, 9: 259-263.

Kishimoto N., Foolad M.R., Shimosaka E., Matsuura S., Saito A. 1993. Alignment of molecular and classical linkage map of rice, *Oryza sativa*. Plant Cell Rep, 12: 457-461.

Kitada K., Kurata N., Satoh H., Omura T. 1983. Genetic control of meiosis in rice, *Oryza sativa* L. I. Classification of meiotic mutants induced by MNU and their cytogenetical characteristics. Jpn J Genet, 58: 231-240.

Klutstein M., Fennell A., Fernández-Álvarez A., Cooper J.P. 2015. The telomere bouquet regulates meiotic centromere assembly. Nat Cell Biol, 17: 458-469.

Kobayashi T., Hotta Y., Tabata S. 1993. Isolation and characterization of a yeast gene that is homologous with a meiosis-specific cDNA from a plant. Mol Gen Genet, 237: 225-232.

Komiya R., Ikegami A., Tamaki S., Yokoi S., Shimamoto K. 2008. Hd3a and RFT1 are essential for flowering in rice. Development, 135: 767-774.

Komiya R., Ohyanagi H., Niihama M., Watanabe T., Nakano M., Kurata N., Nonomura K. 2014. Rice germline-specific Argonaute MEL1 protein binds to phasiRNAs generated from more than 700 lincRNAs. Plant J, 78: 385-397.

Konishi S., Izawa T., Lin S.Y., Ebana K., Fukuta Y., Sakaki T., Yano M. 2006. An SNP caused loss of seed shattering during rice domestication. Science, 312: 1392-1396.

Kotani H., Hosouchi T., Tsuruoka H. 1999. Structural analysis and complete physical map of

*Arabidopsis thaliana* chromosome 5 including centromeric and telomeric regions. DNA Res, 6: 381-386.

Kou Y., Chang Y., Li X., Xiao J., Wang S. 2012. The rice RAD51C gene is required for the meiosis of both female and male gametocytes and the DNA repair of somatic cells. J Exp Bot, 63: 5323-5335.

Koubova J., Menke D.B., Zhou Q., Capel B., Griswold M.D., Page D.C. 2006. Retinoic acid regulates sex-specific timing of meiotic initiation in mice. Proc Natl Acad Sci USA, 103: 2474-2479.

Kurata N., Omura T. 1978. Karyotype analysis in rice. I. A new method for identifying all chromosome pairs. Jpn J Genet, 53: 251-255.

Kurata N., Omura T., Iwata N. 1981. Studies on centromere, chromomere and nucleolus in pachytene nuclei of rice, *Oryza sativa*, microsporocytes. Cytologia, 46: 791-800.

Kurata N., Umehara Y., Tanoue H., Sasaki T. 1997. Physical mapping of the rice genome with YAC clones. Plant Mol Biol, 35: 101-113.

Kurzbauer M.T., Uanschou C., Chen D., Schlögelhofer P. 2012. The recombinases DMC1 and RAD51 are functionally and spatially separated during meiosis in *Arabidopsis*. Plant Cell, 24: 2058-2070.

Kuwada Y. 1909. On the development of the pollen grain, embryo-sac and the formation of the endosperm, etc. of *Oryza sativa* L. Bot Mag Tokyo, 24: 333-343.

Kuwada Y. 1910. A cytological study of *Oryza sativa* L. Bot Mag Tokyo, 24: 267-281.

Lam W.S., Yang X., Makaroff C.A. 2005. Characterization of *Arabidopsis thaliana* SMC1 and SMC3: evidence that AtSMC3 may function beyond chromosome cohesion. J Cell Sci, 118: 3037-3048.

Langdon T., Seago C., Mende M., Leggett M., Thomas H., Forster J.W., Jones R.N., Jenkins G. 2000. Retrotransposon evolution in diverse plant genomes. Genetics, 156: 313-325.

Launert E. 1965. A survey of the genus *Leersia* in Africa. Senckenbergiana Biologica, 46: 129-153.

Lee H.R., Zhang W., Langdon T., Jin W., Yan H., Cheng Z., Jiang J. 2005. Chromatin immunoprecipitation cloning reveals rapid evolutionary patterns of centromeric DNA in *Oryza* species. Proc Natl Acad Sci USA, 102: 11793-11798.

Levan A., Fredga K., Sandberg A.A. 1964. Nomenclature for centromeric position on chromosomes. Hereditas, 52: 201-220.

Li C., Zhou A.L., Sang T. 2006. Rice domestication by reducing shattering. Science, 311: 1936-1939.

Li H.W., Weng T.S., Chen C.C., Wang W.H. 1961. Cytogenetical studies of *Oryzya sativa* L. and its related species. 1. Hybrids *O. paraguaiensis* Wedd.× *O. brachyantha* Chev. et Roehr., *O. paraguaiensis* Wedd.× *O. australiensis* Domin. and *O. australiensis* Domin.× *O. alta* Swallen. Bot Bull Acad Sin, 2: 79-86.

Li H.W., Weng T.S., Chen C.C., Wang W.H. 1962. Cytogenetical studies of *Oryzya sativa* L. and its related species. 2. A preliminary note on the interspecific hybrids within the section *Sativa* Roschev. Bot Bull Acad Sin, 3: 209-219.

Li H.W., Weng T.S., Chen C.C., Wuu K.D. 1963. Cytogenetical studies of *Oryzya sativa* L. and its related species. Bot Bull Acad Sin, 4: 65-74.

Li H.W., Yang K.K.S., Ho K.C. 1964. Cytogenetical studies of *Oryza sativa* L. and related species. 7.

Non-syn-chronization of mitosis and cytokinesis in relation to the formation of diploid gametes in the hybrid of *O. sativa* L. and *O. officinalis* Wall. Bot Bull Acad Sin, 5: 142-153.

Li X., Chang Y., Xin X., Zhu C., Li X., Higgins J.D., Wu C. 2013. Replication protein A2c coupled with replication protein A1c regulates crossover formation during meiosis in rice. Plant Cell, 25: 3885-3899.

Li X., Meng D., Chen S., Luo H., Zhang Q., Jin W., Yan J. 2017. Single nucleus sequencing reveals spermatid chromosome fragmentation as a possible cause of maize haploid induction. Nat Commun, 8: 991.

Li Y., Qin B., Shen Y., Zhang F., Liu C., You H., Du G., Tang D., Cheng Z. 2018. HEIP1 regulates crossover formation during meiosis in rice. Proc Natl Acad Sci USA, 115: 10810-10815.

Librojo A.L., Khush G.S. 1986. Chromosomal location of some mutant genes through the use of primary trisomics in rice. *In*: Banta S.J. Rice Genetics Ⅰ. Manila: IRRI: 249-255.

Lin S.Y., Sasaki T., Yano M. 1998. Mapping quantitative trait loci controlling seed dormancy and heading date in rice, *Oryza sativa* L., using backcross inbred lines. Theor Appl Genet, 96: 997-1003.

Lingner J., Hughes T.R., Shevchenko A., Mann M., Lundblad V., Cech T.R. 1997. Reverse transcriptase motifs in the catalytic subunit of telomerase. Science, 276: 561-567.

Liu C., McElver J., Tzafrir I., Joosen R., Wittich P., Patton D., van Lammeren A.A.M., Meinke D. 2002. Condensin and cohesin knockouts in *Arabidopsis* exhibit a titan seed phenotype. Plant J, 29: 405-415.

Liu H., Nonomura K.I. 2016. A wide reprogramming of histone H3 modifications during male meiosis I in rice is dependent on the Argonaute protein MEL1. J Cell Sci, 129: 3553-3561.

Londo J.P., Chiang Y.C., Hung K.H., Chiang T.Y., Schaal B.A. 2006. Phylogeography of Asian wild rice, *Oryza rufipogon*, reveals multiple independent domestications of cultivated rice, *Oryza sativa*. Proc Natl Acad Sci USA, 103: 9578-9583.

Louis E.J. 1995. The chromosome ends of Saccharomyces cerevisiae. Yeast, 11: 1553-1573.

Lu H., Liu Z., Wu N., Berné S., Saito Y., Liu B., Wang L. 2002. Rice domestication and climatic change: phytolith evidence from East China. Boreas, 31: 378-385.

Luo Q., Tang D., Wang M., Luo W., Zhang L., Qin B., Shen Y., Wang K., Li Y., Cheng Z. 2013. The role of OsMSH5 in crossover formation during rice meiosis. Mol Plant, 6: 729-742.

Ma H. 2006. A molecular portrait of *Arabidopsis* meiosis. The Arabidopsis Book: e0095.

Macaisne N., Vignard J., Mercier R. 2011. SHOC1 and PTD form an XPF–ERCC1-like complex that is required for formation of class I crossovers. J Cell Sci, 124: 2687-2691.

MacQueen A.J., Colaiácovo M.P., McDonald K., Villeneuve A.M. 2002. Synapsis-dependent and-independent mechanisms stabilize homolog pairing during meiotic prophase in *C. elegans*. Genes Dev, 16: 2428-2442.

Maddox P.S., Oegema K., Desai A., Cheeseman I.M. 2004. "Holo"er than thou: Chromosome segregation and kinetochore function in *C. elegans*. Chromosome Res, 12: 641-653.

Mandáková T., Joly S., Krzywinski M., Mummenhoff K., Lysak M.A. 2010. Fast diploidization in close mesopolyploid relatives of *Arabidopsis*. Plant Cell, 22: 2277-2290.

Manfrini N., Guerini I., Citterio A., Lucchini G., Longhese M.P. 2010. Processing of meiotic DNA double strand breaks requires cyclin-dependent kinase and multiple nucleases. J Biol Chem, 285: 11628-11637.

Mariam A.L., Zakri A.H., Mahani M.C., Normah M.N. 1996. Interspecific hybridization of cultivated rice, *Oryza sativa* L. with the wild rice, *O. minuta* Presl. Theor Appl Genet, 93: 664-671.

Marshall O.J., Chueh A.C., Wong L.H., Choo K.H.A. 2008. Neocentromeres: New insights into centromere structure, disease development, and karyotype evolution. Am J Hum Genet, 82: 261-282.

Mashima I. 1942. Studies on the tetraploid flax induced by colchicine. Cytologia, 12: 460-468.

Mashima I. 1952. Causes of sterility in tetraploid rice. Jpn J Breeding, 1: 179-188.

Masood M.S., Nishikawa T., Fukuoka S., Njenga P.K., Tsudzuki T., Kadowaki K. 2004. The complete nucleotide sequence of wild rice (*Oryza nivara*) chloroplast genome: first genome wide comparative sequence analysis of wild and cultivated rice. Gene, 340: 133-139.

Matsuo T. 1952. Genecological studies on the cultivated rice. Bull Nat Inst Agr Sci, 3: 111.

Matsuo T. 1997. Origin and distribution of cultivated rice. *In*: Matsuo T., Futsuhara Y., Kikuchi F., Yamaguchi H. Science of the Rice Plant. Tokyo: Food and Agriculture Policy Research Center: 69-88.

Matsuo T., Yano M., Satoh H., Omura T. 1986. Gene *shr-2* located on Chromosome 12. Rice Genetics Newsletter, 3: 61-62.

McAinsh A.D., Tytell J.D., Sorger P.K. 2003. Structure, function, and regulation of budding yeast kinetochores. Annu Rev Cell Dev Bi, 19: 519-539.

McClintock B. 1941. The stability of broken ends of chromosomes in *Zea mays*. Genetics, 26: 234-282.

McCouch S.R., Kochert G., Yu Z.H., Wang Z.Y., Khush G.S., Coffman W.R., Tanksley S.D. 1988. Molecular mapping of rice chromosomes. Theor Appl Genet, 76: 815-829.

McEachern M.J., Blackburn E.H. 1994. A conserved sequence motif within the exceptionally diverse telomeric sequences of budding yeasts. Proc Natl Acad Sci USA, 91: 3453-3457.

Mercier R., Armstrong S.J., Horlow C., Jackson N.P., Makaroff C.A., Vezon D., Pelletier G., Jones G.H., Franklin F.C.H. 2003. The meiotic protein SWI1 is required for axial element formation and recombination initiation in *Arabidopsis*. Development, 130: 3309-3318.

Miah M.A.A, Earle E.D., Khush G.S. 1985. Inheritance of callus formation ability in anther cultures of rice, *Oryza sativa* L. Theor Appl Genet, 70: 113-116.

Miao C., Tang D., Zhang H., Wang M., Li Y., Tang S., Yu H., Gu M., Cheng Z. 2013. Central region component1, a novel synaptonemal complex component, is essential for meiotic recombination initiation in rice. Plant Cell, 25: 2998-3009.

Miller J.T., Dong F., Jackson S.A., Song J., Jiang J. 1998a. Retrotransposon-related DNA sequences in the centromeres of grass chromosomes. Genetics, 150: 1615-1623.

Miller J.T., Jackson S.A., Nasuda S., Gill B.S., Wing R.A., Jiang J. 1998b. Cloning and characterization of a centromere-specific repetitive DNA element from *Sorghum bicolor*. Theor Appl Genet, 96: 832-839.

Mimida N., Kitamoto H., Osakabe K., Nakashima M., Ito Y., Heyer W.D., Toki S., Ichikawa H.

2007. Two alternatively spliced transcripts generated from OsMUS81, a rice homolog of yeast MUS81, are up-regulated by DNA-damaging treatments. Plant Cell Physiol, 48: 648-654.

Misra R.N., Jena K.K., Sen P. 1986. Cytogenetics of trisomics in indica rice. *In*: Banta S.J. Rice Genetics I. Manila: IRRI: 173-183.

Misra R.N., Shastry S.V.S. 1967. Pachytene analysis in *Oryza*. Ⅶ. Chromosome pairing in an intervarietal hybrid of *O. perennis* Moench. Cytologia, 31: 125-131.

Misro B., Richharia R.H., Thakur R. 1966. Linkage studies in rice (*Orzya sativa* L.). Ⅶ. Identification of linkage groups in indica rice. Oryza, 3: 96-105.

Miyazaki S., Sato Y., Asano T., Nagamura Y., Nonomura K. 2015. Rice MEL2, the RNA recognition motif (RRM) protein, binds in vitro to meiosis-expressed genes containing U-rich RNA consensus sequences in the 3'-UTR. Plant Mol Biol, 89: 293-307.

Mizuno H., Wu J., Kanamori H., Fujisawa M., Namiki N., Saji S., Katagiri S., Katayose Y., Sasaki T., Matsumoto T. 2006. Sequencing and characterization of telomere and subtelomere regions on rice chromosomes 1S, 2S, 2L, 6L, 7S, 7L and 8S. Plant J, 46: 206-217.

Mizuno H., Wu J., Katayose Y., Kanamori H., Sasaki T., Matsumoto T. 2008a. Characterization of chromosome ends on the basis of the structure of TrsA subtelomeric repeats in rice (*Oryza sativa* L.). Mol Genet Genomics, 280: 19-24.

Mizuno H., Wu J., Katayose Y., Kanamori H., Sasaki T., Matsumoto T. 2008b. Chromosome-specific distribution of nucleotide substitutions in telomeric repeats of rice (*Oryza sativa* L.). Mol Biol Evol, 25: 62-68.

Molina J., Sikora M., Garud N., Flowers J.M., Rubinstein S., Reynolds A., Huang P., Jackson S., Schaal B.A., Bustamante C.D., Boyko A.R., Purugganan M.D. 2011. Molecular evidence for a single evolutionary origin of domesticated rice. Proc Natl Acad Sci USA, 108: 8351-8356.

Morinaga T. 1940. Cytogenetical studies on *Oryza sativa* L. Ⅳ. The cytogenetics of F1 hybrid of *O. sativa* L. and *O. minuta* Presl. Jpn J Bot, 11: 1-16.

Morinaga T. 1968. Origin and geographical distribution of Japanese rice. Japan Agric Res Quart, 3: 1-5.

Morinaga T., Fukushima E. 1931. A preliminary report on the haploid plant of rice, *Oryza sativa* L. Proc Imp Acad, 7: 383-384.

Morinaga T., Fukushima E. 1934. Cytogenetical studies on *Oryza sativa* L. I. Studies on the haploid plant of *Oryza sativa* L. Jpn J Bot, 7: 73-106.

Morinaga T., Fukushima E. 1935. Cytogenetical studies on *Oryza sativa* L. II. Spontaneous autotriploid mutants in *Oryza sativa* L. Jpn J Bot, 7: 207-225.

Morinaga T., Fukushima E. 1937. Cytogenetical studies on *Oryza sativa* L. III. Spontaneous autotetraploid mutants in *Oryza sativa* L. Jpn J Bot, 9: 71-94.

Morinaga T., Kuriyama H. 1952. Triploid rice plants produced by diploid×tetraploid. Jpn J Breeding, 1: 200.

Morinaga T., Kuriyama H. 1959. A note on the cross results of diploid and tetraploid rice plants. Jpn J Breeding, 9: 187-193.

Morinaga T., Kuriyama H. 1960. Interspecific hybrids and the genomic constitution of various species in the genus *Oryza*. Agr Hort, 35: 773-776.

Morinaga T., Kuriyama H., Ono S. 1958. On the interspecific hybrid of *Oryza sativa* and *O. officinalis*. Jpn J Breeding, 8: 189.

Morishima H.I. 1969. Phenetic similarity and phylogenetic relationships among strains of *Oryza perennis*, estimated by methods of numerical taxonomy. Evolution, 23: 429-443.

Morishima H. 1984. Wild Plants and Domestication. *In*: Tsunoda S., Takahashi N. Biology of Rice. Tokyo: Japan Sci Soc Press: 3-30.

Morishima H. 1986. Wild progenitors of cultivated rice and their population dynamics. *In*: Banta S.J. Rice Genetics Ⅰ. Manila: IRRI: 3-14.

Morishima H., Gadrinab L.U. 1987. Are the Asian wild rice differentiated into the *india* and *japonica* type? *In*: Crop Exploration and Utilization of Genetic Resources. Changhua: Taichung District Agr Improvement Sta: 11-22.

Morishima H., Oka H.I. 1960. The pattern of interspecific variation in the genus *Oryza*: its quantitative representation by statistical methods. Evolution, 14: 153-165.

Morishima H., Oka H.I. 1981. Phylogenetic differentiation of cultivated rice. XXVII. Numerical evaluation of the *indica-japonica* differentiation. Jpn J Breeding, 31: 402-413.

Morozumi Y., Ino R., Ikawa S., Mimida N., Shimizu T., Toki S., Ichikawa H., Shibata T., Kurumizaka H. 2013. Homologous pairing activities of two rice RAD51 proteins, RAD51A1 and RAD51A2. PLoS One, 8: e75451.

Mouras A., Salesses G., Lutz A. 1978. Sur l'utilisation des protoplasts in cytologic: Amelioration d'une methode recente in vue de l'identification des chromosomes mitotiques des genres *Nicotiana* et Prunus. Caryologia, 31:117–127.

Muller H. 1938. The remaking of chromosomes. Collecting Net, 13: 181-195.

Multani D.S., Bautista A.T., Bara D.S., Khush G.S. 1992. Induction of monosomics in rice through pollen irradiation. Rice Genetics Newsletter, 9: 92-93.

Multani D.S., Jena K.K., Brar D.S., de Los Reyes B.G., Angeles E.R., Khush G.S. 1994. Development of monosomic alien addition lines and introgression of genes from *Oryza australiensis* Domin. to cultivated rice *O. sativa* L. Theor Appl Genet, 88: 102-109.

Multani D.S., Khush G.S., delos Reyes B.G., Brar D.S. 2003. Alien genes introgression and development of monosomic alien addition lines from *Oryza latifolia* Desv. to rice, *Oryza sativa* L. Theor Appl Genet, 107: 395-405.

Murashige T., Skoog F. 1962. A revised medium for rapid growth and bio assays with tobacco tissue cultures. Physiologia Plantarum, 15: 473-497.

Nagaki K., Cheng Z., Ouyang S., Talbert P.B., Kim M., Jones K.M., Henikoff S., Buell C.R., Jiang J. 2004. Sequencing of a rice centromere uncovers active genes. Nat Genet, 36: 138-145.

Nagaki K., Neumann P., Zhang D., Ouyang S., Buell C.R., Cheng Z., Jiang J.M. 2005. Structure, divergence, and distribution of the CRR centromeric retrotransposon family in rice. Mol Biol Evol, 22: 845-855.

Nagamatsu T. 1955. Effects of the atomic bomb explosion on some crop plants, with special reference to the genetics and cytology of mutant rice (*Oryza saliva* L.) in Nagasaki. Proc Internatl Conf

Peaceful Uses Atomic Energy, Geneva: 629-642.

Nagamatsu T. 1965. Spontaneous mutants in rice and the genetics of atomic bombed rice. IEEE T Power Deliver, 22: 1257-1258.

Nagao S. 1936. Genetics and Breeding of Rice (Ine no iden to ikushu). Tokyo: Yokendo.

Nagao S. 1951. Genic analyses and linkage relationships of characters in rice. Advances in Genetics, 4: 181-212.

Nagao S., Takahashi M. 1947. Linkage studies on rice. Jpn J Genet, 22: 22-23.

Nagao S., Takahashi M. 1960. Genetical studies on rice plant, XXIV. Preliminary report of twelve linkage groups in Japanese rice. J Fac Agri Hokkaido Univ, 51: 289-298.

Nagao S., Takahashi M. 1963. Genetic studies on rice plant. XXVII. Trial construction of twelve linkage groups in Japanese rice. J Fac Agri Hokkaido Univ, 53: 72-130.

Naito T., Matsuura A., Ishikawa F. 1998. Circular chromosome formation in a fission yeast mutant defective in two ATM homologues. Nat Genet, 20: 203-206.

Nakagahra M. 1978. The Differentiation classification and center of genetic diversity of cultivated rice (*Oryza sativa* L.) by isozyme analyses. Trop Agric Res Ser IARC, 11: 77-82.

Nakagahra M. 1985. Homeland of rice plants and cultivation. Tokyo: Kokon Shoin.

Nakagahra M., Akihama T., Hayashi K.I. 1975. Genetic variation and geographic cline of esterase isozymes in native rice varieties. Jpn J Genet, 50: 373-382.

Nakagahra M., Hayashi K. 1977. Origin of cultivated rice as detected by isoenzyme variations. Japan Agric Res Quart, 11: 1-5.

Nakamori E. 1932. On the appearance of the triploid plant of rice, *Oryza sativa* L. Proc Imp Acad, 8: 528-529.

Nakamori E. 1933. On the occurrence of the tetraploid plant of rice, *Oryza sativa* L. Proc Imp Acad, 9: 340-341.

Nakamura S. 1933. The haploid plant in rice. Nippon Idengaku Zasshi, 8: 223-227.

Nakayama J., Tahara H., Tahara E., Saito M., Ito K., Nakamura H., Nakanishi T., Tahara E., Ide T., Ishikawa F. 1998. Telomerase activation by hTRT in human normal fibroblasts and hepatocellular carcinomas. Nat Genet, 18: 65-68.

Nakayama S. 2005. Molecular cytological diversity in cultivated rice *Oryza sativa* subspecies *japonica* and *indica*. Breeding Sci, 55: 425-430.

Nandi H.K. 1936. The chromosome morphology, secondary association and origin of cultivated rice. J Genet, 33: 315-336.

Nasuda S., Hudakova S., Schubert I., Houben A., Endo T.R. 2005. Stable barley chromosomes without centromeric repeats. Proc Natl Acad Sci USA, 102: 9842-9847.

Nayar N.M. 1973. Origin and cytogenetics of rice. Advances in Genetics, 17: 153-292.

Ng N.Q., Hawkes J.G., Williams J.T., Chang T.T. 1981. The recognition of a new species of rice (*Oryza*) from Australia. Bot J Linn Soc, 82: 327-330.

Niizeki H., Oono K. 1968. Induction of haploid rice plant from anther culture. Proc Jpn Acad, 44: 554-557.

Nishi T., Mitsuoka S. 1969. Occurrence of various ploidy plants from anther and ovary culture of rice plant. Jpn J Genet, 44: 341-346.

Nishimura Y. 1957. Genetical and cytological studies on the progenies of rice plants exposed to the atomic bomb as well as those irradiated by X-rays. Proc Internat Genet Symp, Tokyo and Kyoto: 265-270.

Nishimura Y. 1961. Studies on the reciprocal translocations in rice and barley. Bull Nat Inst Agr Sci, 9: 171-235.

Nonomura K., Eiguchi M., Nakano M., Takashima K., Komeda N., Fukuchi S., Miyazaki S., Miyao A., Hirochika H., Kurata N. 2011. A novel RNA-recognition-motif protein is required for premeiotic G1/S-phase transition in rice (*Oryza sativa* L.). PLoS Genet, 7: e1001265.

Nonomura K., Morohoshi A., Nakano M., Eiguchi M., Miyao A., Hirochika H., Kurata N. 2007. A germ cell-specific gene of the ARGONAUTE family is essential for the progression of premeiotic mitosis and meiosis during sporogenesis in rice. Plant Cell, 19: 2583-2594.

Nonomura K., Nakano M., Eiguchi M., Suzuki T., Kurata N. 2006. PAIR2 is essential for homologous chromosome synapsis in rice meiosis I. J Cell Sci, 119: 217-225.

Nonomura K., Nakano M., Fukuda T., Eiguchi M., Miyao A., Hirochika H., Kurata N. 2004a. The novel gene *HOMOLOGOUS PAIRING ABERRATION IN RICE MEIOSIS1* of rice encodes a putative coiled-coil protein required for homologous chromosome pairing in meiosis. Plant Cell, 16: 1008-1020.

Nonomura K., Nakano M., Murata K., Miyoshi K., Eiguchi M., Miyao A., Hirochika H., Kurata N. 2004b. An insertional mutation in the rice *PAIR2* gene, the ortholog of *Arabidopsis* ASY1, results in a defect in homologous chromosome pairing during meiosis. Mol Genet Genomics, 271: 121-129.

Nonomura K., Yoshimura A., Kawasaki T., Iwata N. 1994. Production of tertiary trisomics in rice (*Oryza sativa* L.). Breeding Sci, 44: 137-142.

Notsu Y., Masood S., Nishikawa T., Kubo N., Akiduki G., Nakazono M., Hirai A., Kadowaki K. 2002. The complete sequence of the rice (*Oryza sativa* L.) mitochondrial genome: frequent DNA sequence acquisition and loss during the evolution of flowering plants. Mol Genet Genomics, 268: 434-445.

Nowell P.C. 1960. Phytohemagglutinin: an initiator of mitosis in cultures of normal human leukocytes. Cancer Res, 20: 462-466.

Oguchi K., Liu H., Tamura K., Takahashi H. 1999. Molecular cloning and characterization of AtTERT, a telomerase reverse transcriptase homolog in *Arabidopsis thaliana*. FEBS Lett, 457: 465-469.

Oguchi K., Tamura K., Takahashi H. 2004. Characterization of *Oryza sativa* telomerase reverse transcriptase and possible role of its phosphorylation in the control of telomerase activity. Gene, 342: 57-66.

Ohmido N., Kijima K., Akiyama Y., de Jong J.H., Fukui K. 2000. Quantification of total genomic DNA and selected repetitive sequences reveals concurrent changes in different DNA families in *indica* and *japonica* rice. Mol Gen Genet, 263: 388-394.

Ohtsubo H., Umeda M., Ohtsubo E. 1991. Organization of DNA sequences highly repeated in tandem in rice genomes. Jpn J Genet, 66: 241-254.

Oka H.I. 1953a. Phylogenetic Differentiation of the cultivated rice plant.Ⅵ. The mechanism of sterility in the intervarietal hybrid. Jpn J Breeding, 2: 217-224.

Oka H.I. 1953b. Phylogenetic Differentiation of the cultivated rice plant.Ⅷ. Gene analysis of intervarietal hybrid sterility and certation due to certain combination of gamet-development-gene in rice. Jpn J Breeding, 3: 22-30.

Oka H.I. 1953c. Phylogenetic Differentiation of the cultivated rice plant. Ⅰ. Variation in respective characteristics and their combinations in rice cultivars. Jpn J Breeding, 3: 33-43.

Oka H.I. 1954a. Phylogenetic Differentiation of the cultivated rice plant.Ⅱ. Classification of rice varieties by intervarietal hybrid sterility. Jpn J Breeding, 3: 1-6.

Oka H.I. 1954b. Studies on tetraploid rice.Ⅲ. Variation of various characters among tetraploid rice varieties. Jpn J Genet, 29: 53-67.

Oka H.I. 1955. Studies on tetraploid rice.Ⅵ. Fertility variation and segregation ratios for several characters in tetraploid hybrids of rice, *Oryza sativa* L. Cytologia, 20: 258-266.

Oka H.I. 1964. A pattern of interspecific relationships and evolutionary dynamics in *Oryza*. *In*: Chang T.T. Rice Genetics and Cytogenetics. Manila: Amsterdam Elsevier Publishing Company: 71-90.

Oka H.I. 1988. Origin of Cultivated Rice. Tokyo: Japan Scientific Societies Press.

Oka H.I., Chang W.T. 1961. Hybrid swarms between wild and cultivated rice species, *Oryza perennis* and *O. sativa*. Evolution, 15: 418-430.

Oka H.I., Chang W.T. 1962. Rice varieties intermediate between wild and cultivated forms and the origin of the *Japonica* type. Bot Bull Acad Sin, 3: 109-131.

Oka H.I., Morishima H. 1967. Variations in the breeding systems of a wild rice, *Oryza perennis*. Evolution, 21: 249-258.

Oka H.I., Morishima H. 1982. Phylogenetic differentiation of the cultivated rice plant.XXIII. Potentiality of wild progenitors to evolve the *indica* and *japonica* types of rice cultivars. Euphytica, 31: 41-50.

Oono K. 1975. Production of haploid plants of rice (*Oryza sativa* L.) by anther culture and their use for breeding. Bull Nat Inst Agr Sci, 26: 139-222.

Osman K., Higgins J.D., Sanchez-Moran E., Armstrong S.J., Franklin F.C.H. 2011. Pathways to meiotic recombination in *Arabidopsis thaliana*. New Phytol, 190: 523-544.

Page S.L., Hawley R.S. 2001. c(3)G encodes a *Drosophila* synaptonemal complex protein. Genes Dev, 15: 3130-3143.

Parnell F.R., Ayyangar G.N.R., Ramiah K. 1917. Inheritance of characters in rice. Ⅰ. Mem Dept Agr India Bot, 9: 75-105.

Parnell F.R., Ayyangar G.N.R., Ramiah K., Ayyangar R.S. 1922. Inheritance of characters in rice. Ⅱ. Mem Dept Agr India Bot, 11: 185-208.

Parra I., Windle B. 1993. High resolution visual mapping of stretched DNA by fluorescent hybridization. Nat Genet, 5: 17-21.

Paweletz N. 2001. Walther Flemming: pioneer of mitosis research. Nat Rev Mol Cell Biol, 2: 72-75.

Pawlowski W.P., Wang C.R., Golubovskaya I.N., Szymaniak J.M., Shi L., Hamant O., Zhu T., Harper L., Sheridan W.F., Cande W.Z. 2009. Maize AMEIOTIC1 is essential for multiple early meiotic processes and likely required for the initiation of meiosis. Proc Natl Acad Sci USA, 106: 3603-3608.

Pich U., Fuchs J., Schubert I. 1996. How do Alliaceae stabilize their chromosome ends in the absence of TTTAGGG sequences? Chromosome Res, 4: 207-213.

Presting G.G., Malysheva L., Fuchs J., Schubert I. 1998. A TY3/GYPSY retrotransposon-like sequence localizes to the centromeric regions of cereal chromosomes. Plant J, 16: 721-728.

Prieto P., Santos A.P., Moore G., Shaw P. 2004. Chromosomes associate premeiotically and in xylem vessel cells via their telomeres and centromeres in diploid rice (*Oryza sativa*). Chromosoma, 112: 300-307.

Prodoehl A. 1922. Oryzeae monographic describuntur. Bot Arch, 1: 211-224, 231-255.

Qi H., Zakian V.A. 2000. The *Saccharomyces* telomere-binding protein Cdc13p interacts with both the catalytic subunit of DNA polymerase α and the telomerase-associated Est1 protein. Genes Dev, 14: 1777-1788.

Qiu J., Zhou Y., Mao L., Ye C., Wang W., Zhang J., Yu Y., Fu F., Wang Y., Qian F., Qi T., Wu S., Sultana M.H., Cao Y., Wang Y., Timko M.P., Ge S., Fan L.,Lu Y. 2017. Genomic variation associated with local adaptation of weedy rice during de-domestication. Nat Commun, 8: 15323.

Ramanujam S. 1937. Cytogenetical studies in the Oryzeae. J Genet, 35: 183-221.

Ramiah K. 1964. Early history of genic analysis and symbolization in rice. *In*: Chang T.T. Rice Genetics and Cytogenetics. Manila: Amsterdam Elsevier Publishing Company: 31-35.

Ramiah K., Ghose R.L. 1951. Origin and distribution of cultivated plants of South Asia – Rice. Indian J Genet, 11: 7-13.

Ramiah K., Parthasarathi N., Ramanujam S. 1933a. A triploid plant in rice (*Oryza sativa*). Curr Sci India, 2: 170-171.

Ramiah K., Parthasarathy N., Ramanujam S. 1933b. Haploid plant in rice (*Oryza Sativa* L.). Curr SciIndia, 1: 277-278.

Ramiah K., Parthasarathy N., Ramanujam S. 1934. A haploid plant in rice. J Indian Bot Soc, 13: 153-164.

Ramiah K., Parthasarathy N., Ramanujam S. 1935. A tetraploid plant in wild rice (*Oryza longistaminata*). Proceedings of the Indian Academy of Sciences-Section B, 1: 565-570.

Reddi V.R., Seetharami Reddi T.V.V. 1977. Chromosome pairing at pachytene and meiosis in autotetraploid rice. Cytologia, 42: 189-196.

Ren L., Tang D., Zhao T., Zhang F., Liu C., Xue Z., Shi W., Du G., Shen Y., Li Y., Cheng Z. 2018. OsSPL regulates meiotic fate acquisition in rice. New Phytol, 218: 789-803.

Richards E.J., Ausubel F.M. 1988. Isolation of a higher eukaryotic telomere from *Arabidopsis thaliana*. Cell, 53: 127-136.

Richharia R.H. 1960. Origin of cultivated rice. Indian J Genet Plant Breeding, 20: 1-14.

Richharia R.H., Misro B., Butany W.T., Seetharaman R. 1960. Linkage studies in rice (*Oryza sativa* L.). Euphytica, 9: 122-126.

Riethman H.C., Xiang Z., Paul S., Morse E., Hu X., Flint J., Chi H., Grady D.L., Moyzis R.K. 2001. Integration of telomere sequences with the draft human genome sequence. Nature, 409: 948-951.

Riha K., McKnight T.D., Griffing L.R., Shippen D.E. 2001. Living with genome instability: plant responses to telomere dysfunction. Science, 291: 1797-1800.

Roschevicz R.J. 1931. A contribution to the knowledge of rice. Bull Appl Bot Genet Plant Breed, 27: 3-133.

Rothfels K.H., Siminovitch L. 1958. An air-drying technique for flattening chromosomes in mammalian cells grown *in vitro*. Stain Technology, 33: 73-77.

Ruchaud S., Carmena M., Earnshaw W.C. 2007. Chromosomal passengers: conducting cell division. Nat Rev Mol Cell Biol, 8: 798-812.

Sakai K.I. 1935. Chromosomes studies in *Oryza sativa* L. Ⅰ. The secondary association of the meiotic chromosomes. Jpn J Genet, 11: 145-156.

Sampath S. 1962. The genus *Oryza*: Its taxonomy and species interrelationships. Oryza, 1: 1-29.

Sampath S. 1964. Suggestion for a revision of the genus *Oryza*. *In*: Chang T.T. Rice Genetics and Cytogenetics. Manila: Amsterdam Elsevier Publishing Company: 22-23.

Sampath S., Govindaswami S. 1958. Wild rice strains in Orissa and their relationship to cultivated varieties. Rice Genetics Newsletter, 6: 17-20.

Sato H., Masuda F., Takayama Y., Takahashi K., Saitoh S. 2012. Epigenetic inactivation and subsequent heterochromatinization of a centromere stabilize dicentric chromosomes. Curr Biol, 22: 658-667.

Sato H., Shibata F., Murata M. 2005. Characterization of a Mis12 homologue in *Arabidopsis thaliana*. Chromosome Res, 13: 827-834.

Scherthan H. 2001. A bouquet makes ends meet. Nat Rev Mol Cell Biol, 2: 621-627.

Scherthan H. 2007. Telomere attachment and clustering during meiosis. Cell Mol Life Sci, 64: 117-124.

Scherz R.G. 1962. Blaze drying, by igniting the fixative, for improved spreads of chromosomes in leucocytes. Stain technology, 37: 386.

Schubert I., Shaw P. 2011. Organization and dynamics of plant interphase chromosomes. Trends Plant Sci, 16: 273-281.

Sears E.R. 1952. Misdivision of univalents in common wheat. Chromosoma, 4: 535-550.

Second G. 1982. Origin of the genic diversity of cultivated rice (*Oryza* spp.): Study of the polymorphism scored at 40 isozyme locil. Jpn J Genet, 57: 25-57.

Seeliger K., Dukowic-Schulze S., Wurz-Wildersinn R., Pacher M., Puchta H. 2012. BRCA2 is a mediator of RAD51-and DMC1-facilitated homologous recombination in *Arabidopsis thaliana*. New Phytol, 193: 364-375.

Sen P.K. 1963. On the Estimation of relative potency in dilution (-direct) assays by distribution-free methods. Biometrics, 19: 532-552.

Sen S. 1965. Cytogenetics of trisomics in rice. Cytologia, 30: 229-238.

Seshu D.V., Venkataswamy T. 1958. A monosomic in rice. Madras Agric, 45: 311-314.

Shampay J., Szostak J.W., Blackburn E.H. 1983. DNA sequences of telomeres maintained in yeast. Nature, 310: 154-157.

Shao T., Tang D., Wang K., Wang M., Che L., Qin B., Yu H., Li M., Gu M., Cheng Z. 2011. OsREC8 is essential for chromatid cohesion and metaphase I monopolar orientation in rice meiosis. Plant Physiol, 156: 1386-1396.

Sharma G.R., Manda D. 1980. Excavations at Mahagara (A neolithic settlement in the Belan Valley). Archaeology of the Vindhyas and the Ganga Valley. *In:* Dept of Ancient History, Culture and Archaeology. Univ Allahabad,United Provinces.

Sharma S.D., Shastry S.V.S. 1965. Taxonomic studies in the genus *Oryza*. Ⅵ. A modified classification of genus. Indian J Genet, 25: 173-178.

Shastry S.V.S., Ranga Rao D.R., Misra R.N. 1960. Pachytene analysis in *Oryza*. Ⅰ. Chromosome morphology in *Oryza sativa*. Indian J Genet, 20: 15-21.

Shen Y., Tang D., Wang K., Wang M., Huang J., Luo W., Luo Q., Hong L., Li M., Cheng Z. 2012. ZIP4 in homologous chromosome synapsis and crossover formation in rice meiosis. J Cell Sci, 125: 2581-2591.

Shi W., Tang D., Shen Y., Xue Z., Zhang F., Zhang C., Ren L., Liu C., Du G., Li Y., Yan C., Cheng Z. 2019. OsHOP2 regulates the maturation of crossovers by promoting homologous pairing and synapsis in rice meiosis. New Phytol, 222: 805-819.

Shin Y.B., Katayama T. 1979. Cytogenetical studies on the genus *Oryza*. Ⅺ. Alien addition lines of *O. sativa* with single chromosomes of *O. officinalis*. Jpn J Genet, 54: 1-10.

Shinjyo C. 1975. Genetical studies of cytoplasmic male sterility and fertility restoration in rice, *Oryza sativa* L. Sci Bull Coll Agri Univ Ryukyus, 22: 1-57.

Shinohara M., Hayashihara K., Grubb J.T., Bishop D.K., Shinohara A. 2015. DNA damage response clamp 9-1-1 promotes assembly of ZMM proteins for formation of crossovers and synaptonemal complex. J Cell Sci, 128: 1494-1506.

Shivrain V.K., Burgos N.R., Agrama H.A., Lawton-Rauh A., Lu B., Sales M.A., Boyett V., Gealy D.R., Moldenhauer K.A.K. 2010. Genetic diversity of weedy red rice (*Oryza sativa*) in Arkansas, USA. Weed Res, 50: 289-302.

Siddiq E.A., Sadananda A.R., Zaman F.U. 1986. Use of primary trisomics of rice in genetic analysis. *In*: Banta S.J. Rice Genetics Ⅰ. Manila: IRRI: 185-197.

Siddiqui N.U., Rusyniak S., Hasenkampf C.A., Riggs C.D. 2006. Disruption of the *Arabidopsis* SMC4 gene, AtCAP-C, compromises gametogenesis and embryogenesis. Planta, 223: 990-997.

Siddiqui N.U., Stronghill P.E., Dengler R.E., Hasenkampf C.A., Riggs C.D. 2003. Mutations in *Arabidopsis* condensin genes disrupt embryogenesis, meristem organization and segregation of homologous chromosomes during meiosis. Development, 130: 3283-3295.

Silva F., Stevens C.J., Weisskopf A., Castillo C., Qin L., Bevan A., Fuller D.Q. 2015. Modelling the geographical origin of rice cultivation in Asia using the rice archaeological database. PLoS One, 10: e0137024.

Singh K., Multani D.S., Khush G.S. 1996. Secondary trisomics and telotrisomics of rice: origin, characterization, and use in determining the orientation of chromosome map. Genetics, 143: 517-529.

Siroky J., Zluvova J., Riha K., Shippen D.E., Vyskot B. 2003. Rearrangements of ribosomal DNA clusters in late generation telomerase-deficient *Arabidopsis*. Chromosoma, 112: 116-123.

Smith B. 1989. Origin of agriculture in eastern America. Science, 246: 1566-1571.

Smith B. 1998. The Emergence of Agriculture. New York: Scientific American Library.

Smith S.J., Osman K., Franklin F.C.H. 2014. The condensin complexes play distinct roles to ensure normal chromosome morphogenesis during meiotic division in *Arabidopsis*. Plant J, 80: 255-268.

Song Z.J., Wang Z., Feng Y., Yao N., Yang J., Lu B.R. 2015. Genetic divergence of weedy rice populations associated with their geographic location and coexisting conspecific crop: Implications on adaptive evolution of agricultural weeds. J Syst Evol, 53: 330-338.

Stebbins G.L. 1971. Chromosomal Evolution in Higher Plants. London: Edward Arnold.

Steiner F.A., Henikoff S. 2014. Holocentromeres are dispersed point centromeres localized at transcription factor hotspots. Elife, 3: e02025.

Storlazzi A., Tessé S., Gargano S., James F., Kleckner N., Zickler D. 2003. Meiotic double-strand breaks at the interface of chromosome movement, chromosome remodeling, and reductional division. Genes Dev, 17: 2675-2687.

Stupar R.M., Lilly J.W., Town C.D., Cheng Z., Kaul S., Buell C.R., Jiang J. 2001. Complex mtDNA constitutes an approximate 620-kb insertion on *Arabidopsis thaliana* chromosome 2: Implication of potential sequencing errors caused by large-unit repeats. Proc Natl Acad Sci USA, 98: 5099-5103.

Sugimoto K., Takeuchi Y., Ebana K., Miyao A., Hirochika H., Hara N., Ishiyama K., Kobayashi M., Ban Y., Hattori T., Yano M. 2010. Molecular cloning of Sdr4, a regulator involved in seed dormancy and domestication of rice. Proc Natl Acad Sci USA, 107: 5792-5797.

Sun C., Chen D., Fang J., Wang P., Deng X., Chu C. 2014. Understanding the genetic and epigenetic architecture in complex network of rice flowering pathways. Protein Cell, 5: 889-898.

Sun J., Ma D., Tang L., Zhao M., Zhang G., Wang W., Song J., Li X., Liu Z., Zhang W., Xu Q., Zhou Y., Wu J., Yamamoto T., Dai F., Lei Y., Li S., Zhou G., Zheng H., Xu Z., Chen W. 2019. Population genomic analysis and De Novo assembly reveal the origin of weedy rice as an evolutionary game. Mol Plant, 12: 632-647.

Sur S.C., Khush G.S. 1984. Chromosomal location of *Xa-4* gene. Rice Genetics Newsletter, 1: 98-99.

Sykorova E., Lim K.Y., Chase M.W., Knapp S., Leitch I.J., Leitch A.R., Fajkus J. 2003. The absence of *Arabidopsis*-type telomeres in Cestrum and closely related genera *Vestia* and *Sessea* (Solanaceae): first evidence from eudicots. Plant J, 34: 283-291.

Takahashi M. 1923. An example of the linkage in rice (Preliminary report). Jpn J Genet, 2: 23-30.

Takahashi M. 1964. Linkage groups and gene scheme of some striking morphological characters in Japanese rice. *In*: Chang T.T. Rice Genetics and Cytogenetics. Manila: Amsterdam Elsevier Publishing Company: 215-236.

Takahashi M. 1997. Differentiation of ecotypes in cultivated rice. Science of the Rice Plant, 3: 112-160.

Tan G., Ren X., Weng Q., Shi Z., Zhu L., He G. 2004. Mapping of a new resistance gene to bacterial blight in rice line introgressed from *Oryza officinalis*. Acta Genetica Sinica, 31: 724-729.

Tang D., Miao C., Li Y., Wang H., Liu X., Yu H., Cheng Z. 2014. OsRAD51C is essential for double-strand break repair in rice meiosis. Front Plant Sci, 5: 167.

Tang P.S., Loo W.S. 1940. Polyploidy in soybean, pea, wheat and rice, induced by colchicine treatment. Science, 91: 222.

Tang X., Bao W., Zhang W., Cheng Z. 2007. Identification of chromosomes from multiple rice genomes using a universal molecular cytogenetic marker system. J Integr Plant Biol, 49: 953-960.

Tang X., Zhang Z., Zhang W., Zhao X., Li X., Zhang D., Liu Q., Tang W. 2010. Global gene profiling of laser-captured pollen mother cells indicates molecular pathways and gene subfamilies involved in rice meiosis. Plant Physiol, 154: 1855-1870.

Tao J., Zhang L., Chong K., Wang T. 2007. OsRAD21-3, an orthologue of yeast RAD21, is required for pollen development in *Oryza sativa*. Plant J, 51: 919-930.

Tapley E.C., Starr D.A. 2013. Connecting the nucleus to the cytoskeleton by SUN–KASH bridges across the nuclear envelope. Curr Opin Cell Biol, 25: 57-62.

Tateno K. 1978. Studies on the use of trisomics for linkage analyses in rice. Bull Univ Farm Kyushu Univ, 2: 1-89.

Tateoka T. 1963. Taxonomic studies of *Oryza*, III. Key to the species and their enumeration. Bot Mag Tokyo, 76: 165-173.

Tateoka T. 1964. Notes on some grasses. XVI. Embryo structure of the genus *Oryza* in relation to the systematics. Am J Bot, 51: 539-543.

Terao H., Midusima U. 1939. Some considerations on the classification of *Oryza sativa* L. into two subspecies, so-called '*japonica*'and '*indica*'. Jpn J Bot, 10: 213-258.

Terao H., Midusima U. 1943. On the sexual affinity among rice cultivars in East Asia and America. Breeding Res, 2: 2-8.

Tian X., Zheng J., Hu S., Yu J. 2006. The rice mitochondrial genomes and their variations. Plant Physiol, 140: 401-410.

Topp C.N., Zhong C., Dawe R.K. 2004. Centromere-encoded RNAs are integral components of the maize kinetochore. Proc Natl Acad Sci USA, 101: 15986-15991.

Toyoyuki N., Sachihiko M. 1969. Occuruence of various ploidy plants from anther and ovary culture of rice plant. Jpn J Genet, 44: 341-346.

Trelles-Sticken E., Adelfalk C., Loidl J., Scherthan H. 2005. Meiotic telomere clustering requires actin for its formation and cohesin for its resolution. J Cell Biol, 170: 213-223.

Uanschou C., Ronceret A., Von Harder M., De Muyt A., Vezon D., Pereira L., Chelysheva L., Kobayashi W., Kurumizaka H., Schlögelhofer P., Grelon M. 2013. Sufficient amounts of functional HOP2/MND1 complex promote interhomolog DNA repair but are dispensable for intersister DNA repair during meiosis in *Arabidopsis*. Plant Cell, 25: 4924-4940.

Uozu S., Ikehashi H., Ohmido N., Ohtsubo H., Ohtsubo E., Fukui K. 1997. Repetitive sequences: cause for variation in genome size and chromosome morphology in the genus *Oryza*. Plant Mol Biol, 35: 791-799.

Usui T., Ohta T., Oshiumi H., Tomizawa J., Ogawa H., Ogawa T. 1998. Complex formation and functional versatility of Mre11 of budding yeast in recombination. Cell, 95: 705-716.

Varas J., Graumann K., Osman K., Pradillo M., Evans D.E., Santos J.L., Armstrong S.J. 2015. Absence of SUN1 and SUN2 proteins in *Arabidopsis thaliana* leads to a delay in meiotic progression and defects in synapsis and recombination. Plant J, 81: 329-346.

Vaughan D.A. 1989. The genus *Oryza* L. current status of taxonomy. IRPS, 138: 3-21.

Vaughan D.A. 1990. A new rhizomatous *Oryza* species (Poaceae) from Sri Lanka. Bot J Linn Soc, 103: 159-163.

Vaughan D.A. 1994. The wild relative of rice: a genetic resources handbook. Manila: IRRI.

Vaughan D.A., Morishima H., Kadowaki K. 2003. Diversity in the *Oryza* genus. Curr Opin Plant Biol, 6: 139-146.

Vavilov N.I. 1926. Studies on the origin of cultivated plants. Bull Appl Bot, 16: 139-248.

Ventura M., Archidiacono N., Rocchi M. 2001. Centromere emergence in evolution. Genome Res, 11: 595-599.

Vitte C., Ishii T., Lamy F., Brar D., Panaud O. 2004. Genomic paleontology provides evidence for two distinct origins of Asian rice (*Oryza sativa* L.). Mol Genet Genomics, 272: 504-511.

Voet T., Liebe B., Labaere C., Marynen P., Scherthan H. 2003. Telomere-independent homologue pairing and checkpoint escape of accessory ring chromosomes in male mouse meiosis. J Cell Biol, 162: 795-808.

Voullaire L.E., Slater H.R., Petrovic V., Choo K.H.A. 1993. A functional marker centromere with no detectable alpha-satellite, satellite III, or CENP-B protein: activation of a latent centromere? Am J Hum Genet, 52: 1153-1163.

Wang C., Higgins J.D., He Y., Lu P., Zhang D., Liang W. 2017. Resolvase OsGEN1 mediates DNA repair by homologous recombination. Plant Physiol, 173: 1316-1329.

Wang H., Hu Q., Tang D., Liu X., Du G., Shen Y., Li Y., Cheng Z. 2016. OsDMC1 is not required for homologous pairing in rice meiosis. Plant Physiol, 171: 230-241.

Wang K., Tang D., Wang M., Lu J., Yu H., Liu J., Qian B., Gong Z., Wang X., Chen J., Gu M., Cheng Z. 2009. MER3 is required for normal meiotic crossover formation, but not for presynaptic alignment in rice. J Cell Sci, 122: 2055-2063.

Wang K., Wang C., Liu Q., Liu W., Fu Y. 2015. Increasing the genetic recombination frequency by partial loss of function of the synaptonemal complex in rice. Mol Plant, 8: 1295-1298.

Wang K., Wang M., Tang D., Shen Y., Miao C., Hu Q., Lu T., Cheng Z. 2012a. The role of rice HEI10 in the formation of meiotic crossovers. PLoS Genet, 8: e1002809.

Wang K., Wang M., Tang D., Shen Y., Qin B., Li M., Cheng Z. 2011a. PAIR3, an axis-associated protein, is essential for the recruitment of recombination elements onto meiotic chromosomes in rice. Mol Biol Cell, 22: 12-19.

Wang M., Tang D., Luo Q., Jin Y., Shen Y., Wang K., Cheng Z. 2012b. BRK1, a Bub1-Related kinase, is essential for generating proper tension between homologous kinetochores at metaphase I of rice Meiosis. Plant Cell, 24: 4961-4973.

Wang M., Tang D., Wang K., Shen Y., Qin B., Miao C., Li M., Cheng Z. 2011b. OsSGO1 maintains synaptonemal complex stabilization in addition to protecting centromeric cohesion during rice meiosis. Plant J, 67: 583-594.

Wang M., Wang K., Tang D., Wei C., Li M., Shen Y., Chi Z., Gu M., Cheng Z. 2010. The central element protein ZEP1 of the synaptonemal complex regulates the number of crossovers during meiosis in rice. Plant Cell, 22: 417-430.

Wang W., Mauleon R., Hu Z., Chebotarov D., Tai S., Wu Z., Li M., Zheng T., Fuentes R.R., Zhang F., Mansueto L., Copetti D., Sanciangco M., Palis K.C., Xu J., Sun C., Fu B., Zhang H., Gao Y., Zhao X., Shen F., Cui X., Yu H., Li Z., Chen M., Detras J., Zhou Y., Zhang X., Zhao Y., Kudrna D., Wang C., Li R., Jia B., Lu J., He X., Dong Z., Xu J., Li Y., Wang M., Shi J., Li J., Zhang D., Lee S., Hu W., Poliakov A., Dubchak I., Ulat V.J., Borja F.N., Mendoza J.R., Ali J., Li J., Gao Q., Niu Y., Yue Z., Naredo M.E.B., Talag J., Wang X., Li J., Fang X., Yin Y., Glaszmann J., Zhang J., Li J., Hamilton R.S., Wing R.A., Ruan J., Zhang G., Wei C., Alexandrov N., McNally K.L., Li Z., Leung H. 2018. Genomic variation in 3,010 diverse accessions of Asian cultivated rice. Nature, 557: 43-49.

Wang Z., Iwata N., Sukekiyo Y., Yoshimura A., Omura T. 1988. A trial to induce chromosome deficiencies and monosomics in rice by using irradiated pollen. Rice Genetics Newsletter, 5: 64-65.

Wang Z.Y., Zheng F.Q., Shen G.Z., Gao J.P., Snustad D.P., Li M.G., Zhang J.L., Hong M.M. 1995. The amylose content in rice endosperm is related to the post-transcriptional regulation of the waxy gene. Plant J, 7: 613-622.

Watabe T. 1977. A journey to the Asian rice culture. Tokyo: NHK Shuppan Kyokai,.

Watabe T. 1987. "Histrory of Asian rice" 1-3 (Ine no agiashi). Tokyo: Shogakukan: 333, 351, 351.

Watanabe Y. 1968. Cytogenetic studies on the artificial polyploids in the genus *Oryza* 3. Two kinds of allohexaploid rice, *sativa latifolia* (AACCDD) and *sativa minuta* (AABBCC). Jpn J Breeding, 18: 15-21.

Watanabe Y., Ono S. 1965. Cytogenetic studies on the artificial polyploids in the genus *Oryza*. I. Colchicine-induced octoplid plants of Genus *Oryza*. Jpn J Breeding, 15: 149-157.

Watanabe Y., Ono S. 1966. Cytogenetic studies on the artificial polyploids in the genus *Oryza*. II. Colchicine-induced octoplid plant of *Oryza minuta* Presl. Jpn J Breeding, 16: 211-230.

Watanabe Y., Ono S.I. 1967. Cytogenetic studies on the artificial polyploids in the genus *Oryza*. Jpn J Genet, 42: 203-212.

Watanabe Y., Ono S., Mukai Y., Koga Y. 1969. Genetic and cytogenetic studies on the trisomic plants of rice, *Oryza sativa* L. I. On the autotriploid plant and its progenies. Jpn J Breeding, 19: 12-18.

Wu H. 1967. Note on preparing of pachytene chromosomes by double mordant. Sci Agric, 15: 40-44.

Wu H., Chung M., Chen M. 1985. Karyotype analysis of cultivar IR36. Rice Genetics Newsletter, 2: 54-57.

Wu H., Chung M., Wu T., Ning C., Wu R. 1991. Localization of specific repetitive DNA sequences in individual rice chromosomes. Chromosoma, 100: 330-338.

Wu K.S. and Tanksley S.D. 1993. Genetic and physical mapping of telomeres and macrosatellites of rice. Plant Mol Biol, 22: 861-872.

Wu Y., Kikuchi S., Yan H., Zhang W., Rosenbaum H., Iniguez A.L., Jiang J. 2011. Euchromatic subdomains in rice centromeres are associated with genes and transcription. Plant Cell, 23: 4054-4064.

Wu Z., Fang D., Yang R., Gao F., An X., Zhuo X., Li Y., Yi C., Zhang T., Liang C., Cui P., Cheng Z., Luo Q. 2018. *De novo* genome assembly of *Oryza granulata* reveals rapid genome expansion and adaptive evolution. Commun Biol, 1: 84.

Wu Z., Ji J., Tang D., Wang H., Shen Y., Shi W., Li Y., Tan X., Cheng Z., Luo Q. 2015. OsSDS is essential for DSB formation in rice meiosis. Front Plant Sci, 6: 21.

Wuu K.D., Jui Y., Lu K.C., ChouC., Li H.W. 1963. Cytogenetical studies of *Oryza sativa* L. and its related species. 3. Two intersectional hybrids, *O. sativa* Linn.× *O. brachyantha* A. Chev. et Roehr. and *O. minuta* Presl× *O. brachyantha* A. Chev. et Roehr. Bot Bull Acad Sin, 4: 51-59.

Xiao J., Grandillo S., Ahn S.N., McCouch S.R., Tanksley S.D., Li J., Yuan L. 1996. Genes from wild rice improve yield. Nature, 384: 223-224.

Xiong Z., Tan G., He G., He G., Song Y. 2006. Cytogenetic comparisons between A and G genomes in *Oryza* using genomic *in situ* hybridization. Cell Res, 16: 260-266.

Xu Z., Cetin B., Anger M., Cho U.S., Helmhart W., Nasmyth K., Xu W. 2009. Structure and function of the PP2A-shugoshin interaction. Mol Cell, 35: 426-441.

Xue Z., Li Y., Zhang L., Shi W., Zhang C., Feng M., Zhang F., Tang D., Yu H., Gu M., Cheng Z. 2016. OsMTOPVIB promotes meiotic DNA double-strand break formation in rice. Mol Plant, 9: 1535-1538.

Xue Z., Liu C., Shi W., Miao Y., Shen Y., Tang D., Li Y., You A., Xu Y., Chong K., Cheng Z. 2019. OsMTOPVIB is required for meiotic bipolar spindle assembly. Proc Natl Acad Sci USA, 116: 15967-15972.

Yamagishi M., Otani M., Higashi M. 1998. Chromosome regions controlling anther culturability in rice (*Oryza sativa* L.). Euphytica, 103: 227-234.

Yamaguchi Y. 1918. Beitrag zur Kenntnis der Xenien bei *Oryza sativa* L. (Vorläutig Mitteilung). Bot Mag Tokyo, 32: 83-90.

Yamaguchi Y. 1926. Kreuzungsuntersuchungen an Reispflanzen. Ⅰ. Genetische Analyse der Granne, der Spelzen farbe und der Endospermbeschaffenheit bei einigen Sorten des Reises. Ber Ohara Inst F Landw Forsch, 3: 1-126.

Yamaguchi Y. 1927. New genetic investigations on the rice plant. Z Indukt Abst Vererbungsl Bd, 45: 105-122.

Yamamoto M. 1996. The molecular control mechanisms of meiosis in fission yeast. Trends Biochem Sci, 21: 18-22.

Yamaura A. 1933. Karyologische und embryologische studien über einige Bambus-Arten. Bot Mag Tokyo, 47: 551-555.

Yan H., Kikuchi S., Neumann P., Zhang W., Wu Y., Chen F., Jiang J. 2010. Genome-wide mapping of cytosine methylation revealed dynamic DNA methylation patterns associated with genes and centromeres in rice. Plant J, 63: 353-365.

Yan H., Min S., Zhu L. 1999. Visualization of *Oryza eichingeri* chromosomes in intergenomic hybrid plants from *O. sativa* × *O. eichingeri* via fluorescent *in situ* hybridization. Genome, 42: 48-51.

Yan H., Talbert P., Lee H., Jett J., Henikoff S., Chen F., Jiang J. 2008. Intergenic locations of rice centromeric chromatin. PLoS Biol, 6: 2563-2575.

Yan J., Xue Q., Zhu J. 1996. Genetic studies of anther culture ability in rice (*Oryza sativa*). Plant Cell Tiss Org, 45: 253-258.

Yang R., Li Y., Su Y., Shen Y., Tang D., Luo Q., Cheng Z. 2016. A functional centromere lacking CentO sequences in a newly formed ring chromosome in rice. J Genet Genomics, 43: 694-701.

Yang X., Fuller D.Q., Huan X., Perry L., Li Q., Li Z., Zhang J., Ma Z., Zhuang Y., Jiang L., Ge Y., Lu H. 2015. Barnyard grasses were processed with rice around 10000 years ago. Scientific Reports, 5: 16251.

Yano M., Okuno K., Satoh H., Omura T. 1988. Chromosomal location of genes conditioning low amylose content of endosperm starches in rice, *Oryza sativa* L. Theor Appl Genet, 76: 183-189.

Yao L., Zhang Y., Liu C., Liu Y., Wang Y., Liang D., Liu J., Sahoo G., Kelliher T. 2018. OsMATL mutation induces haploid seed formation in indica rice. Nat Plants, 4: 530-533.

Yao S.Y., Henderson M.T., Jodon N.E. 1958. Cryptic structural hybridity as a probable cause of sterility in intervarietal hybrids of cultivated rice, *Oryza sativa* L. Cytologia, 23: 46-55.

Yasui H., Iwata N. 1991. Production of monosomic alien addition lines of *Oryza sativa* having a single *O. punctata* chromosome. *In*: Banta S.J., Argosino G.S. Rice genetics II. Manila: IRRI: 147-155.

Yasui H., Iwata N. 1992. Acrotrisomics with chromosome 7 in rice. Rice Genetics Newsletter, 9: 45-47.

Yasui H., Satoh N., Iwata N. 1989. Establishment of a trisomic series in rice by using a desynaptic mutant. Rice Genetics Newsletter, 6: 50-51.

Yasui K. 1941. Diploid-bud formation in a haploid *Oryza* with some remarks on the behavior of nucleolus in mitosis. Cytologia, 11: 515-525.

Yeh B., Henderson M.T. 1961. Cytogenetic relationship between cultivated rice, *Oryza sativa* L. and five wild diploid form of *Oryza*. Crop Sci, 1: 445-450.

Yeh B., Henderson M.T. 1962. Cytogenetic relationship between African annual diploid species of *Oryza* and cultivated rice, *Oryza sativa* L. Crop Sci, 2: 463-467.

Yi C., Li W., Wang D., Jiang W., Hu D., Zhou Y., Liang G., Gu M. 2017. Identification and cell wall analysis of interspecific hybrids between *Oryza sativa* and *Oryza ridleyi*. J Integr Agr, 16: 1676-1681.

Yoshimura A., Iwata N., Omura T. 1982. Linkage analysis by reciprocal translocation method in rice plants (*Oryza sativa* L.). III. Marker genes located on chromosomes 2, 3, 4 and 7. Jpn J Breeding, 32:323-332.

Yu H., Gong Z., Su Y., Gu M. 2005. Isolation and identification of the three rice monotelosomics. Chinese Sci Bull, 50: 2182-2186.

Yu H., Wang M., Tang D., Wang K., Chen F., Gong Z., Gu M., Cheng Z. 2010. OsSPO11-1 is essential for both homologous chromosome pairing and crossover formation in rice. Chromosoma, 119: 625-636.

Yu W., Wang X., Cheng K. 1987. Classification of sickle-shaped rice cultivars into Hsien and Keng type. Rice Genetics Newsletter, 4: 68-70.

Yuan L., Yang X., Makaroff C.A. 2011. Plant cohesins, common themes and unique roles. Curr

Protein Pept Sci, 12: 93-104.

Yuan W., Li X., Chang Y., Wen R., Chen G., Zhang Q., Wu C. 2009. Mutation of the rice gene PAIR3 results in lack of bivalent formation in meiosis. Plant J, 59: 303-315.

Zhang B., Wang M., Tang D., Li Y., Xu M., Gu M., Cheng Z., Yu H. 2015. XRCC3 is essential for proper double-strand break repair and homologous recombination in rice meiosis. J Exp Bot, 66: 5713-5725.

Zhang C., Song Y., Cheng Z., Wang Y., Zhu J., Ma H., Xu L., Yang Z. 2012. The *Arabidopsis thaliana* DSB formation (AtDFO) gene is required for meiotic double-strand break formation. Plant J, 72: 271-281.

Zhang C., Zhu J., Chen S., Fan X., Li Q., Lu Y., Wang M., Yu H., Yi C., Tang S., Gu M., Liu Q. 2019. *Wxlv*, the ancestral allele of rice Waxy gene. Mol Plant, 12: 1157-1166.

Zhang F., Tang D., Shen Y., Xue Z., Shi W., Ren L., Du G., Li Y., Cheng Z. 2017. The F-Box protein ZYGO1 mediates bouquet formation to promote homologous pairing, synapsis, and recombination in rice meiosis. Plant Cell, 29: 2597-2609.

Zhang L., Tang D., Luo Q., Chen X., Wang H., Li Y., Cheng Z. 2014. Crossover formation during rice meiosis relies on interaction of OsMSH4 and OsMSH5. Genetics, 198: 1447-1456.

Zhang L., Tao J., Wang S., Chong K., Wang T. 2006. The rice OsRad21-4, an orthologue of yeast Rec8 protein, is required for efficient meiosis. Plant Mol Biol, 60: 533-554.

Zhang L., Zhu Q., Wu Z., Ross-Ibarra J., Gaut B.S., Ge S., Sang T. 2009. Selection on grain shattering genes and rates of rice domestication. New Phytol, 184: 708-720.

Zhao T., Ren L., Chen X., Yu H., Liu C., Shen Y., Shi W., Tang D., Du G., Li Y., Ma B., Cheng Z. 2018. The OsRR24/LEPTO1 type-B response regulator is essential for the organization of leptotene chromosomes in rice meiosis. Plant Cell, 30: 3024-3037.

Zhao Z.J. 1998. The Middle Yangtze region in China is one place where rice was domesticated: Phytolith evidence from the Diaotonghuan Cave, Northern Jiangxi. Antiquity, 72: 885-897.

Zhao Z.J., Pearsall D.M., Benfer R.A., Piperno D.R. 1998. Distinguishing rice (*Oryza sativa* Poaceae) from wild *Oryza* species through phytolith analysis, II. Finalized method. Economic Botany, 52: 134-145.

Zhao Z.J., Pierno D.R. 2000. Late Pleistocene/Holocene environments in the middle Yangtze river valley, China and rice (*Oryza sativa* L.) domestication: The phytolith evidence. Geoarchaeology, 15: 203-222.

Zhong C.X., Marshall J.B., Topp C., Mroczek R., Kato A., Nagaki K., Birchler J.A., Jiang J., Dawe R.K. 2002. Centromeric retroelements and satellites interact with maize kinetochore protein CENH3. Plant Cell, 14: 2825-2836.

Zhong X., Fransz P.F., Eden J.W., van Kammen A., Zabel P., de Jong H. 1998. FISH studies reveal the molecular and chromosomal organization of individual telomere domains in tomato. Plant J, 13: 507-517.

Zhou S., Wang Y., Li W., Zhao Z., Ren Y., Wang Y., Gu S., Lin Q., Wang D., Jiang L., Su N., Zhang X., Liu L., Cheng Z., Lei C., Wang J., Guo X., Wu F., Ikehashi H., Wang H., Wan J. 2011. Pollen semi-sterility1 encodes a kinesin-1-like protein important for male meiosis, anther dehiscence, and fertility in rice. Plant Cell, 23: 111-129.

Zhou Y., Xie Y., Cai J., Liu C., Zhu H., Jiang R., Zhong Y., Zhang G., Tan B., Liu G., Fu X., Liu Z., Wang S., Zhang G., Zeng R. 2017. Substitution mapping of QTLs controlling seed dormancy using single segment substitution lines derived from multiple cultivated rice donors in seven cropping seasons. Theor Appl Genet, 130: 1191-1205.

Ziska L.H., Gealy D.R., Burgos N., Caicedo A.L., Gressel J., Lawton-Rauh A.L., Avila L.A., Theisen G., Norsworthy J., Ferrero A., Vidotto F., Johnson D.E., Ferreira F.G., Marchesan E., Menezes V., Cohn M.A., Linscombe S., Carmona L., Tang R., Merotto A. 2015. Weedy (Red) rice: an emerging constraint to global rice production. Adv Agron, 129: 181-228.